应用型人才培养教材

BIM技术基础

沈立森　主　编

李少旭　齐兴敏　副主编

付国永　主　审

化学工业出版社

·北京·

内容简介

本书共五个模块，分九个项目。模块一包含项目一、项目二，主要阐述BIM基本概念，系统地介绍了什么是BIM、BIM的发展现状和应用价值，还介绍了Revit软件的相关知识；模块二包含项目三，主要讲解如何在Revit2021软件中绘制标高和轴网；模块三包含项目四、项目五，主要讲解土建模型中结构构件与建筑构件的创建方法；模块四包含项目六、项目七、项目八，主要讲解机电模型中的给排水系统、采暖与通风系统、电气系统的模型绘制方法；模块五包含项目九，综合建筑全生命周期，融合结构、建筑、水、暖、电等五大专业，讲解绘图者如何进行全专业模型的协同及管理。

为贯彻落实党的二十大精神，推进教育数字化，本书配套有丰富的数字资源，扫描书中二维码便可获取学习。

本书可作为高等职业院校和应用型本科院校土建施工类专业、工程管理类专业及其他相关建筑类学生教材外，还可作为监理单位、建设单位、勘察设计单位、施工单位和各类相关人员的学习参考资料。

图书在版编目（CIP）数据

BIM技术基础 / 沈立森主编；李少旭，齐兴敏副主编．—北京：化学工业出版社，2023.12

ISBN 978-7-122-44625-1

Ⅰ．①B…　Ⅱ．①沈…　②李…　③齐…　Ⅲ．①建筑设计-计算机辅助设计-应用软件　Ⅳ．①TU201.4

中国国家版本馆CIP数据核字（2023）第229332号

责任编辑：李仙华　　文字编辑：罗锦　师明远
责任校对：王鹏飞　　装帧设计：张　辉

出版发行：化学工业出版社（北京市东城区青年湖南街13号　邮政编码100011）
印　　装：高教社（天津）印务有限公司
787mm×1092mm　1/16　印张18½　字数460千字　2024年6月北京第1版第1次印刷

购书咨询：010-64518888　　售后服务：010-64518899
网　　址：http://www.cip.com.cn
凡购买本书，如有缺损质量问题，本社销售中心负责调换。

定　　价：49.80元

前言

本教材以党的二十大精神为指引，落实立德树人根本任务，根据《国家职业教育改革实施方案》和《关于深化现代职业教育体系建设改革的意见》等文件精神，结合编者多年的BIM建模经历和教学经验，由“双高计划”立项建设单位石家庄职业技术学院牵头，联合河北轨道运输职业技术学院、浙江建设职业技术学院、石家庄晶石建筑工程技术有限公司等多家单位，校企合作共同编写完成。

教材内容契合时代发展，突出专业技能，强化实践环节，促进书证融通，不断推进BIM技术与教育教学的有机融合，为我国职业教育从政府主导转向多元参与，从规模扩张转向内涵发展，由参照普通教育办学模式转向企业社会参与、专业特色鲜明的类型教育转变作出了积极探索，以提升新时代职业教育现代化水平。具体特点如下：

（1）秉承项目教学理念。本教材始终紧密对接BIM建模技术员岗位技能，以石家庄职业技术学院汽车实训楼为载体，结合“1+X”建筑信息模型（BIM）职业技能等级证书考试内容，将实际工程典型案例融入教学过程，共包括五大模块、九个教学项目，使学生全面掌握BIM基础知识、全专业模型创建和协同管理等专业技术技能。

（2）构建新颖课程体系。为适应职业院校教学特点，教材采用“模块—项目—任务”三级教学法，每个项目设置了项目脉络图，便于学生对知识体系的整体把握，每个任务前设置工作任务卡，按照“任务引入→任务分析→任务实施→任务拓展→任务评价→任务总结”的教学策略，层层递进，提升学习兴趣。

（3）系统完善教材内容。结合近年来我国BIM行业规范规程，根据企业岗位和教育教学的新需求，以应用为目的，强化技能培养，将思政元素、职业精神、工匠精神、协作精神等融入教材内容，同时紧密衔接“1+X”证书需求，依据《建筑信息模型（BIM）职业技能等级标准》，重点突出BIM在建筑领域的应用，有效实现学历教育与岗位资格认证的双证融通。

（4）配套丰富的数字资源。借助“互联网+”平台，开启线上线下混合式教学新模式，配套开发与教材内容紧密结合的数字化资源，以微课、视频、工程图纸等多种资源类型为呈现形式。读者只需扫描书中二维码图标，便可获取对应的教学资源，实现“以纸质化教材为载体，以信息化技术为支撑，两者相辅相成，为师生提供一流服务”的目的。

本教材是集体智慧的结晶，全书由石家庄职业技术学院沈立森担任主编，负责总体策划组织、统稿定稿；石家庄职业技术学院李少旭、河北轨道运输职业技术学院齐兴敏担任副主编；石家庄职业技术学院程素娜、刘雅帆、张璞，浙江建设职业技术学院陈朝、石家庄晶石建筑工程技术有限公司技术骨干董强参与编写。石家庄职业技术学院付国永教授担任主审并提出宝贵建议。

教材在编写过程中，参考了许多专家、学者的相关书籍和资料，同时借鉴了很多国内外成熟的工程建模经验，在此表示衷心感谢。化学工业出版社的同志们为本书出版付出了辛勤劳动，在此也一并表示诚挚谢意。

本书提供有汽车实训楼图纸、族文件、BIM 技术相关的一系列国家标准，还配套了电子课件，读者可登录网址 www.cipedu.com.cn 免费下载。

由于时间紧迫，编者水平有限，书中难免有疏漏和不妥之处，敬请广大读者批评指正。

编者

2023 年 10 月

目　录

二维码资源目录

BIM

模块一 BIM 基本知识

模块简介

本模块共包括两个项目，项目一主要讲述 BIM 概念、基本特点和细致程度划分，讲解 BIM 在建设项目中的应用价值，通过介绍 BIM 在国内外的发展现状，了解 BIM 的未来发展趋势。项目二主要讲解 Revit 软件界面的基本组成和功能区位置，解释了项目、图元、族等多个专业术语，以及视图比例、详细程度和视图范围的调整设置等基本操作。

项目一　BIM 概论

❖ 学习目标

素质目标

• 培养学生的协同合作和综合应用能力，树立学生善于利用 BIM 技术的工作意识；

• 激励技术技能人才为我国 BIM 进一步发展贡献力量。

知识目标

• 掌握 BIM 的概念、内涵和基本特点；

• 掌握 BIM 在建筑全生命周期的应用；

• 掌握中国关于 BIM 的相关政策、标准制定等发展现状。

能力目标

• 能根据项目需求，确定 BIM 模型的细致程度等级；

• 能正确阐释 BIM 技术在建筑施工阶段中的各项应用；

• 能列举出我国已实施的 BIM 国家标准。

BIM（Building Information Modeling）的出现是一次工程建设行业的产业革命，近几年，BIM 技术迅速发展，已经逐渐渗透到了建筑、道桥、隧道、市政、水利等众多领域。现阶段，BIM 技术应用已贯穿于前期策划、设计、施工一直到运维全生命周期的各个阶段。本项目将从 BIM 的概念、基本特点、应用价值和发展现状等方面，讲解 BIM 技术的相关知识。

一、BIM 概述

BIM 的概念自提出以来，不同国家、不同时期、不同的应用领域有着不同的解读，世界各国对 BIM 的概念仍在进行着不断的丰富和发展，因此，正确理解 BIM 的概念对学习 BIM 技术基础有着极为重要的作用。

1. BIM 的起源

1975 年，美国佐治亚理工学院 Charles Eastman 教授在其研究的课题中提出了“a computer-based description of a building”，这便是 BIM 一词的原型，但当时并不是叫 BIM，而是 BDS（Building Description System，建筑描述系统），由此开启了 BIM（Building Information Modeling）的源头，作为一名建筑师与行业先驱，他在 20 世纪 70 年代中期就开始着手将新兴的数字技术应用于建筑业的研究，提出了“建筑描述系统”与“建筑产品模型”的概念，并由此发展成“建筑信息模型”，如今 BIM 已经成为全球建筑界熟知的名词。近年来他还参与美国总务署（GSA）的 BIM 实施计划，编制美国国家 BIM 标准（NBIMS），积极推动 IFC 等建筑信息交互格式的发展。

在 BDS 理论提出后，美国将这一理论称为 BPM（Building Product Models，建筑产品模型）。20 世纪 80 年代，有芬兰的学者对计算机模型系统深入研究后，提出“Product Information Model”系统，因此，欧洲普遍称其为 PIM（Product Information Models，产品信息模型）。1986 年，美国学者 Robert Aish 提出“Building Modeling”；1992 年，荷兰代尔夫特理工大学的 van Nederveen 和 Tolman 教授共同在论文中提出了建筑信息模型，最终在 2002 年，Jerry Laiserin 教授发表的《比较苹果与橙子》这篇文章促成了学术界对 BIM 概念的统一认识，即 Building Information Modeling。2002 年，Autodesk 公司提出 BIM 并推出了自己的 BIM 软件产品，此后全球另外两个大软件开发商 Bentley、Graphisoft 也相继推出了自己的 BIM 产品。从此 BIM 从一种理论思想变成了用来解决实际问题的、数据化的工具和方法。

2. BIM 各个字母的含义

（1）BIM 的第一个字母“B”

“B”代表 Building，Building 不应该简单理解为“建筑物”。目前，BIM 应用不仅仅局限于建筑领域，随着 BIM 技术的应用，逐渐扩展到“大土木”工程建设各个领域。这个领域包括房屋建筑工程、市政工程、城市规划、交通工程、水利工程、地下工程、风景园林工程、环境工程、历史建筑保护工程等。

（2）BIM 的第二个字母“I”

“I”代表 Information，是指工程实体几何信息、工程实体的非几何信息、建筑空间信息、气象信息、工程量及造价信息、进度管理信息、投资管理信息、质量管理信息和建筑全生命周期所有信息，具体信息分类如图 1-1 所示。

图 1-1　信息分类

（3）BIM 的第三个字母“M”

“M”代表 Modeling，按照我国的翻译习惯，Modeling 应该翻译为模型。但是，众所周知，模型是一个名词，应该是 Model，然而 Modeling 是一个动名词，表示的是一个过程，准确的理解应该是建模或模拟。根据这个解释，可以引申出从 BIM 的产生发展到今天，实际上它可以划分为三个阶段，也称为 BIM 的 1.0 阶段、BIM 的 2.0 阶段、BIM 的 3.0 阶段，这三个阶段都有着不同的概念和内涵。

① BIM 1.0 阶段：静态的“Model”，侧重于模型。在这个阶段中，只是单纯地把 BIM 技术与实际施工建设拆分开了，在国内有很多的工程项目恰恰就是这样做的。比如有的企业会单独设立一个 BIM 小组，把所有关于 BIM 的工作安排给这个小组来做。这样的 BIM 小组主要工作有两个。第一个工作是在建设开始的时候，根据二维平面图纸“翻”出来一个三维的模型，其实不过是换了一种更炫的表达方式罢了，俗称“翻模”。工程开工后，所有的建造工作还是会按照传统的方式来实施，并不跟 BIM 产生关系。第二个工作是等到工程项目结束了,BIM 小组再根据现场的实际情况，修改模型，交出一份竣工版的模型，交差完事。在这种工作模式下，BIM 就是 Model，它仅仅是一个模型，把图纸或者竣工的工程搬到电脑中，用三维的方式呈现。这样的 BIM，自然产生不了什么价值。

② BIM 2.0 阶段：动态的“Modeling”，侧重于项目全生命周期的应用。BIM 要参与工程的全生命周期，就是在开始动工前，业主就召集设计方、施工方、材料供应商、监理方等各方一起做出一个 BIM 模型，注意这里的参与者不仅仅是设计方，使用 BIM 技术的各方，经常会忽略材料和设备供应商在前期流程中起到的作用。在这个阶段，我们实际上是在工程真正开始之前，在电脑中把整个项目模拟建设一次。这个模型其实是“拟完成作品”的模型，在计算机中，它已经完成了。在实际建造的过程中，参与人员会尽量根据这个模型去进行建设，而要想大家根据模型去建设，最好的办法就是在一开始的模拟建设中，各方都能够参与到数字模型的建立中来，共同发现问题、解决问题。如果说在建模的时候有一方没有参与，比如施工方，那么这个数字化模型在实施的时候就会遇到和传统方法中同样的问题。其中最常见的问题就是碰撞问题，例如装配式高层住宅施工，往往施工空间狭小，电梯井、梁、柱、墙，结构复杂，在这类复杂场景中进行梁、柱、墙的安装极易发生碰撞问题，导致质量安全事故。在虚拟场景中预先对安装工艺进行模拟，可以对碰撞问题进行检测，进而优化安装工艺，有效避免质量和安全事故。

③ BIM 3.0 阶段：“Management”，侧重于项目全生命周期的管理应用。管理的内容恰恰就是刚才提到的第二个字母“I”，也就是 Information。BIM 技术的核心就是信息化。信息化就是利用计算机、人工智能、互联网、机器人等信息化技术及手段，在项目的全生命周期各阶段、各参与方、各流程间，通过将信息调用、传递、互用、集成等来实现建设领域的智能化。对于一个建设项目而言，项目全生命周期各阶段所有信息都可以被储存或调用，如在方案前期以及项目的设计阶段，可进行参数化设计、日照能耗分析、交通规划、管线优化、结构分析、风向分析、环境分析等，只有通过信息化，才能真正体现 BIM 的应用价值。

3. BIM 的概念

BIM 是建筑信息模型的缩写，是以三维数字技术为基础，集成了建设项目各种相关信息的工程数据模型，可以为设计、施工和运营提供相协调的、内部保持一致的并可进行运算的信息。2017 年 7 月 1 日，国家标准《建筑信息模型应用统一标准》(GB/T 51212—2016)正式发布实施，规范中对 BIM 进行了专门的定义，它是指在建设工程及设施全生命期内，对其物理和功能特性进行数字化表达，并依此设计、施工、运营的过程和结果的总称。它提供了全新的工程设计过程概念，参数化变更技术可以帮助设计师更有效地缩短设计时间，提高设计质量，提高对客户和合作者的响应能力。协同化设计极大提高设计专业间的相互沟通，避免设计资料因物理传递导致的不完整及不确定性，提升设计质量，提高设计效率。BIM 技术让设计人员可以在任何时刻、任何位置，进行任何想要的修改，设计和图纸会始终保持协调、一致和完整。

其实，所谓 BIM 就是指通过数字信息仿真模拟建筑物所具有的真实信息，在计算机中建立一座虚拟建筑，一个建筑信息模型就是提供了一个单一的、完整一致的建筑信息库。这些信息的内涵不仅仅是几何形状描述的视觉信息，还包含大量的非几何信息，如材料的耐火等级、材料的传热系数、造价和采购信息等。它是通过建立虚拟的建筑工程三维模型，利用数字化技术，为这个模型提供完整的、与实际情况一致的建筑工程信息库。该信息库不仅包含描述建筑物构件的几何信息、专业属性及状态信息，还包含了非构件对象（如空间、运动行为）的状态信息。借助这个包含建筑工程信息的三维模型，大大提高了建筑工程的信息集成化程度，从而为建筑工程项目的相关利益方提供了一个工程信息交换和共享的平台。

在美国，国家 BIM 标准委员会（简称 NBIMS）将 BIM 的定义划分为三个部分。第一，BIM 是一个设施（建设项目）物理和功能特性的数字表达；第二，BIM 是一个共享的知识资源，是一个分享有关这个设施的信息，为该设施从建设到拆除的全生命周期中的所有决策提供可靠依据的过程；第三，在项目的不同阶段，不同利益相关方通过在 BIM 中插入、提取、更新和修改信息，以支持和反映其各自职责的协同作业。

4. BIM 的内涵

要理解 BIM 的内涵，需阐明如下几个关键理念。

① BIM 不等同于三维模型，也不仅仅是三维模型和建筑信息的简单叠加。虽然称 BIM 为建筑信息模型，但 BIM 实质上更关注的不是模型，而是蕴藏在模型中的建筑信息，以及如何在不同的项目阶段由不同的人来应用这些信息。三维模型只是 BIM 比较直观的一种表现形式。如前文所述，BIM 致力于分析和改善建筑在其全生命周期中的性能，并使原本离散的建筑信息得到更好的整合。

② BIM 不是一个具体的软件，而是一种流程和技术。BIM 的实现需要依赖于多种软件产品的相互协作，有些软件适合创建 BIM 模型（如 Revit），而有些软件适合对模型进行性能分析（如 Ecotect）或者施工模拟（如 Navisworks），还有一些软件可以在 BIM 模型的基础上进行造价概算或者设施维护，等等。一种软件不可能完成所有的工作，关键是所有的软件都应该能够依据 BIM 的理念进行数据交流，以支持 BIM 流程的实现。

③ BIM 不仅仅是一种设计工具，更明确地说，BIM 不是一种画图工具，而是一种先进的项目管理理念。BIM 的目标是整合整个建筑全生命周期内的各方信息，优化方案，减少失误，降低成本，最终提高建筑物的可持续性。尽管 BIM 软件也能用于输出图纸，并且熟练的 BIM 用户可以达到比使用 CAD 方式更高的出图效率，但“提高出图速度”并不是 BIM 的出发点。

④ BIM 不仅仅是一个工具的升级，而是整个建筑行业流程的一种革命。BIM 的应用不仅会改变设计院内部的工作模式，而且会改变业主、设计方、施工方之间的工作模式。在 BIM 技术的支持下，设计方能够对建筑的性能有更高的掌控，业主和施工方可以更多、更早地参与到项目的设计流程中，以确保多方协作创建出更好的设计，满足业主的需求。

5. BIM 的基本特点

从 BIM 的应用方面来看，BIM 在建筑对象全生命周期具备可视化、协调性、模拟性、优化性和可出图性五大基本特点。

（1）可视化

可视化即“所见即所得”的形式，对于建筑行业来说，可视化的真正运用在建筑业的作用是非常大的，例如经常拿到的施工图纸，只是各个构件的信息在图纸上采用线条绘制表达，但是其真正的构造形式就需要建筑业从业人员去自行想象了。BIM提供了可视化的思路，将以往的线条式的构件形成一种三维的立体实物图形展示在人们的面前；现在建筑业也有设计方面的效果图。但是这种效果图不含有除构件的大小、位置和颜色以外的其他信息，缺少不同构件之间的互动性和反馈性。而BIM提到的可视化是一种能够同构件之间形成互动性和反馈性的可视化，由于整个过程都是可视化的，可视化的结果不仅可以用效果图展示及报表生成，更重要的是，项目设计、建造、运营过程中的沟通、讨论、决策都在可视化的状态下进行。

（2）协调性

协调是建筑业中的重点内容，不管是施工单位，还是业主及设计单位，都在做着协调及相配合的工作。一旦项目的实施过程中遇到了问题，就要将各有关人士组织起来开协调会，找各个施工问题发生的原因及解决办法，然后做出相应的补救措施等来解决问题。在设计时，往往由于各专业设计师之间的沟通不到位，出现各种专业之间的碰撞问题。例如暖通等专业中的管道在进行布置时，由于施工图纸是各自绘制在各自的施工图纸上的，在真正施工过程中，可能正好在某处有结构设计的梁等构件阻碍管线的布置，像这样的碰撞问题的协调解决就只能在问题出现之后再进行解决。BIM的协调性服务就可以帮助处理这种问题，也就是说BIM建筑信息模型可在建筑物建造前期对各专业的碰撞问题进行协调，生成协调数据，并提供出来。当然，BIM的协调作用也并不是只能解决各专业间的碰撞问题，它还可以解决例如电梯井布置与其他设计布置及净空要求的协调、防火分区与其他设计布置的协调、地下排水布置与其他设计布置的协调等。

（3）模拟性

模拟性并不是只能模拟设计出的建筑物模型，还可以模拟不能够在真实世界中进行操作的事物。在设计阶段，BIM可以对设计上需要进行模拟的一些东西进行模拟实验。例如：节能模拟、紧急疏散模拟、日照模拟、热能传导模拟等；在招投标和施工阶段可以进行4D模拟（三维模型加项目的发展时间），也就是根据施工的组织设计模拟实际施工，从而确定合理的施工方案来指导施工，同时还可以进行5D模拟（基于4D模型加造价控制），从而实现成本控制；后期运营阶段可以模拟日常紧急情况的处理方式，例如地震人员逃生模拟及消防人员疏散模拟等。

（4）优化性

事实上整个设计、施工、运营的过程就是一个不断优化的过程。当然优化和BIM也不存在实质性的必然联系，但在BIM的基础上可以做更好的优化。优化受三种因素的制约：信息、复杂程度和时间。没有准确的信息，做不出合理的优化结果，BIM模型提供了建筑物的实际存在信息，包括几何信息、物理信息、规则信息，还提供了建筑物变化以后的实际存在信息。复杂程度较高时，参与人员本身的能力无法掌握所有的信息，必须借助一定的科学技术和设备的帮助。现代建筑物的复杂程度大多超过参与人员本身的能力极限，BIM及与其配套的各种优化工具提供了对复杂项目进行优化的可能。

（5）可出图性

BIM模型不仅能绘制常规的建筑设计图纸及构件加工的图纸，还能通过对建筑物进行可视化展示、协调、模拟、优化，并出具各专业图纸及深化图纸，使工程表达更加详细。也就是说，BIM 并不是为了输出大家日常多见的类似于建筑设计院所出的建筑设计图纸及一些构件加工的图纸，而是通过对建筑物进行可视化展示、协调、模拟和优化，帮助业主输出如下图纸：综合管线图（经过碰撞检查和设计修改，且已消除相应错误）、综合结构留洞图（预埋套管图）、碰撞检查侦错报告和建议改进方案。

6. BIM 模型的细致程度划分

模型的细致程度，英文称作 Level of Details，简称 LOD。这是描述一个 BIM 模型构件单元从最低级的近似概念化的程度发展到最高级的演示级精度的指标。国际上，模型的细致程度（LOD）被定义为 5 个等级，从概念设计到竣工设计，已经足够来定义整个模型过程。但是，为了给未来可能会插入等级预留了空间，定义 LOD 为 100 到 500。具体的等级如表 1-1 所示。

表 1-1　模型的细致程度（LOD）等级划分

等级	适用阶段	说　明
LOD100	概念设计	通常为表现建筑整体类型分析的建筑体量，分析包括体积、建筑朝向、每平方米造价
LOD200	方案设计	包含普遍性系统，包括大致的数量、大小、形状、位置以及方向
LOD300	模型单元等同于传统施工图和深化施工图层次	包括业主在 BIM 提交标准里规定的构件属性和参数等信息；能够很好地用于成本估算以及施工协调，包括碰撞检查、施工进度计划以及可视化
LOD400	用于模型单元的加工和安装	被专门的承包商和制造商用于加工和制造项目的构件，包括水、电、暖系统
LOD500	项目竣工的情形	包含业主 BIM 提交说明里制定的完整的构件参数和属性，作为中心数据库整合到建筑运营和维护系统中去

在 BIM 实际应用中，首要任务就是根据项目的不同阶段以及项目的具体目的来确定 LOD 的等级，根据不同等级所概括的模型精度要求来确定建模精度。可以说，LOD 做到了让 BIM 应用有据可循。当然，在实际应用中，根据项目具体目的的不同，LOD 也不用生搬硬套，适当的调整也是无可厚非的。

以建筑模型为例，各等级对应的建模深度如表 1-2 所示。

表 1-2　建筑模型建模深度表

构件	等级				
	LOD100	LOD200	LOD300	LOD400	LOD500
场地	具备基本形状，粗略的尺寸和形状，包括非几何数据，仅有线、面积、位置	简单的场地布置。部分构件用体量表示	按图纸精确建模。景观、人物、植物、道路贴近真实		
墙	包含墙体物理属性（长度、厚度、高度及表面颜色）	增加材质信息，含粗略面层划分	包含详细面层信息、材质要求、防火等级、附节点详图	墙材生产信息、运输进场信息、安装操作单位等	产品运营信息（技术参数、供应商、维护信息等）
建筑柱	物理属性：尺寸、高度	带装饰面、材质	规格尺寸、砂浆等级、填充图案等	生产信息、运输进场信息、安装操作单位等	产品运营信息（技术参数、供应商、维护信息等）

续表

构件	等级				
	LOD100	LOD200	LOD300	LOD400	LOD500
门、窗	同类型的基本族	按实际需求插入门、窗	门窗大样图、门窗详图	进场日期、安装日期、安装单位	门窗五金件、厂商信息、物业管理信息
屋顶	悬挑、厚度、坡度	加材质、檐口、封檐带、排水沟	规格尺寸、砂浆等级、填充图案等	材料进场日期、安装日期、安装单位	材质供应商信息、产品技术参数
楼板	物理特征（坡度、厚度、材质）	楼板分层、降板、洞口、楼板边缘	楼板分层细部做法，洞口详图	材料进场日期、安装日期、安装单位	产品材料技术参数、供应商信息
天花板	用一块整板代替，只体现边界	厚度，局部降板准确分割，并有材质信息	龙骨、预留洞口、风口等，带节点详图	材料进场日期、安装日期、安装单位	全部参数信息
楼梯（含坡道、台阶）	几何形体	详细建模，有栏杆	楼梯详图	运输进场日期、安装单位、安装日期	运营信息，技术参数、供应商
电梯（直梯）	电梯门，带简单二维符号表示	详细的二维符号表示	节点详图	进场日期、安装日期和单位	运营信息，技术参数、供应商
家具	无	简单布置	详细布置，二维表示	进场日期、安装日期和单位	运营信息，技术参数、供应商

我国的行业标准《建筑工程设计信息模型制图标准》（JGJ/T 448—2018）提出，模型单元几何表达精度是一种评估几何描述近似度的手段，其主要作用在于能够建立工程参与方之间衡量体系的基本共识。几何表达精度主要是构件级模型单元的指标，原因是构件级模型单元是 BIM 模型最主要的基本组成单元。构件级模型单元几何表达精度应划分为 G1、G2、G3 和 G4 四个等级，如表 1-3 所示。

表 1-3　几何表达精度的四个等级

等级	模型要求
G1	满足二维化或者符号化识别需求的几何表达精度
G2	满足空间占位、主要颜色等粗略识别需求的几何表达精度
G3	满足建造安装流程、采购等精细识别需求的几何表达精度
G4	满足高精度渲染展示、产品管理、制造加工准备等高精度识别需求的几何表达精度

7. BIM 工程师的基本素质

先进的建筑信息模型管理，是未来建设项目管理的发展趋势。项目管理者不仅要不断学习新法规、新技术，还应认识到职业道德的重要性，良好的职业道德不仅能提高个人素质，还有助于建筑企业的发展和提高企业在市场中的竞争力。目前规模不大的一般项目，投资较小，项目的设计也都是普通设计，很少应用一些新的理念，项目管理多是粗放管理，项目效益都一般，往往产值很大，但利润却很小，甚至亏损，要想改变这种局面，作为一个项目管理者应该不断学习掌握国内外一些新工艺、新材料、新技术、绿色建筑、绿色施工及先进的管理方法和我国的法律、规范，不断提高业务能力，不断加深对建筑信息模型管理的认识，意识到职业道德的重要性。

目前，针对 BIM 工程师来说，基本素质不仅仅是在工作能力上的突出，也需要在职业素质上体现，BIM 工程师通过参数模型整合各种项目的相关信息，在项目策划、运行和维护的全生命周期过程中进行共享和传递，使工程技术人员对各种建筑信息做出正确理解和高效应对，为设计团队及建筑运营单位在内的各方建设主体提供协同工作的基础，使 BIM 技术在提高生产效率、节约成本和缩短工期方面发挥重要作用。

（1）职业道德

职业道德是指人们在职业生活中应遵循的基本道德，即一般社会道德在职业生活中的具体体现。它是职业品德、职业纪律、专业胜任能力及职业责任等的总称，属于自律范围，通过公约、守则等对职业生活中的某些方面加以规范。职业道德素质对其执业行为产生重大的影响，是职业素质的基础。

（2）身心健康

身心健康主要体现在心理健康及身体健康两个方面。BIM 工程师在心理健康方面应具有一定的情绪稳定性与协调性、有较好的社会适应性、有和谐的人际关系、有心理自控能力、有心理耐受力以及具有健全的个性特征等。在身体健康方面 BIM 工程师应满足个人各主要系统、器官功能正常的要求，体质及体力水平良好等。

（3）团队协作

团队协作能力是指建立在团队的基础之上，发挥团队精神、互补互助以达到团队最大工作效率的能力。对于团队的成员来说，不仅要有个人能力，更需要有在不同的位置上各尽所能、与其他成员协调合作的能力。

（4）沟通协调

沟通协调能力是指管理者在日常工作中妥善处理好上级、同级、下级等各方面关系，使其减少摩擦，能够调动各方面的工作积极性的能力。

上述基本素质对 BIM 工程师的职业发展具有重要意义，有利于工程师更好地融入职业环境及团队工作中；有利于工程师更加高效、高标准地完成工作任务；有利于工程师在工作中学习、成长及进一步发展，同时为 BIM 工程师更高层次的发展奠定基础。

二、BIM 的应用价值

学习 BIM 的应用价值有助于帮助同学们正确理解 BIM 的特点和优势，同时在学习过程中，也能全面运用 BIM 的各种功能。归根结底，学习 BIM 技术是为了更好地将其与工程项目有机结合，这样才能真正体现 BIM 的价值。BIM 技术在建筑全生命周期的各个阶段的应用，可以充分发挥 BIM 技术的价值，实现工程项目的信息化管理，从而达到降低项目管控成本、保障项目质量、提升社会经济效益的目的。

1. BIM 应用的具体体现

建立以 BIM 应用为载体的项目管理信息化，提升项目生产效率、提高建筑质量、缩短工期、降低建造成本。具体体现在：

（1）三维渲染，宣传展示

三维渲染动画，给人以真实感和直接的视觉冲击。建好的 BIM 模型可以作为二次渲染开发的模型基础，大大提高了三维渲染效果的精度与效率，给业主更为直观的宣传介绍，提升中标概率。

（2）快速算量，精度提升

BIM 数据库的创建，通过建立 5D 关联数据库，可以准确快速计算工程量，提升施工预算的精度与效率。由于BIM数据库的数据粒度达到构件级，可以快速提供支撑项目各条线管理所需的数据信息，有效提升施工管理效率。BIM技术能自动计算工程实物量，这个属于较传统的算量软件的功能，在国内此项应用案例非常多。

（3）精确计划，减少浪费

施工企业精细化管理很难实现的根本原因在于大量的工程数据，无法快速准确获取以支持资源计划，致使经验主义盛行。而BIM的出现可以快速准确地获得工程基础数据，为施工企业制定精确的人工、材料计划，大大减少了资源、物流和仓储环节的浪费，为实现限额领料、消耗控制提供技术支撑。

（4）多算对比，有效管控

管理的支撑是数据，项目管理的基础就是工程基础数据的管理，及时、准确地获取相关工程数据就是项目管理的核心竞争力。BIM数据库可以实现任一时间点上工程基础信息的快速获取，通过合同、计划与实际施工的消耗量、分项单价、分项合价等数据的多算对比，可以有效了解项目运营是盈是亏，消耗量有无超标，进货分包单价有无失控等问题，实现对项目成本风险的有效管控。

（5）虚拟施工，有效协同

三维可视化功能再加上时间维度，可以进行虚拟施工。随时随地直观快速地将施工计划与实际进度进行对比，同时进行有效协同，施工方、监理方，甚至非工程行业出身的业主领导都对工程项目的各种问题和情况了如指掌。这样通过BIM技术结合施工方案、施工模拟和现场视频监测，大大减少建筑质量问题、安全问题，减少返工和整改。

（6）碰撞检查，减少返工

BIM最直观的特点在于三维可视化，利用BIM的三维技术在前期可以进行碰撞检查，优化工程设计，减少在建筑施工阶段可能存在的错误损失和返工的可能性，而且优化净空，优化管线排布方案。最后施工人员可以利用碰撞优化后的三维管线方案，进行施工交底、施工模拟，提高施工质量，同时也提高了与业主沟通的能力。

（7）冲突调用，决策支持

BIM数据库中的数据具有可计量的特点，大量工程相关的信息可以为工程提供数据后台的巨大支撑。BIM中的项目基础数据可以在各管理部门进行协同和共享，工程量信息可以根据时空维度、构件类型等进行汇总、拆分、对比分析等，保证工程基础数据及时、准确地提供，为决策者制定工程造价项目群管理、进度款管理等方面的决策提供依据。

2. BIM价值的具体体现

BIM技术是贯穿于工程项目全过程的数字模型应用技术。它的应用能够解决数据传递断层这个在项目管理中普遍存在的现象。BIM技术应用关键在于利用计算机技术建立三维模型数据库，在建筑工程管理中实时变化调整，准确调用各类相关数据，以提升决策质量，加快决策进度，从而降低项目管控成本、保障项目质量，达到提升效益的目的。

（1）提升工程量计算准确性与效率

工程量计算作为造价管理预算编制的基础，比起传统手工计算、二维软件计算，BIM技术的自动算量功能可提升计算客观性与效率，还可利用三维模型对规则或不规则构件等进行准确计算，也可实时完成三维模型的实体减扣计算，无论是效率、准确率还是客观性上都有保障。

BIM技术的应用改变了工程造价管理中工程量计算的烦琐复杂，节约了人力物力与时间资源等，让造价工程师可更好地投入高价值工作中，做好风险评估与询价工程，编制精度更高的预算。比如某地区海洋公园的度假景观项目，希望将园区内工程房屋改造为度假景区，须对原有房屋设备等进行添置删减、修补更换，利用BIM技术建立三维模型，可更好地完成管线冲突、日照、景观等工程量项目的分析检查与设计。

BIM技术在造价管理方面的最大优势体现在工程量统计与核查上，三维模型建立后可自动生成具体工程数据，对比二维设计工程量报表与统计情况来看，可发现数据偏差大量减少。造成如此差异的原因在于，二维图纸计算中跨越多张图纸的工程项目存在多次重复计算的可能性、面积计算中立面面积有被忽略的可能性，线性长度计算中只顾及投影长度等，以上这些都会影响准确性，BIM技术的介入应用可有效消除偏差。

（2）加强全过程成本控制

建筑项目管控过程中合理的实施计划可做到事半功倍，应用BIM技术建立三维模型可提供更好、更精确、更完善的数据基础，便于服务资金计划、人力计划、材料计划与设备设施计划等的编制与使用。BIM模型可赋予工程量时间信息，显示不同时间段工程量与工程造价，有利于各类计划的编制，达到合理安排资源的目的，从而有利于工程管控过程中成本控制计划的编制与实施，有利于合理安排各项工作，高效利用人力物力资源与经济成本等。

（3）控制设计变更

建筑工程管理中经常会遇到设计变更的情况，设计变更可谓是管控过程中应对压力大、难度大的一项工作。应用BIM技术首先可以有效减少设计变更情况的发生，利用三维建模碰撞检查工具可降低变更发生率。其次可以有效降低设计变更发生后出现浪费与返工等现象的可能性。在设计变更发生时，可将变更内容输入到相关模型中，通过模型的调整获得工程量自动变化情况，避免了重复计算造成的误差等问题。将设计变更后工程量变化引起的造价变化情况直接反馈给设计师，有利于更好地了解工程设计方案的变化和工程造价的变化，全面控制设计变更引起的多方影响，提升建筑项目造价管理水平与成本控制能力，有利于避免浪费与返工等现象。

（4）方便历史数据积累和共享

建筑工程项目完成后，众多历史数据的存储与再应用是一大难点。利用BIM技术可做好这些历史数据的积累与共享，在碰到类似工程项目时，可及时调用这些参考数据，对工程造价指标、含量指标等此类借鉴价值较高的信息的应用有利于今后工程项目的审核与估算，有利于提升企业工程造价全过程管控能力和企业核心竞争力。

（5）有利于项目全过程造价管理

建筑工程全过程造价管理贯穿决策、设计、招投标、施工、结算五大阶段，每个阶段的管理都为最终项目投资效益服务，利用BIM技术，发挥其自身优越性，可使工程各个阶段的造价管理更好地为投资效益服务。

① 决策阶段，可利用BIM技术调用以往工程项目数据估算、审查当前工程费用，估算项目总投资金额，利用历史工程模型服务当前项目的估算，有利于提升设计编制准确性。

② 设计阶段，BIM技术历史模型数据可服务于限额设计，限额设计指标提出后可参考类似工程项目测算造价数据，一方面可提升测算深度与准确度，另一方面也可减少计算量，节约人力与物力成本等。项目设计阶段完成后，BIM技术可快速完成模型概算，并核对其是否满足要求，从而达到控制投资总额、发挥限制设计价值的目标，对于全过程工程造价管理而言有积极意义。

③ 招投标阶段，工程量清单招投标模式下BIM技术的应用可在短时间内高效、快速、准确地提供招标工程量。尤其是施工单位，在招投标期限较紧的情况下，面对逐一核实难度

较大的工程量清单可利用BIM模型迅速准确完成核实，减少计算误差，避免项目亏损，高质量完成招投标工作。

④ 施工阶段，造价管控时间长、工作量大、变量多，BIM技术的碰撞检查可减少设计变更情况，在正式施工前进行图纸会审可有效减少设计问题与实际施工问题，减少变更与返工情况。BIM技术下的三维模型有利于施工阶段资金、人力、物力资源的统筹安排与进度款的审核支付，在施工中迅速按照变更情况及时调整造价，做到按时间、按工序、按区域出工程造价，实现全程成本管控的精细化管理。

⑤ 结算阶段，BIM模型可提供准确的结算数据，提升结算进度与效率，减少经济纠纷。

3. BIM在建筑全生命周期中的应用

运用BIM技术，不仅可以实现设计阶段的协同设计、施工阶段的建造全过程一体化和运营阶段对建筑物的智能化维护和设施管理，同时还能打破从业主到设计、施工运营之间的隔阂和界限，实现对建筑的全生命周期管理。

（1）项目前期策划阶段

项目前期策划阶段对整个建筑工程项目的影响很大，在项目前期的优化对于项目的成本和功能影响是最大的，而优化设计的费用是最低的；而在项目后期优化对于成本和功能影响在逐渐变小，而优化设计的费用却逐步增高。出于上述原因，在项目的前期应当尽早应用BIM技术。

BIM技术应用在项目前期的工作有很多，包括现状建模与模型维护、场地分析、投资估算、阶段规划、规划编制、建筑策划等。

① 投资估算：应用BIM系统强大的信息统计功能，在方案阶段可运用数据指标等方法获得较为准确的土建工程量及土建造价，同时可用于不同方案的对比，可以快速得出成本的变动情况，权衡出不同方案的造价优劣，为项目决策提供重要而准确的依据。BIM技术可运用计算机强大的数据处理能力进行投资估算，这大大减轻了造价工程师的计算工作量，造价工程师可节省时间从事更有价值的工作，进一步能细致考虑施工中许多节约成本等专业问题，这些对于编制高质量的预算来说非常重要。

② 现状模型：根据现有的资料将现状图纸导入到基于BIM技术的软件中，创建出道路、建筑物、河流、绿化以及高程的变化起伏，并根据规划条件创建出本地块的用地红线及道路红线，并生成面积指标。

③ 总图规划：在现状模型的基础上根据容积率、绿化率、建筑密度等建筑控制条件创建工程的建筑体块，创建体量模型。做好总图规划、道路交通规划、绿地景观规划、竖向规划以及管线综合规划。

④ 环境评估：根据项目的经纬度，借助相关软件采集此地的太阳及气候数据，并基于BIM模型数据利用相关的分析软件进行气候分析，对方案进行环境影响评估，包括日照环境影响、风环境影响、热环境影响、声环境影响等评估。某些项目还需要进行交通影响模拟。

（2）设计阶段

BIM在建筑设计中的应用范围非常广泛，无论在设计方案论证，还是在设计创作、协同设计、建筑性能分析、结构分析，以及在绿色建筑评估、规范验证、工程量统计等许多方面都有广泛的应用。

① 设计方案论证：BIM三维模型展示的设计效果十分方便评审人员、业主对方案进行评估，甚至可以就当前设计方案讨论施工可行性以及如何降低成本、缩短工期等问题，对修改方案提供切实可行的方案，并且用可视化方式进行，可获得来自最终用户和业主的积极反

馈，使决策的时间大大减少，促成共识。

② 设计创作：由于在 BIM 软件中组成整个设计的就是门、窗、墙体等单个 3D 构件元素，则设计过程就是不断确定和修改各种构件参数的过程，而这些建筑构件在软件中是数据关联、智能互动的。最终设计成果的交付就是 BIM 模型，所有平面、立面、剖面二维图纸都可以根据模型生成，由于图纸来源都是同一个 BIM 模型，所以，所有图纸和图表数据都是相互关联的，也是实时互动的，从根本上避免了不同视图不同专业图纸出现的不一致现象。

③ 协同设计：BIM 技术使不同专业的甚至是身处异地的设计人员都能够通过网络在同一个 BIM 模型上展开协同设计，使设计能够协同进行。以往各专业各视角之间不协调的事情时有发生，花费了大量人力物力对图纸进行审查仍然不能把不协调的问题全部改正。有些问题到了施工过程才能发现，给材料、成本、工期造成了很大的损失。应用 BIM 技术以及 BIM 服务器，通过协同设计和可视化分析就可以及时解决不协调问题，保证了后期施工的顺利进行。

④ 绿色建筑评估：BIM 模型中包含了用于建筑性能分析的各种数据，只要数据完备，将数据通过 IFC、gbXML 等交换格式输入到相关的分析软件中，即可进行当前项目的节能分析、采光分析、日照分析、通风分析以及最终的绿色建筑评估。

⑤ 工程量统计：BIM 模型信息的完备性大大简化了设计阶段对工程量的统计工作，模型的每个构件都和 BIM 数据库的成本库相关联，当设计师在对构件进行变更时，成本估算都会实时更新。

在用二维 CAD 技术进行设计时，绘图的工作量很大，设计师无法花很多时间对设计方案进行精心推敲。应用 BIM 技术，只要完成了设计构想，确定了 BIM 模型的最后构成，马上就可以根据模型生成施工图，而且由于 BIM 技术的协调性，后期调整设计的工作量是很小的，这样设计质量和图纸质量都得到了保障。

（3）施工阶段

BIM 技术在施工阶段可以有如下多个方面的应用，如 3D 协调、管线综合、支持深化设计、场地使用规划、施工系统设计、施工进度模拟、施工组织模拟、数字化建造、施工质量与进度监控、物料跟踪等。

① 碰撞综合协调：在施工开始前利用BIM模型的可视化特性对各个专业（建筑、结构、给排水、机电、消防、电梯等）的设计进行空间协调，检查各个专业管道之间的碰撞以及管道与结构的碰撞。如发现碰撞及时调整，这样就能较好地避免施工中管道发生碰撞和拆除重新安装的问题。

② 施工方案分析：在 BIM 模型上对施工计划和施工方案进行分析模拟，充分利用空间和资源整合，消除冲突，得到最优施工计划和方案。对于新形式、新结构、新工艺和复杂节点，可以充分利用 BIM 的参数化和可视化特性对节点进行施工流程、结构拆解等的分析模拟，改进施工方案，以达到降低成本、缩短工期、减少错误和浪费的目的。

③ 数字化建造：数字化建造的前提是详尽的数字化信息，而 BIM 模型的构件信息都以数字化形式存储。例如：数控机床这些用数字化建造的设备需要的就是描述构件的数字化信息，这些数字化信息为数控机床提供了构件精确的定位信息，为建造提供了必要条件。

④ 施工科学管理：通过 BIM 技术与 3D 激光扫描、视频、图片、GPS、移动通信、互联网等技术的集成，可以实现对现场的构件、设备以及施工进度和质量的实时跟踪。另外通过 BIM 技术和管理信息系统的集成，可以有效支持造价、采购、库存、财务等的动态精

确管理，减少库存开支，在竣工时可以生成项目竣工模型和相关文件，有利于后续的运营管理。并且业主、设计方、预制厂商、材料供应商等可利用BIM模型的信息集成化与施工方进行沟通，提高效率减少错误。

（4）运营阶段

在运营维护阶段BIM可以有以下方面的应用：竣工模型交付、维护计划、建筑系统分析、资产管理、空间管理与分析、防灾计划与灾害应急模拟。

① 竣工模型交付与维护计划：施工方竣工后对BIM模型进行必要的测试和调整再向业主提交，这样运营维护管理方得到的不仅是设计和竣工图纸，还能得到反映真实状况的BIM模型，里面包含了施工过程记录、材料使用情况、设备的调试记录以及状态等资料。BIM能将建筑物空间信息、设备信息和其他信息有机地整合起来，结合运营维护管理系统可以充分发挥空间定位和数据记录的优势，合理制定运营、管理、维护计划，尽可能降低运营过程中的突发事件。

② 资产管理：通过BIM建立维护工作的历史记录，对设施和设备的状态进行跟踪，对一些重要设备的适用状态提前预判，并自动根据维护记录和保养计划提示到期需保养的设备和设施，对故障的设备从派工维修到完工验收、回访等均进行记录，实现过程化管理。如果基于BIM的资产管理系统能和停车场管理系统、智能监控系统、安全防护系统等物联网结合起来，实行集中后台控制与管理，则能很好地解决资产的实时监控、实时查询和实时定位，并且实现各个系统之间的互联、互通和信息共享。

③ 防灾计划与灾害应急模拟：基于BIM模型丰富的信息，可以将模型以IFC等交换格式导入灾害模拟分析软件，分析灾害发生的原因，制定防灾措施与应急预案。灾害发生后，将BIM模型以可视化方式提供给救援人员，让救援人员迅速找到合适救灾路线，提高救灾成效。

④ 空间管理与分析：应用BIM技术可以处理各种空间变更的请求，合理安排各种应用的需求，并记录空间的使用、出租、退租的情况，实现空间的全过程管理。

4. BIM与GIS的跨界融合

近年来，BIM技术的快速发展，促进了建筑业全产业链的变革。住房和城乡建设部连续发布指导性文件和政策，大力推进BIM技术在规划、设计、施工和运维等领域的集成应用，促进工程建设项目全生命周期的信息化管理。

参考“互联网+”思维，建筑行业将BIM与其他先进技术或与应用系统集成，以期发挥更大的综合价值，相对应地提出了“BIM+”的概念，例如：BIM+VR/AR、BIM+3D打印、BIM+大数据、BIM+IoT（物联网）、BIM+GIS（地理信息系统）等。其中，BIM与GIS融合应用已经成为学术界和产业界的研究热点。BIM与GIS的融合，使微观领域的BIM信息和宏观领域的GIS信息实现交换和相互操作，将GIS从宏观领域引入了微观领域，拓展了三维GIS的应用领域，为GIS的发展带来了新的契机。

BIM与GIS能跨界融合，是因为它们之间有一种天然的互补关系，BIM用来整合和管理建筑物全生命周期的信息，GIS则用来整合及管理建筑外部环境信息。BIM全生命周期的管理需要GIS的参与，BIM也将开拓三维GIS的应用领域，把GIS从宏观领域带入微观领域。

（1）GIS让BIM从微观走向宏观

BIM的整个全生命周期——从规划、设计、施工到运维，都是针对建筑本身，但是，周边宏观的地理环境要素也非常重要，比如建楼、修路等都需要兼顾已有的自然环境和人为环境信息。三维GIS研究宏观地理环境，可提供各种空间查询及空间分析能力。在BIM的各个阶段，三维 GIS 都可以为其提供可视化展示、管理、决策支持等技术方法。

三维 GIS 集成了大量的多源数据，如影像、地形、倾斜摄影模型、激光点云、地下管线等，我们可以在三维 GIS 系统中将 BIM 数据与多源数据相融合，实现更宏观、更全面的可视化展示与管理。

经过 10 多年的发展，三维 GIS 在智慧城市、园区管理、应急管理等领域已经积累了丰富的应用案例和解决方案，将 3D Max 模型替换成 BIM 数据，这些方案即可套用到 BIM+GIS 的项目中。这大大拓展了 BIM 技术的应用领域和应用周期，尤其可以将设计、施工阶段积累的 BIM 模型数据，继续运用在后期运营维护阶段中，有效延长了 BIM 数据的应用周期。

（2）BIM 将 GIS 从宏观带入微观

BIM 技术在设计和建造过程中积累的大量 BIM 模型数据，可以作为三维 GIS 应用的重要数据来源。相比 3D Max 模型数据，BIM 模型数据更精细、精度更高，并且有完整的语义及属性信息，可以满足 GIS 应用中精细化管理的需要。另外,BIM 模型数据拓扑结构更完整，更适合做空间查询和空间分析，BIM 为三维 GIS 更深入的应用提供了三维数据支撑。

BIM 也拓展了 GIS 的应用领域，两者的融合已经应用到桥梁、管廊、建筑、道路、水利大坝、隧道等领域。同时，BIM 与 GIS 的跨界融合也为 GIS 厂商带来了更多的合作伙伴。

（3）BIM+GIS 应用涵盖 BIM 全生命周期

BIM 是一个建设项目的数字化表达，是一个共享的资源，为某设施从建设到拆除的全生命周期的所有决策提供可靠依据。在项目的不同阶段，不同利益相关方通过在 BIM 中插入、提取、更新和修改信息，实现各自职责的协同作业。纵观 BIM+GIS 在各行业的应用，可以得出，BIM+GIS 涵盖 BIM 的全生命周期，即规划、设计、施工、运维的各个阶段都有 BIM 与 GIS 深度融合的应用和价值。

三、BIM 的发展现状

BIM 技术在经过四十多年的发展后，已经比较完善，BIM 的内涵也在不断地丰富和充实。以美国为代表的西方国家，对 BIM 技术的研究和应用都较为成熟，这也为我国的 BIM 技术发展提供了宝贵经验。目前 BIM 在我国的发展较为迅速，以北京、上海、深圳为代表的多个城市已经将 BIM 技术作为建筑设计、施工阶段必备的技术手段。BIM 技术在建筑行业内将发挥重要的作用，具有极大的潜能，在未来 BIM 将是建筑产业化、工业化的不可缺少的信息技术。

1. 国外的 BIM 发展现状

（1）BIM 在美国的发展现状

美国是较早启动建筑业信息化研究的国家，广泛应用已经有十余年时间，发展至今，BIM 研究与应用都走在世界前列。目前，美国大多建筑项目已经开始应用 BIM，BIM 的应用点也种类繁多，而且存在各种 BIM 协会，也出台了各种 BIM 标准。根据 MarketsandMarkets 测算，北美是全球最大的 BIM 市场，在全球 BIM 市场中占比 33%。目前，美国大多数建筑项目已经开始全面应用 BIM，各种 BIM 协会也出台了各项 BIM 标准。由此可见，BIM 的价值在不断被认可。

（2）BIM 在英国的发展现状

与大多数国家不同，英国政府要求强制使用 BIM。2011 年 5 月，英国内阁办公室发布了《政府建设战略》文件，文件明确要求，到 2016 年，政府要求实现全面协同的 3D BIM，并将全部的文件以信息化管理。为了实现这一目标，文件制定了明确的阶段性目标，另外文件还规定，公用建筑设计项目必须使用BIM建立模型，同时要求本国完善BIM在商务、法律、保险等多方面的条款制定，另外还要求科研机构与合作企业对BIM的可行性进行深入的研究和实践。

（3）BIM在日本的发展现状

在日本，有“2009年是日本的BIM元年”之说。大量的日本设计公司、施工企业在这一年开始应用BIM，而日本国土交通省在2010年3月已选择一项政府建设项目作为试点，探索BIM在设计可视化、信息整合方面的价值及实施流程。日本建筑学会于2012年7月发布了日本BIM指南，从BIM团队建设，BIM数据处理，BIM设计流程，应用BIM进行预算、模拟等方面为日本的设计院和施工企业应用BIM提供了指导。

（4）BIM在北欧国家的发展现状

北欧国家包括挪威、丹麦、瑞典和芬兰等，是一些主要的建筑业信息技术的软件厂商所在地，如Tekla和Solibri，而且匈牙利的ArchiCAD的应用率也很高。因此，这些国家是全球最先一批采用基于模型设计的国家，也在推动建筑信息技术的互用性和开放标准方面作出了很大贡献。另外由于北欧国家冬天漫长多雪，这使得建筑的预制化非常重要，这也促进了包含丰富数据、基于模型的BIM技术的快速发展。

（5）BIM在新加坡的发展现状

新加坡负责建筑业管理的国家机构是建筑管理署（简称BCA）。在BIM引进新加坡之前，BCA就注意到信息技术对建筑业的重要作用。早在1982年，BCA就有了人工智能规划审批的想法，2000—2004年，开始发展建筑与房地产网络项目，用于电子规划的自动审批和在线提交，这也是世界首创的自动化审批系统。2011年，BCA发布了新加坡BIM发展路线规划，规划明确推动整个建筑业在2015年前广泛使用BIM技术。为了实现这一目标，BCA分析了面临的挑战，并制定了相关策略。

（6）BIM在韩国的发展现状

韩国的BIM技术在行业内处于领先水平。20世纪90年代起，关于BIM理论的研究就已经开始萌芽。2008年4月，韩国召开了行业级的BIM研究大会，自此BIM开始迅速发展。同时，韩国的Building SMART Korea协会将韩国主要的建筑公司、高等学府、政府部门、科研协会等成员组织在一起，通过定期举办BIM国际论坛，组织BIM相关技术培训，举办BIM应用大赛等系列活动，实现韩国建设领域BIM和尖端建设IT研究、普及和应用的终极目标。

总的来说，BIM从提出到逐步完善，再到如今被整个工程建设行业普遍接受，经历了几十年的历程。BIM技术最先从美国发展起来，随后扩展到欧洲、日本、韩国、新加坡等地，并有了长足的发展，应用十分广泛，也对BIM的应用产生了一定的促进作用。

2. 中国的BIM发展现状

在我国，BIM技术首先在南方兴起，2001年技术应用起步；2006—2010年处于上升阶段；2011年至今BIM技术处于快速发展阶段。随着2011年住建部《2011—2015年建筑业信息化发展纲要》及2015年《住房和城乡建设部关于印发推进建筑信息模型应用指导意见的通知》等文件的颁布以及国家、地方政府鼓励政策的出台，BIM技术在国家重点工程项目中得到了普遍运用，如奥运会水立方、上海中心大厦、上海世博会等工程项目，BIM技术的应用对项目的推进和顺利运行发挥了关键作用。

作为一种引起世人高度关注的技术和理念，BIM在中国的成长是必然的。2010年的上海世博会，BIM技术真正影响到了中国建筑业。通过运用BIM，对复杂的三维造型的处理给传统设计模式带来的冲击和挑战，使中国的工程师们真正为可视化的3D设计模式所震撼。

随着国外设计及工程公司不断地涌入中国市场，中国工程师面临严峻的挑战，只有与时俱进才有出路。国家有关部门已经开始着手BIM技术标准的制定筹划工作。我国在2011年将BIM纳入第十二个五年计划。次年，中国建筑科学研究院联合有关单位发起成立BIM发展联盟，积极发展、建置我国BIM技术与标准、软件开发创新平台。

我国提出Professional BIM的概念，简称P-BIM，即利用BIM技术改造并提升现有营建专业技术和营运管理之相关软件。BIM发展联盟动员了许多人力资源，共启动了21部P-BIM系列协会标准的编制工作。住建部已发布一系列BIM技术国家标准，如表1-4所示，其中包括分类和编码标准、设计交付标准、施工应用标准和应用统一标准。这些标准可分为基础技术性标准和实施应用性标准。基础技术性标准又分为分类与编码、存储与交换2个细类；实施应用性标准分为建模、交付和应用3个细类。

表1-4 国内BIM技术国家标准

标准名称	实施日期	分类	细类	覆盖阶段
建筑信息模型应用统一标准	2017年7月	实施应用性标准	应用	全寿命
建筑信息模型施工应用标准	2018年1月	实施应用性标准	应用	设计、施工
建筑信息模型分类和编码标准	2018年5月	基础技术性标准	分类与编码	全寿命
建筑信息模型设计交付标准	2019年6月	实施应用性标准	交付	设计
建筑工程设计信息模型制图标准	2019年6月	实施应用性标准	建模、交付	设计
建筑信息模型存储标准	2022年2月	基础技术性标准	存储	全寿命

2015年，住建部《关于推进建筑信息模型应用的指导意见》（建质函[2015]159号）提出：到2020年末，建筑行业甲级勘察、设计单位以及特级、一级房屋建筑工程施工企业应掌握并实现BIM与企业管理系统和其他信息技术的一体化集成应用。到2020年末，以下新立项项目勘察设计、施工、运营维护中，集成应用BIM的项目比率达到90%：以国有资金投资为主的大中型建筑；申报绿色建筑的公共建筑和绿色生态示范小区。在此期间，我国制定了一系列的国家政策，如表1-5所示，使得建筑行业不断重构，向“绿色化、工业化、信息化”三化融合的方向发展。

表1-5 关于建筑信息模型的国家政策

发布时间	发布单位	政策文件	重点内容
2011年5月	住建部	2011—2015年建筑业信息化发展纲要	推进BIM技术、基于网络的协同工作技术应用，提升和完善企业综合管理平台，实现企业信息管理与工程项目信息管理的集成，促进企业设计水平和管理水平的提高。研究发展基于BIM技术的集成设计系统，逐步实现建筑、结构、水暖电等专业的信息共享及协同
2014年7月	住建部	住房城乡建设部关于推进建筑业发展和改革的若干意见	推进建筑信息模型（BIM）等信息技术在工程设计、施工和运行维护全过程的应用，提高综合效益。探索开展白图替代蓝图、数字化审图等工作。建立技术研究应用与标准制定有效衔接的机制，促进建筑业科技成果转化，加快先进适用技术的推广应用。加大复合型、创新型人才培养力度。推动建筑领域国际技术交流合作

续表

发布时间	发布单位	政策文件	重点内容
2015 年 6 月	住建部	关于推进建筑信息模型应用的指导意见	有关单位和企业要根据实际需求制定 BIM 应用发展规划、分阶段目标和实施方案，合理配置 BIM 应用所需的软硬件。改进传统项目管理方法，建立适合 BIM 应用的工程管理模式。构建企业级各专业族库，逐步建立覆盖 BIM 创建、修改、交换、应用和交付全过程的企业 BIM 应用标准流程。通过科研合作、技术培训、人才引进等方式，推动相关人员掌握 BIM 应用技能，全面提升 BIM 应用能力
2016 年 8 月	住建部	2016—2020 年建筑业信息化发展纲要	“十三五”时期，全面提高建筑业信息化水平，着力增强 BIM、大数据、智能化、移动通信、云计算、物联网等信息技术集成应用能力，建筑业数字化、网络化、智能化取得突破性进展，形成一批具有较强信息技术创新能力和信息化应用达到国际先进水平的建筑企业及具有关键自主知识产权的建筑业信息技术企业
2017 年 5 月	住建部	建筑业发展“十三五”规划	为建筑业发展指明方向，即建筑业向“绿色化工业化信息化”三化融合方向发展
2018 年 5 月	住建部	城市轨道交通工程 BIM 应用指南	城市轨道交通工程应结合实际制定 BIM 发展规划，建立全生命期技术标准与管理体系，开展示范应用，逐步普及推广，推动各参建方共享多维 BIM 信息、实施工程管理
2019 年 4 月	人社部 / 教育部	确定新职业 / “1+X”证书	人社部发布 13 个新职业，其中建筑信息化模型技术员位列其中 / 教育部启动“1+X”证书制度
2020 年 8 月	住建部等九部委	住房和城乡建设部等部门关于加快新型建筑工业化发展的若干意见	加快推进 BIM 技术在新型建筑工业化全寿命期的一体化集成应用。充分利用社会资源，共同建立、维护基于 BIM 技术的标准化部品部件库，实现设计、采购、生产、建造、交付、运行维护等阶段的信息互联互通和交互共享。试点推进 BIM 报建审批和施工图 BIM 审图模式，推进与城市信息模型（CIM）平台的融通联动，提高信息化监管能力，提高建筑行业全产业链资源配置效率
2021 年 1 月	住建部	关于印发建设项目工程总承包合同（示范文本）的通知	2021 年 1 月 1 日起，建筑信息模型（BIM）技术的应用正式纳入建设项目工程总承包合同

3. BIM 的发展趋势

从手工到工业化再到信息化，BIM 技术在不断地推进，BIM 的迅速发展必然会引起行业格局的改变，尽管 BIM 的优势在短时间内难以完全发挥，但这项技术所带来的趋势及价值已被广泛认同，随着 BIM 技术的应用逐步深入，单纯应用 BIM 的项目越来越少，更多的是将 BIM 与其他先进技术集成应用，以发挥更大的综合价值。如今的 BIM 技术正在朝“BIM+”方向发展，所谓“BIM+”即是在建设过程中，以 BIM 平台为基础，与现代互联网技术建立起各种集成应用，未来 BIM 将与大数据、云计算、物联网、GIS、移动互联网等信息技术实现跨界整合，使得工程建设行业走上科技之路。BIM 的发展将呈现以下 6 种趋势。

（1）通过移动技术来获取数据。BIM 技术应用将朝着方便易用的方向发展，以更加便捷的网络沟通方式，为用户提供更加丰富的服务。随着互联网和移动智能终端的普及，人们现在可以在任何地点和任何时间来获取信息，而在建筑设计和施工中，工作人员可以配备这些移动设备，在工作现场查看所需信息。与移动端的结合改变了传统呆板的交流方式，极大提高了信息沟通交流的效率。

（2）支持更广泛的数据共享。未来可以把监控器和传感器放置在建筑物的任何一个地方，针对建筑内的温度、空气质量、湿度进行监测。然后，再加上供热信息、通风信息、供水信息和其他的控制信息。这些信息汇总之后，设计师就可以对建筑的现状有一个全面充分的了解。

（3）云端技术提供更好的数据服务。BIM 的信息化特征决定了 BIM 的数据必将朝着数据共享、协同应用的方向发展，改变了现有的工程设计、管理模式。云数据平台作为 BIM 数据管理、任务发布和信息共享的平台，能够实现数据云端存储、文件在线浏览、三维模型浏览、文档管理、协同工作等功能，提高了资源信息的管理能力。基于云计算强大的计算能力，可将 BIM 应用中计算量大且复杂的工作转移到云端，以提升计算效率；基于云计算的大规模数据存储能力，可将 BIM 模型及其相关的业务数据同步到云端，方便用户随时随地访问并与协作者共享。

（4）与物联网集成应用。物联网是在互联网的基础上，将信息交换和通信拓展到了任何物品之间，实现了人与物、物与物的相联。BIM 与物联网集成应用，是通过 BIM 技术在上层发挥信息的集成、共享、展示和管理作用，而物联网技术在底层发挥信息的感知、采集、传递、监控的作用。二者的结合应用实现了建筑信息的集成和融合，并促进了信息化数字技术与实体硬件之间的深度交流。目前，物联网与 BIM 技术主要应用在建筑施工和运营维护阶段，未来的集成应用将会拓展到更为广泛的领域中，发挥出更大的价值。

（5）数字化现实捕捉技术丰富 BIM 模型信息。这种技术，通过一种激光，可以对建筑、桥梁、道路、铁路等实体工程进行扫描，以获得早期的数据。目前，已经有新的算法，能把激光所产生的扫描点集中成平面或者表面，并将其集中放在一个建模的环境中。3D 电影《阿凡达》就是在一台电脑上创造一个 3D 立体 BIM 模型的环境。因此，我们可以利用这样的技术为客户建立可视化的效果。值得期待的是，未来设计师可以在一个 3D 空间中使用这种浸入式的方式来进行工作，直观地展示产品。

（6）协作式项目交付。BIM 是一个工作流程，是基于改变设计方式的一种技术，而且改变了整个项目执行施工的方法，它是一个设计师、承包商和业主之间合作的过程，每个人都有自己非常有价值的观点和想法。所以，如果能够通过分享 BIM 让这些人在项目的全生命周期都参与其中，那么，BIM 将能够实现它最大的价值。国内 BIM 应用处于起步阶段，绿色和环保等词语几乎成为各个行业的通用要求。特别是建筑设计行业，设计师早已不再满足于完成设计任务，而更加关注整个项目从设计到后期的执行过程是否满足高效、节能等要求，期待从更加全面的领域创造价值。

BIM 应用应始终以提升工程项目管理为核心，实现管理效益的提升，因此 BIM 技术与项目管理系统集成应用是 BIM 应用的趋势之一。BIM 系统为项目的生产与管理提供了大量可供深加工和再利用的数据信息，有效管理利用这些海量信息和大数据，需要数据管理系统的支撑。同时，BIM 各系统处理复杂业务所产生的大模型、大数据，对计算能力和低成本的海量数据存储能力提出了较高要求，而基于云计算技术的云服务平台恰好可以为企业提供云端低成本、高性能、易管理的计算能力和存储能力。云算量、云碰撞检查等基于云计算的 BIM 技术的应用，将成为 BIM 技术发展的又一个重要趋势。项目分散、人员工作移动性强、现场环境复杂是制约施工行业信息化推广应用的主要原因，而随着信息技术和通信技术的发展，BIM 技术最终将进入移动应用时代。未来，通过平板电脑、手机等移动设备，可随时随地打开 BIM 模型进行质量检查、变更洽商等项目管理业务，以满足项目现场“走动式管理”的特性。综上所述，以 BIM、项目管理系统、数据管理系统、移动设备和云服务平台为核心的综合性应用，必将是 BIM 未来发展的大趋势。

能力训练题

1. 1975 年，(　　) 首次提出了 BIM 一词的原型。

A. Charles Eastman　B. Robert Aishb　C. van Nederveen　D. Jerry Laiserin

2.【2021 年“1+X”BIM 职业技能等级考试真题】BIM 的定义为 (　　)。

A. Building Information Modeling　B. Building Intelligence Modeling

C. Building Intelligence Model　D. Building Information Model

3. 关于 BIM 的内涵说法正确的是 (　　)。

A. BIM 模型可以理解为是多个三维模型和建筑信息的叠加

B. BIM 可以只依赖一种软件产品实现相互协作并完成所有工作

C. BIM 仅仅是一种设计工具，该工具可以用于图纸输出和碰撞检查

D. BIM 不仅仅是一个工具的升级，而是整个建筑行业流程的一种革命

4. 下列选项不属于 BIM 在施工阶段价值的是 (　　)。

A. 施工工序模拟和分析　B. 辅助施工深化设计或生成施工深化图纸

C. 能耗分析　D. 施工场地科学布置和管理

5. 我国制定并颁布的第一部关于 BIM 的国家标准名称是 (　　)。

A. 建筑信息模型施工应用标准　B. 建筑信息模型应用统一标准

C. 建筑信息模型存储标准　D. 建筑信息模型设计交付标准

项目二　Revit 软件介绍

❖ 学习目标

素质目标

- 通过了解 Revit2021 术语，学会准确规范的表达形式；
- 养成规范的操作习惯和精益求精的工匠精神；
- 养成实际处理问题的能力和规范的操作习惯。

知识目标

- 独立操作 Revit2021 的各个功能区；
- 能使用 Revit2021 过滤器对指定构件进行过滤；
- 了解 Revit2021 术语，学会准确规范的表达形式。

能力目标

- 能对图元、族和实例进行区分；
- 操作 Revit2021 完成视图范围设置；
- 操作 Revit2021 图元进行裁剪。

❖ 项目脉络

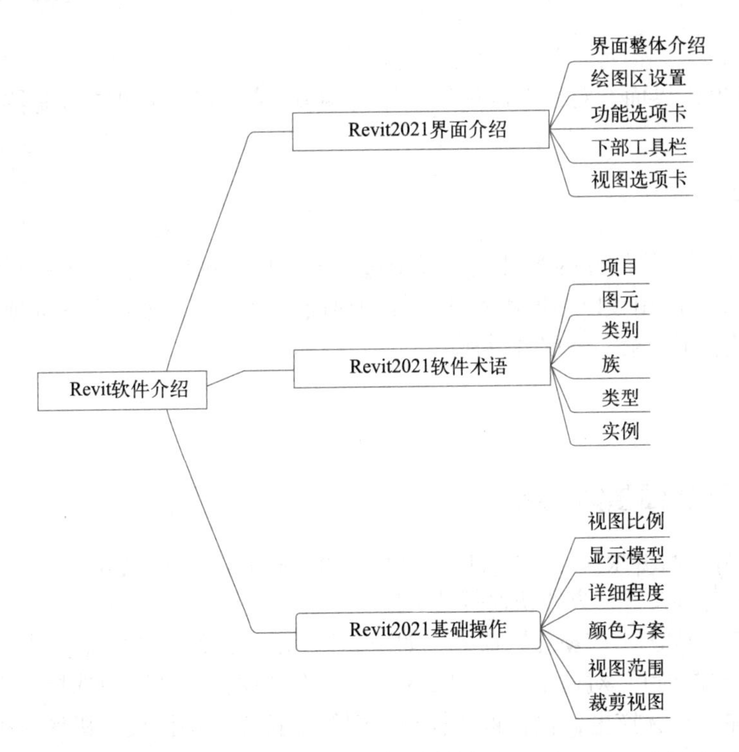

本书采用的建模软件为 Revit2021，本次项目将从认识 Revit2021 界面、软件术语及基础操作三个方面展开。在界面介绍中，主要会讲解软件的菜单栏、选项卡、状态栏、视图控制

栏和绘图区域等部分；在软件术语中，主要阐述项目、图元、类别、族、类型、实例等专业名词；在基础操作中，主要讲述如何进行平面图、可见性及视图范围的调节等基本操作。总之，通过本项目的学习，应对 Revit2021 有一个全面整体的认识。

任务一　认识软件界面

工作任务卡

任务编号		2-1	任务名称	认识软件界面
授课地点		机房	建议学时	1 学时
教学软件		Revit2021	图纸名称	—
学习目标	素质目标	通过了解 Revit2021，学会快捷键和基本命令的配合使用，独立思考； 在将 CAD 的视图与 Revit2021 的各个视图对应的过程中，组内互评取长补短		
	知识目标	了解 Revit2021 界面； 掌握 Revit2021 的界面设置		
	能力目标	能够设置 Revit2021 的绘图区； 能够操作 Revit2021 过滤器对指定构件进行过滤		
教学重点		独立操作 Revit2021 的各个功能区		
教学难点		独立操作 Revit2021 过滤器对指定构件进行过滤		

任务引入

了解 Revit2021 界面，对绘图区进行个性化调节；操作 Revit2021 过滤器对指定构件进行过滤。

任务分析

本次任务主要学习软件的工具栏、视图选项卡、功能选项卡、视图控制栏和绘图区等部分。Revit2021 界面相较以往旧版本的软件的界面变化很大，尤其视图选项卡、功能选项卡等有不少变化，下面会一一展开讲述。

任务实施

一、Revit2021 界面整体介绍

双击 R 图标，打开 Revit2021 软件，会显示 Revit2021 主页，如图 2-1 所示，在主页会显示最近使用的部分文件，方便快速打开文件。

此时，单击“模型”→“新建”命令，如图 2-2 所示，会弹出“新建项目”对话框。

弹出的“新建项目”对话框，如图 2-3 所示，在“样板文件”中选择“构造样板”。需要说明的是，在样板选择里，包含构造样板、建筑样板、结构样板、机械样板、系统样板、电气样板、管道样板等多种样板，每个样板包含的内置族类型各不相同。如建筑样板会内置建筑墙、建筑门、建筑窗、建筑楼梯等族，结构样板会内置结构墙、结构柱、结构梁等族，

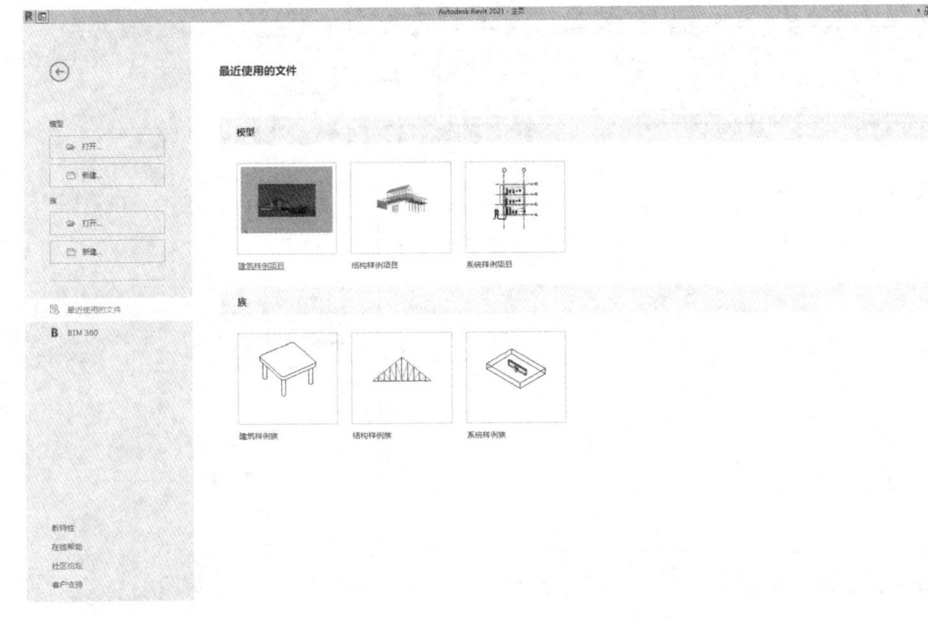

图 2-1　Revit2021 主页

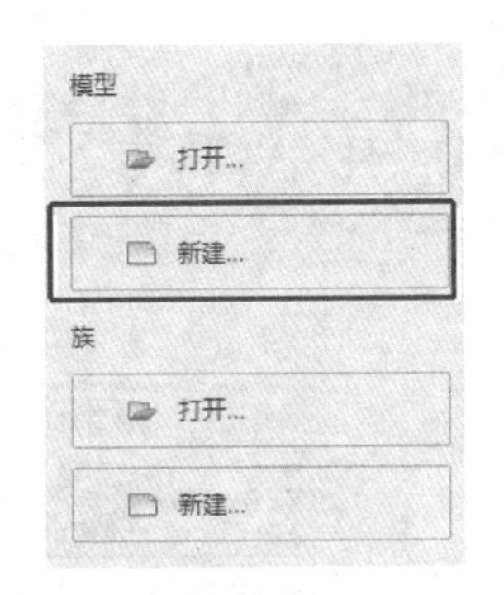

图 2-2　“模型”→“新建”命令

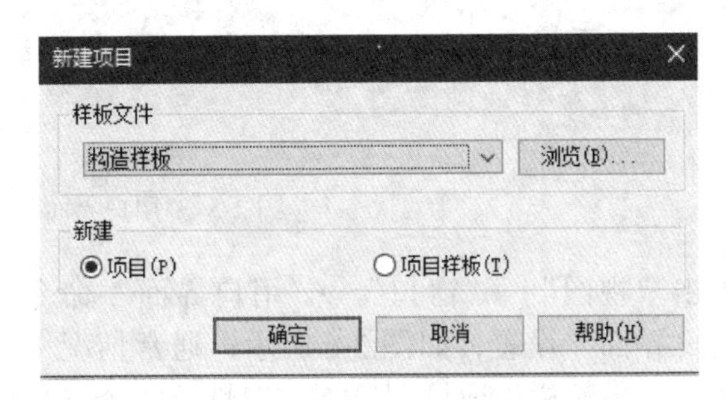

图 2-3　“新建项目”对话框

通常我们选择的构造样板，会同时包括部分建筑族和部分结构族，并集成了轮廓、注释、符号、标题等系统族，相较其他样板，是包含类型最全的样板文件，更适合初学者使用。

在“新建项目”对话框中点击【确定】按钮，会弹出 Revit2021 样板选择总视图，在总视图中，包含上部工具栏、菜单栏、绘图区和下部工具栏四大部分内容，如图 2-4 所示。其中，上部工具栏包括主视图、打开、保存、同步并修改设置、放弃、重做、打印等工具，菜单栏包括建筑、结构、钢、预制、插入、注释等菜单，绘图区则是绘制模型和查看模型的区域，下部工具栏则是对模型的显示设置，包括比例尺、详细程度、视觉样式等命令。

二、绘图区设置

1. 用户界面

在使用 Revit2021 软件进行绘图时，为方便用户操作，可单击“视图”→“窗口”→“用户界面”命令，如图 2-5 所示，为绘图区域添加快捷操作菜单。

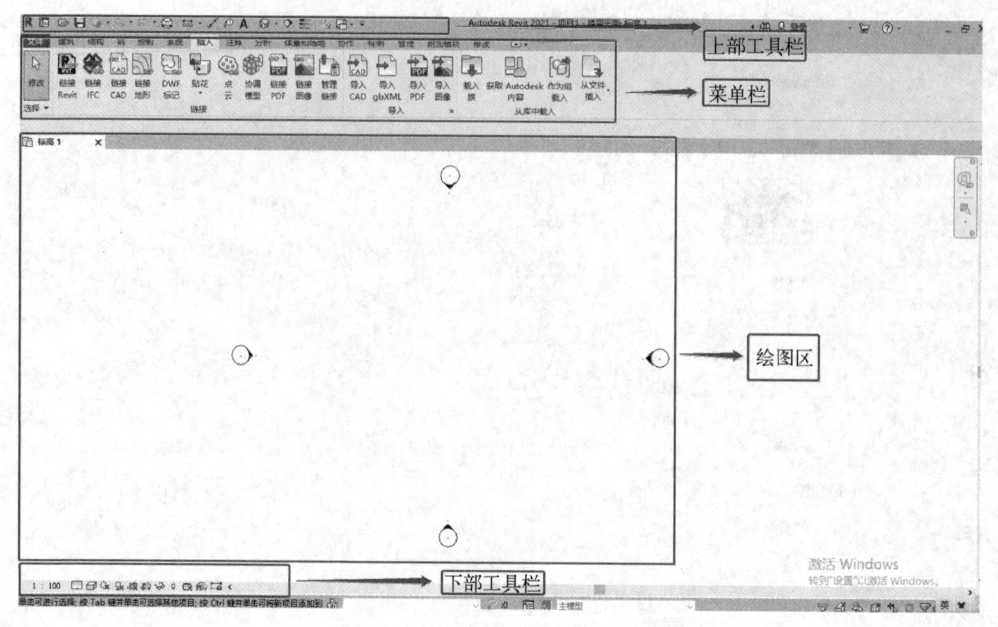

图 2-4　Revit2021 样板选择总视图

图 2-5　“用户界面”命令

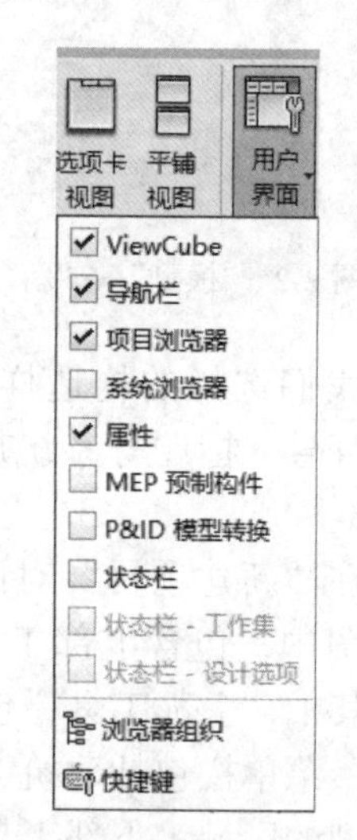

图 2-6　“用户界面”设置

单击“视图”→“窗口”→“用户界面”命令，会弹出“用户界面”设置，如图 2-6 所示，通常情况下，需在 ViewCube、导航栏、项目浏览器、属性这 4 个选项前单击打上“√”，下面将详细介绍这 4 个人性化的操作设置。

完成上述操作后，绘图区的显示效果如图 2-7 所示，可以看到，此时的绘图区多出了 ViewCube、导航栏、项目浏览器、属性栏这 4 个快捷操作菜单，其中，ViewCube 和导航栏位置是固定的，项目浏览器和属性栏位置可以移动，一般布置在右侧和左侧。

使用项目浏览器，可选择项目视图，其中，楼层平面为各平面内剖切视图，天花板平面为项目顶视图，三维视图默认为项目的正交模型图，立面又称为建筑立面，包含建筑的东南西北四个立面，需要注意的是，对比项目的平面视图和三维视图，可以发现，三维视图中包含 ViewCube 和导航栏 2 个快捷操作菜单，而平面视图中只能显示导航栏快捷操作菜单，如图 2-8 所示。

2. 全导航控制盘

使用导航栏，可为单个视图进行导向导航，并可以进行区域内的放大与缩小，单击导航栏上的“全导航控制盘”命令，如图 2-9 所示，可弹出全导航控制盘。

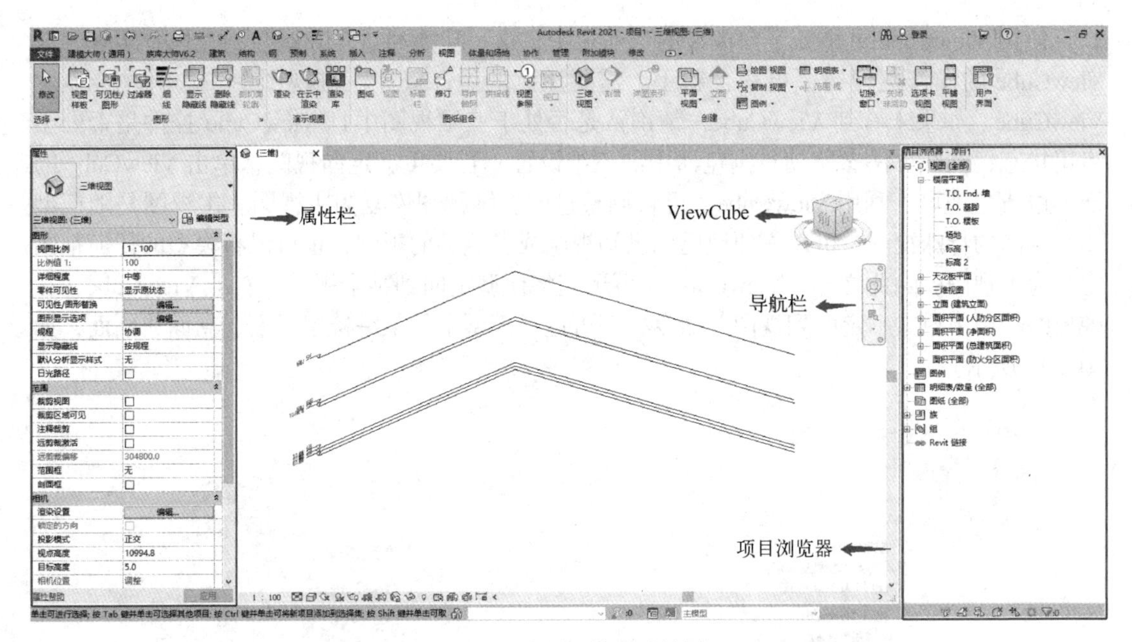

图 2-7　绘图区的显示效果

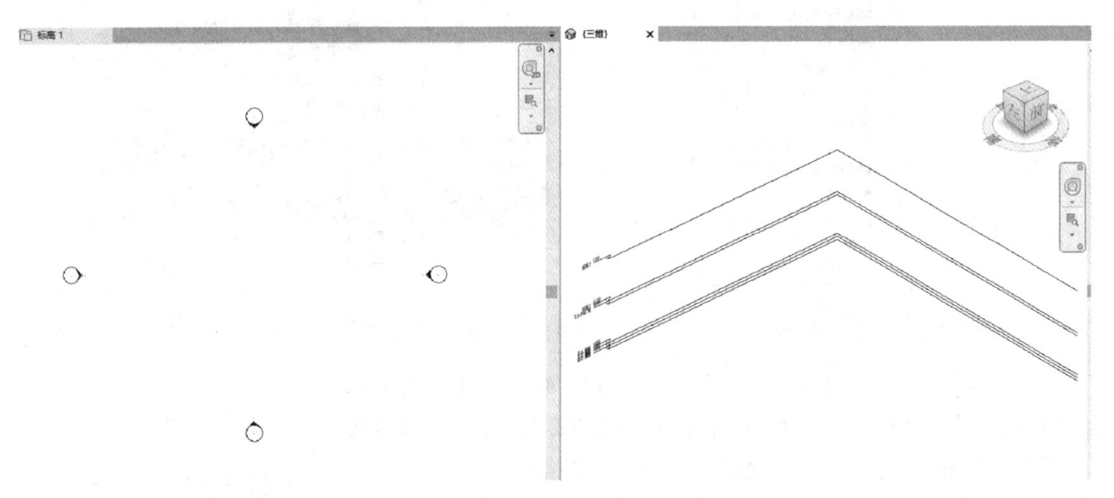

图 2-8　项目的平面视图和三维视图对比

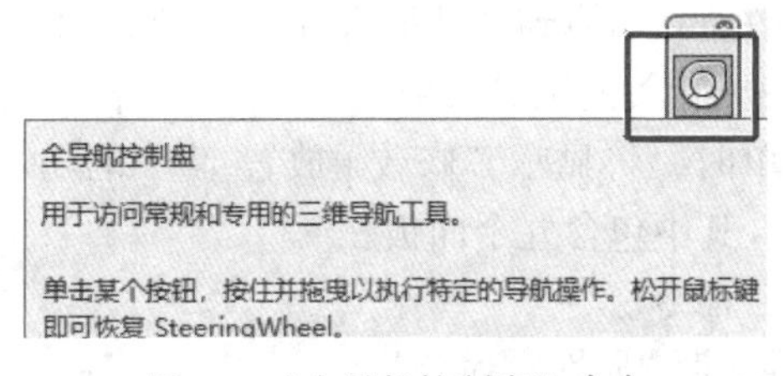

图 2-9　“全导航控制盘”命令

在 Revit2021 中，将查看对象控制盘和巡视建筑控制盘上的三维导航工具组合到了一起。用户可以查看各个对象以及围绕模型进行漫游和导航。全导航控制盘在回放上一操作面和进行模型漫游时经常会用到，如图 2-10 所示。

使用 ViewCube 可重新定向模型的当前视图，这一功能通过全导航控制盘也可实现，但 ViewCube 的操作更便捷，更适合新手。需要注意的是，仅在三维视图中工作时才会显示 ViewCube。如果未看到 ViewCube，请确认是否处于三维视图中且 ViewCube 控件是否处于启用状态，确认方法参照项目浏览器中的三维设置，若要重新定向视图，单击 ViewCube 的面、边或角即可。利用 ViewCube，可将调整过的三维视图恢复为主视图。主视图是随模型一起存储的特殊视图，可以方便地返回已知视图或者熟悉的视图，也可以将模型的任何视图定义为主视图。除此之外，ViewCube 还可迅速将模型定向到某个视图，右击 ViewCube，在弹出的选项中单击“定向到视图”命令，即可选择模型中的某一楼层平面、立面或剖面，如图 2-11 所示。

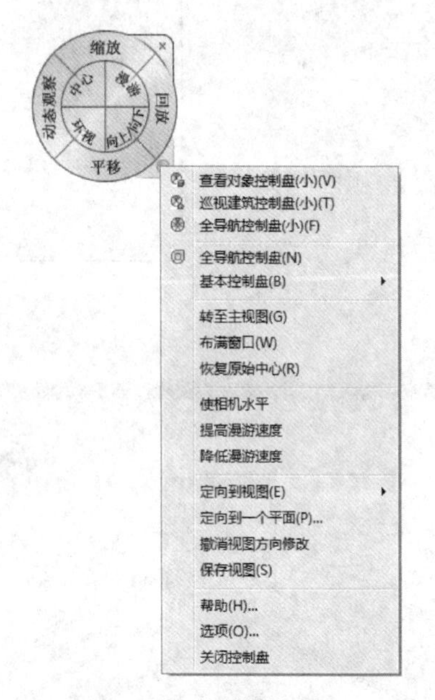

图 2-10　全导航控制盘

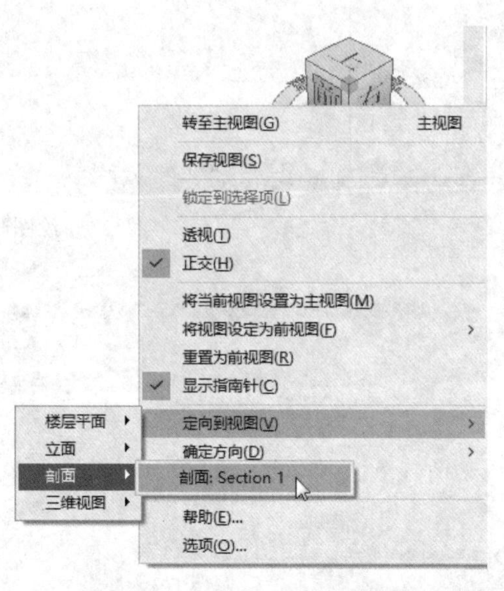

图 2-11　ViewCube“定向到视图”

属性栏，主要用于对项目某一构件进行属性设置。若未选中构件，则可对视图的属性进行设置，如图 2-12 所示，可设置三维视图的视图比例、详细程度、零件可见性等。

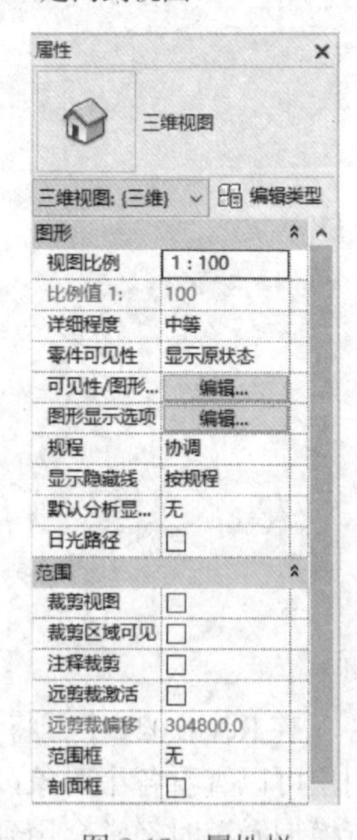

图 2-12　属性栏

三、功能选项卡

选择图元时，会自动增加并切换到“功能选项卡”，选项卡包含一组只与该工具或者图元相关的工具选项。

例如，单击“墙”菜单时，将显示“修改 | 放置 墙”的功能选项卡，如图 2-13 所示，其中包含九个面板：

① 选择：包含“修改”命令。

② 属性：包含“类型属性”“属性”命令。

③ 剪贴板：包含“复制”“粘贴”等命令。

④ 几何图形：包含“剪切”“连接”等命令。

⑤ 修改：常规的编辑命令，适用于软件的整个绘图过程中，如“移动”“复制”“旋转”“阵列”“镜像”“对齐”“拆分”“修剪”

“偏移”等编辑命令。

⑥ 视图：包含墙体的“替换”“隐藏”等命令。

⑦ 测量：包含墙体的“高程点测量”“距离测量”等命令。

⑧ 创建：适用于不规则形状墙体“族”的建立。

⑨ 绘制：包含绘制墙体所必需的绘图工具，如“直线”“弧线”“圆”等命令。

退出该工具时，功能选项卡就会关闭。

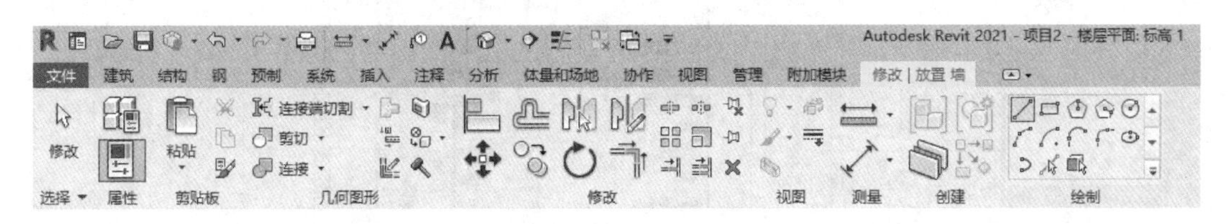

图 2-13　墙图元选项卡

四、下部工具栏

下部工具栏又称为视图控制栏，位于 Revit2021 窗口底部。通过视图控制栏，可以快速访问影响绘图区域的功能，视图控制栏工具从左到右依次是：比例、详细程度、视觉样式、打开 / 关闭日光路径、打开 / 关闭阴影、显示 / 关闭渲染、打开 / 关闭裁剪区域、显示 / 隐藏裁剪区域、锁定 / 解锁三维视图、临时隐藏 / 隔离、显示隐藏的图元等，如图 2-14 所示。

1 : 200

图 2-14　下部工具栏

五、视图选项卡

单击菜单栏中的“视图”菜单，可打开视图选项卡，视图选项卡的图形面板包括视图样板、可见性 / 图形、过滤器、细线、显示隐藏线、删除隐藏线等命令，如图 2-15 所示。

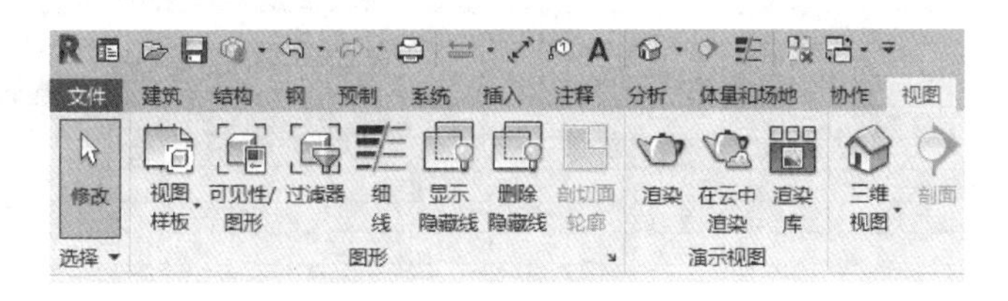

图 2-15　视图选项卡

单击“视图样板”命令，弹出“应用视图样板”对话框，如图 2-16 所示，视图样板的主要作用是创建、编辑或将标准化视图应用于样板。使用视图样板可以对视图应用进行标准设置，主要用于制定项目标准，并实现施工图文档集的一致性。在创建视图样板之前，首先要考虑如何使用视图，及对于每种类型的视图（楼层平面、立面、剖面、三维视图等）进行分析，然后选取需要的视图类型，需要注意，对图纸上的视图应用视图样板时，视图样板属性将应用于图纸中当前包含的视图。但是，视图样板并未指定给这些视图，所以以后对视图样板所做的修改不会影响视图。

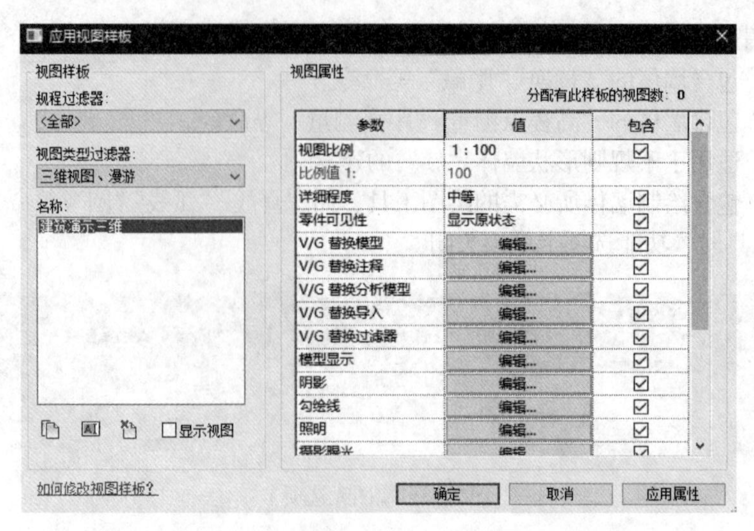

图 2-16 “应用视图样板”对话框

单击“可见性 / 图形”命令（VV），弹出“三维视图：{ 三维 } 的可见性 / 图形替换”对话框，如图 2-17 所示，“可见性 / 图形”主要是对模型类别、注释类别等进行设置，通过模型类别设置，可以永久或临时在视图中隐藏单个图元或几类图元，可以使用替换功能为平面视图中墙的截面线和结构核心线指定不同的线宽，如果图元是透明的，可以只在图元表面上绘制边缘和填充图案。

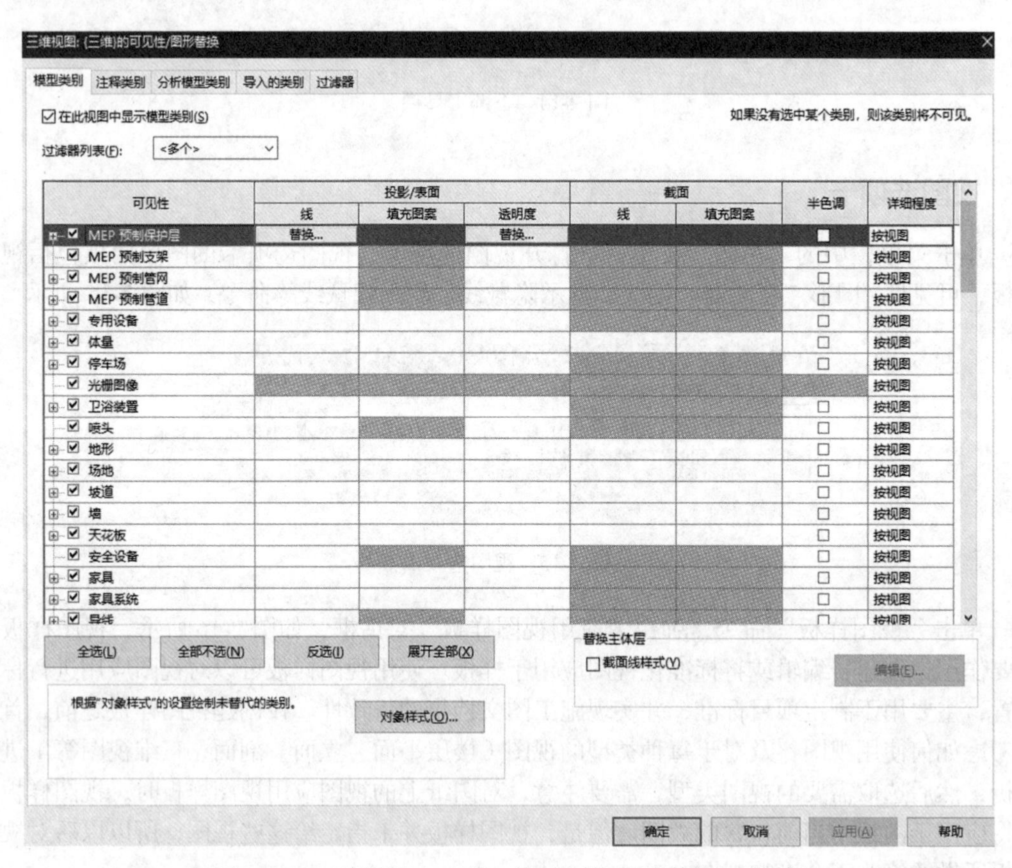

图 2-17 “三维视图：{ 三维 } 的可见性 / 图形替换”对话框

单击“过滤器”命令，弹出“过滤器”对话框，如图 2-18 所示，利用该功能，可以对所有符合过滤条件的构件设置指定的可见性和图形设置。例如，如果需要更改视图中 2 小时防火等级墙的线样式和颜色，可以创建过滤器以选择视图中所有防火等级参数的值为 2 小时的墙，并将过滤器应用于视图，定义墙的可见性和图形显示设置即可。这样，所有符合过滤条件的墙将以指定的可见性和图形设置显示在视图中。

需要注意的是，基于规则的过滤器中必须包含一个或多个规则集①，每个规则集包含一个或多个“规则”或嵌套的规则集②，如图 2-19 所示。

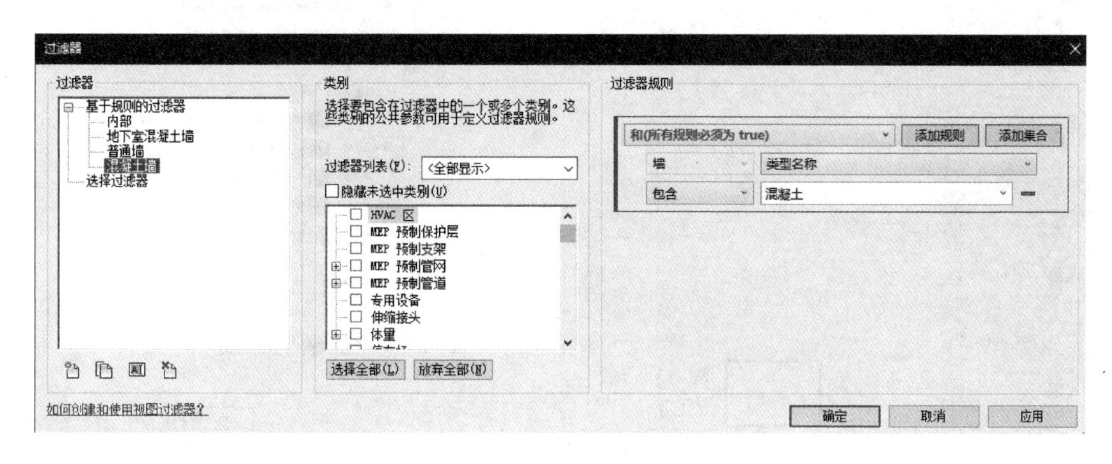

图 2-18 “过滤器”对话框

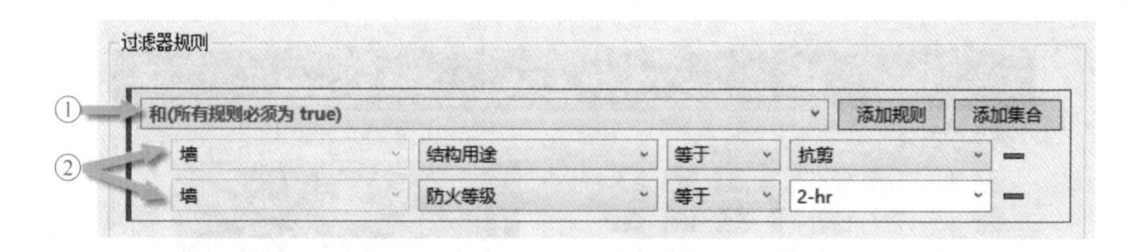

图 2-19 过滤器规则

重点提示

1. 功能选项卡的编辑命令，如移动、复制、旋转、阵列、镜像、对齐等适用于软件的整个绘图过程中。

2. 基于规则的过滤器中必须包含一个或多个规则集。

任务拓展 Revit2021 底图颜色设置

Revit2021 默认的底图颜色为白色，习惯于黑色底图的绘图者可以对此进行修改。单击“文件”→“选项”命令，如图 2-20 所示，弹出“选项”对话框，如图 2-21 所示。可在“图形”→“颜色”一栏中对 Revit2021 的底图颜色进行设置。

单击“颜色”→“背景”后的灰色框，弹出“颜色”对话框，选择“黑色”，单击【确定】按钮，如图 2-22 所示，可以将 Revit2021 底图颜色变为黑色，如图 2-23 所示。

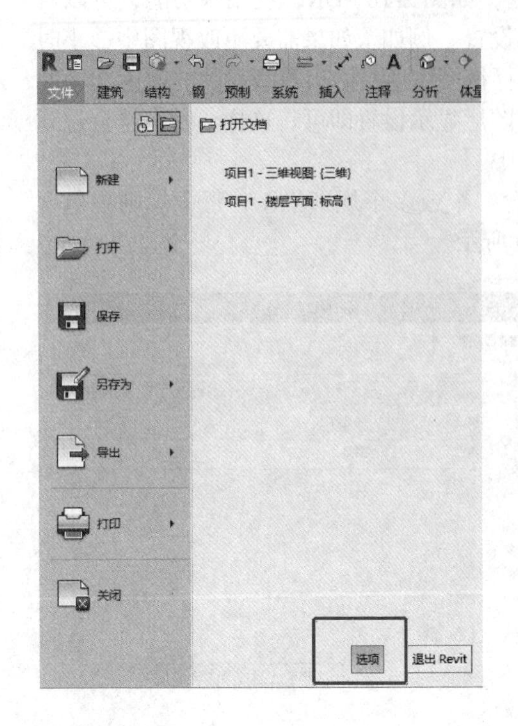

图 2-20 “选项”命令

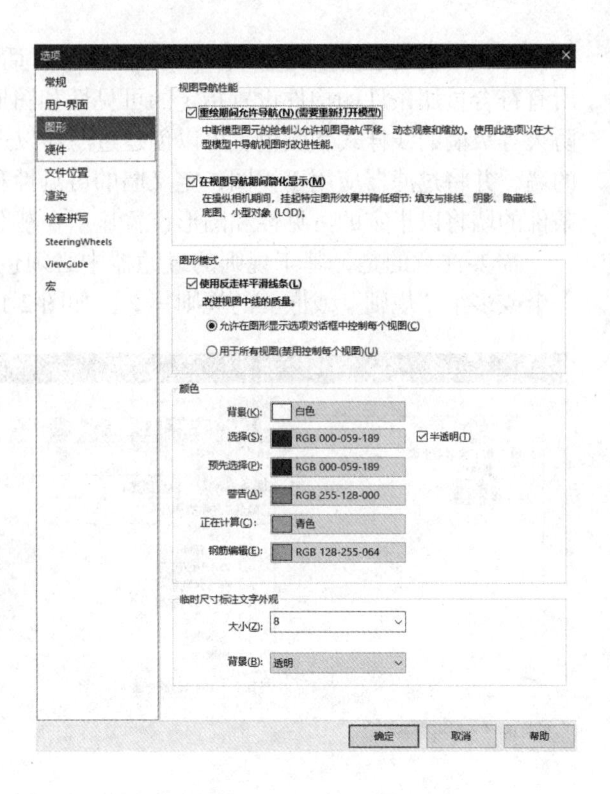

图 2-21 “选项”对话框

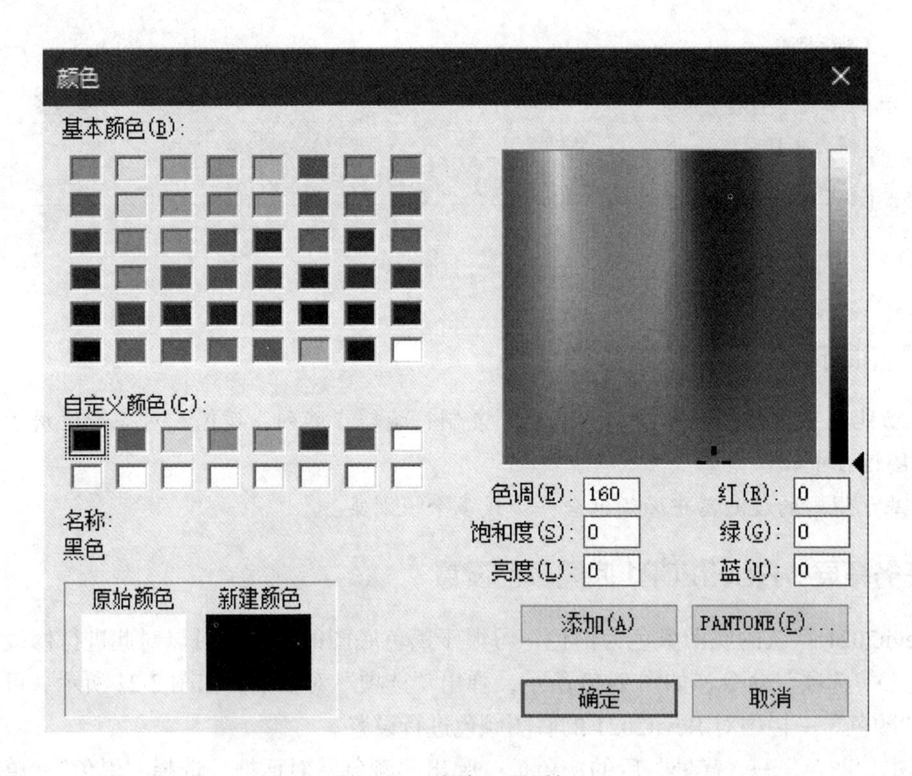

图 2-22 “颜色”对话框

图 2-23　黑色底图的 Revit2021

另外也可进行设置临时尺寸标注文字的大小与背景，在“视图导航性能”中将“在视图导航期间简化显示”前的“√”消除，可大大加快模型的渲染与漫游速度。

任务评价

姓名：　　　　　　　　　　　　　班级：　　　　　　　　　　　　　日期：

序号	考核点	要求	分值 / 分	得分 / 分
1	整体认识	能整体认识 Revit2021 各界面位置	5	
2	Revit2021 工具栏	会操作 Revit2021 上部工具栏	20	
		会操作 Revit2021 下部工具栏	10	
3	Revit2021 绘图区	能进行 Revit2021 绘图区个性化设置	20	
4		会操作全导航控制盘	5	
5		会操作 ViewCube 及属性栏、项目浏览器	10	
6	视图选项卡	会操作视图选项卡隐藏及筛选图元	20	
7	功能选项卡	会利用功能修改图元	10	
合计			100	

任务总结

Revit2021 软件界面主要内容如下：

① Revit2021 主要界面包括软件的工具栏、选项卡、绘图区等部分；

② 软件主要由工具栏、功能选项卡、全导航控制盘、ViewCube 等进行控制；

③ 软件显示内容主要取决于视图控制栏和视图选项卡。

任务二 术语认知

工作任务卡

任务编号		2-2	任务名称	术语认知
授课地点		机房	建议学时	1学时
教学软件		Revit2021	图纸名称	—
学习目标	素质目标	通过了解Revit2021术语，学会准确规范的表达形式		
	知识目标	了解Revit2021术语		
	能力目标	能掌握图元与族的区别		
教学重点		能区分图元，按类别分类		
教学难点		能对图元、族和实例进行区分		

任务引入

通过了解Revit2021术语，学会准确规范的表达形式，能掌握图元与族的区别，区分图元并按类别分类，辨别图元、族和实例。

任务分析

项目中的图元、族和实例等都有不同的属性，通过对软件术语的学习，应会对其进行区分。

任务实施

一、项目

在Revit2021建筑设计中新建一个文件是指新建一个“项目”文件，有别于传统AutoCAD中的新建一个平面视图或立剖面图等文件的概念。

在Revit2021中，项目是指单个设计信息数据库——建筑信息模型。项目文件包含了建筑的所有设计信息（从几何图形到构造数据），包括完整的三维建筑模型、所有设计视图（平面、立面、剖面、明细表等）和施工图图纸等信息。且所有这些信息之间都保持了关联的关系，当建筑师在某个视图中修改设计时，Revit2021会在整个项目中同步这些修改，实现了“一处修改，处处更新”。

二、图元

在创建项目时，用户可以通过向设计中添加参数化建筑图元来创建建筑。在Revit中，图元主要分为5种。

1. 主体图元

包括墙、楼板、屋顶和天花板、场地、楼梯、坡道等。

主体图元的参数如大多数的墙都可以设置构造层、厚度、高度等，楼梯都具有踏面、踢面、休息平台、梯段宽度等参数。

主体图元的参数设置由软件系统预先设置。用户不能自由添加参数，只能修改原有的参数，编辑创建出新的主体类型。

2. 构件图元

包括窗、门和家具、植物等三维模型构件。

构件图元和主体图元具有相对的依附关系，如门窗是安装在墙主体上的，删除墙，则墙体上安装的门窗构件也同时被删除。这是 Revit2021 软件的特点之一。

构件图元的参数设置相对灵活，变化较多，所以在 Revit2021 里，用户可以自行定制构件图元，设置各种需要的参数类型，以满足参数化设计修改的需要。

3. 注释图元

包括尺寸标注、文字注释、标记和符号等。注释图元的样式都可以由用户自行定制，以满足各种本地化设计应用的需要。比如展开项目浏览器的族中注释符号的子目录，即可编辑修改相关注释族的样式。

Revit2021 中的注释图元与其标注、标记的对象之间具有某种特定的关联。如门窗定位的尺寸标注，修改门窗位置或门窗大小，其尺寸标注会自动修改；修改墙体材料，则墙体材料的材质标记会自动变化。

4. 基准面图元

包括标高、轴网、参照平面等。

因为 Revi2021 是一款三维设计软件，而三维建模的工作平面设置是其中非常重要的环节。所以标高、轴网、参照平面等为大家提供了三维设计的基准面。

此外，我们还经常使用参照平面来绘制定位辅助线以及绘制辅助标高或设定相对标高偏移来定位。如绘制楼板时，软件默认在所选视图的标高上绘制，可以通过设置相对标高偏移值来绘制诸如卫生间下降楼板等。

5. 视图图元

包括楼层平面图、天花板平面图、三维视图、立面图、剖面图以及明细表等。

视图图元的平面图、立面图、剖面图以及三维轴测图、透视图等都是基于模型生成的视图表达，它们是相互关联的。可以通过软件对象样式的设置来统一控制各个视图的对象显示。

同时每一个平面、立面、剖面视图又具有相对的独立性。如：每一个视图都可以设置其独有的构件可见性设置、详细程度、出图比例、视图范围设置等，这些都可以通过调整每个视图的视图属性来实现。

Revit2021 软件的基本构架就是由以上五种图元要素构成的。对以上图元要素的设置及修改、定制等操作都有相类似的规律。

三、类别

类别是一组用于对建筑设计进行建模或记录的图元，用于对建筑模型图元、基准图元、视图专有图元进一步分类。例如墙、屋顶和梁属于模型图元类别，而标记和文字注释则属于注释图元类别。

四、族

Revit2021 软件作为一款参数化设计软件，“族”的概念需要深入理解和掌握。族的创建和定制，使软件具备了参数化设计的特点以及实现本地化项目定制的可能性。族是一个包含通用属性（称作参数）集和相关图形表示的图元组。所有添加到 Revit2021 项目中的图元（从用于构成建筑模型的结构构件、墙、屋顶、窗和门到用于记录该模型的详图索引、装置、标记和详图构件）都是使用族创建的。

在 Revit2021 中，有三种族：

① 内建族：在当前项目为专有的特殊构件所创建的族，不需要重复利用。

② 系统族：包含基本建筑图元，如墙、屋顶、天花板、楼板以及其他要在施工场地使用的图元。标高、轴网、图纸和视口类型的项目和系统设置也是系统族。

③ 标准构件族：用于创建建筑构件和一些注释图元的族。例如窗、门、橱柜、装置、家具和植物以及一些常规自定义的注释图元，例如符号和标题栏等。它们具有高度可自定义的特征，可重复利用。

五、类型

每一个族都可以拥有多个类型。类型可以是族的特定尺寸，如 450mm × 600mm、600mm × 750mm 的矩形柱都是“矩形柱”族的一种类型；类型也可以是样式，例如“线性尺寸标注类型”“角度尺寸标注类型”都是尺寸标注图元的类型。

六、实例

实例是放置在项目中的每一个实际的图元。每一个实例都属于一个族，且在该族中属于特定类型。例如，在项目中的轴网交点位置放置了 10 根 600mm × 750mm 的矩形柱，那么每一根柱子都是“矩形柱”族中“600mm × 750mm”类型的一个实例。

重点提示

1. Revit2021 中的族可以变成项目，项目中的单个图元也可以变成族。
2. Revit2021 中的图元除系统自带的类型外，还可自定义类型。

任务拓展　其他术语介绍

一、云模型

可以将工作共享和非工作共享的 Revit 模型保存到云的模型。

使用云模型，可以在 BIM 360 Document Management 中针对工作共享模型与其他用户进行协作。

使用云模型将非工作共享模型保存到云，可在 BIM 360 Document Management 上与其他用户共享。

二、Revit MEP 图元

Revit MEP 是面向建筑设备及管道工程的建筑信息模型设计和制图的专有图元。可以最大限度地减少设备专业设计团队之间的协作失误，同建筑师和结构工程师进行协作。

任务评价

姓名：　　　　　　　　　　　　班级：　　　　　　　　　　　　日期：

序号	考核点	要求	分值 / 分	得分 / 分
1	项目	理解 Revit2021 中项目的含义	20	
2	图元	了解 Revit2021 中图元有哪些	20	
3	类别	掌握 Revit2021 中类别包括什么	10	
4	族	掌握项目和族的区别	20	
5	类型	会区分类别和类型	10	
6	实例	会区分图元和实例	20	
合计			100	

任务总结

在学习 Revit2021 软件进行建筑建模设计之前，必须对相关的基本专业术语进行了解；了解 Revit2021 术语，不仅是为了掌握准确规范的表达形式，更有助于后期对知识归类记忆。

任务三　基础操作学习

工作任务卡

任务编号		2-3	任务名称	基础操作学习
授课地点		机房	建议学时	2 学时
教学软件		Revit2021	图纸名称	—
学习目标	素质目标	通过了解 Revit2021 基础操作，选择适合自己的操作方式； 养成处理实际问题的能力和规范的操作习惯		
	知识目标	了解 Revit2021 视图范围设置； 掌握 Revit2021 模型详细程度设置		
	能力目标	能够对 Revit2021 图元进行裁剪； 能够利用 Revit2021 设置颜色方案		
教学重点		操作 Revit2021 完成视图范围设置		
教学难点		操作 Revit2021 进行图元裁剪		

任务引入

作为一款参数化的三维建筑设计软件，在 Revit2021 里，要弄明白如何通过对三维模型进行相关项目设置，从而获得所需要的符合设计要求的相关图纸，就需要了解 Revit2021 的基本操作。

任务分析

在 Revit2021 里，项目图纸的生成主要取决于视图比例、显示模型、详细程度、颜色方案、视图范围、裁剪视图这些参数的设置。下面就针对这些参数设置一一进行学习。

任务实施

一、视图比例

在 Revit2021 中，视图比例控制注释内容与模型的关系，标注与墙体线条粗细会随之变化。视图比例可在属性栏中设置，如果绘图区没有显示属性栏，可参照项目二任务一认识软件界面中的绘图区设置调出属性栏。常见的视图比例有 1 ∶ 1、1 ∶ 2、1 ∶ 5、1 ∶ 10、1 ∶ 20、1 ∶ 100 等，单击“属性”→“视图比例”右侧下三角，弹出“视图比例”设置，如图 2-24 所示。

例如，同一面复合墙体，视图比例设置为 1 ∶ 100，则墙线过粗，不利于绘图时墙线边缘对齐，若设置视图比例为 1 ∶ 1，墙线细致程度可满足墙线边缘对齐需求，同一复合墙体的不同视图比例显示如图 2-25 所示。

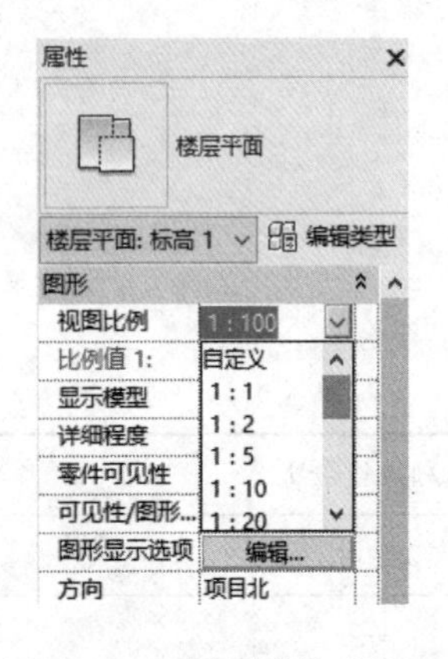

图 2-24 “视图比例”设置

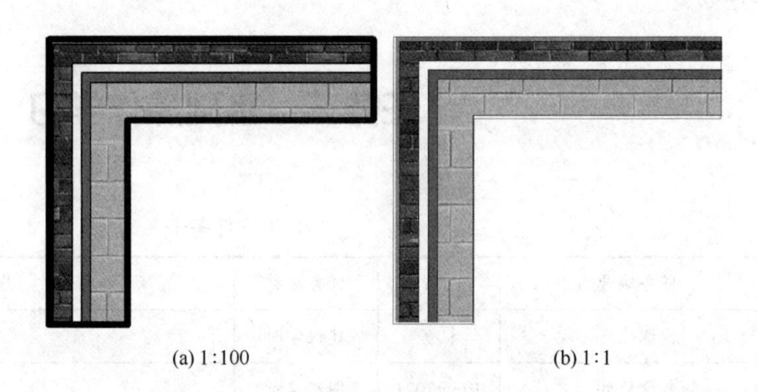

图 2-25 同一复合墙体不同视图比例显示

二、显示模型

在 Revit2021 中，常常需要进行渲染或漫游，这时，渲染的速度快慢，与显示模型有着密切的关系。单击“属性”→“显示模型”右侧下三角，弹出“显示模型”设置，如图 2-26 所示。常见的显示模型分为标准、半色调和不显示 3 种，其中，半色调模式下渲染模型，速度会明显加快，不显示模式下渲染模型，速度最快，但看不到渲染进度，不推荐使用。标准模式和半色调模式下的同一面复合墙体，如图 2-27 所示。

三、详细程度

除此之外，模型的详细程度也会影响渲染的速度快慢，更重要的是，详细程度往往还会影响绘图的流程性，导致机器卡顿，因此针对不同体量的模型选择不同的详细程度尤为重要。而且，在建筑设计的图纸表达要求里，不同比例图纸的视图表达的要求也不相同，所以需要掌握视图进行详细程度的设置。

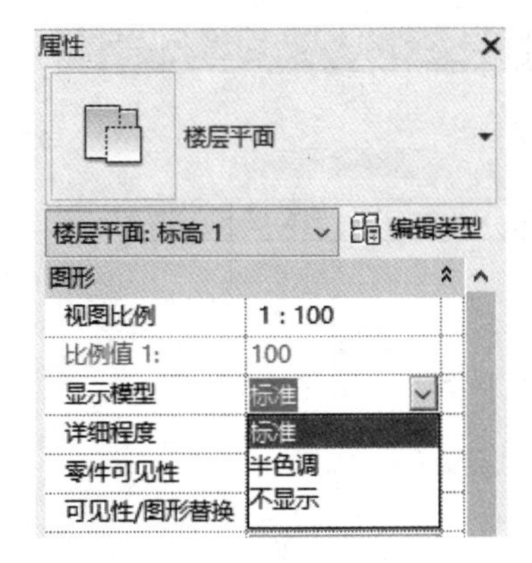

图 2-26 “显示模型”设置

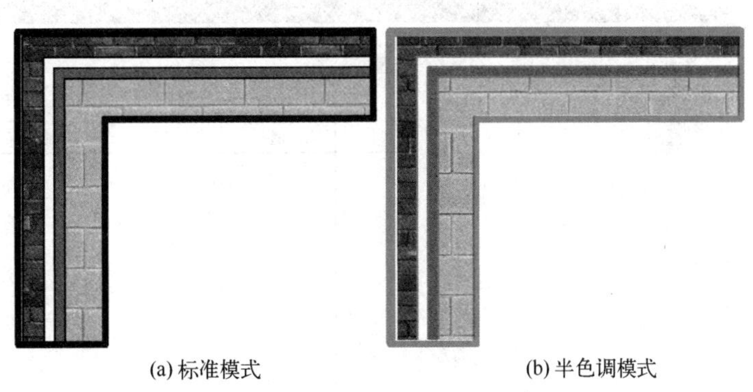

(a) 标准模式 (b) 半色调模式

图 2-27 同一复合墙体不同显示模型

单击“属性”→“详细程度”右侧下三角，弹出“详细程度”设置，如图 2-28 所示。详细程度分为粗略、中等、精细 3 类。通过预定义详细程度，还可以影响不同视图比例下同一几何图形的显示。粗略模式和精细模式下的同一面复合墙体如图 2-29 所示。墙、楼板和屋顶的复合结构以中等和精细详细程度显示，即详细程度为粗略时不显示结构层。

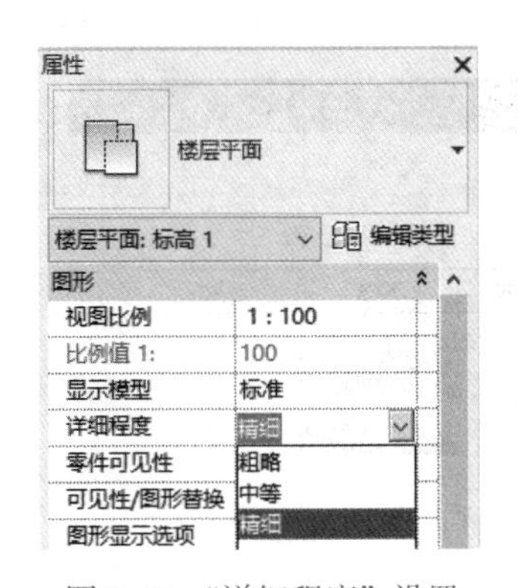

图 2-28 “详细程度”设置

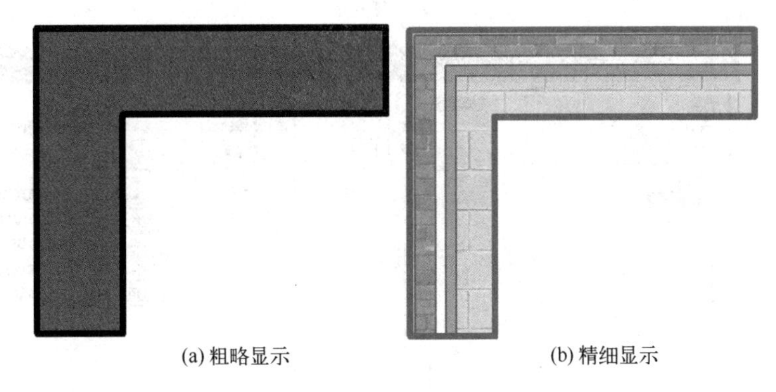

(a) 粗略显示 (b) 精细显示

图 2-29 同一面复合墙体不同详细程度

四、颜色方案

在 Revit2021 中，针对不同的图元或封闭区间，往往要给予不同的颜色方案，此时就要用到颜色方案设置。单击“属性”→“颜色方案”右侧矩形，如图 2-30 所示。弹出“编辑颜色方案”对话框，如图 2-31 所示。常见的颜色方案分类有按房间分类和按空间分类两种。

例如按房间分类，将类别设置为“房间”，选择“方案 1”，颜色按名称赋予，如图 2-32 所示。不同名称的颜色可更改。更改完成后，单击【确定】按钮，可为不同的图元或封闭区间自动赋予颜色方案，如图 2-33 所示，为未赋予颜色方案和赋予了颜色方案的封闭区间对比。

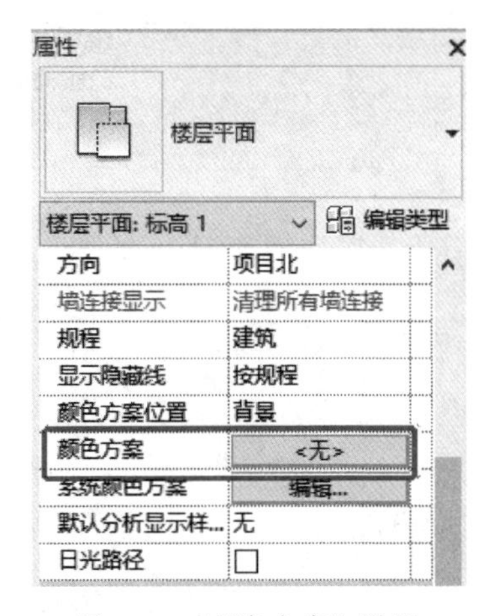

图 2-30 “颜色方案”设置

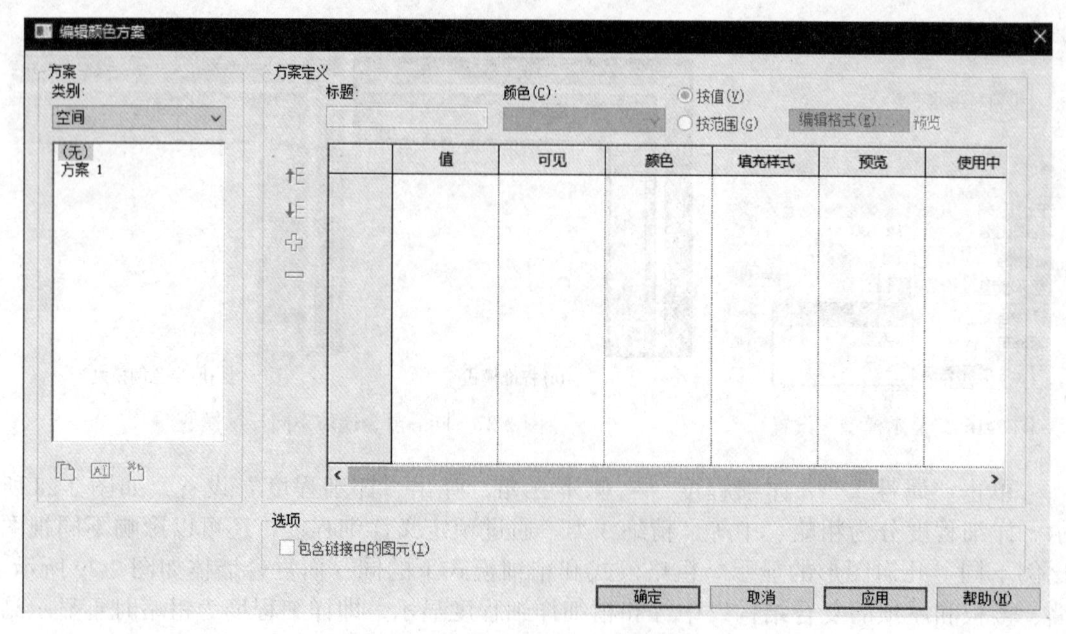

图 2-31 “编辑颜色方案”对话框

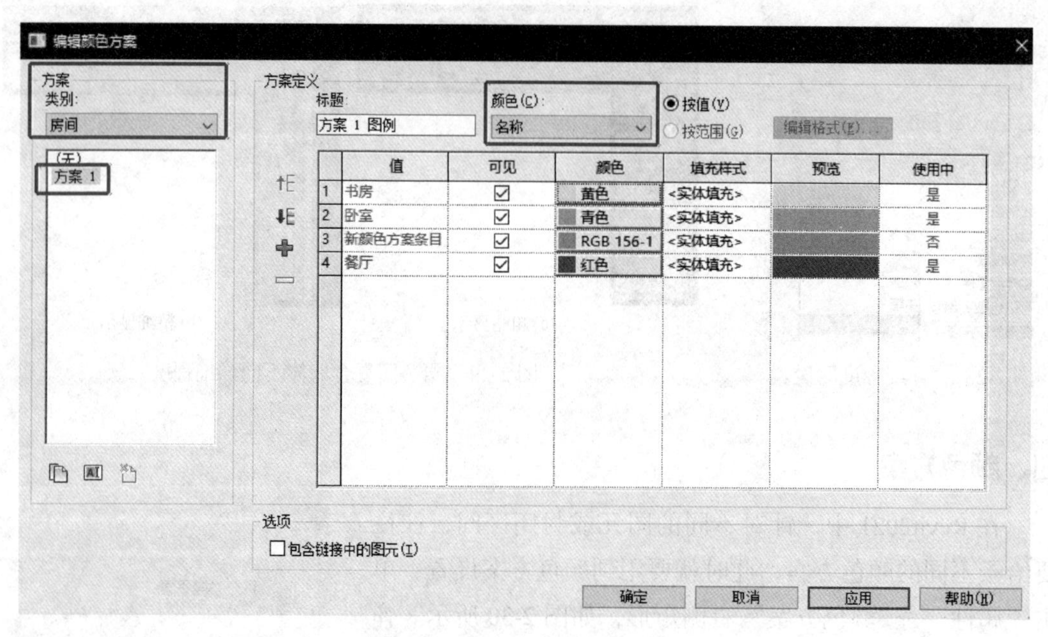

图 2-32 颜色方案按房间设置

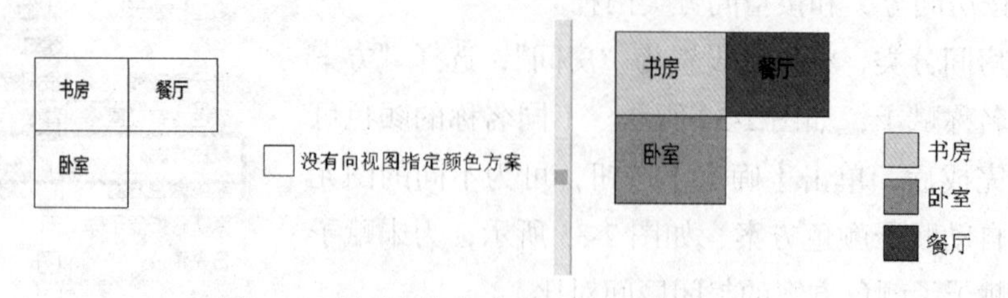

图 2-33 赋予颜色方案前后的封闭区间对比

五、视图范围

单击“属性”→“视图范围”右侧矩形，如图 2-34 所示，弹出“视图范围”对话框，如图 2-35 所示。视图范围是控制对象在视图中的可见性和外观的水平平面集。每个平面图都具有视图范围属性，该属性也称为可见范围。定义视图范围的水平平面为“俯视图”“剖切面”和“仰视图”。顶剪裁平面和底剪裁平面表示视图范围的最顶部和最底部的部分。剖切面是一个平面，用于确定特定图元在视图中显示为剖面时的高度。这三个平面可以定义视图范围的主要范围。视图深度是主要范围之外的附加平面。默认情况下，视图深度与底剪裁平面重合。

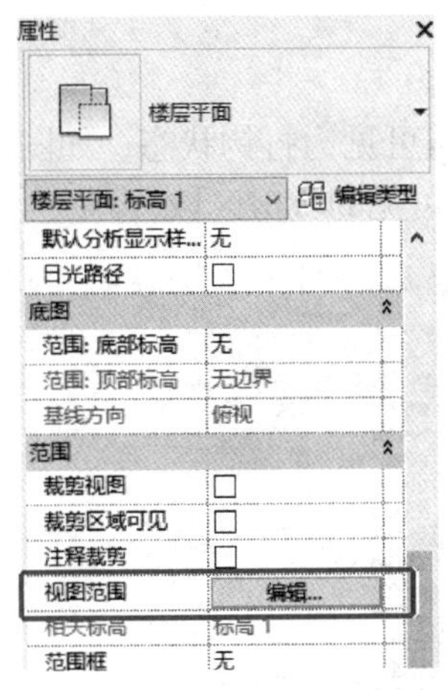

图 2-34 “视图范围”设置

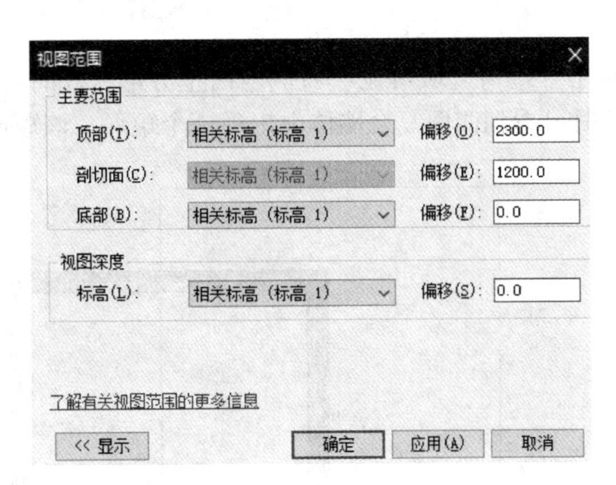

图 2-35 “视图范围”对话框

单击“视图范围”对话框左下角“<< 显示”按钮，会弹出“样例视图范围”对话框，便于初学者理解“顶部主要范围”“剖切面主要范围”和“底部主要范围”，如图 2-36 所示。

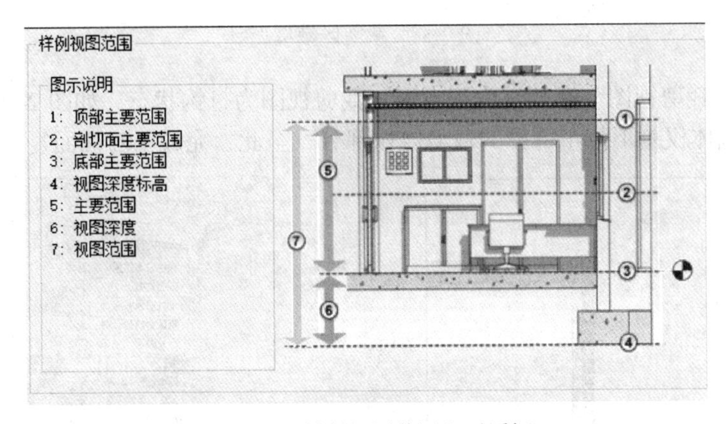

图 2-36 “样例视图范围”对话框

六、裁剪视图

裁剪视图定义了项目视图的边界。通常情况下，裁剪视图与裁剪区域可见两个命令需配合使用，默认状态下裁剪视图与裁剪区域可见均为未打钩状态，如图 2-37 所示。此时项目中仅可见四面复合墙体。

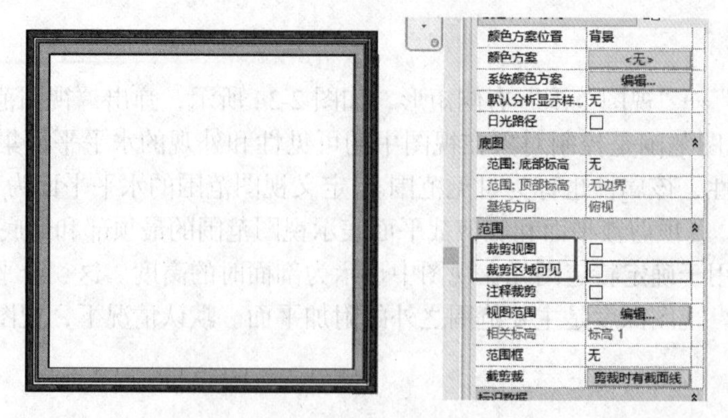

图 2-37 裁剪视图与裁剪区域可见

单击“裁剪区域可见”右侧空白正方形，此时裁剪区域可见为打钩状态，如图 2-38 所示。此时可看到四面复合墙体上出现一个矩形，该矩形即为可见的裁剪区域。

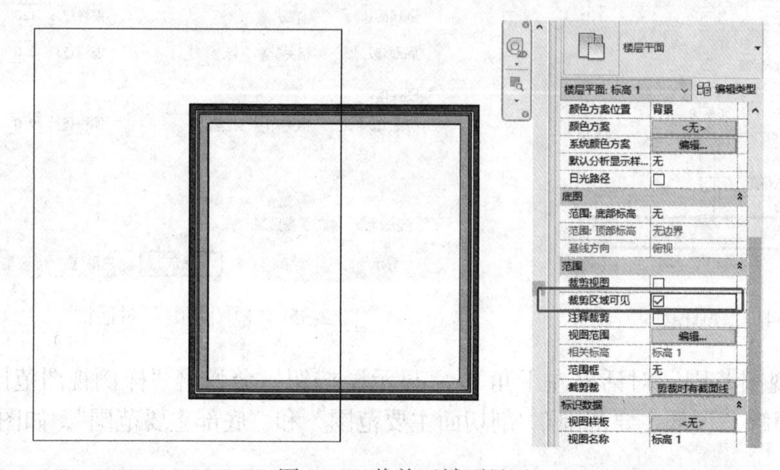

图 2-38 裁剪区域可见

此时单击“裁剪视图”右侧空白正方形，裁剪视图为打钩状态，如图 2-39 所示。此时可看到四面复合墙体仅剩下位于可见的裁剪区域部分，至此，完成了对四面复合墙体的裁剪。

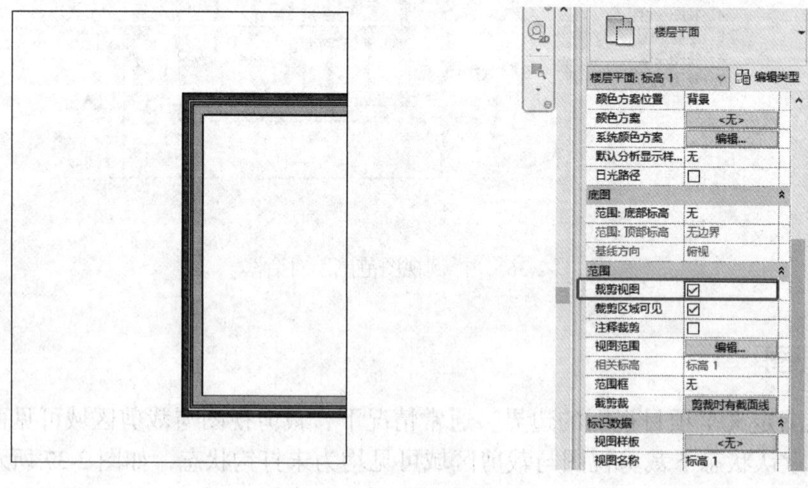

图 2-39 裁剪视图

重点提示

1. 在 Revit2021 里，显示模型、详细程度的参数设置会影响软件的流畅性；
2. 无论可见性状态是否设置，裁剪视图与无法裁剪区域均可操作。

任务拓展　创建体量

体量是在建筑模型的初始设计中使用的三维形状。通过体量研究，可以使用造型形成建筑模型概念，从而探究设计的理念。概念设计完成后，可以直接将建筑图元添加到这些形状中。Revit2021 提供了两种创建体量的方式。

① 内建体量：用于表示项目独特的体量形状；

② 可载入体量族：在一个项目中放置体量的多个实例或者在多个项目中需要使用同一体量族时，通常使用可载入体量族。

新建内建体量，单击“体量和场地”→“概念体量”→“内建体量”命令，如图 2-40 所示。

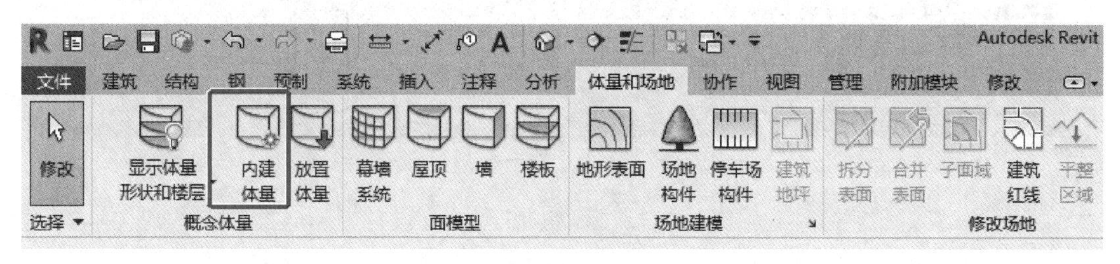

图 2-40　“内建体量”命令

在弹出的“名称”对话框中，输入内建体量族的名称，然后单击【确定】按钮，如图 2-41 所示，即可进入内建体量的草图绘制模型。

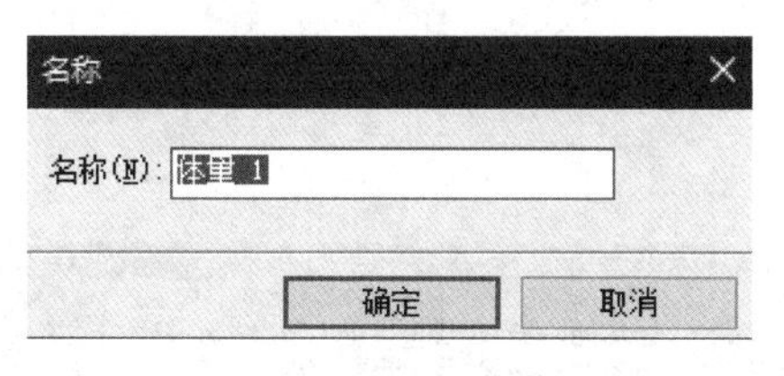

图 2-41　“名称”对话框

此时，在“绘制”区域可对创建体量的线进行选择，如图 2-42 所示，例如，要选择圆形进行绘制，单击“圆形”命令，则可在绘图区域用鼠标左键点出一个圆形，如图 2-43 所示。

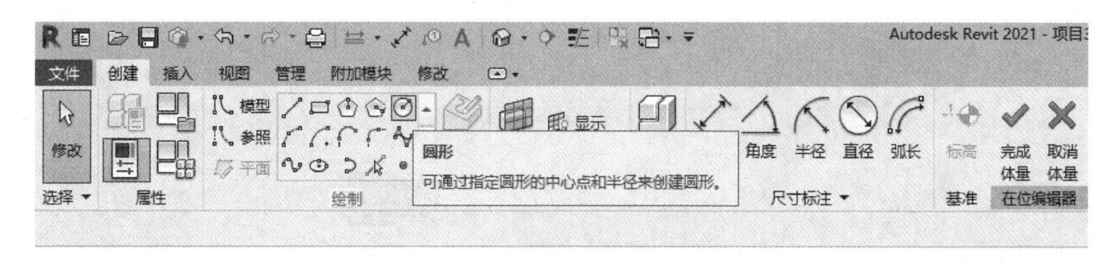

图 2-42　“绘制”区域

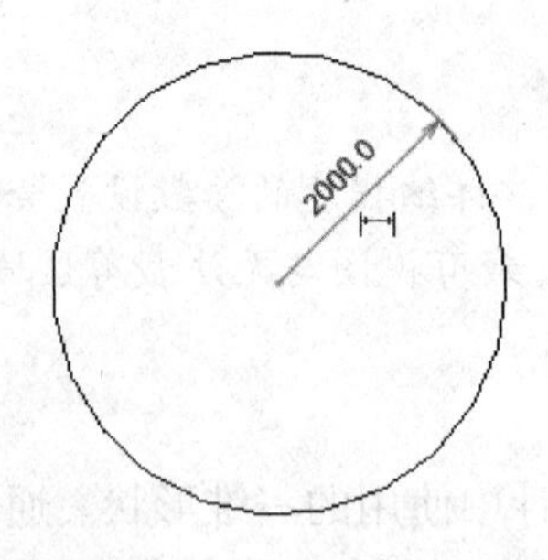

图 2-43　绘制圆形

此时，单击“修改 | 线”→“形状”→“创建形状”命令，如图 2-44 所示。在绘图区域出现圆柱和圆球两个命令，单击“圆球”命令，如图 2-45 所示，此时圆形变成了圆球，点击“修改”→“在位编辑器”→“√完成体量”命令，如图 2-46 所示，就完成了内建模型圆球的绘制。

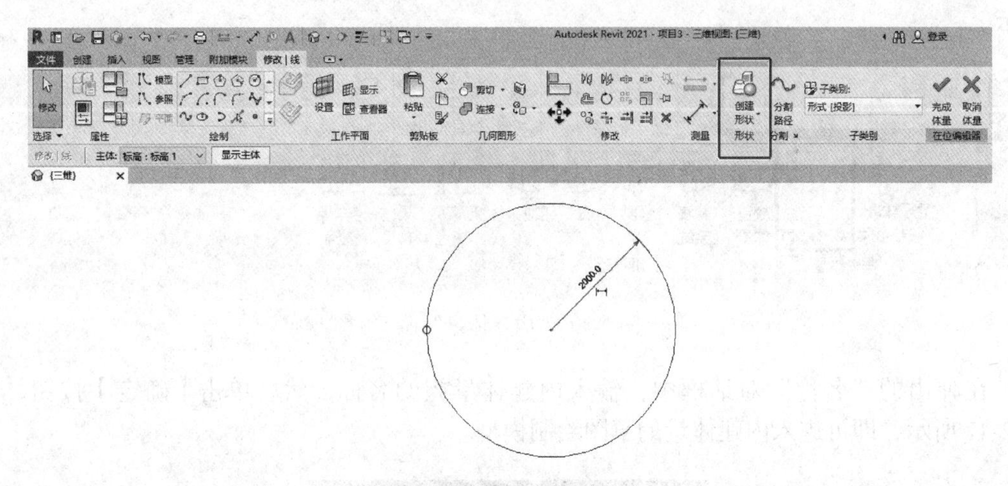

图 2-44　“创建形状”命令

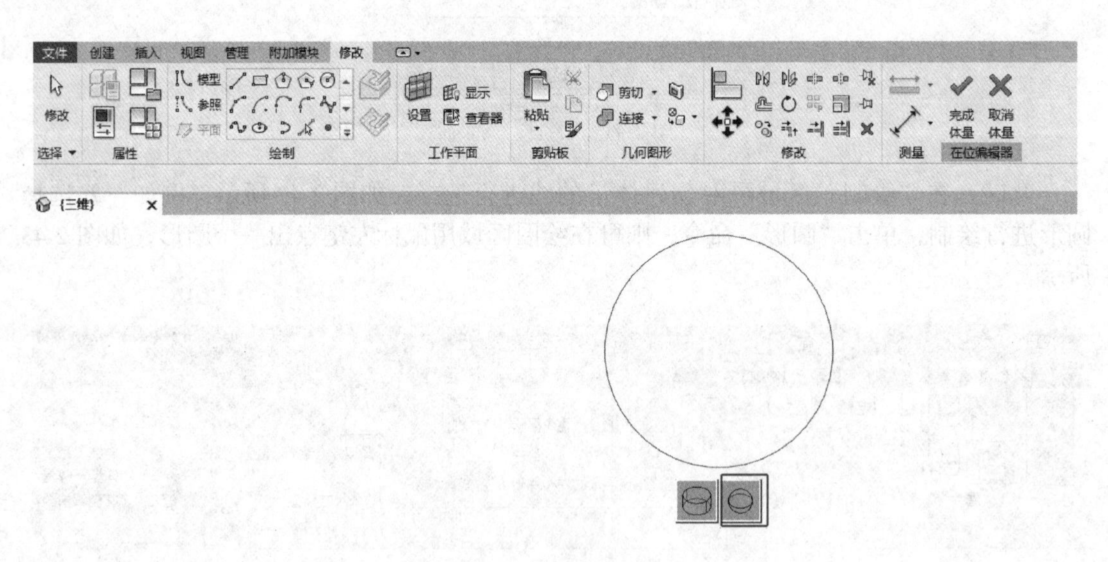

图 2-45　“圆球”命令

图 2-46 “√完成体量”命令

任务评价

姓名：　　　　　　　　　　　　班级：　　　　　　　　　　　　日期：

序号	考核点	要求	分值 / 分	得分 / 分
1	视图范围	能对 Revit2021 图元进行视图范围调整（立面）	20	
2	裁剪视图	能对 Revit2021 图元进行裁剪设置（平面与立面）	20	
3	视图比例、显示模型、详细程度	能调整 Revit2021 显示模型色调	10	
		能调整 Revit2021 图元，使其显示不同详细程度	10	
		能操作视图比例设置，使图元边界更易捕捉	10	
4	颜色方案	能正确设置颜色方案	30	
合计			100	

任务总结

Revit2021 的基础操作要点包括：

① 在 Revit2021 里，调节模型视图比例，可以准确对齐图元；

② 模型的颜色方案可以进行个性化设计；

③ 模型的视图范围决定着平面视图里的图元显示情况。

能力训练题

1. 下列不属于构件中常见的编辑命令的是（　　）。

A. 移动　　B. 复制　　C. 渲染　　D. 旋转

2. 下列不是 Revit 三维导航工具的是（　　）。

A.ViewCube　　B. 全导航控制盘

C. 视图控制栏　　D. 三维显示

3. 视图控制栏中不包括的命令是（　　）。

A. 打开 / 关闭阴影　B. 详细程度　C. 显示 / 关闭渲染　D. 剖面框

4.【2020 年“1+X”BIM 职业技能等级考试真题】下列不属于常见主体图元的是（　　）。

A. 墙　B. 柱　C. 楼梯　D. 门窗

5. 族的类型不包括（　　）。

A. 内建族　B. 标准构件族　C. 系统族　D. 自定义族

6. 下列关于视图范围说法不正确的是（　　）。

A. 视图范围包括主要范围和视图深度　B. 视图范围可以控制对象的可见性

C. 视图范围是一组水平平面　D. 视图范围可以对视图角度进行设置

实　训　题

在 Revit2021 进行绘图区设置，使项目浏览器与属性栏位于绘图区左侧，全导航控制盘位于绘图区右侧，ViewCube 集成于导航栏，如图 2-47 所示。

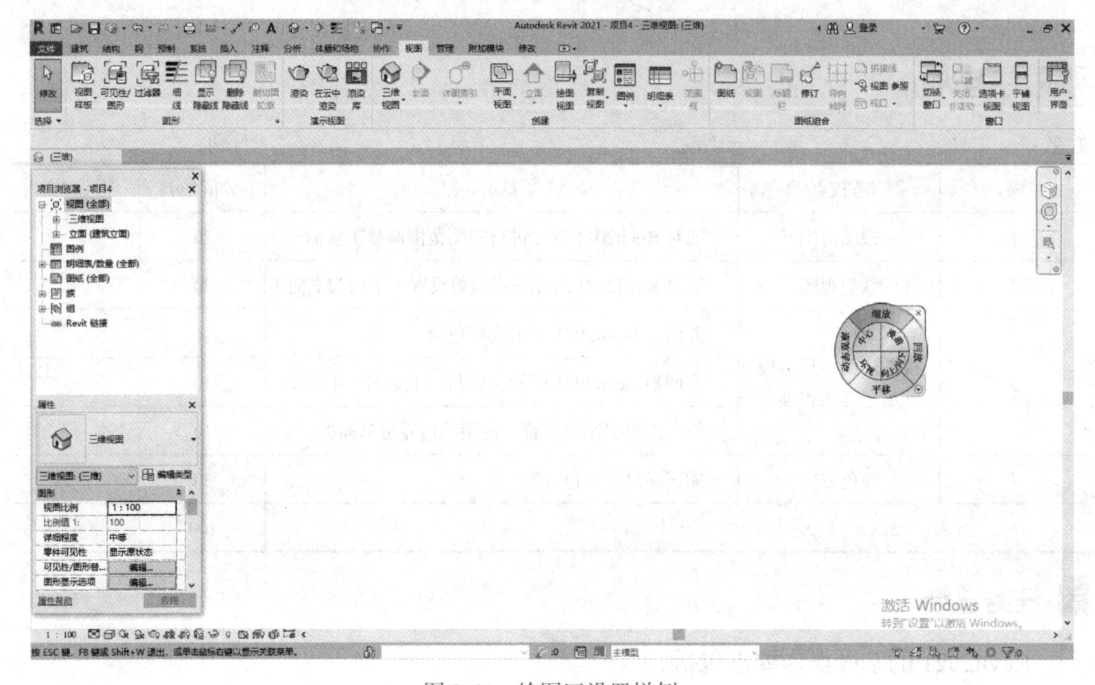

图 2-47　绘图区设置样例

BIM

模块二

定位基准

模块简介

本模块主要针对项目的定位基准开展任务教学，包括标高和轴网两个任务。标高主要讲解工程项目标高的创建方法，使用复制、重命名等命令修改标高属性，以及标高视图显示方法等内容；轴网主要讲解使用轴网命令绘制轴网体系，轴网名称、轴号的显示、锁定、属性修改等内容。

项目三　标高和轴网

❖ 学习目标

素质目标

• 培养善于发现、合理筛选有效信息的基本技能；

• 通过创建标高轴网，增强学生对定位基准的重视程度。

知识目标

• 了解标高和轴网在 BIM 模型中的作用；

• 掌握标高和轴网的绘制方法、属性设置与编辑方法。

能力目标

• 会按图纸创建标高和轴网；

• 会设置标高和轴网的命名和编辑类型。

❖ 项目脉络

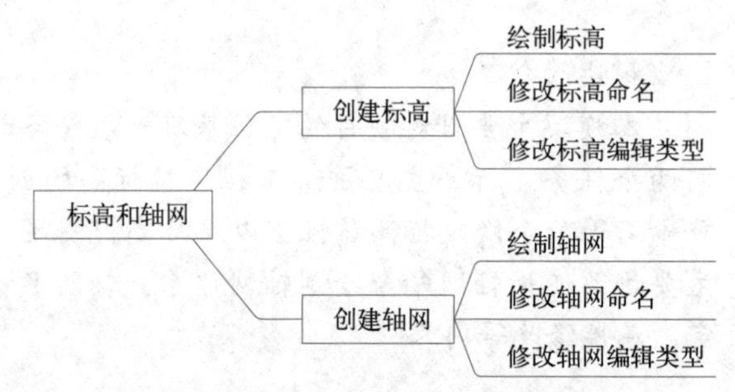

标高和轴网属于 Revit 中的基准面图元，是绘制 BIM 模型的重要位置参照，对构件具有定位作用。从严格意义上来说，对于标高和轴网绘制顺序并无硬性的规定，都可以按照自己的建模习惯来进行绘制，但是相对而言，如果先绘制标高后绘制轴网会比较节省时间，因为软件默认轴网会自动覆盖之前已经绘制好的标高。相反，如果先绘制轴网后绘制标高，轴网则不会覆盖到标高上，进而导致后创建的楼层平面无法完全显示轴网，若要使所有楼层平面显示轴网，就只能手动修改调整。因此，从建模时间成本的角度考虑，大多数人会选择先绘制标高后绘制轴网。

任务一　创建标高

工作任务卡

任务编号	3-1	任务名称	创建标高
授课地点	机房	建议学时	2 学时

续表

<table>
<tr><td colspan="2">教学软件</td><td>Revit2021</td><td>图纸名称</td><td>汽车实训楼-建施 09：东立面、西立面、南立面，建施 10：1—1 剖面图、2—2 剖面图</td></tr>
<tr><td rowspan="3">学习目标</td><td>素质目标</td><td colspan="3">在识读图纸中标高时，培养善于发现、合理筛选有效信息的基本技能；
通过学习创建标高方法，学会举一反三</td></tr>
<tr><td>知识目标</td><td colspan="3">了解标高在 BIM 模型中的作用；
掌握标高的绘制方法、属性设置与编辑方法</td></tr>
<tr><td>能力目标</td><td colspan="3">按图纸创建和修改标高；
会设置标高的命名和编辑类型</td></tr>
<tr><td colspan="2">教学重点</td><td colspan="3">正确创建标高</td></tr>
<tr><td colspan="2">教学难点</td><td colspan="3">正确设置楼层平面</td></tr>
</table>

任务引入

二维码 3-1 创建标高用图纸

识读汽车实训楼建筑施工图，创建汽车实训楼模型的标高体系；创建标高后，修改标高的命名和编辑类型。

任务分析

识读汽车实训楼建筑施工图中建施 09 中的东立面图和建施 10 中的 2—2 剖面图，可以找出各楼层的标高信息：其中地下一层标高 -1F 为 -5.400m，室外坪标高为 -0.450m，首层地面标高 1F 为 ±0.000m，二层地面标高 2F 为 5.700m，屋顶标高 3F 为 10.200m。

二维码 3-2 创建标高

任务实施

一、新建项目

双击 R 图标，打开 Revit 2021 软件，点击“模型”→“新建”，弹出“新建项目”对话框，样板文件选择“构造样板”，新建选择“项目”，如图 3-1 所示，单击【确定】。

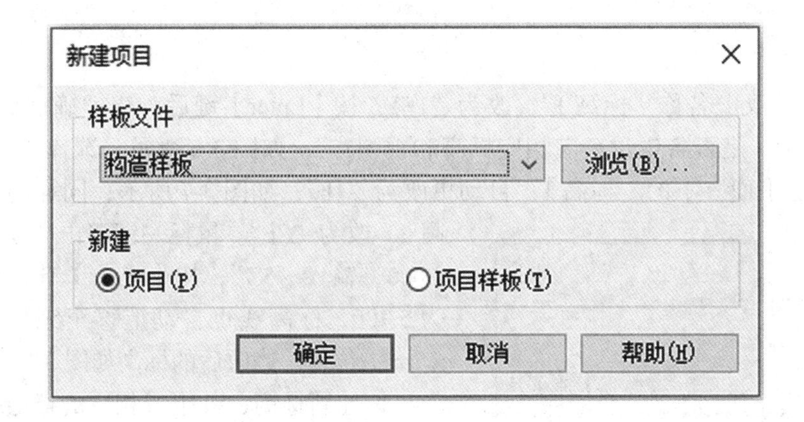

图 3-1　新建项目

二、默认标高

在“项目浏览器”→“视图”→“立面”下，双击“东”，如图 3-2 所示，进入东立面视图。软件在绘图区会出现一组软件默认的标高体系，如图 3-3 所示。

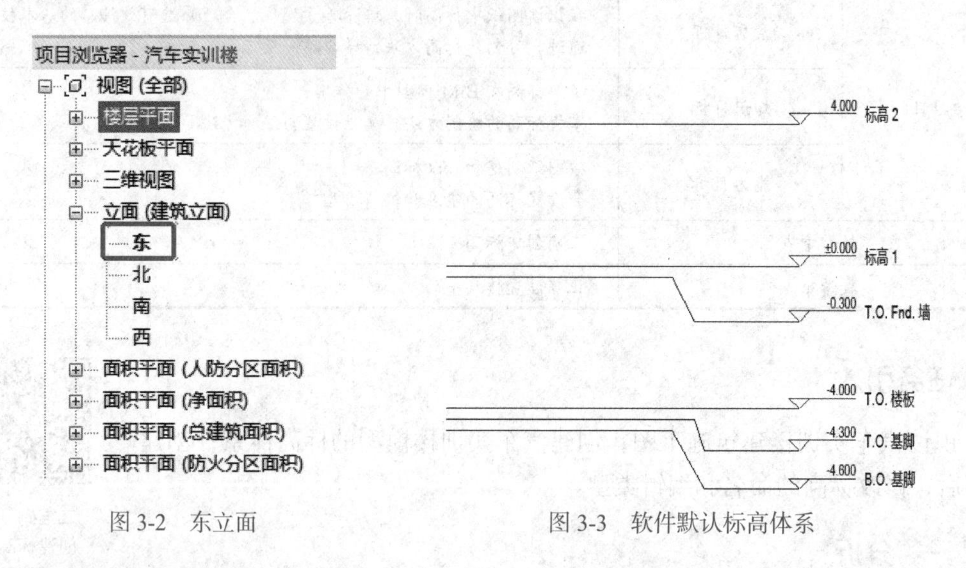

图 3-2　东立面　　　　图 3-3　软件默认标高体系

鼠标左键框选“T.O. Fnd. 墙”“T.O. 楼板”“T.O. 基脚”和“B.O. 基脚”4 个标高，敲击【Delete】键（De），弹出警告对话框，如图 3-4 所示，点击【确定】，只保留“标高 1”和“标高 2”，如图 3-5 所示。

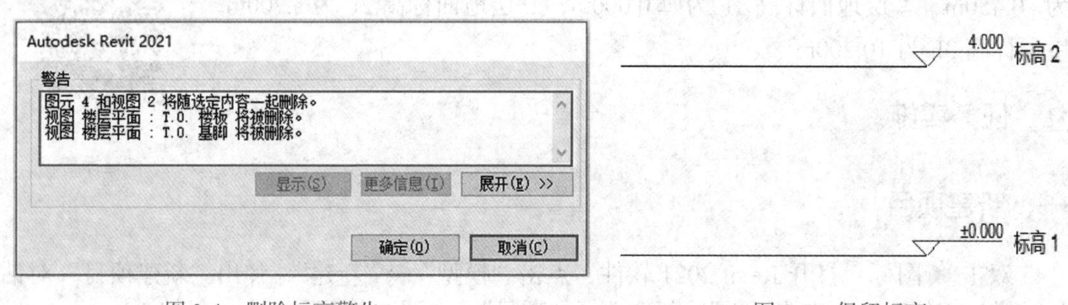

图 3-4　删除标高警告　　　　图 3-5　保留标高

三、绘制标高

鼠标左键双击名称“标高 1”，改为“1F”，按【Enter】键后弹出“确认标高重命名”对话框，提示“是否希望重命名相应标高和视图？”，如图 3-6 所示。选择“是”，则“视图”→“楼层平面”下的“标高 1”自动更改为“1F”，如图 3-7 所示；同样的方法将“标高 2”改为“2F”。鼠标左键双击“2F”标高信息 4.000，输入“5.7”，按【Enter】键，系统自动改为 5.700，标高线也自动上移至距“1F”标高线 5.7m 的位置。修改后的标高如图 3-8 所示。

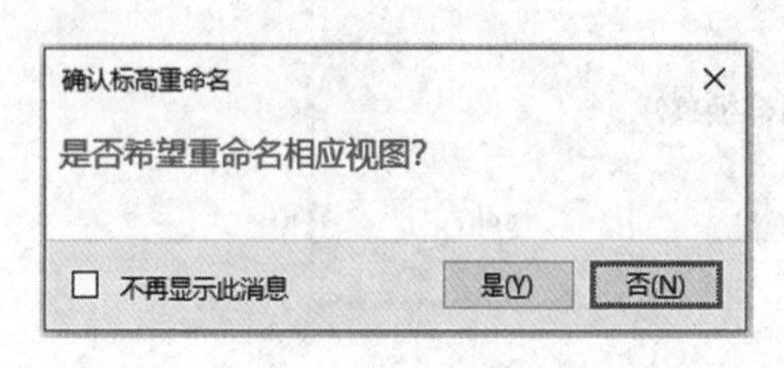

图 3-6　“确认标高重命名”对话框

创建新标高，并生成相应的楼层平面。结合建施 09 中的东立面图，新建标高分别为屋面（结构）：10.200m、室外地坪：-0.450m，两者创建方法相同，下面以屋面（结构）：10.200m 为例，介绍三种常用方法。

图 3-7　修改 1F 后的楼层平面　　　　图 3-8　修改后的标高

（1）使用“绘制”→“线”创建标高

鼠标左键单击“建筑”→“基准”→“标高”命令（LL），如图 3-9 所示，软件自动切换成“修改 | 放置标高”选项卡，且标高的生成方式默认为“绘制”面板中的“线”，如图 3-10 所示。确认选项栏中已经勾选“创建平面视图”，偏移量为“0.0”。鼠标左键单击选项栏中的“平面视图类型”，在弹出的窗口中选择“楼层平面”，如图 3-11 所示，单击【确定】。这样在绘制新标高后，会在“项目浏览器”→“楼层平面”下自动生成相应的楼层平面视图。

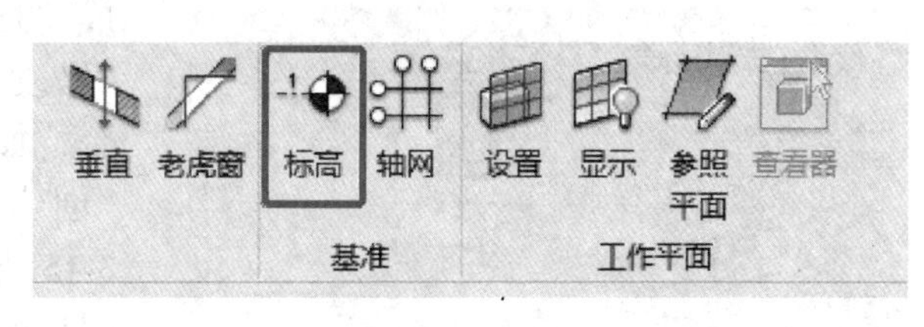

图 3-9　“标高”命令

将鼠标移动至“2F”标高线左侧端点上方附近，软件会出现一条与端点对齐的淡蓝色参照线，并显示临时尺寸标注（单位默认为 mm）。鼠标沿着参照线的方向向上移动，输入尺寸数字“4500”，图 3-12 所示，即可确定新标高线的左端点。鼠标指针沿着水平方向向右画线，直至右端点对齐参照线，单击鼠标左键，则新标高线绘制完成，其标高名称为“1G”。同时“项目浏览器”→“楼层平面”中自动生成相应的楼层平面视图。将新建标高名称修改为“屋面（结构）”，标高体系完成图如图 3-13 所示。

图 3-10　“线”命令

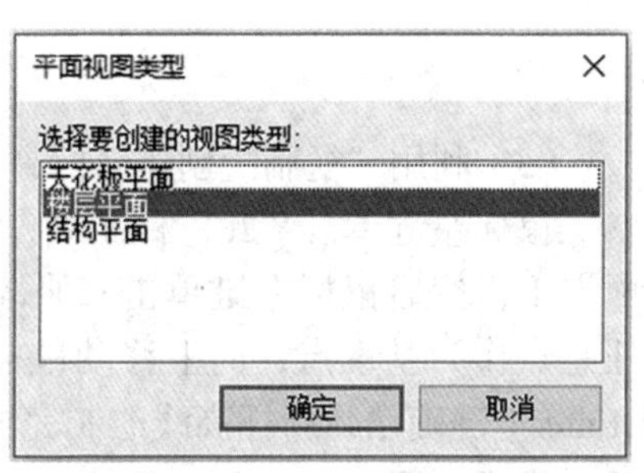

图 3-11　“平面视图类型”对话框

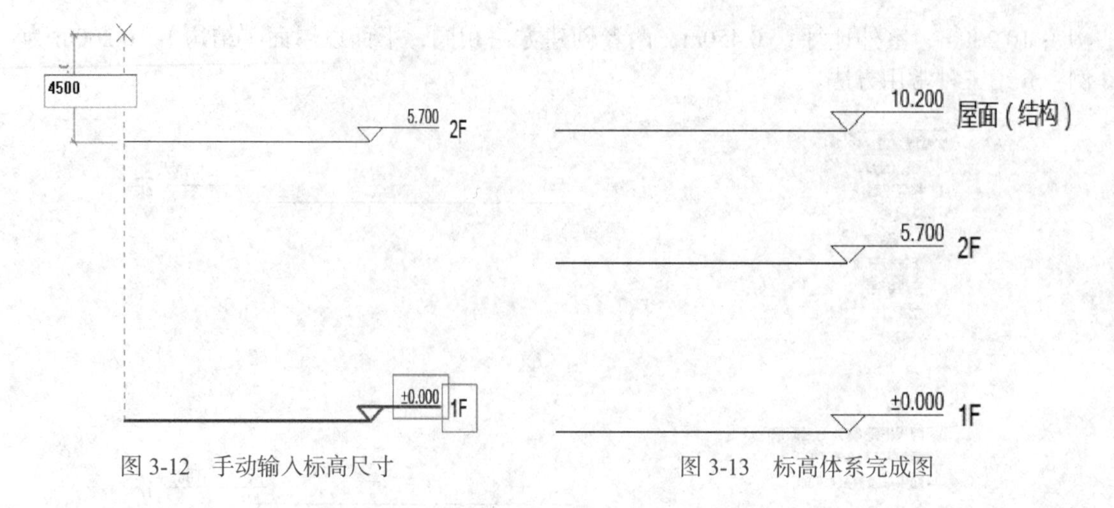

图 3-12　手动输入标高尺寸　　　　图 3-13　标高体系完成图

（2）拾取标高

鼠标左键单击“建筑”→“基准”→“标高”命令（LL），如图 3-9 所示，软件自动切换成“修改 | 放置 标高”选项卡，鼠标左键单击“修改 | 放置 标高”→“绘制”→“拾取线”命令，如图 3-14 所示。确认选项栏中已经勾选“创建平面视图”，偏移量输入“4500”，如图 3-15 所示。然后将鼠标指针放在“2F”标高线附近的上方，会出现新建标高的参照线，如图 3-16 所示。单击鼠标左键，新标高线绘制完成，同样将标高名称修改为“屋面（结构）”，标高体系完成图与图 3-13 相同。

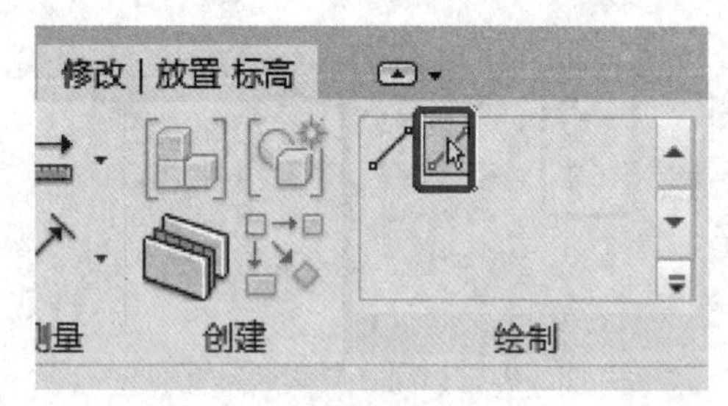

图 3-14　“拾取线”命令

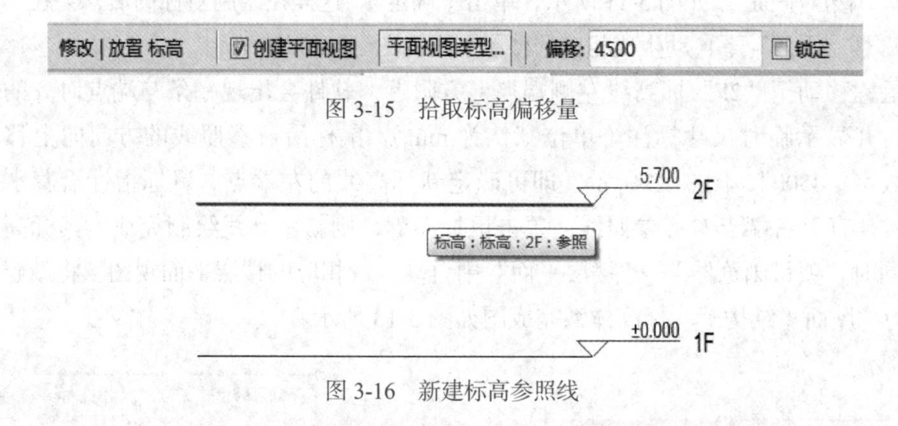

图 3-15　拾取标高偏移量

图 3-16　新建标高参照线

（3）利用“复制”创建新标高

鼠标左键单击“2F”标高线，使之处于选中状态，菜单栏自动切换到“修改 | 标高”选项卡下，然后鼠标左键单击“修改”→“复制”命令（CO），如图 3-17 所示。单击绘图区任意点作为基准点，向上移动鼠标，输入“4500”，如图 3-18 所示，再单击鼠标左键或按【Enter】键确认，新标高线绘制完成。同样将新建标高名称修改为“屋面（结构）”，标高体系完成图与图 3-13 相同。当需要复制多条标高时，可勾选选项栏中的“多个”命令，如图 3-19 所示，方法不再赘述。

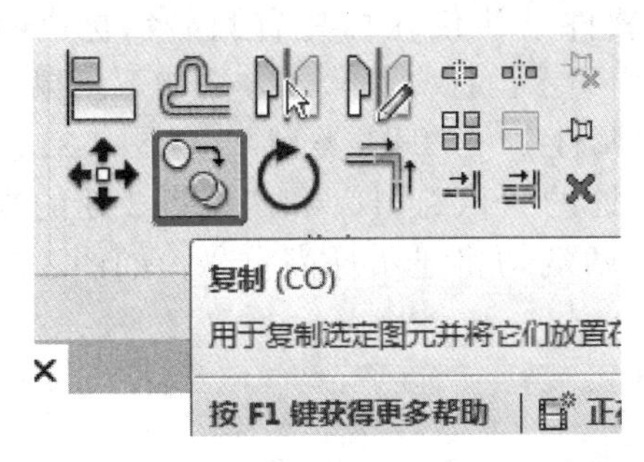

图 3-17 “复制”命令

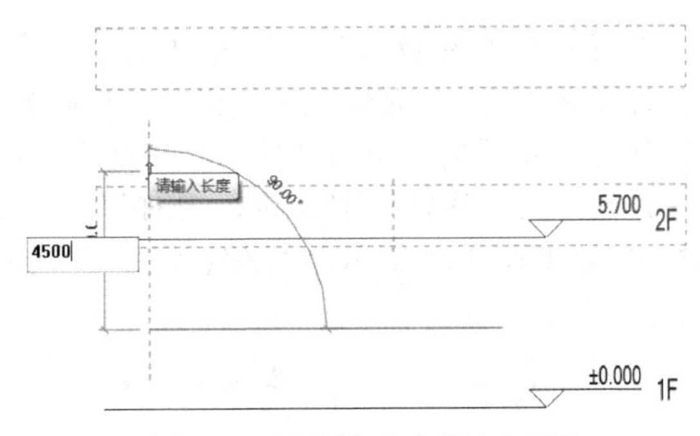

图 3-18 “复制”命令下输入长度

修改 | 标高　约束　分开　多个

图 3-19 “修改 | 标高”选项栏中的“多个”命令

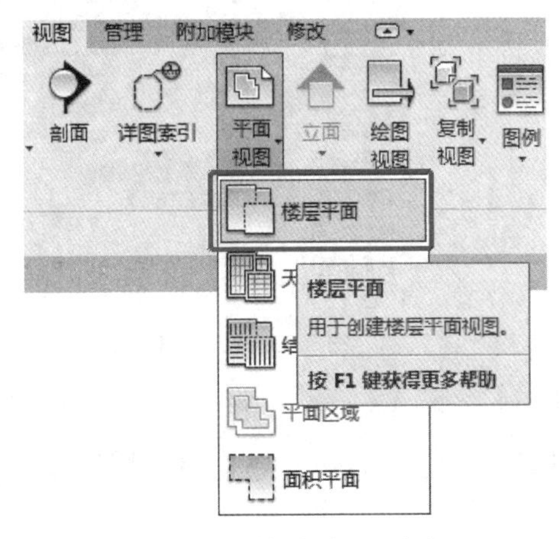

图 3-20 “楼层平面”命令

特别注意，利用“复制”命令创建的标高，不能自动生成相应的楼层平面视图。必须进行手动设置。方法如下：单击“视图”→“创建”→“平面视图”下的“楼层平面”命令，如图 3-20 所示，在“新建楼层平面”窗口，选择标高“屋面（结构）”，当有多条标高时，可同时按下【Ctrl】键选择多个标高，如图 3-21 所示，单击【确定】按钮，即可在“项目浏览器”→“楼层平面”中生成“屋面（结构）”平面视图，同时软件自动打开“屋面（结构）”平面，关闭即可。

运用上述方法，结合建施 09 中的东立面图和建施 10 中的 2—2 剖面图，创建地下一层：-5.400m 标高和室外地坪：-0.450m 标高。完成后的汽车实训楼标高体系如图 3-22 所示。

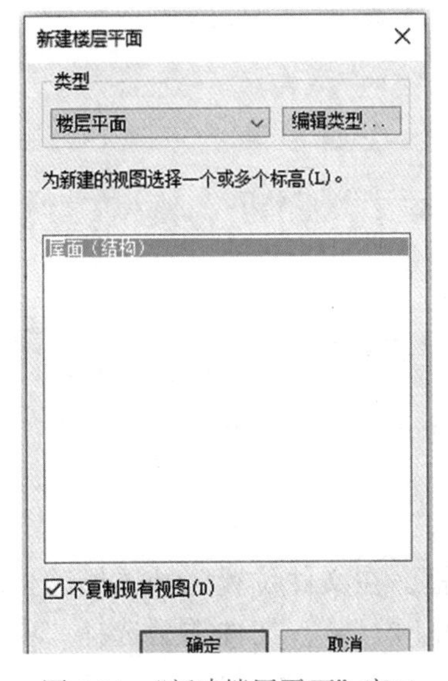

图 3-21 “新建楼层平面”窗口

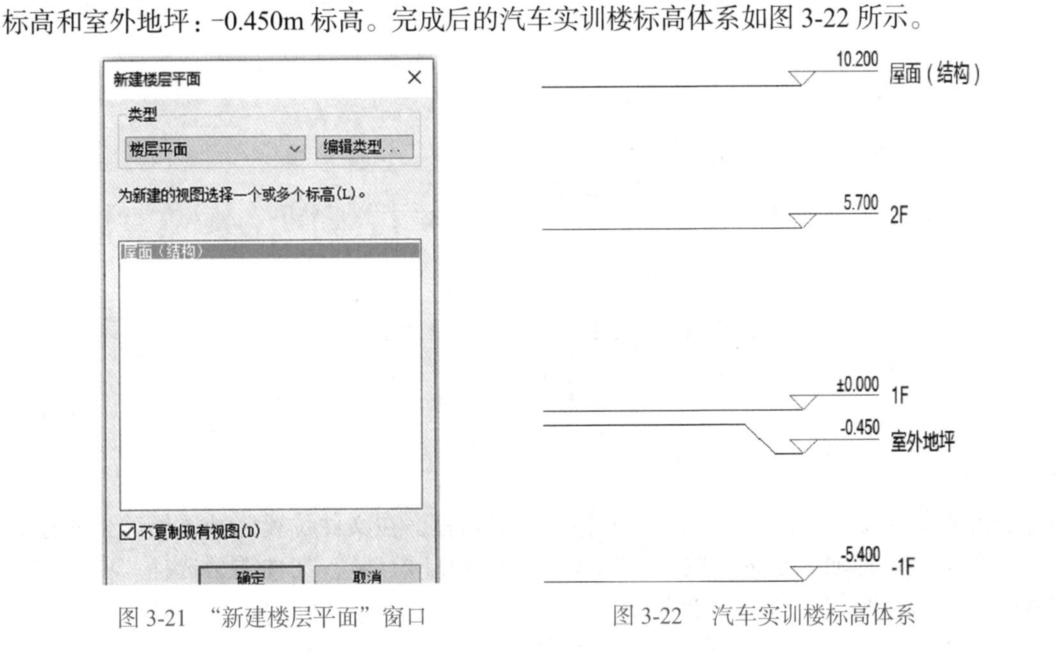

图 3-22 汽车实训楼标高体系

设置标高的端点符号。当标高创建完成后，软件默认仅在标高右侧显示标高符号，为方便建模，通常情况下，需要将标高的两端均显示出标高符号。方法如下：鼠标单击任意一条标高，使标高处于选中状态，点击“属性”→“编辑类型”，如图 3-23 所示，弹出“类型属性”对话框，同时勾选“端点 1 处的默认符号”和“端点 2 处的默认符号”，如图 3-24 所示，点击【确定】。此时标高两端均将显示标高符号，如图 3-25 所示。

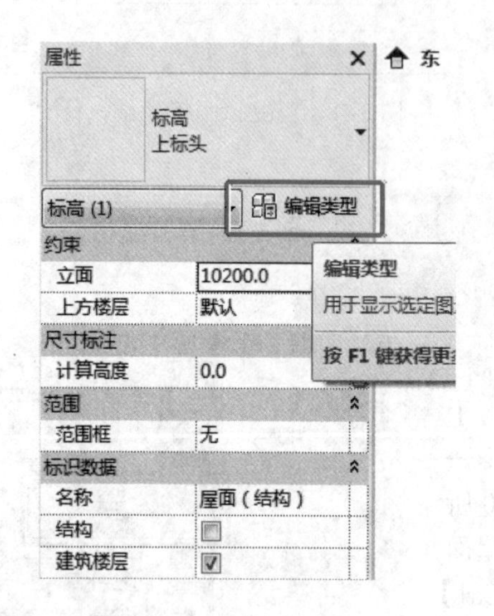

图 3-23 “编辑类型”命令

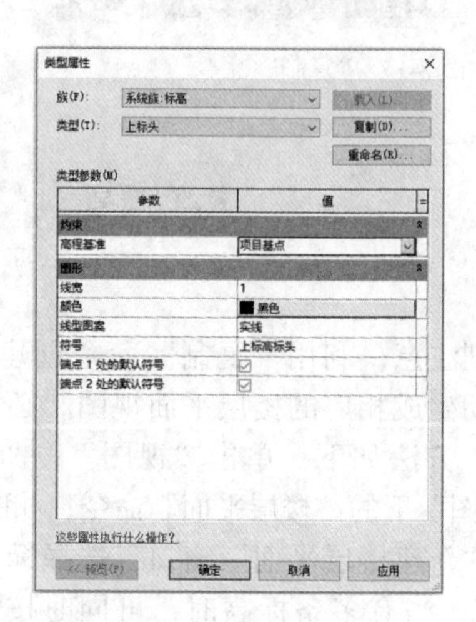

图 3-24 设置端点默认符号

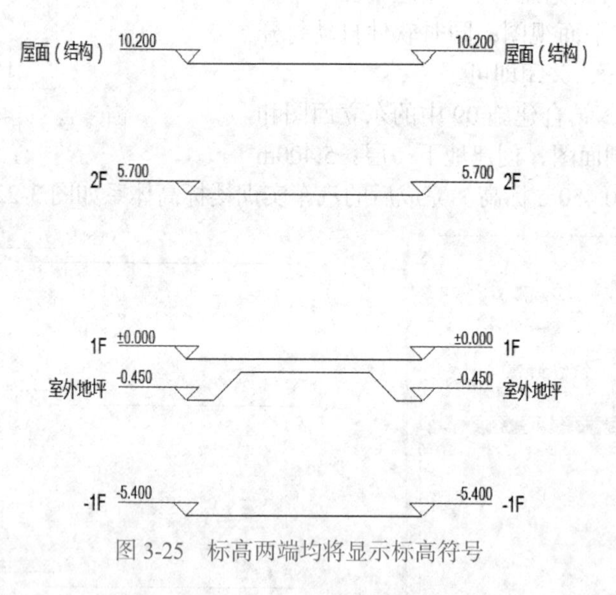

图 3-25 标高两端均将显示标高符号

四、保存项目

点击“文件”→“保存”，弹出“另存为”对话框，在文件位置区域选择适当的存储路径，在文件名称输入框内，输入“汽车实训楼 BIM 模型”，文件类型选择“项目文件（*.rvt）”，单击“保存”，如图 3-26 所示。

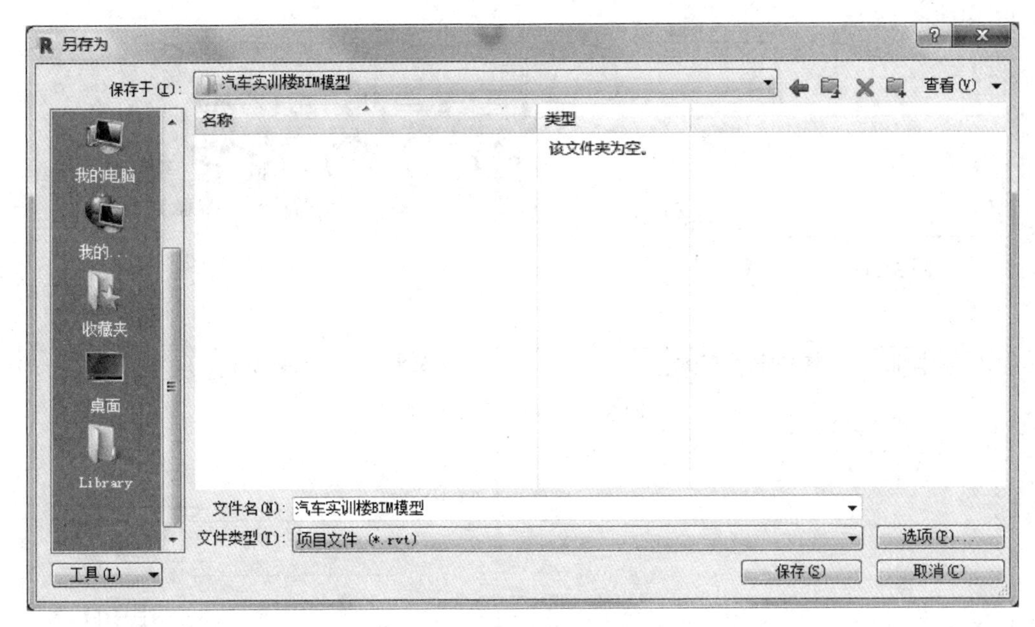

图 3-26 “另存为”对话框

重点提示

1. 建立标高体系时通常以建筑施工图中的立面图或剖面图为依据，当然也可以参照结构施工图，两者标高创建方法一致，但标高值不同。

2. 利用“复制”命令创建的标高，只能创建标高，而不能在“楼层平面”中生成相应的平面视图，需手动设置。

3. 创建标高只能在立面或剖面视图中进行。

任务拓展 使用“阵列”创建标高

当标高线较多且间距相同时，创建标高的方法除上述介绍的三种以外，还可以采用“阵列”命令实现。例如，在某 8 层建筑物中，首层标高为 ±0.000，层高 3.5m，经分析可知，建筑物层数较多且间距相同，均为 3.5m，因此，可使用“阵列”命令创建标高体系。具体操作如下。

① 在“项目浏览器”→“视图”→“立面”下，双击“东”，进入东立面视图，将软件自带的标高线全部删除。

② 按照前述方法创建首层标高，将标高值修改为“0.000”，名称为“F1”，并复制标高，名称为“F2”，标高值为“3.500”，如图 3-27 所示，需要注意的是，当标高线只有一条时，无法使用“阵列”命令。

③ 选中“F2”标高，点击“修改 | 标高”→“修改”→“阵列”命令（AR），如图 3-28 所示。在选项卡下加载“阵列”选项栏，确认“成组并关联”取消勾选，“项目数”后的文本框内输入 8，如图 3-29 所示。

④ 将鼠标放置在“F2”标高线上任意位置，当鼠标位置出现“×”时单击左键，将鼠标向上移动，输入“3500”，如图 3-30 所示，再单击鼠标左键或按【Enter】键确认。创建完成后标高体系如图 3-31 所示。

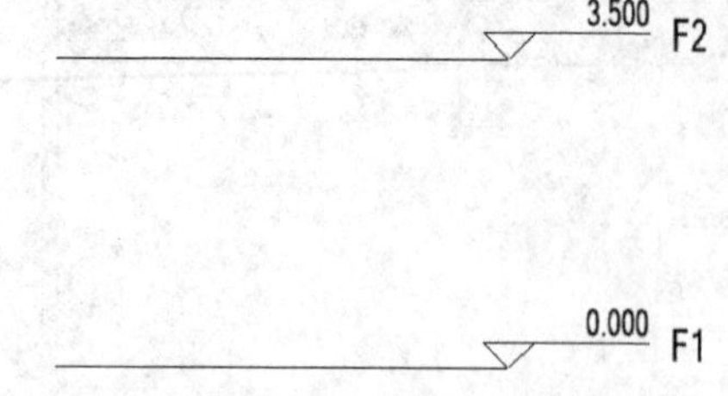

图 3-27　F1 和 F2 标高

图 3-28　“阵列”命令

图 3-29　“阵列”选项栏

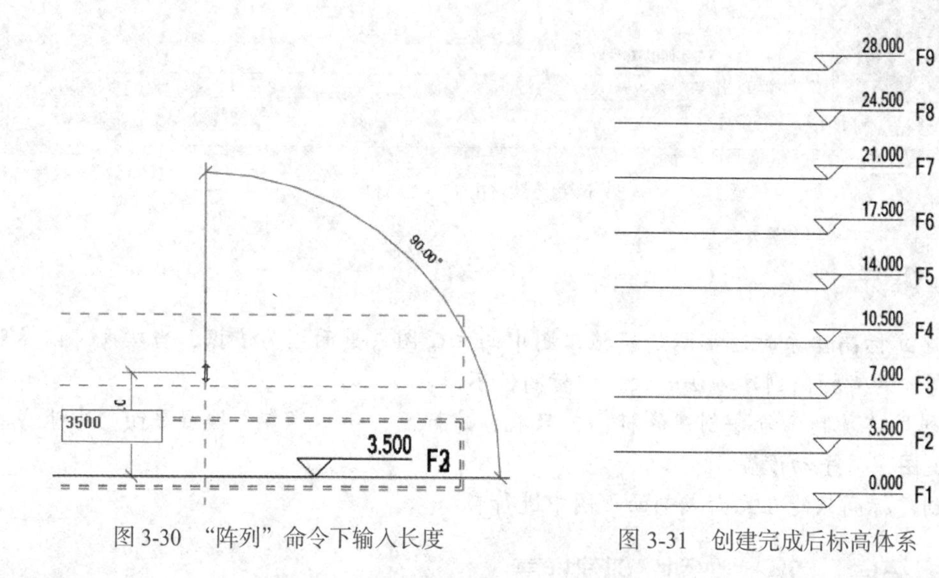

图 3-30　“阵列”命令下输入长度

图 3-31　创建完成后标高体系

任务评价

姓名：　　　　　　　　班级：　　　　　　　　日期：

序号	考核点	要求	分值 / 分	得分 / 分
1	识读标高	能正确识读立面图中的标高信息	5	
2	创建标高	能使用“绘制”→“线”命令正确创建标高	20	
		能使用“绘制”→“拾取线”命令正确创建标高	20	
		能使用“复制”命令正确创建标高	20	
3	修改标高名称	能按图纸要求，正确修改标高名称	10	
4	标高端点符号	能正确设置标高两端的默认符号	5	
5	设置楼层平面	能正确设置楼层平面视图	10	
6	标高体系	能正确创建完整的标高体系	10	
合计			100	

任务总结

Revit2021 软件创建标高体系的流程如下：

① 双击一个立面视图；

② 利用“线”“拾取”或“复制”命令创建新的标高，并根据图纸修改标高名称；

③“复制”命令创建的标高需通过“平面视图”→“楼层平面”命令手动设置。

任务二 创建轴网

工作任务卡

<table>
<tr><td colspan="2">任务编号</td><td>3-2</td><td>任务名称</td><td>创建轴网</td></tr>
<tr><td colspan="2">授课地点</td><td>机房</td><td>建议学时</td><td>2 学时</td></tr>
<tr><td colspan="2">教学软件</td><td>Revit2021</td><td>图纸名称</td><td>汽车实训楼 -建施 06：
一层平面图、夹层平面图</td></tr>
<tr><td rowspan="3">学习目标</td><td>素质目标</td><td colspan="3">在识读图纸中轴网时，培养认真查找、合理筛选有效信息的基本技能；
通过创建轴网，增强学生对轴网在建筑工程中的重视程度</td></tr>
<tr><td>知识目标</td><td colspan="3">了解轴网在 BIM 模型中的作用；
掌握轴网的绘制方法、属性设置与编辑方法</td></tr>
<tr><td>能力目标</td><td colspan="3">按图纸创建和修改轴网；
会设置轴网的命名和编辑类型</td></tr>
<tr><td colspan="2">教学重点</td><td colspan="3">使用“绘制”→“线”命令正确创建轴网</td></tr>
<tr><td colspan="2">教学难点</td><td colspan="3">导入 CAD 图纸的参数设置</td></tr>
</table>

任务引入

识读汽车实训楼建筑施工图，创建汽车实训楼模型的轴网体系；创建轴网后，修改轴网的命名和编辑类型。

二维码 3-3
创建轴网用图纸

任务分析

识读汽车实训楼建筑施工图建施 06 中的一层平面图，可以看出，轴网体系如下：

（1）纵向轴线名称分别为①、②、③，相邻轴号间距从左至右分别为 9300 和 7900；

（2）横向轴线为Ⓐ、1/A、Ⓑ、Ⓒ、Ⓓ轴，相邻轴号间距从下至上分别为 3100、5900、9000 和 3300。

二维码 3-4
创建轴网

任务实施

一、绘制轴网

创建轴网体系，必须以平面图为依据，且在建模过程中，不允许任意修改轴线的间距和编号。

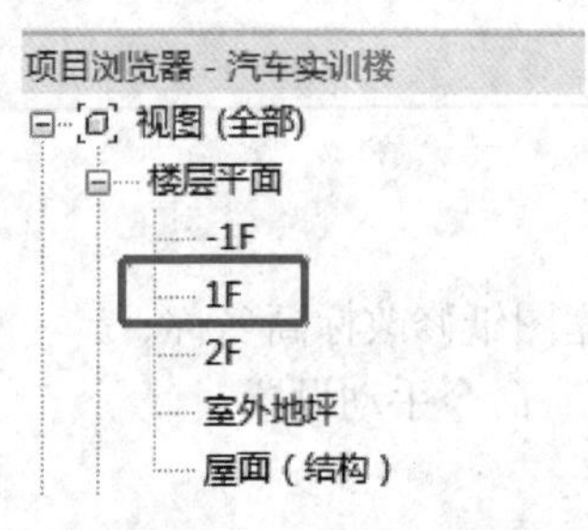

图 3-32 “1F”楼层平面

① 创建轴网时，应结合建施 06 的一层平面图。双击项目浏览器“楼层平面”下的“1F”，进入 1F 平面视图绘图区，如图 3-32 所示。

② 单击“建筑”→“基准”→“轴网”命令（GR），如图 3-33 所示，进入轴网绘制状态。确定“绘制”面板中的绘制方式为“线”，偏移量为“0.0”，如图 3-34 所示。

③ 在绘图区画一条竖线，即为轴线①，如图 3-35 所示。鼠标左键选中刚画好的轴线①，单击“属性”窗口下的“编辑类型”，如图 3-36 所示，弹出“类型属性”对话框，如图 3-37 所示。平面视图轴号端点全部勾选，则轴线①两端均显示轴号，如图 3-38 所示。特别注意，软件默认绘制的轴线名称从①开始自动编号。

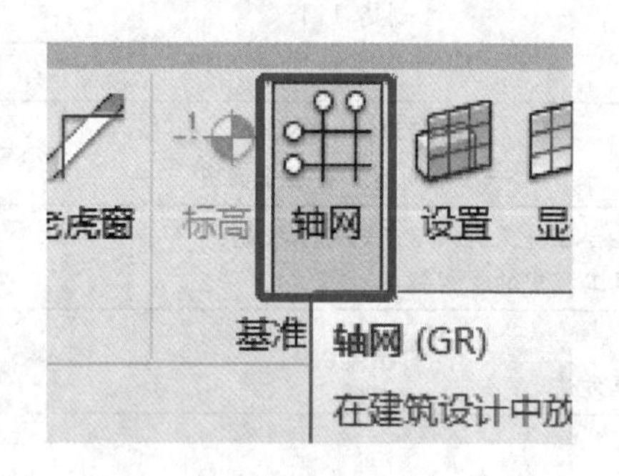

图 3-33 “轴网”命令

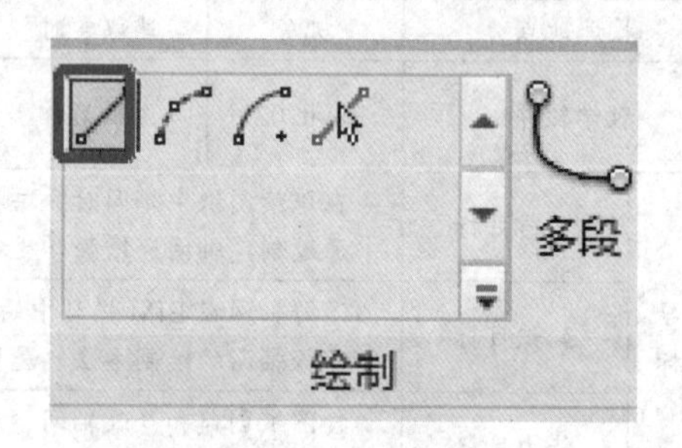

图 3-34 “线”命令

图 3-35 绘制轴线①

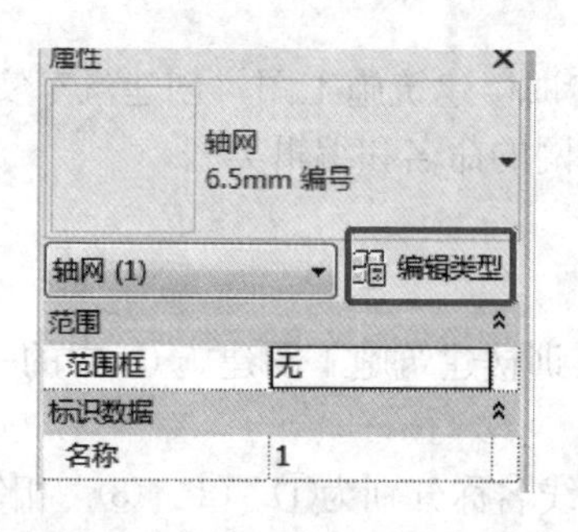

图 3-36 “编辑类型”命令

④ 单击“轴网”按钮，确定“绘制”面板中的绘制方式为“线”。将鼠标指针靠近轴线①的第一个端点右侧，绘图区会出现一条淡蓝色端点对齐参照线，并显示临时尺寸标注。沿着参照线向右延伸，输入“9300”，单击鼠标左键即可确定轴线②的第一个端点，向下画线的同时按住【Shift】键，进入正交绘制模式（保证在垂直或者水平方向画线）。移动鼠标指针至轴线①另一端点右侧出现对齐参照线，单击左键，轴线名称自动编号为②，轴线②绘制完成，如图 3-39 所示。同理，可绘制出轴线③，如图 3-40 所示。

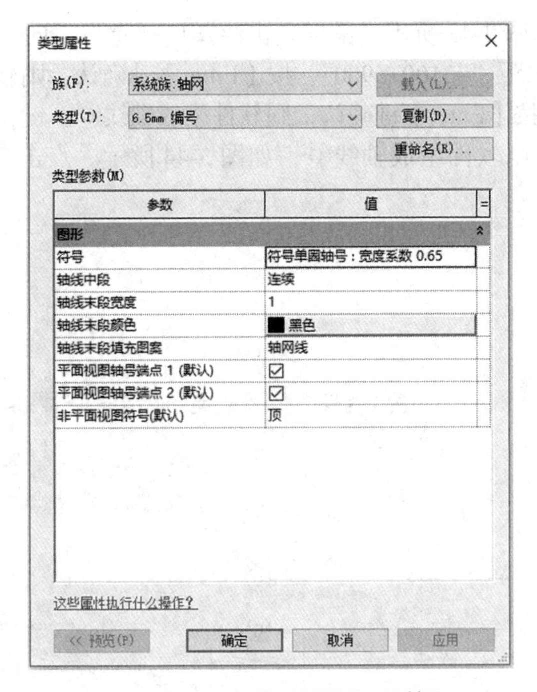

图 3-37 “类型属性”对话框

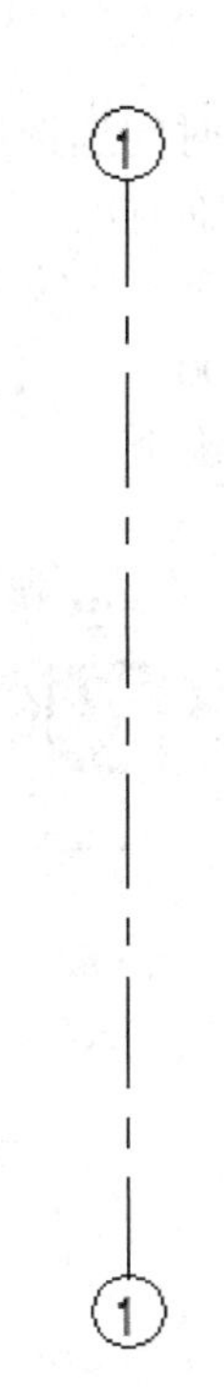

图 3-38 修改属性后的轴线

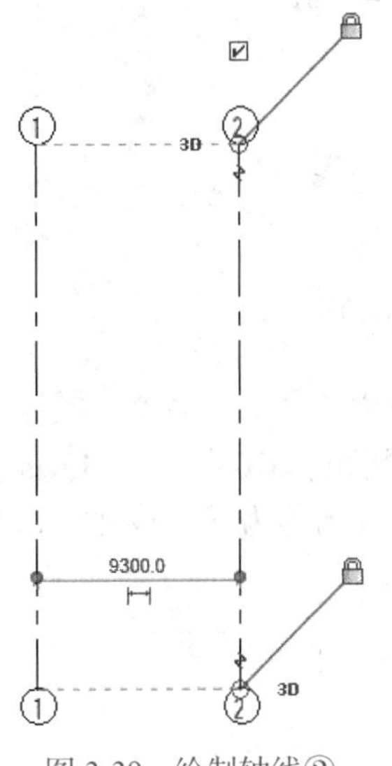

图 3-39 绘制轴线②

图 3-40 绘制轴线③

⑤ 绘制水平轴线，方法如下。单击“建筑”→“基准”→“轴网”命令（GR），确定“绘制”面板中的绘制方式为“线”。用“线”命令绘制一条水平轴线，软件自动按轴线编号累计增大的方式命名轴线编号为④。结合建施 06 中一层平面图，选中轴线④，单击“④”，轴号名称变为待编辑状态，修改编号为Ⓐ，如图 3-41 所示。

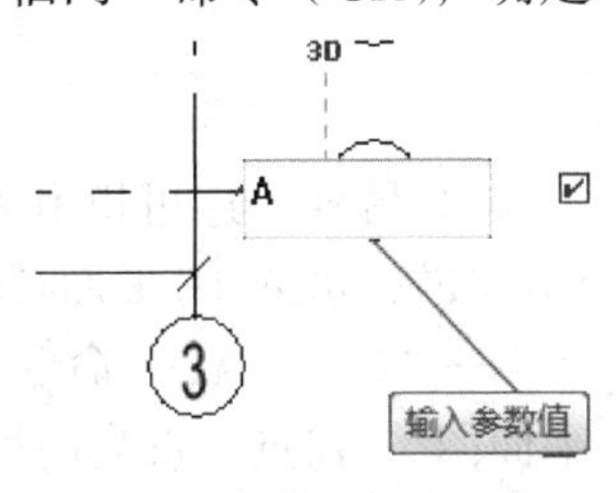

图 3-41 修改轴线名称

⑥ 除了使用“绘制”→“线”命令逐根绘制轴线外，还可以采用复制的方法快速批量绘制轴线。鼠标单击选中轴线Ⓐ，然后点击“修改”面板中的“复制”命令（CO），如图 3-42

所示，同时勾选选项栏“多个”，如图 3-43 所示。鼠标单击绘图区任意点，向上移动鼠标指针出现临时尺寸标注，键盘输入间距“=3100+5900”，按【Enter】键确认，则软件生成轴线Ⓑ，键盘再次输入间距“9000”，按【Enter】键确认，则软件生成轴线Ⓒ，键盘再次输入间距“3300”，按【Enter】键确认，则软件生成轴线Ⓓ，如图 3-44 所示。点击【Esc】键，退出轴线绘制。

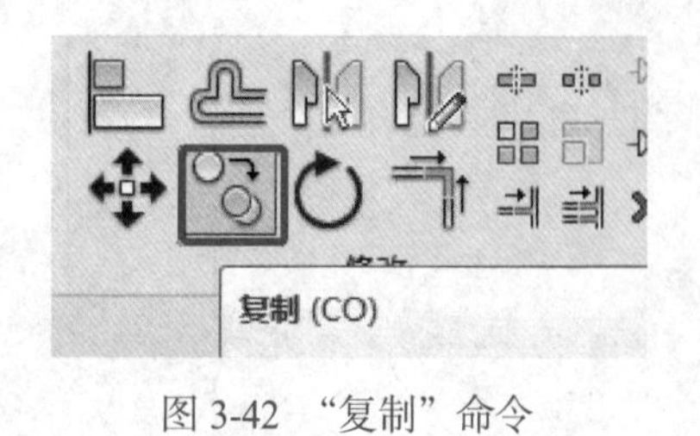

图 3-42 “复制”命令

图 3-43 “修改 | 轴网”选项栏“多个”命令

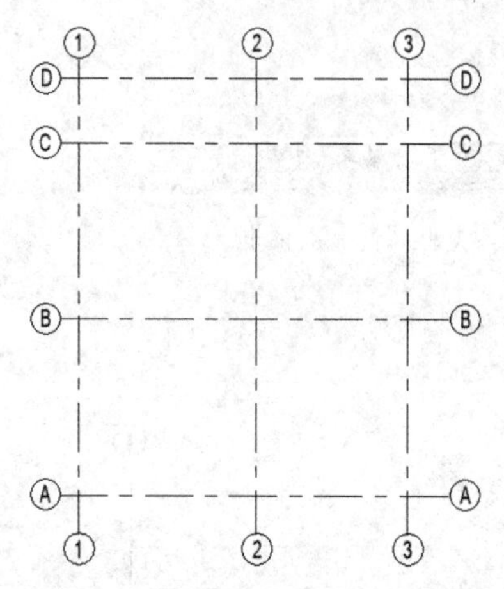

图 3-44 绘制Ⓐ、Ⓑ、Ⓒ、Ⓓ轴线

⑦ 再次选中轴线Ⓐ，重复⑥中的操作，并退选选项栏“多个”命令，鼠标单击绘图区任意点，向上移动鼠标指针出现临时尺寸标注，键盘输入间距“3100”，按【Enter】键确认，则软件生成轴线Ⓔ，选中轴线Ⓔ，重复⑤中的操作，修改轴线名称为1/A，1/A轴线如图 3-45 所示。

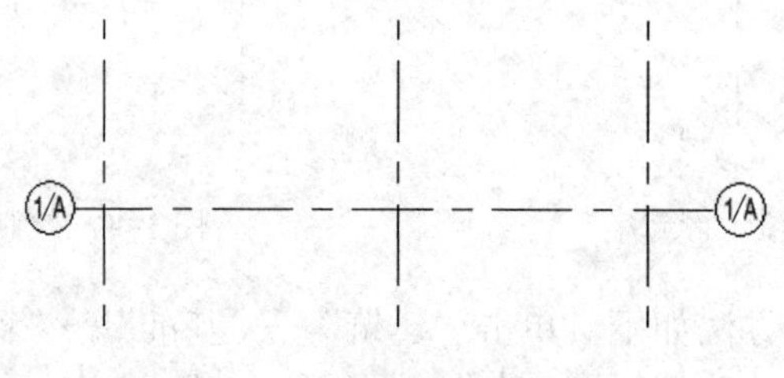

图 3-45 1/A轴线

⑧ 另外，还可以利用 CAD 图纸，绘制轴线，首先双击项目浏览器“楼层平面”下的“1F”，进入 1F 平面视图绘图区，将建施 06 中一层平面图导入 Revit 软件中，点击“插入”→“导入 CAD”命令，弹出“导入 CAD 格式”对话框，选中 CAD 文件“建施 06 一层平面图”，勾选“仅当前视图”，“导入单位”选择“毫米”，“定位”选择“自动 - 中心到中心”，如图 3-46 所示，点击“打开”。此时，CAD 底图即可导入到软件中，如图 3-47 所示。

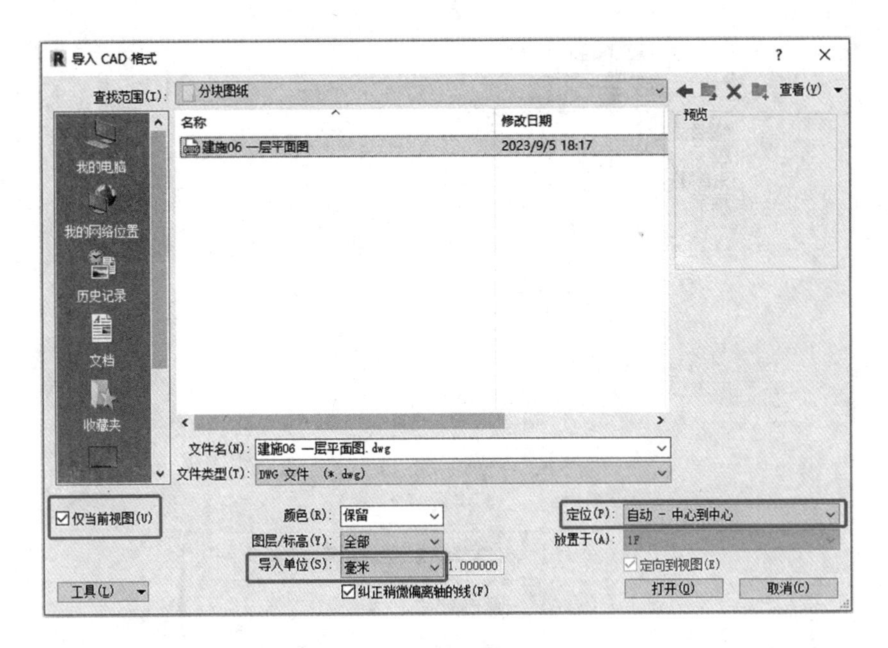

图 3-46　导入 CAD 格式及参数设置

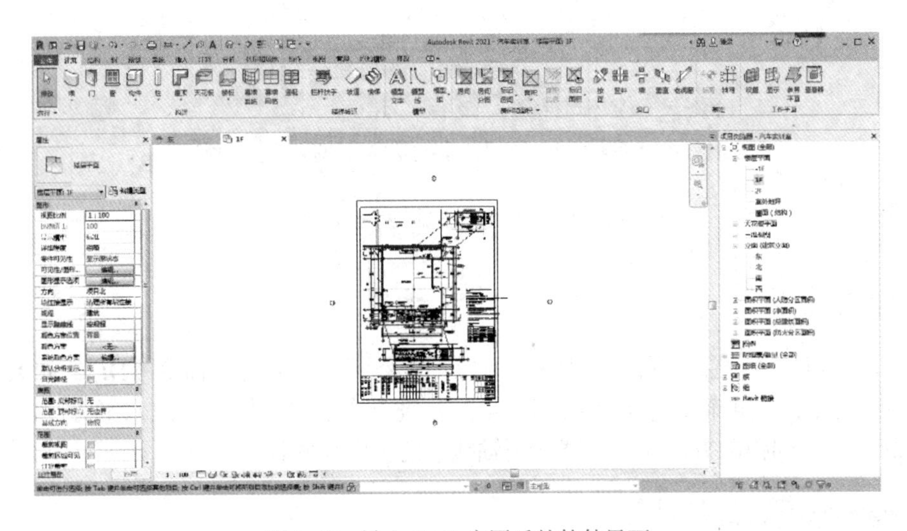

图 3-47　导入 CAD 底图后的软件界面

⑨ 单击“建筑”→“基准”→“轴网”命令，进入轴网放置状态。确定“绘制”面板中的绘制方式为“线”，偏移量为“0.0”。通过滚动鼠标滑轮，调整图纸比例，直至看清底图中①号轴线位置，鼠标移动至轴线端点附近时，鼠标会自动拾取端点位置，如图 3-48 所示，此时单击鼠标左键，再次通过滚动鼠标滑轮，调整图纸比例，直至看清①号轴线的另一端位置，鼠标移动至另一端点并拾取后，点击鼠标，即可绘制出①号轴线，选中 CAD 底图，隐藏（HH）后，即可看到轴线，如图 3-49 所示。

⑩ 点击视图控制栏中的“临时隐藏 / 隔离”→“重设临时隐藏 / 隔离”命令（HR），如图 3-50 所示。将刚才隐藏的图纸显示出来。重复上述②中的操作创建其他轴网，并修改轴号和标注轴网尺寸，同时将四个立面视图的视图方位移动至轴网外侧，完成后选中底图，再次隐藏底图，轴网体系与使用“绘制”→“线”命令创建的轴网相同。

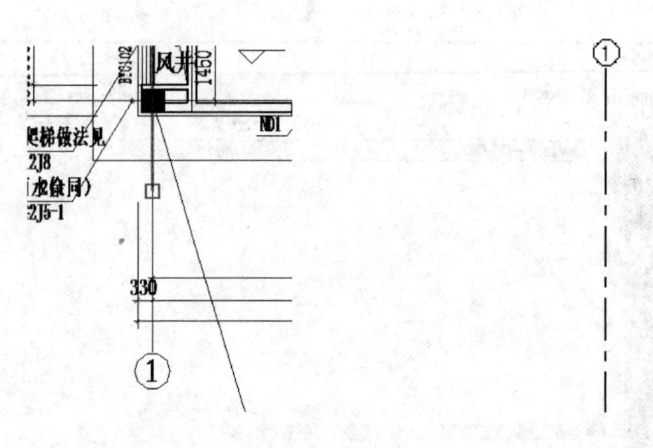

图 3-48　鼠标拾取轴网端点　　　　图 3-49　轴线①

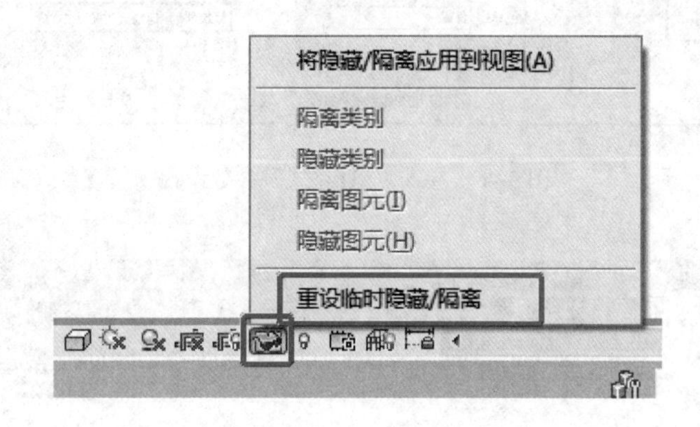

图 3-50　“重设临时隐藏 / 隔离”命令

二、标注轴网

对轴网进行尺寸标注。单击“注释”→“尺寸标注”→“对齐”命令（DI），如图 3-51 所示，鼠标指针依次点击轴线①至轴线③，鼠标左键点击空白位置，生成水平方向尺寸标注，如图 3-52 所示。同样的方法完成轴线Ⓐ至轴线Ⓓ的竖向尺寸标注。

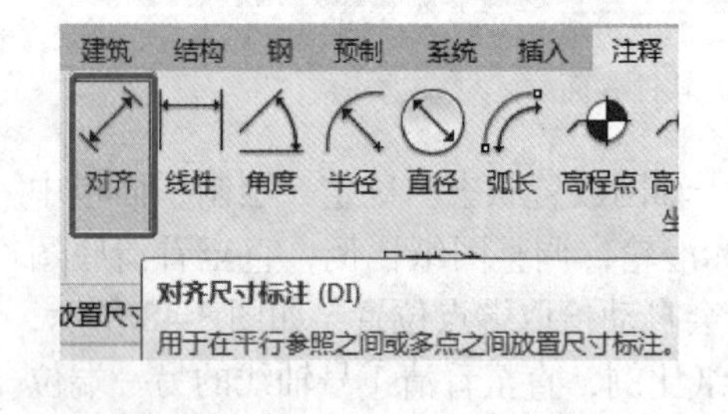

图 3-51　“对齐”命令

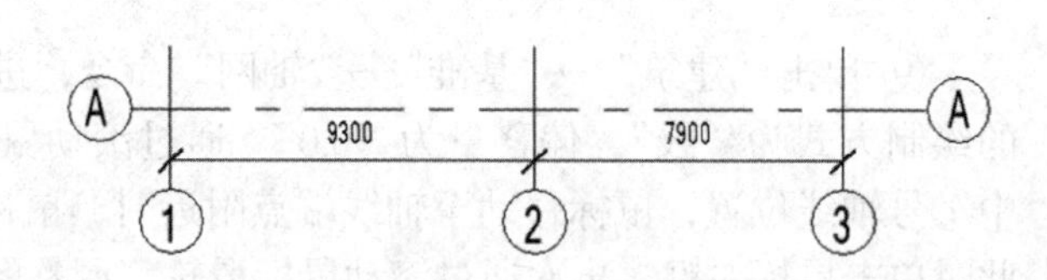

图 3-52　水平方向尺寸标注

三、调整视图方位

绘图区域的四个符号表示东西南北四个立面视图的视图方位。分别框选四个符号，可以将其移动到轴网外面。至此轴网体系创建完成，如图 3-53 所示。

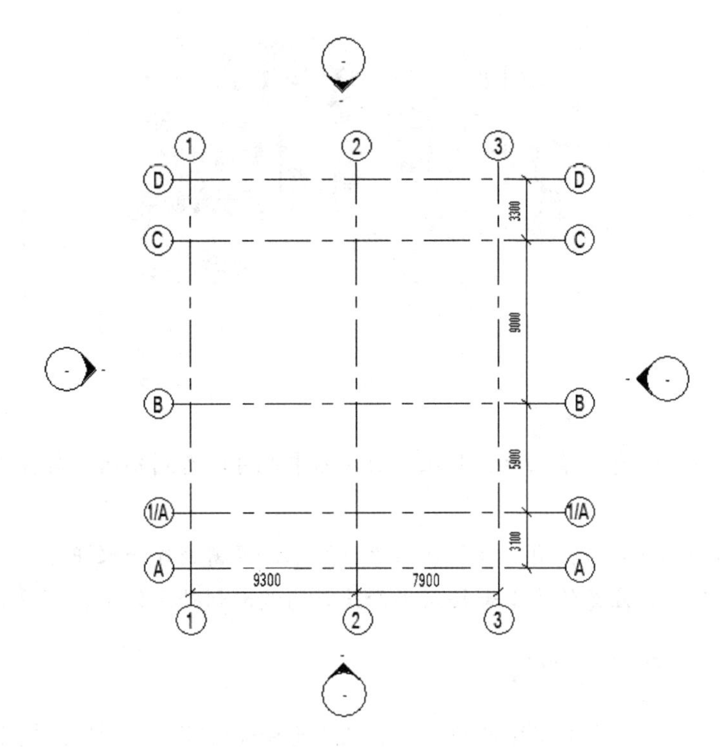

图 3-53　轴网体系

四、锁定轴网

为了保证后期建模过程中轴网不随意移动，通常情况下会将轴网进行锁定。首先将用鼠标框选全部轴网，选中后，轴网变为淡蓝色，如图 3-54 所示，点击“修改”→“锁定”命令（PN），如图 3-55 所示，锁定后，在轴网显示“禁止或允许改变图元位置”标记 ，如图 3-56 所示，这表示轴网已处于锁定状态。

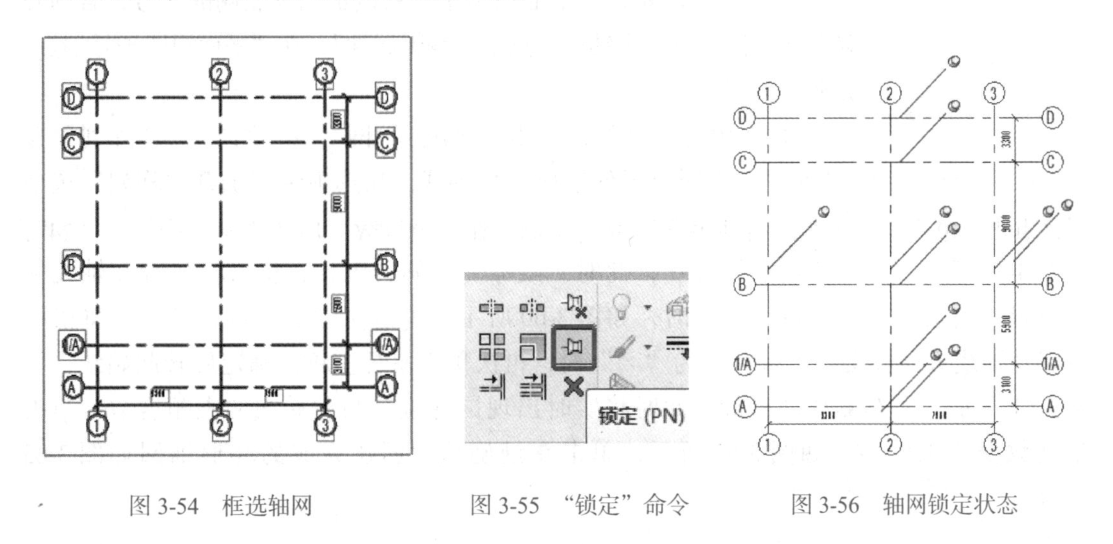

图 3-54　框选轴网　　图 3-55　“锁定”命令　　图 3-56　轴网锁定状态

当需要再次编辑轴网时，可点击“修改”→“解锁”命令（UP），如图 3-57 所示，轴网便可恢复编辑状态。

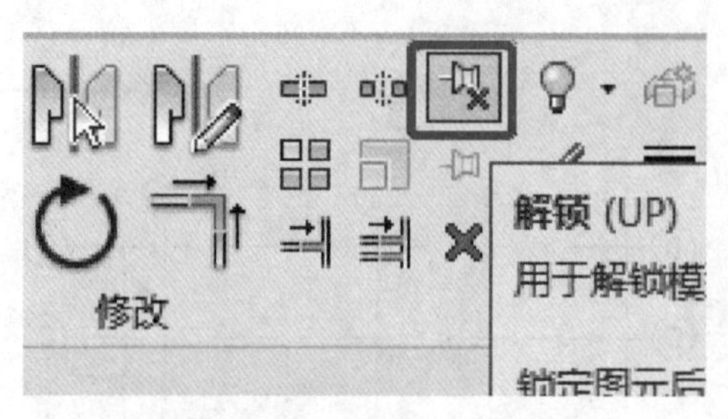

图 3-57 “解锁”命令

重点提示

1. 建立轴网体系具有三维属性，即在立面视图中也可以看到轴网，与标高共同构成定位基准系。

2. 各层平面的轴网体系具有一致和通用性，因此，只需创建一次即可。

3. 创建轴网后，应注意检查全部楼层平面是否均能看到轴网体系。

任务拓展 创建环形轴网

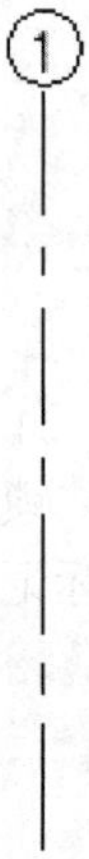

除了正交轴网外，常见的还有环形轴网，例如，某建筑物，轴线具有共同圆心，每间隔 15° 绘制一条轴线，轴号名称为①至㉔号，经分析可知，建筑物轴网较多且夹角相同，因此，可使用“阵列”命令创建轴网。具体操作如下。

① 单击“建筑”→“基准”→“轴网”命令（GR），进入轴网绘制状态，确定“绘制”面板中的绘制方式为“线”，偏移量为“0.0”。

② 使用“线”命令，在绘图区画一条轴线，轴号自动从 1 开始编号，如图 3-58 所示，在平面视图中，只显示轴线北侧的轴号，若轴号显示在南侧，可选中轴线，点击“编辑属性”，在“平面视图轴号端点”处调整。

①

图 3-58 ①号轴线

③ 选中①号轴线，点击“修改 | 轴网”→“修改”→“阵列”命令（AR），此时在①号轴线的相同位置处生成②号轴线，在选项卡下加载“阵列”选项栏，点击“ ”，确认“成组并关联”取消勾选，在“项目数”后的文本框内输入“24”，如图 3-59 所示，点击“地点”按钮，此时，鼠标变为旋转图标，将鼠标放置在轴线端点位置，当鼠标位置出现“□”时，如图 3-60 所示，单击左键确定旋转地点，将鼠标沿①号轴线方向移动，当鼠标变为“╳”时，再次单击鼠标左键，确定旋转起始线，如图 3-61 所示，向右侧移动鼠标，此时将实时出现鼠标位置与起始线的夹角度数，当夹角度数变为 15° 时，如图 3-62 所示，单击左键确认，创建完成的环形轴网如图 3-63 所示。

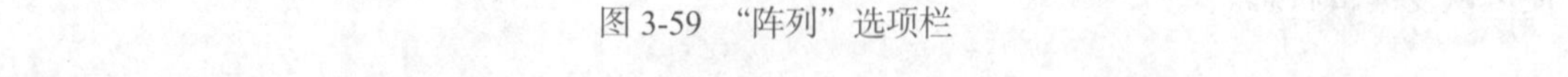

修改 | 轴网 □成组并关联 项目数: 24 移动到: ◉第二个 ○最后一个 角度: 旋转中心: 地点 默认

图 3-59 “阵列”选项栏

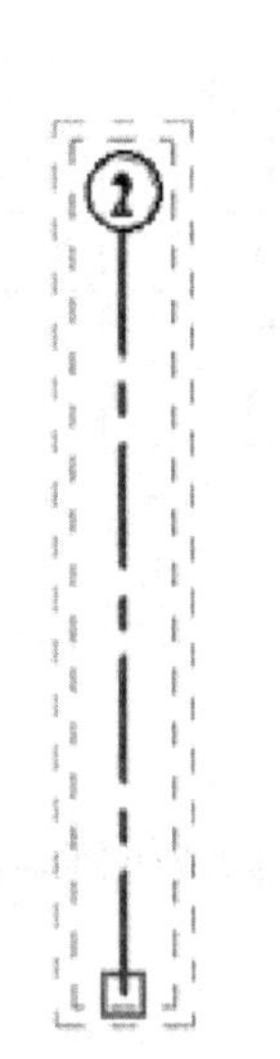

图 3-60　确定旋转地点

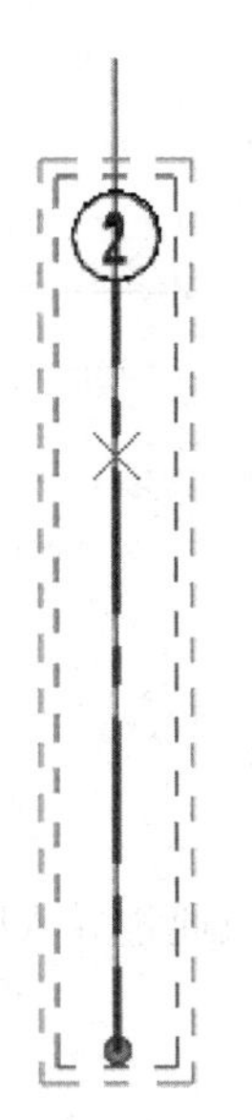

图 3-61　确定旋转起始线图

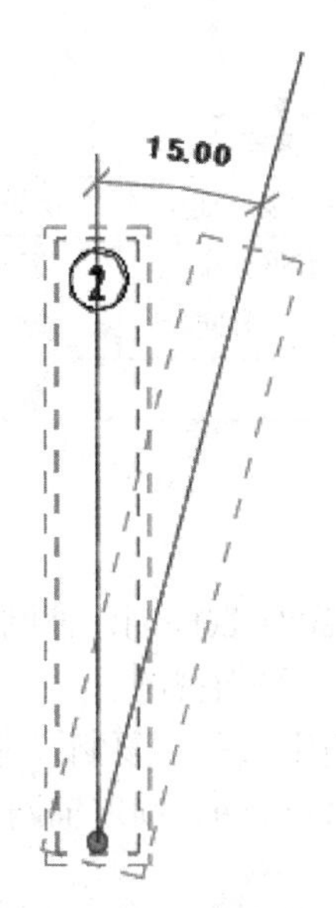

图 3-62　夹角度数

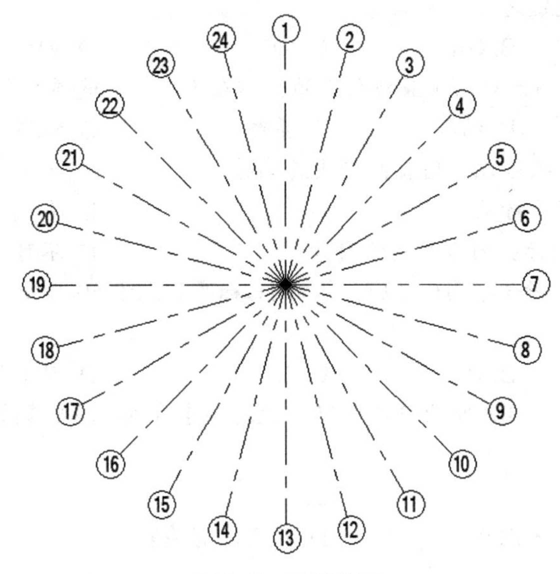

图 3-63　环形轴网

任务评价

姓名：　　　　　　　　　　班级：　　　　　　　　　　日期：

序号	考核点	要　求	分值 / 分	得分 / 分
1	识读轴网	能正确识读平面图中的轴网信息	5	
2	创建轴网	能使用“绘制”→“线”命令正确创建轴网	20	
		能合理设置导入 CAD 图纸的参数，并正确创建轴网	30	
		能通过“复制”命令，正确创建轴网	20	
3	修改轴网名称	能按图纸要求，正确修改轴网名称	10	

续表

序号	考核点	要　求	分值 / 分	得分 / 分
4	轴网端点符号	会设置轴网端点符号	5	
5	轴网标注	能正确标注轴网	10	
6	锁定轴网	能对轴网进行锁定	—	
合计			100	

任务总结

Revit2021 软件创建轴网体系的流程如下：

① 双击平面视图；

② 利用“线”“复制”命令创建轴网，或通过导入图纸创建轴网并修改轴网名称；

③ 标注轴网、锁定轴网。

能力训练题

1. 绘制轴网的快捷键是（　　）。

A. LL　　B. GR　　C. RP　　D. VV

2. 复制 / 阵列的标高未自动生成楼层平面，须在（　　）选项卡中创建楼层平面。

A. 建筑　　B. 结构　　C. 系统　　D. 视图

3. 以下（　　）选项可以实现轴网标头的偏移。

A. 勾选“隐藏 / 显示标头”　　B. 拖拽模型端点

C. 选中轴线，点击标头附近的折线符号　　D. 不可以偏移

4. Revit 中创建第一个标高 1F 之后，复制 1F 标高到上方 5000 处，生成的新标高名称为（　　）。

A. 2F　　B. 1G　　C. 2G　　D. 以上都不对

5.【2021 年“1+X” BIM 职业技能等级考试真题】在 Revit 里修改标高名称，相应视图的名称是否会改变？（　　）

A. 不会　　B. 会

C. 可选择改变或者不改变　　D. 两者没有关联

实　训　题

某建筑共 50 层，其中首层地面标高为 ±0.000，首层层高 6.0m，第二层至第四层层高 4.8m，第五层及以上层高 4.2m。请按要求建立项目标高，并建立每个标高的平面视图，同时，按照轴网布置图绘制项目轴网，最终结果以“标高轴网”命名。

二维码 3-5
轴网布置图

BIM

模块三

土建模型

模块简介

本模块共包括两个项目，项目四结构模型主要介绍参与承重的结构构件的创建和编辑方法，如基础、结构柱、结构梁、结构板等构件的建模基本操作。项目五建筑模型主要介绍楼梯及非承重构件的创建和编辑方法，如建筑墙、幕墙、门、窗、楼梯、栏杆扶手等构件的建模基本操作。本模块需要在模块二定位基准的基础上，将创建好的标高和轴网作为定位基准，按照先结构模型后建筑模型的顺序完成。

项目四 结构模型

❖ 学习目标

素质目标

- 独立思考 Revit2021 结构构件的绘制方法；
- 正确绘制 Revit2021 结构构件，养成一丝不苟的态度。

知识目标

- 熟练使用 Revit2021 绘制线、矩形等命令创建基础；
- 会调整链接的图纸在 Revit2021 中的绘制图层位置；
- 会载入族，修改结构柱、梁的属性信息。

能力目标

- 能够调整结构柱、梁的标高；
- 会使用直线、矩形命令绘制板；
- 掌握板的高度偏移调整方式。

二维码 4-1
项目总图纸—
结构施工图

❖ 项目脉络

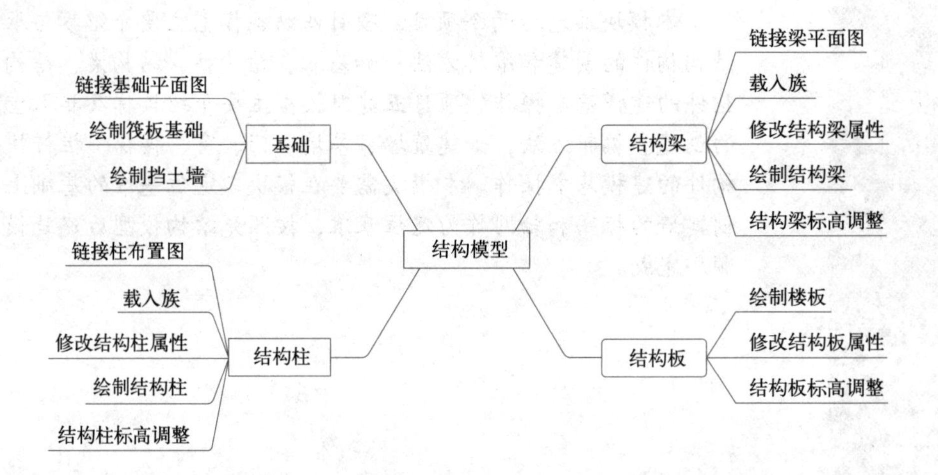

在土建模型中，结构部分通常由基础、结构柱、结构梁和结构板组成。其中，基础是将结构所承受的各种作用传递到地基上的结构组成部分，基础按构造形式来分，大致可分为独立基础、筏板基础和条形基础，本项目重点讲解汽车实训楼项目中的筏板基础构造画法。结构柱是结构中主要的竖向受力构件，用于承受梁和板传递的竖向荷载，并将荷载传给基础，绘制结构柱时要严格设定柱顶部标高与底部标高，避免出现浮空。梁在结构专业中，是与其他专业实体发生冲突较多的构件之一。通常梁顶标高与结构楼层标高是一致的，但如果楼板倾斜，梁也会跟随倾斜。结构板是结构中主要的水平受力构件，在绘制结构板时，要着重读清板顶标高，熟练运用升板和降板设置。

任务一　创建基础

工作任务卡

任务编号		4-1	任务名称	创建基础
授课地点		机房	建议学时	4 学时
教学软件		Revit2021	图纸名称	汽车实训楼 - 结施 02：基础平面图， 结施 03：基础墙、柱平法施工图
学习目标	素质目标	独立思考 Revit2021 基础的绘制方法； 熟练使用 Revit2021 基础绘制线、矩形等命令，针对不同形状的筏板绘制培养创新精神		
	知识目标	了解基础的绘制方法； 掌握挡土墙的绘制方法		
	能力目标	能够使用线、矩形等不同命令创建基础； 能够调整链接的图纸在 Revit2021 的绘制图层位置，利于绘图		
教学重点		基础的绘制方法		
教学难点		使用 Revit2021 基础绘制线、矩形等命令，针对同形状的筏板使用不同的绘制方式		

任务引入

基础是将结构所承受的各种作用传递到地基上的结构组成部分，它是主体结构的组成部分。基础按构造形式来分，大致可分为条形基础、独立基础和筏板基础。本任务重点讲解实训楼项目中的筏板基础构造画法。

任务分析

二维码 4-2
创建基础用
图纸

识读汽车实训楼结构施工图中结施 02，可以找出基础为平板式筏形基础，筏板厚度为 400mm，基底标高为 -6.200m，挡土墙为 1F 标高向下偏移 300mm，坐落于平板式筏形基础上。在项目三中，已经建立了标高和轴网，基础的模型绘制必须在其之上进行。同时，绘制基础时，为节省测量尺寸的时间，通常要链接 CAD 图纸，因此，绘制基础的前，将学习如何链接 CAD 图纸。

任务实施

一、链接基础平面图

首先进入“-1F”标高。在“项目浏览器”→“楼层平面”下，双击“-1F”，如图 4-1 所示，进入“-1F”标高的视图，软件在绘图区会出现该标高处的所有轴网信息。

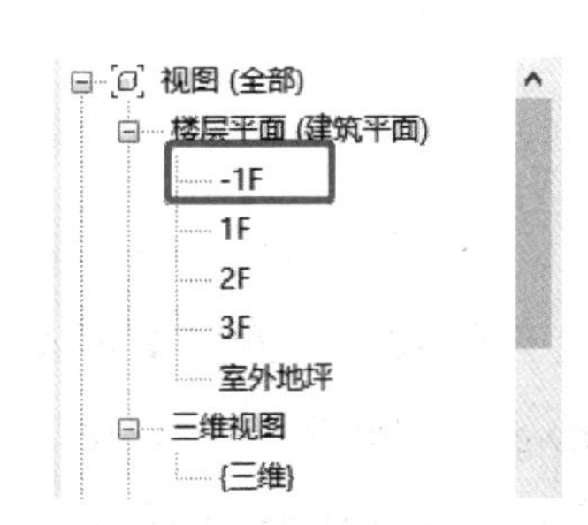

图 4-1　项目浏览器中的“-1F”标高位置

单击“插入”→“链接”→“链接 CAD”命令，如图 4-2 所示，会弹出“链接 CAD 格式”对话框，此时，找到文件“基础平面图”并单击，如图 4-3 所示，在该对话框中，设置链接的图纸“颜色”为“保留”，“图层 / 标高”为“全部”，

“导入单位”为“毫米”。“定位”为“自动 - 中心到中心”，并且将左下角的“仅当前视图”前的“√”勾选。勾选仅当前视图是为了使该图纸仅在“-1F”标高显示，避免后期导入其他图纸后，图纸叠加对绘图者造成影响。

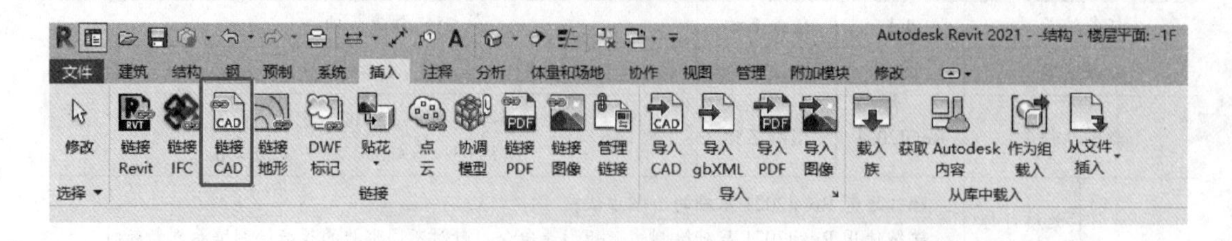

图 4-2 “链接 CAD”命令

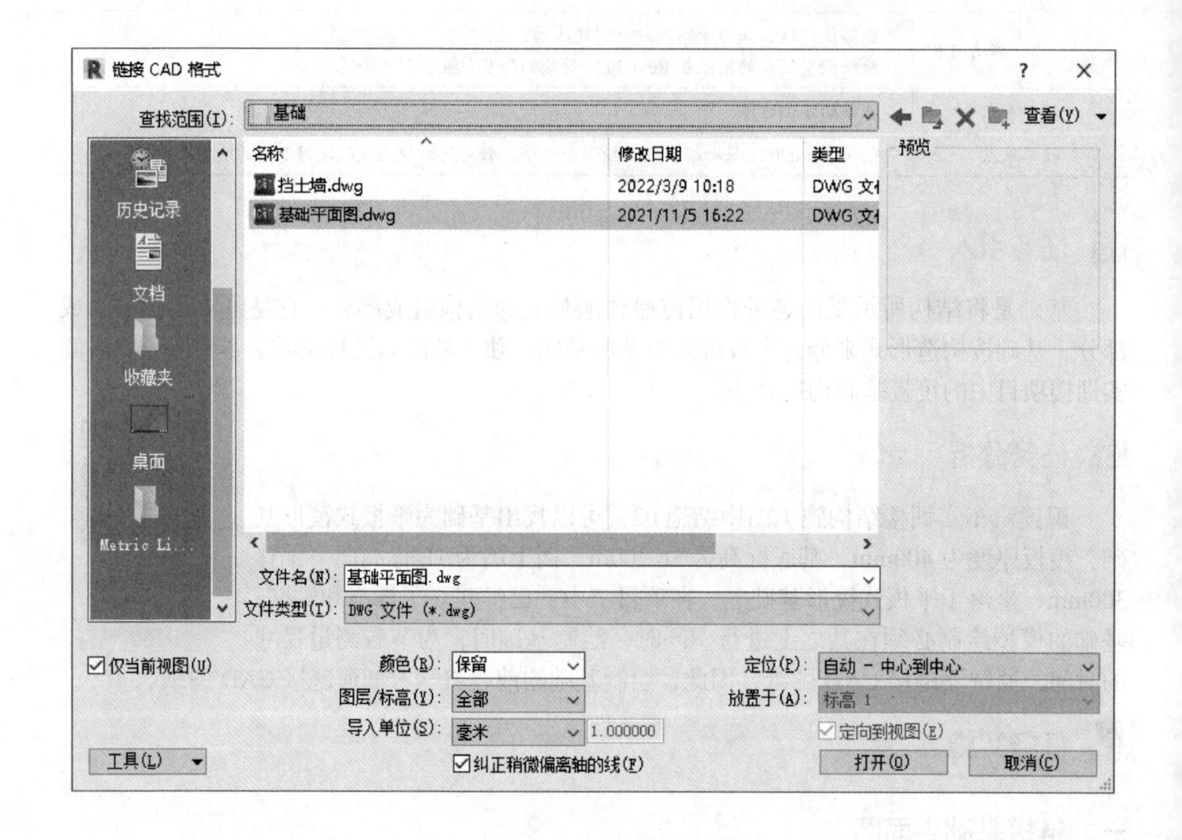

图 4-3 “链接 CAD 格式”对话框

图纸导入后，大多情况下，图纸并不能与绘图区的轴网重合，例如，本项目的图纸位于轴网的右上侧，如图 4-4 所示，此时，需单击选中“基础平面图”，单击“修改 | 基础 .dwg”→“修改”→“移动”命令，移动图纸，如图 4-5 所示，并找到图纸的任意两根轴线的交点，例如Ⓐ轴与①轴的交点，移动图纸，使图纸的Ⓐ轴与①轴交点与软件中Ⓐ轴与①轴交点重合，如图 4-6 所示。

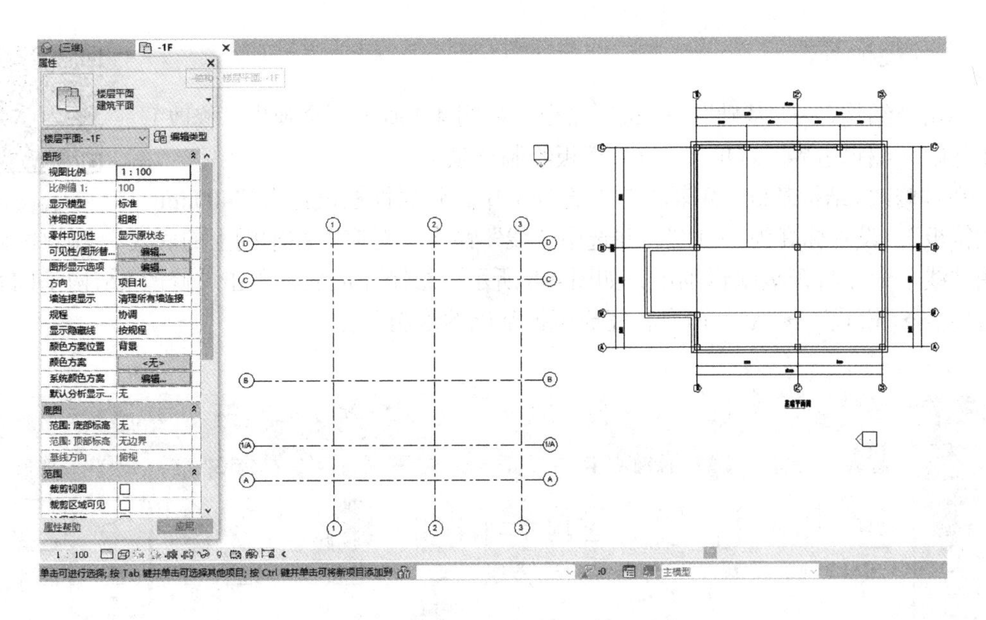

图 4-4　图纸未能与绘图区的轴网重合

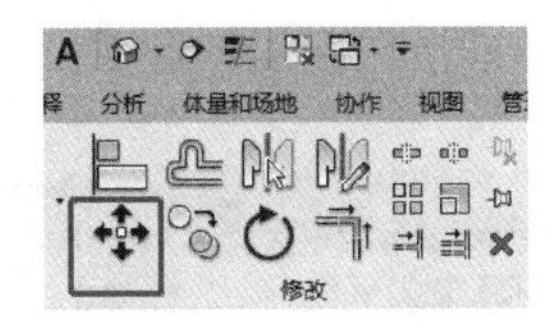

图 4-5　移动命令

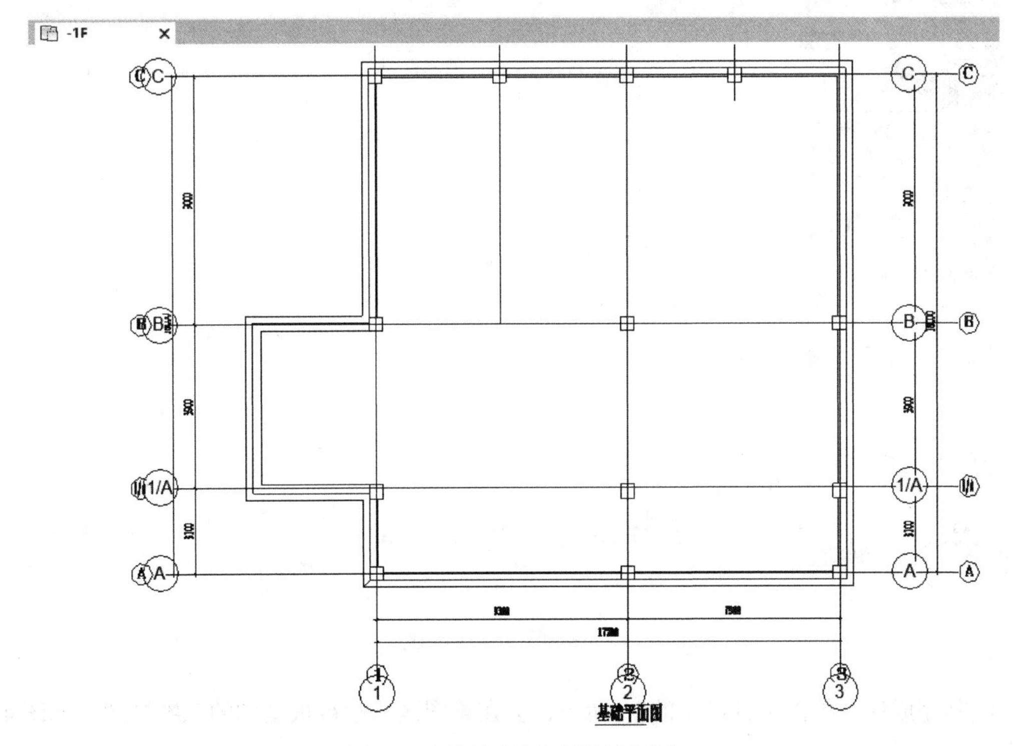

图 4-6　图纸与绘图区的轴网重合

二、绘制筏板基础

二维码 4-3
创建基础

单击“结构”→“基础”→“板”命令，如图 4-7 所示，会弹出“修改 | 结构基础 > 编辑边界”选项卡，进入楼板绘制选项卡。

在“修改 | 结构基础 > 编辑边界”选项卡中，将属性栏设置为“400mm 基础筏板”，设置标高为“-1F”，并选中“线”命令，对照贴在轴网上的底图用“线”命令将筏板编辑围出，如图 4-8 所示。绘制完成后，单击“修改 | 结构基础 > 编辑边界”→“模式”→“√”命令，完成筏板基础的绘制。

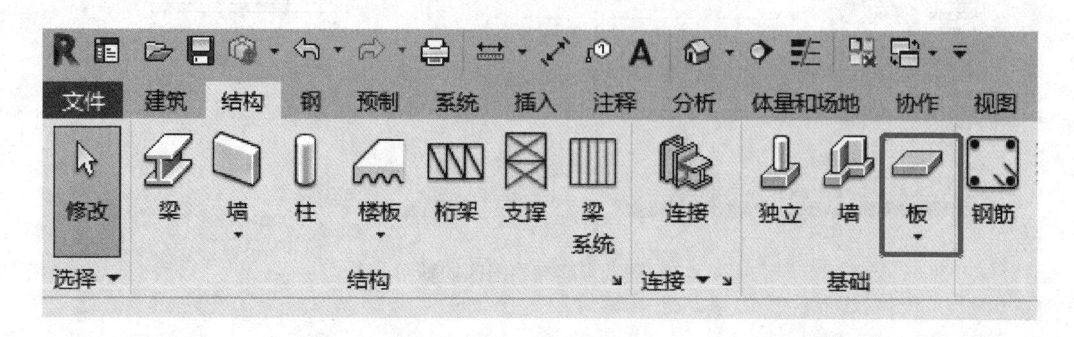

图 4-7 “板”命令

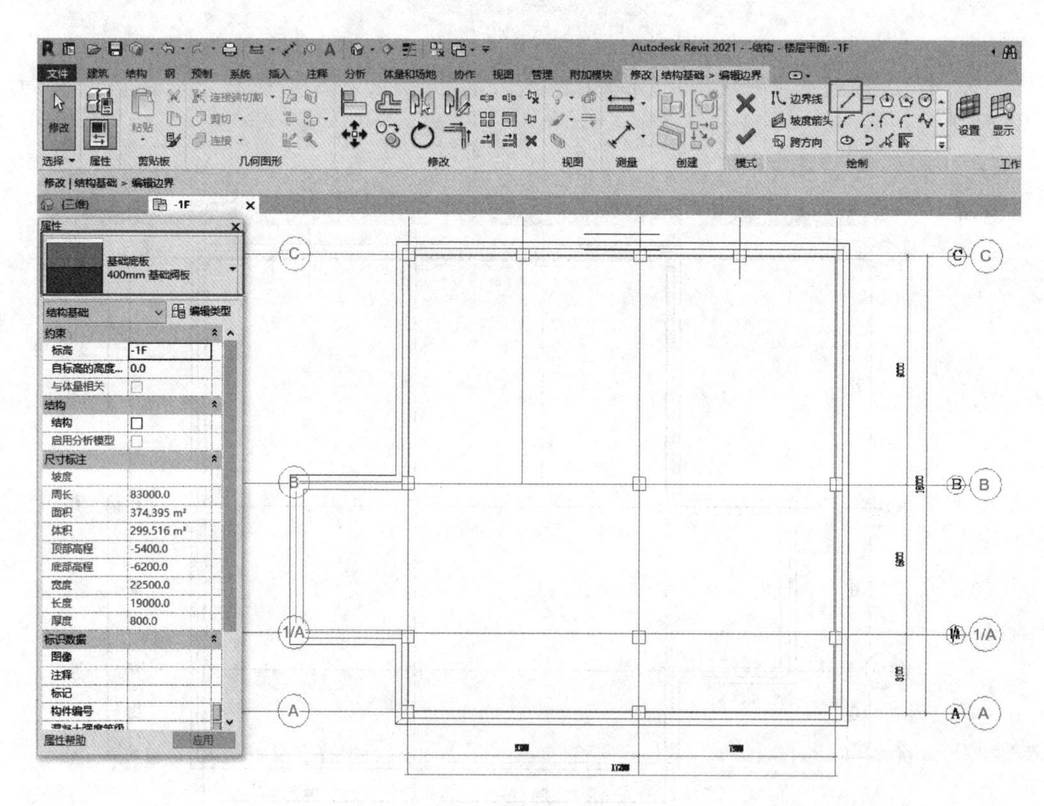

图 4-8 绘制筏板基础

绘制完成后，单击工具栏中的命令，会在绘图区显示筏板基础的三维视图，如图 4-9 所示。

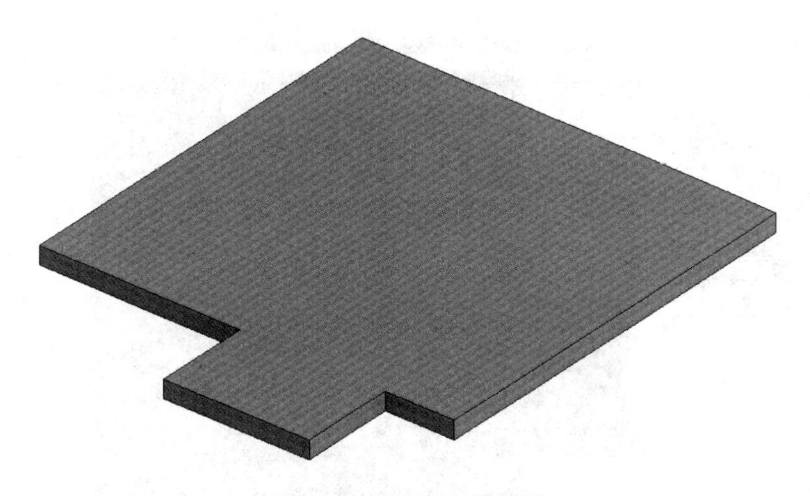

图 4-9　筏板基础三维视图

三、绘制挡土墙

绘制挡土墙之前，需要注意，上一步绘制的筏板基础覆盖住了导入的图纸，如图 4-10 所示。这样无法查看挡土墙位置，不利于绘图。

此时，为便于绘图，需单击选中导入的图纸，将属性栏中的“绘制图层”设置为“前景”，如图 4-11 所示，修改后可明显看出图纸里挡土墙的位置。

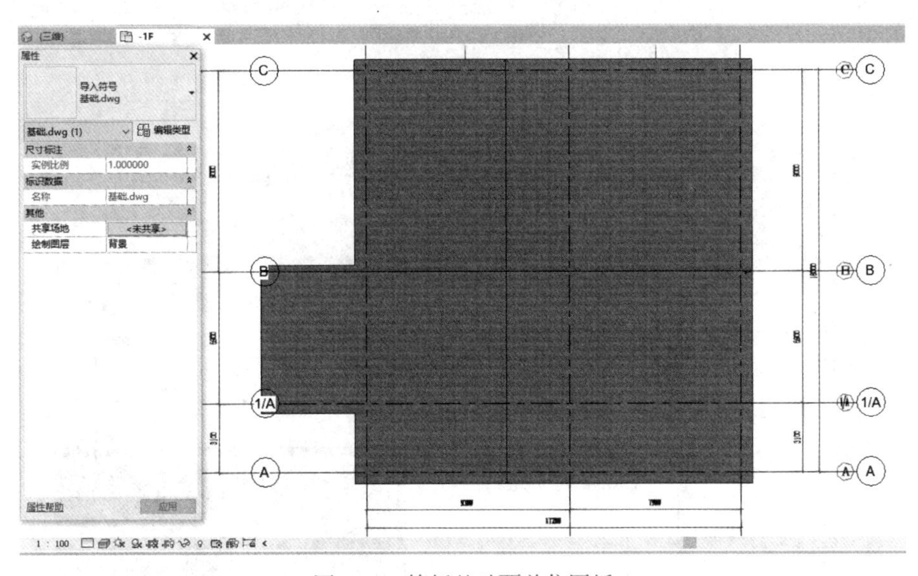

图 4-10　筏板基础覆盖住图纸

单击“结构”→“结构”→“墙”命令，如图 4-12 所示，会弹出“修改 | 放置 结构墙”界面。

在“修改 | 放置 结构墙”界面，将属性栏设置为“挡土墙 _300”，依照图纸设置“底部约束”为“-1F”，“底部偏移”为“-400.0”，“顶部约束”为“直到标高：1F”，“顶部偏移”为“-50.0”，并选中“线”命令，对照贴在轴网上的底图用“线”命令将墙按指定位置绘出，如图 4-13 所示。

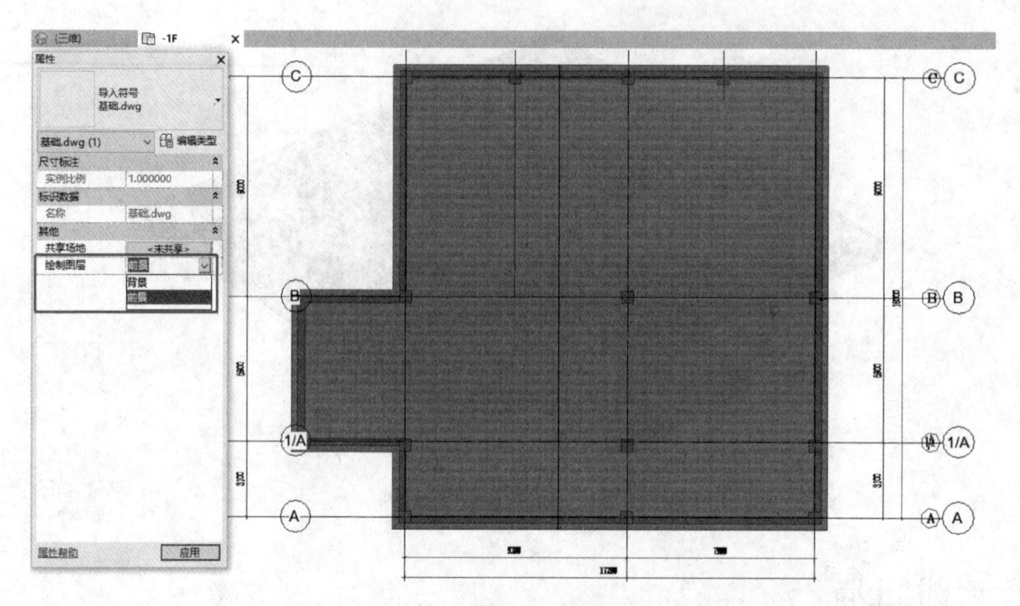

图 4-11　修改“绘制图层”

图 4-12　“墙”命令

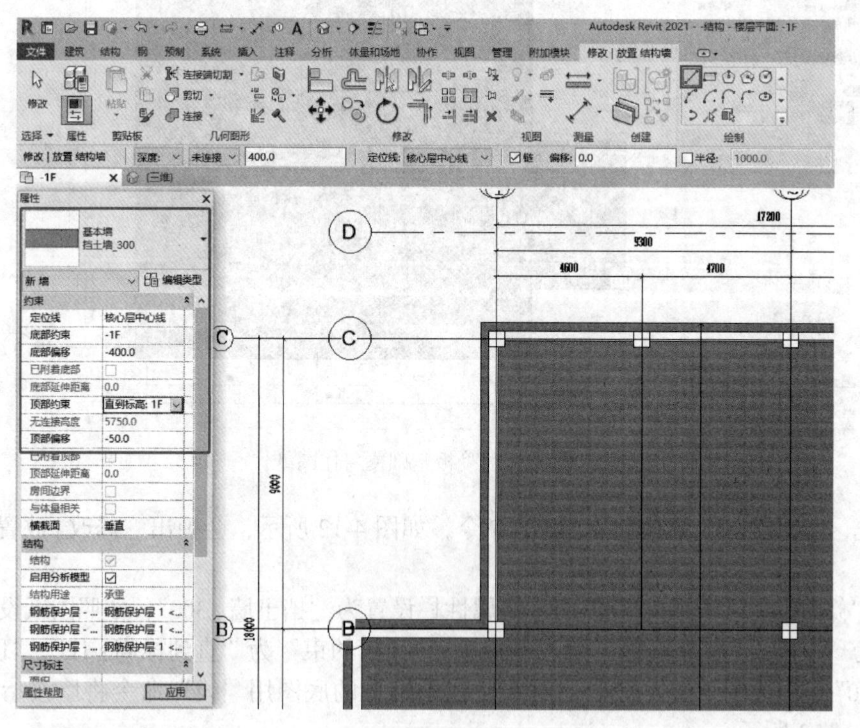

图 4-13　绘制挡土墙

绘制完成后，单击工具栏中的命令，会在绘图区显示挡土墙的三维视图，如图 4-14 所示。

依照上述步骤继续绘制其他挡土墙，需要注意的是，挡土墙的顶部偏移并不一样，需仔细识读图纸。所有挡土墙绘制完成后，单击工具栏中的命令，会在绘图区显示所有挡土墙的三维视图，如图 4-15 所示。

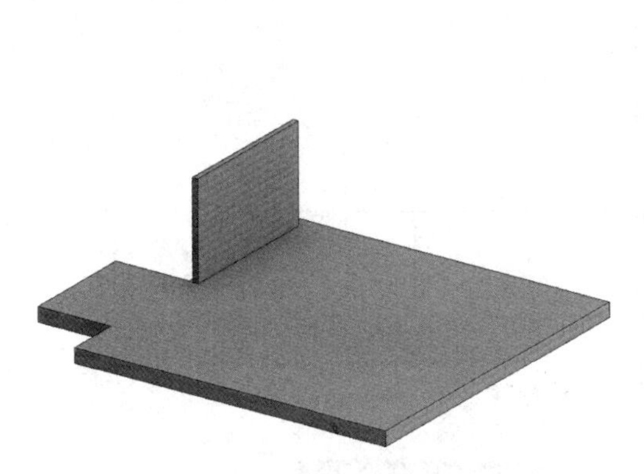

图 4-14　挡土墙三维视图

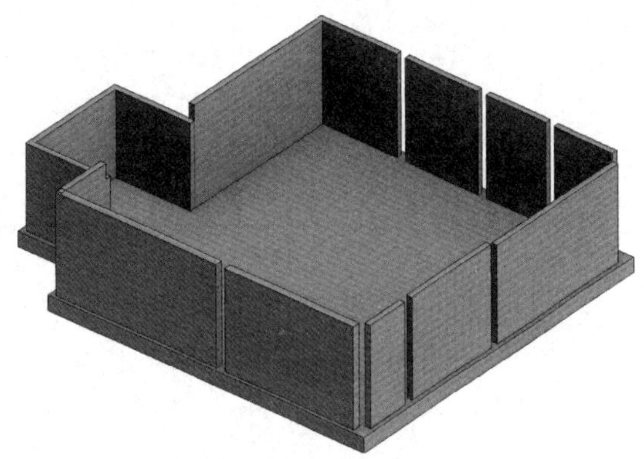

图 4-15　所有挡土墙三维视图

重点提示

1. 筏板基础的尺寸应严格按照图纸进行绘制。
2. 挡土墙绘制完成后中间的缝隙，是后期要放置柱子的位置。

任务拓展　条形基础绘制

条形基础是基础长度远远大于宽度的一种基础形式。墙下条形基础又称为扩展基础，作用是把墙的荷载侧向扩展到土中，使之满足地基承载力和变形的要求。

条形基础必须依附于挡土墙，条形基础绘制前，应首先绘制好挡土墙，挡土墙的绘制详见前面正文，挡土墙绘制完成后，三维显示如图 4-16 所示。

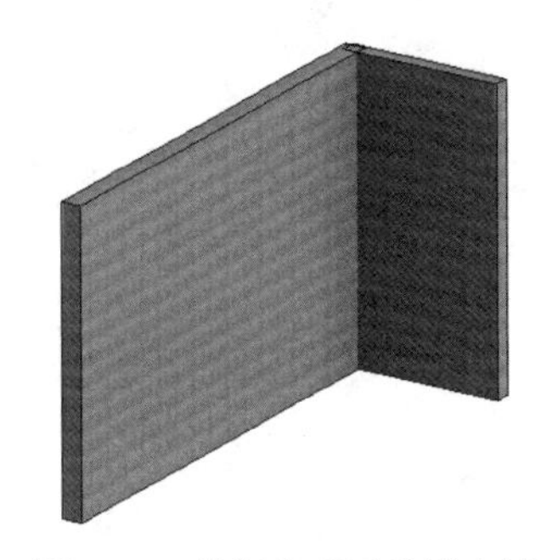

图 4-16　绘制完成后的挡土墙

单击“结构”→“基础”→“墙”命令，如图 4-17 所示，会弹出“修改 | 放置 条形基础”界面。

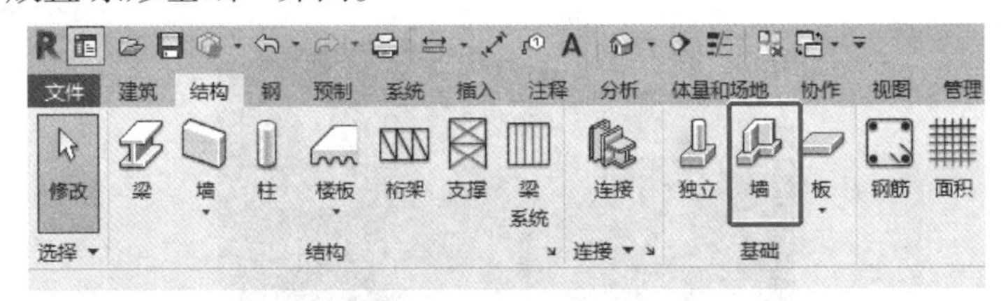

图 4-17　“墙”命令

单击“修改 | 放置 条形基础”→“多个”→“选择多个”命令，选择需要布置条形基础的挡土墙，如图 4-18 所示。

布置完成条形基础的挡土墙后，然后单击“修改 | 放置 条形基础”→“多个”→“√完成”命令，如图 4-19 所示。

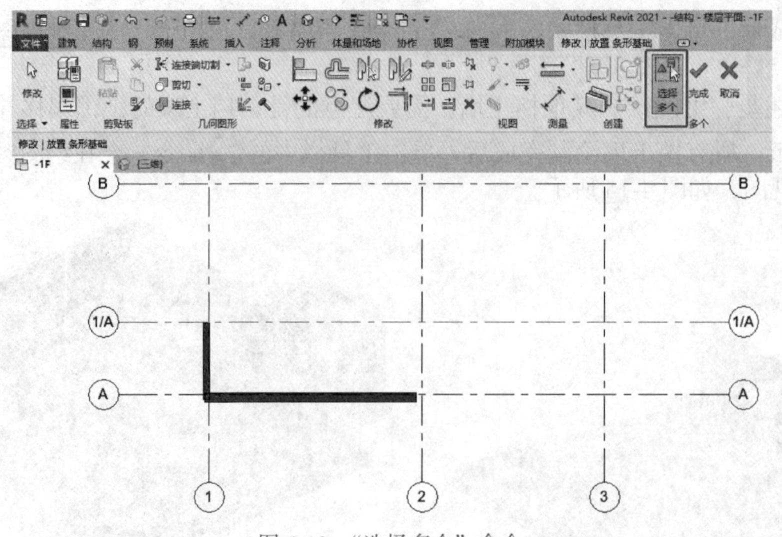

图 4-18 “选择多个”命令

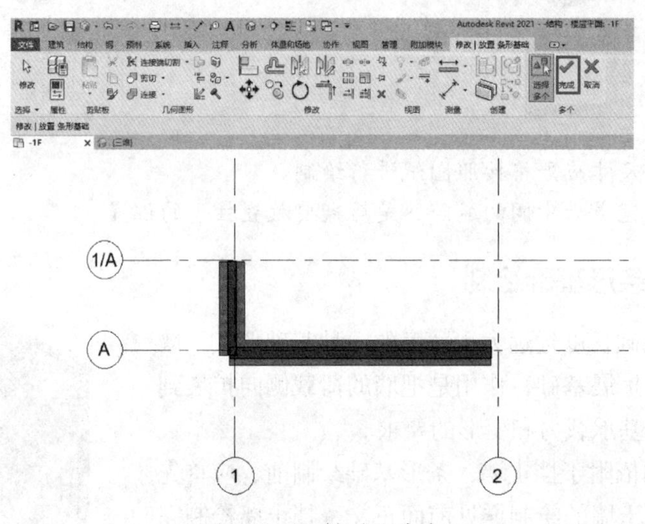

图 4-19 “√完成”命令

绘制完成后，单击工具栏中的命令，会在绘图区显示条形基础的三维视图，如图 4-20 所示。

图 4-20 条形基础三维视图

任务评价

姓名：　　　　　　　　　　班级：　　　　　　　　　　　日期：

序号	考核点	要求	分值 / 分	得分 / 分
1	链接图纸	掌握链接图纸及对齐的方法	20	
2	筏板基础绘制	筏板基础在 Revit2021 模型中的作用	10	
3		筏板基础的绘制方法	30	
4	挡土墙绘制	挡土墙在 Revit2021 模型中的作用	10	
5		挡土墙的绘制方法	30	
合计			100	

任务总结

Revit2021 绘制基础主要内容如下：

① 掌握基础的绘制方法；

② 掌握挡土墙的绘制方法；

③ 使用 Revit2021 基础绘制线、矩形等命令，针对同形状的筏板使用不同的绘制方式。

任务二　创建结构柱

工作任务卡

任务编号		4-2	任务名称	创建结构柱
授课地点		机房	建议学时	2 学时
教学软件		Revit2021	图纸名称	汽车实训楼 - 结施 03：基础墙、柱平法施工图，结施 04：一层柱平法施工图，结施 05：二层柱平法施工图
学习目标	素质目标	读懂图纸，正确绘制 Revit2021 结构柱，养成一丝不苟的态度； 依照 CAD 图纸信息调整结构柱尺寸及标高，养成规范的操作习惯		
	知识目标	了解结构柱在 Revit2021 模型中的作用； 掌握柱的绘制方法		
	能力目标	能够载入族； 能够修改结构柱的属性信息； 能够调整结构柱的标高		
教学重点		正确绘制并调整结构柱		
教学难点		调整结构柱标高		

任务引入

识读汽车实训楼结构施工图，提取绘制柱模型所需的属性值；载入“结构柱”族文件；绘制结构柱模型，并进行柱的属性调整。

二维码 4-4
创建结构柱用图纸

任务分析

结构柱是结构中主要的竖向受力构件，用于承受梁和板传递的竖向荷载，并将荷载传给基础。在Revit2021软件中建立柱模型时，主要根据轴网，对柱进行定位，并依照CAD图纸信息调整结构柱尺寸及标高。汽车实训楼结施03基础墙、柱平法施工图中为框架柱，截面尺寸为500mm×500mm，标高为基础顶～-0.050m。结施04一层柱平法施工图中为框架柱，截面尺寸为500mm×500mm，标高为-0.050～5.650m；结施05二层柱平法施工图中为框架柱，截面尺寸为500mm×500mm，标高为5.650～10.200m。

任务实施

一、链接基础平面图

按照任务一创建基础，完成步骤链接基础平面图的操作后，“-1F”会保留基础平面图信息，如图4-21所示。

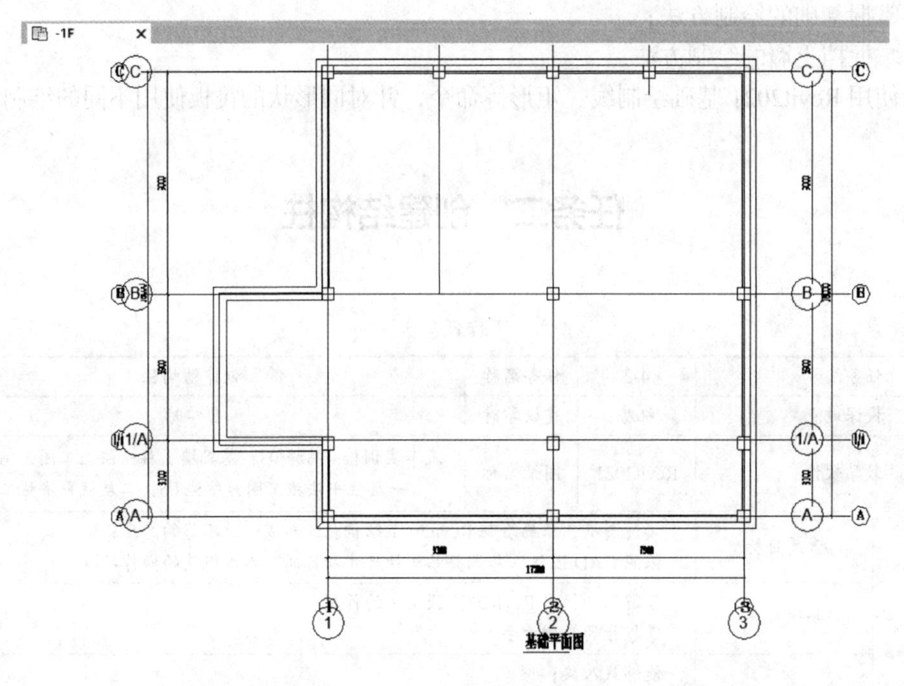

图4-21 “-1F”保留基础平面图信息

二、载入结构柱族文件

在系统的默认状态下，没有矩形的柱，因此需要从族库中进行导入。单击“插入”→“从库中载入”→“载入族”命令，如图4-22所示，弹出“载入族”对话框，如图4-23所示。依次单击“结构”→“柱”→“混凝土”文件夹，选择“混凝土-矩形-柱”族文件，此时，在项目浏览器“结构柱”中会增加“混凝土-矩形-柱”族，如图4-24所示。

二维码4-5
创建结构柱

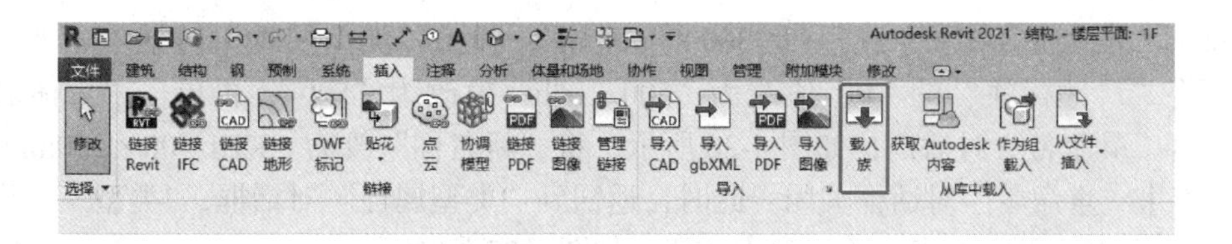

图 4-22 “载入族”命令

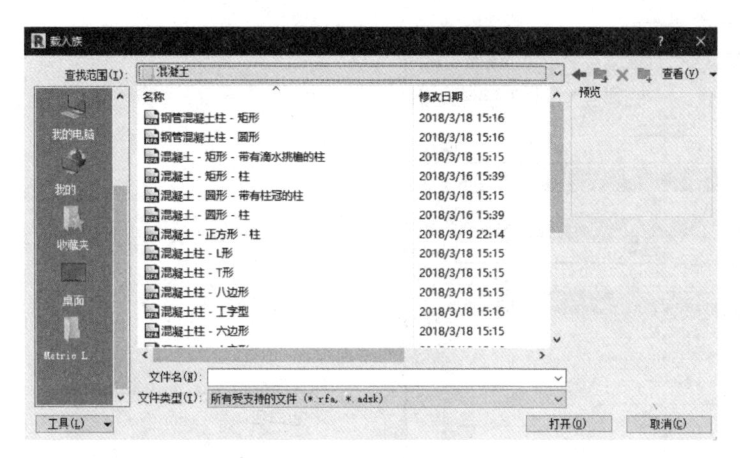

图 4-23 “载入族”对话框

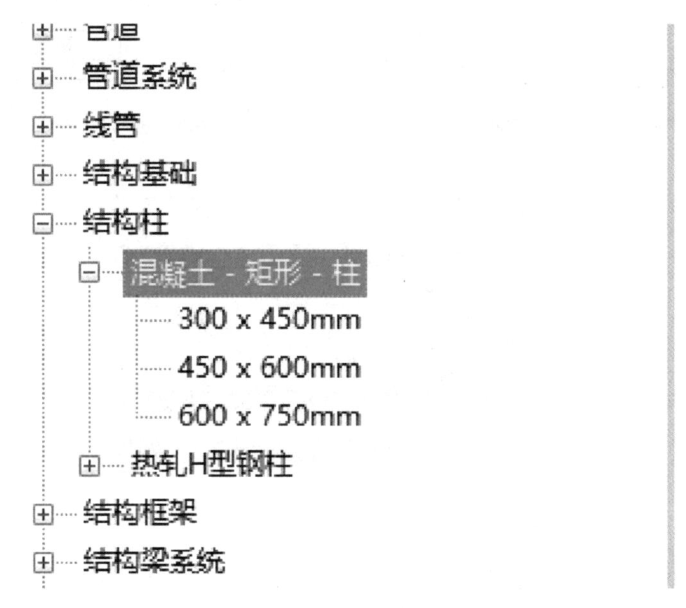

图 4-24 “混凝土 - 矩形 - 柱”族

三、修改结构柱属性值

依照图纸可知，第一个需要布置的矩形柱（①轴与©轴交点处），为 500mm × 500mm 矩形柱，而目前的项目浏览器中没有该类型的族，故需要修改结构柱的属性值，使其变为绘图者所需的类型。

双击“混凝土 - 矩形 - 柱”→“300×450mm”，弹出“类型属性”对话框，如图 4-25 所示，将“尺寸标注”的“b”值改为“500”，“h”值改为“500”，再单击“重命名”按钮，弹出“重命名”对话框，如图 4-26 所示，将“新名称”改为“KZ1-500×500mm”，点击【确定】，“重命名”对话框关闭。此时，返回到“类型属性”对话框，“类型”一栏变为“KZ1-500×500mm”，再点击【确定】按钮，如图 4-27 所示。

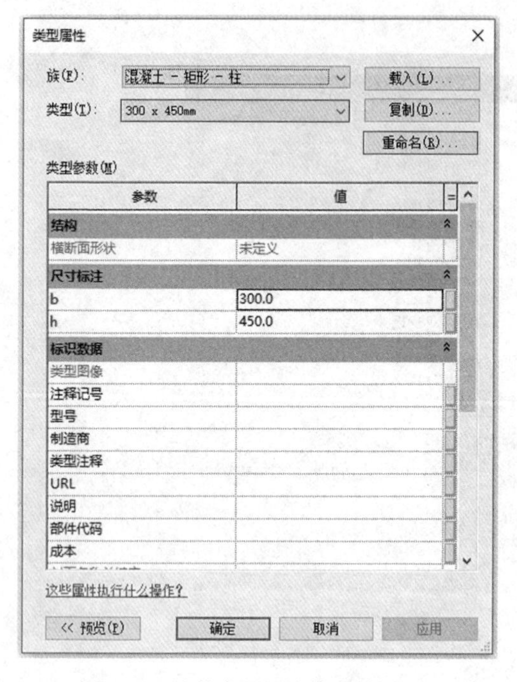

图 4-25　柱的类型属性修改前

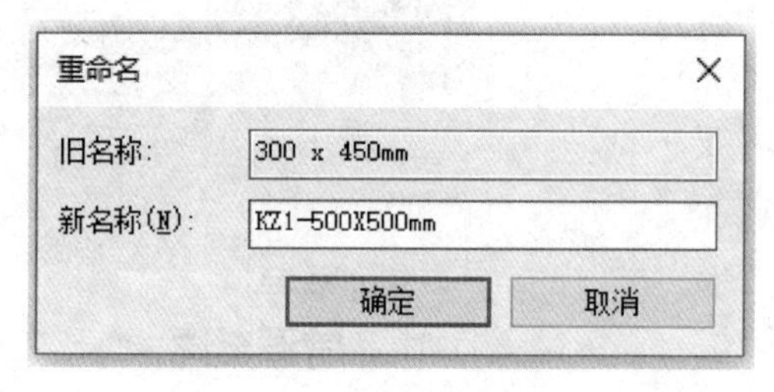

图 4-26　柱的“重命名”对话框

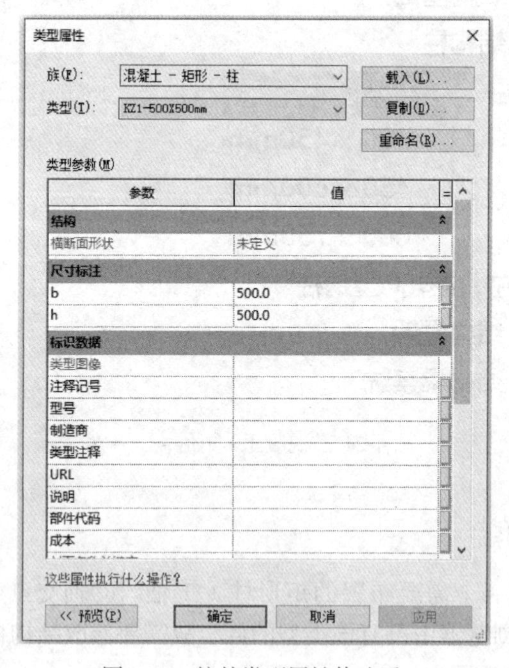

图 4-27　柱的类型属性修改后

四、绘制矩形柱

以①轴与Ⓒ轴交点处方形柱为例，单击“结构”→“结构”→“柱”命令（CL），如图 4-28 所示，此时，将鼠标放在绘图区，鼠标变为十字，将鼠标放在①轴与Ⓒ轴交点附近，并向前滚动鼠标轮，放大轴网视图，拾取两轴交点，点击左键，如图 4-29 所示。

图 4-28 “柱”命令

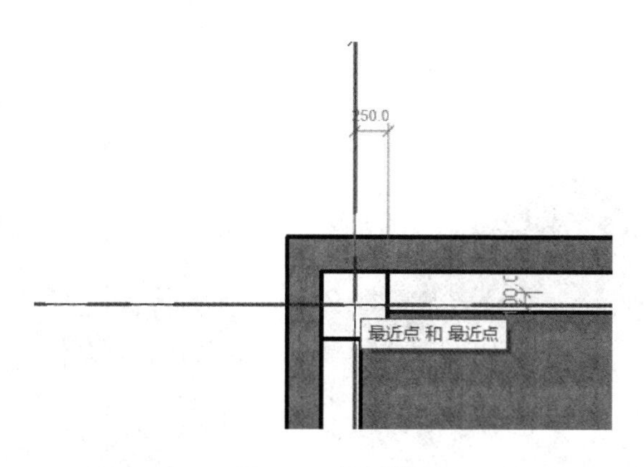

图 4-29 放置柱

五、矩形柱标高调整

从图纸中，可以得知，①轴与Ⓒ轴交点柱底部标高为 -1F，底部偏移为 -400mm，顶部标高为 1F，顶部偏移为 -50mm，单击该矩形柱，在属性栏中将各项数值依次进行设置，矩形柱属性调整完成，如图 4-30 所示。

绘制完成后，单击工具栏中的命令，会在绘图区显示矩形柱的三维视图，如图 4-31 所示。

六、绘制 -1F 层其他矩形柱

双击“项目浏览器”→“结构平面”→“-1F”，重新回到 -1F 层标高视口，利用上述方法，完成 -1F 层其他所有矩形柱的绘制，绘制完成后，单击工具栏中的命令，会在绘图区显示 -1F 层所有矩形柱的三维视图，如图 4-32 所示。

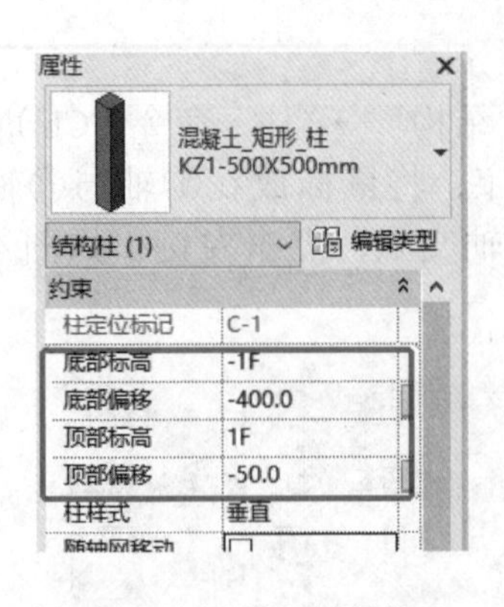

图 4-30　矩形柱属性调整后

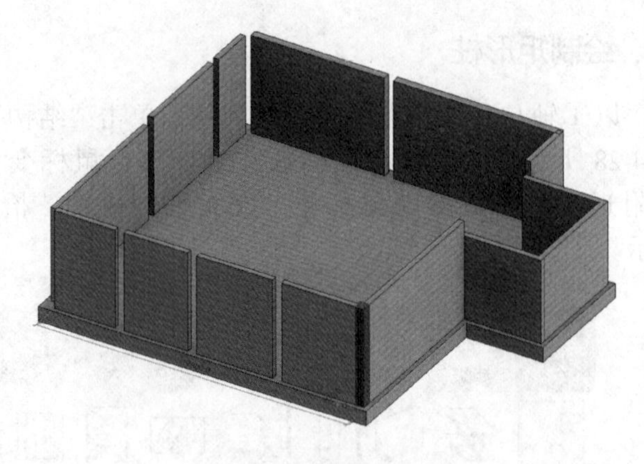

图 4-31　矩形柱三维视图

七、绘制其他层的柱

按上述方法进行重复操作，依次完成其他层的柱模型绘制，所有层的柱绘制完成后的三维图如图 4-33 所示。

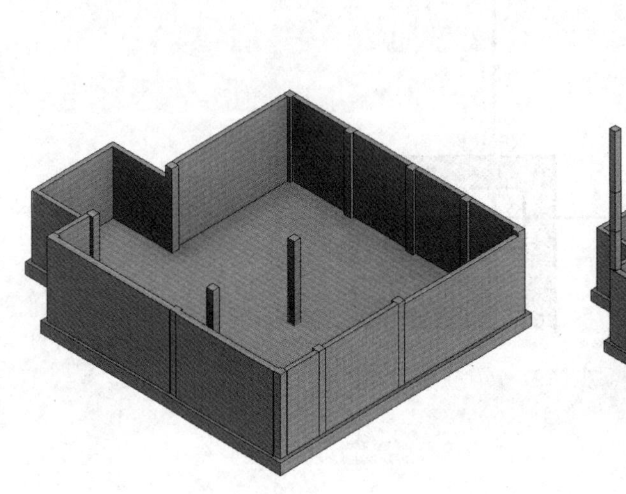

图 4-32　-1F 层所有矩形柱的三维视图

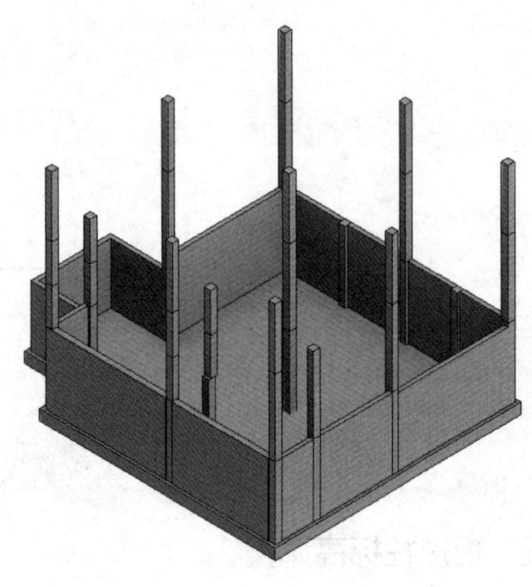

图 4-33　所有层的柱绘制完成后的三维视图

重点提示

1. 创建柱模型只能在平面视图或三维视图中创建，平面中创建相对准确。
2. 柱的混凝土材质信息是族文件默认的，如果不是混凝土材质，需要重新定义。
3. 除位置属性不同外，当柱的其他属性完全相同时，可通过复制命令快速创建。

任务拓展　轻型角钢柱绘制

近年来，装配式建筑在建筑业的占比越来越多，钢结构作为装配式建筑的一种主要表现形式，使用频率较高，下面以轻型角钢柱为例，讲解在 Revit 软件中如何进行绘制。假设轻型角钢柱的尺寸为 100mm × 100mm × 4mm。

首先载入轻型角钢柱族文件。在系统的默认状态下，没有轻型角钢柱，因此需要从族库中进行载入，载入具体方法如下，单击“插入”→“载入族”命令，如图 4-34 所示，弹出“载入族”对话框，如图 4-35 所示。依次单击“结构”→“柱”→“轻型钢”文件夹，选择“轻型 - 角钢 - 柱”族，此时，在项目浏览器“结构柱”中会增加“轻型 - 角钢 - 柱”族，如图 4-36 所示。

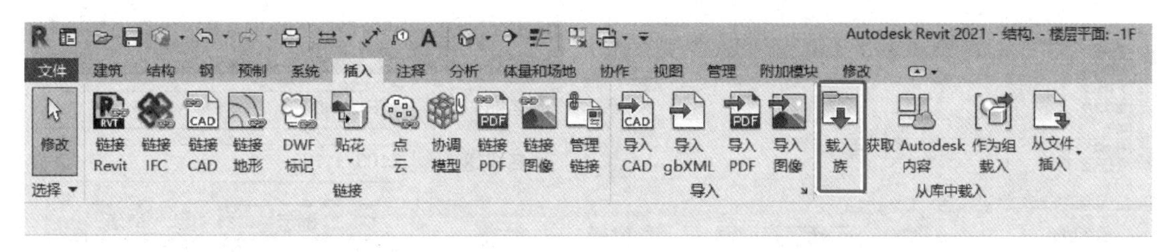

图 4-34 “载入族”命令

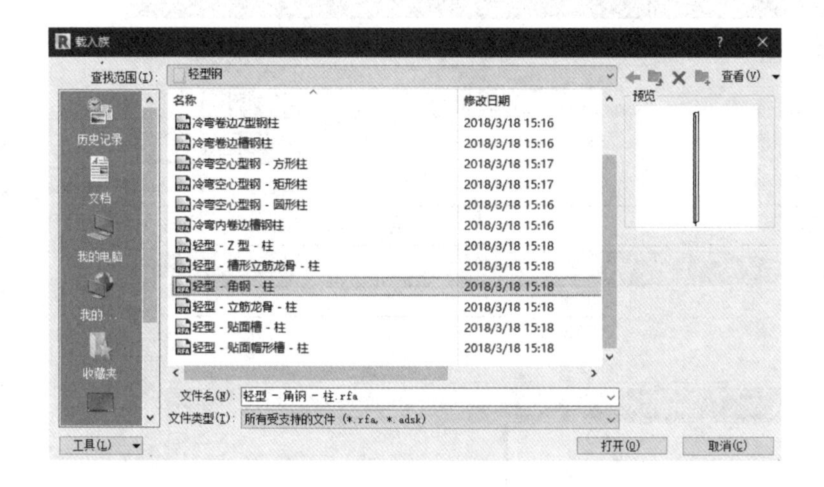

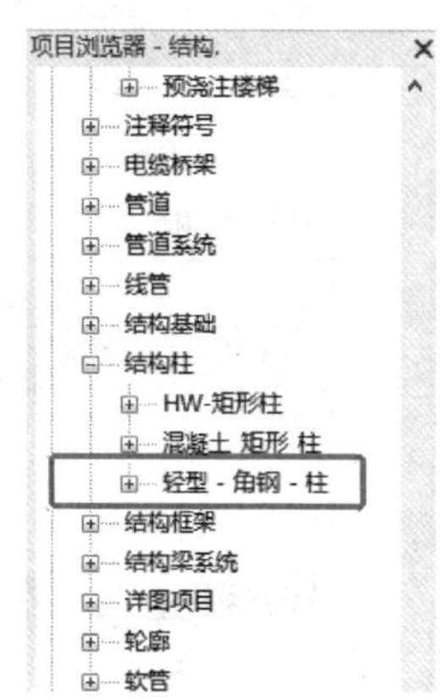

图 4-35 “载入族”对话框

图 4-36 “轻型 - 角钢 - 柱”族

插入族后，需要修改轻型角钢柱属性值，由于轻型角钢柱的尺寸为 100mm × 100mm × 4mm，而目前的项目浏览器中没有该类型的族，因此需要修改结构柱的属性值。双击“轻型 - 角钢 - 柱”→“L75 × 90”，弹出“类型属性”对话框，如图 4-37 所示，将尺寸标注的“L1”值改为“100”，“L2”值改为“100”，再单击“重命名”命令，弹出“重命名”对话框，如图 4-38，将“新名称”改为“L100 × 100”，点击【确定】，“重命名”对话框关闭。此时，返回到“类型属性”对话框，“类型”一栏变为“L100 × 100”，再点击【确定】，如图 4-39 所示。

属性设置完成后，开始绘制轻型角钢柱。单击“结构”→“柱”命令，如图 4-40 所示，此时，将鼠标放在绘图区，鼠标变为十字，点击左键，如图 4-41 所示。

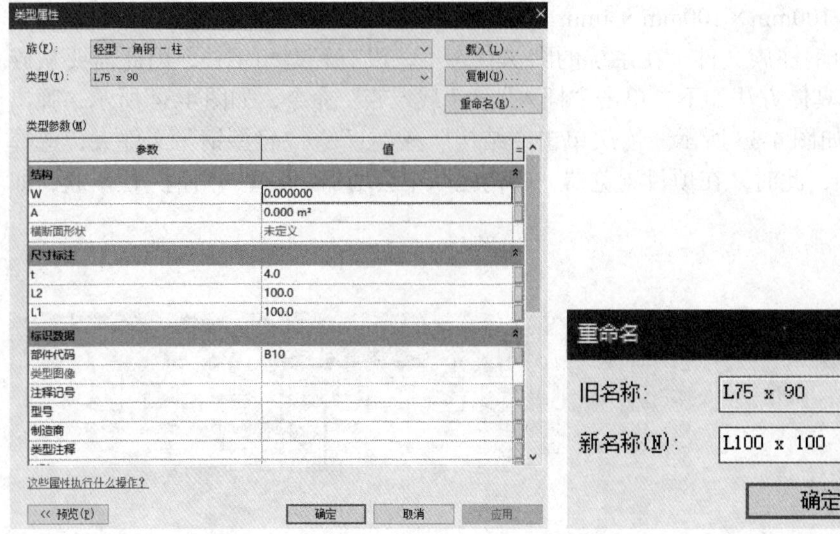

图 4-37 角钢柱的类型属性修改前　　图 4-38 角钢柱的重命名

类型属性

族(F): 轻型 - 角钢 - 柱　　载入(L)...

类型(T): L100 x 100　　复制(D)...

重命名(R)...

类型参数(M)

参数	值
结构	
W	0.000000
A	0.000 m²
横断面形状	未定义
尺寸标注	
t	4.0
L2	100.0
L1	100.0
标识数据	
部件代码	B10
类型图像	
注释记号	
型号	
制造商	
类型注释	

这些属性执行什么操作?

<< 预览(P)　　确定　　取消　　应用

图 4-39 角钢柱的类型属性修改后

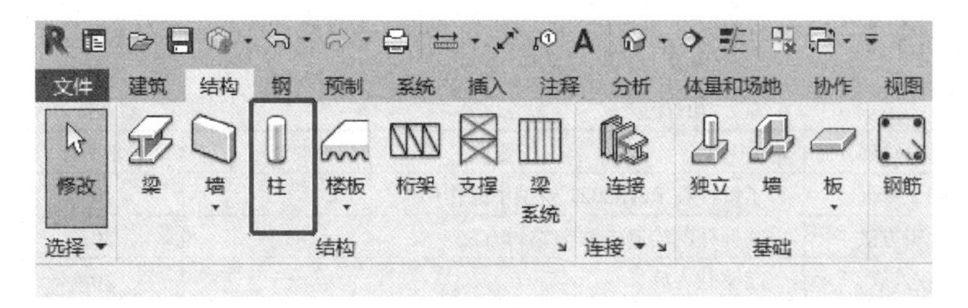

图 4-40 “柱”命令

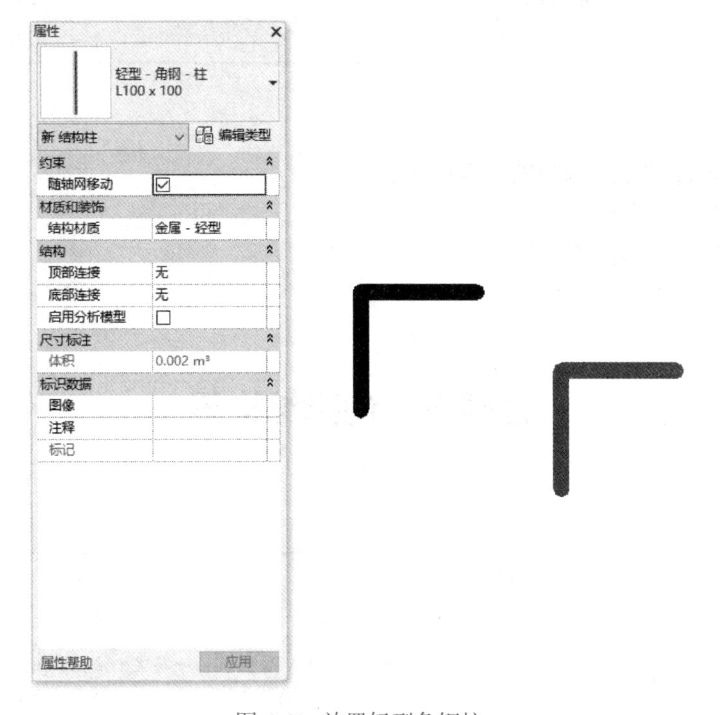

图 4-41 放置轻型角钢柱

最后进行轻型角钢柱属性调整，轻型角钢柱的属性调整方法与混凝土结构柱的属性调整方法相同，不再赘述。调整完成后，单击工具栏中的命令，会在绘图区显示轻型角钢柱三维视图，如图 4-42 所示。

图 4-42 轻型角钢柱三维视图

任务评价

姓名：　　　　　　　　　　　班级：　　　　　　　　　　　日期：

序号	考核点	要求	分值 / 分	得分 / 分
1	知识掌握	了解柱在 Revit2021 模型中的作用	10	
2	编辑方法	掌握柱的绘制方法与编辑方法	30	
3	载入族	能够载入族	20	
4	修改类型	能够修改柱的类型信息	20	
5	位置调整	能够调整柱的标高	20	
合计			100	

任务总结

Revit2021 软件创建结构柱的步骤如下：

① 载入混凝土矩形柱的族文件；

② 修改混凝土矩形柱属性值；

③ 调整混凝土矩形柱标高。

任务三　创建结构梁

工作任务卡

任务编号		4-3	任务名称	创建结构梁
授课地点		机房	建议学时	2 学时
教学软件		Revit2021	图纸名称	汽车实训楼 - 结施 06：一层梁平法施工图、结施 07：二层梁平法施工图、结施 08：顶层梁平法施工图
学习目标	素质目标	读懂图纸，正确绘制 Revit2021 结构梁，养成一丝不苟的态度； 依照 CAD 图纸信息调整结构梁尺寸及标高，养成规范的操作习惯		
	知识目标	了解结构梁在 Revit2021 模型中的作用； 掌握梁的绘制方法		
	能力目标	能够载入族； 能够修改结构梁的属性信息； 能够调整变截面梁的属性		
教学重点		正确绘制并调整结构梁		
教学难点		调整变截面梁的属性		

任务引入

识读汽车实训楼结构施工图，提取绘制梁模型所需的属性值；载入“结构梁”族文件；绘制结构梁模型，并进行梁的属性调整。

二维码 4-6
创建结构梁
用图纸

任务分析

梁在结构专业中，是重要构件之一，也是与其他专业实体发生冲突较多的构件之一，梁的布置信息包括左端点位置、右端点位置、偏轴信息等。通常梁顶标高与结构楼层标高是一致的，如有遇到梁标高与结构楼层标高不一致的，修改其属性值即可。汽车实训楼结施 06 一层梁平法施工图中包含矩形梁、变截面梁和暗梁，截面尺寸变化多样，需仔细识图，梁顶标高为 -0.050m。需要说明的是，暗梁（AL）位于其他结构构件内，所以暂不进行绘制。结施 07 二层梁平法施工图中主要为矩形梁，梁顶标高为 5.650m，结施 08 顶层梁平法施工图主要为矩形梁，梁顶标高为 10.200m。

二维码 4-7
创建结构梁

任务实施

一、链接一层梁平法施工图

首先进入“1F”标高。在“项目浏览器”→“楼层平面”下，双击“1F”，进入“1F”标高的视图，具体步骤参照链接基础平面图的步骤操作，链接并对齐一层梁平法施工图，局部效果如图 4-43 所示。

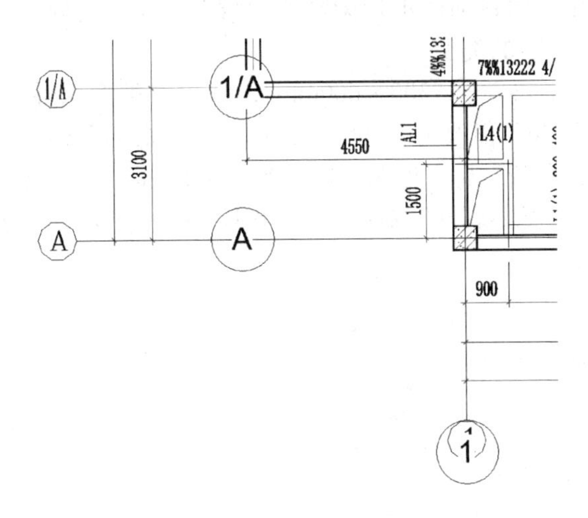

图 4-43　链接并对齐一层梁平法施工图

二、载入结构梁族文件

在系统的默认状态下，没有混凝土梁，因此需要从族库中进行导入。单击“插入”→“从库中载入”→“载入族”命令，如图 4-44 所示，弹出“载入族”对话框，如图 4-45 所示。依次单击“结构”→“框架”→“混凝土”文件夹，选择“混凝土 - 矩形梁”族，此时，在项目浏览器“结构框架”中会增加“混凝土 - 矩形梁”族，如图 4-46 所示。

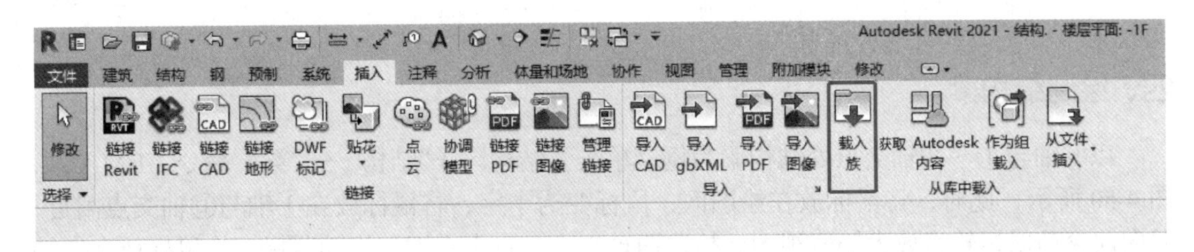

图 4-44　“载入族”命令

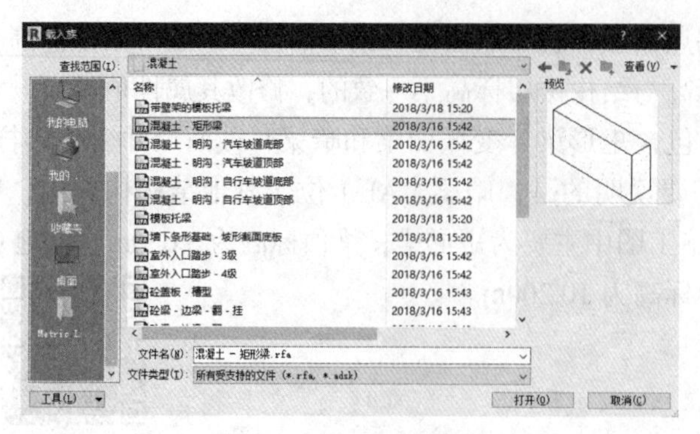

图 4-45 “载入族”对话框

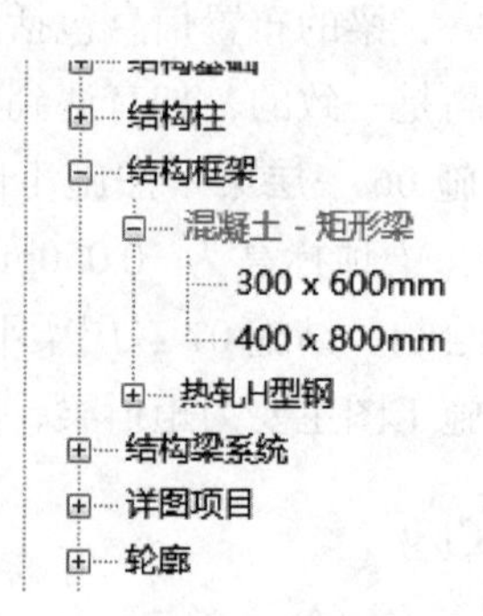

图 4-46 “混凝土 - 矩形梁”族

三、修改结构梁属性值

依照图纸可知，第一个需要布置的结构梁（Ⓓ轴与①～③轴交点处），为300mm×500mm结构梁，而目前的项目浏览器中没有该类型的族，故需要修改结构柱的属性值，使其变为绘图者所需的类型。

双击“混凝土 - 矩形梁”→“300×600mm”，弹出“类型属性”对话框，如图4-47所示，将“尺寸标注”的“h”值改为“500”，再单击“重命名”命令，弹出“重命名”对话框，如图4-48所示，将“新名称”改为“L8-300×500mm”，点击【确定】，“重命名”对话框关闭。此时，返回到“类型属性”对话框，“类型”一栏变为“L8-300×500mm”，再点击【确定】，如图4-49所示。

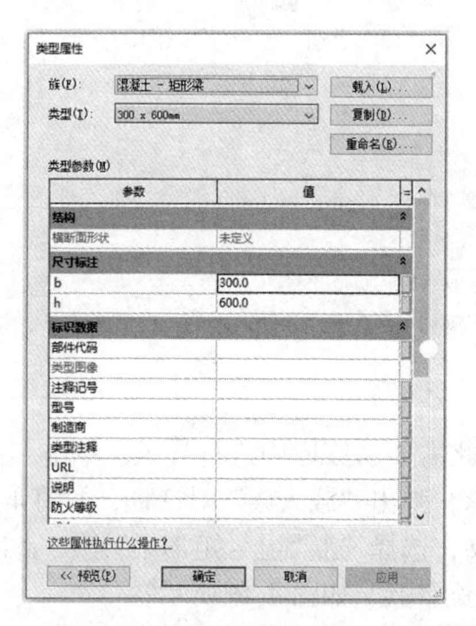

图 4-47 梁的类型属性修改前

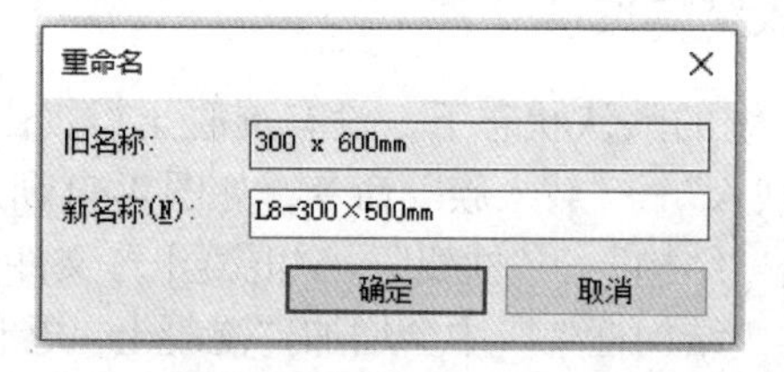

图 4-48 梁的重命名

四、绘制结构梁

以Ⓓ轴与①～③轴交点处结构梁为例，单击“结构”→“结构”→“梁”命令（BM），如图4-50所示，此时，将鼠标放在绘图区，鼠标变为十字，将鼠标放在①轴与Ⓓ轴交点附近，并向前滚动鼠标轮，放大轴网视图，拾取两轴交点，点击左键，拖动鼠标，将鼠标放在③轴与Ⓓ轴交点附近，如图4-51所示。

类型属性

族(F)： 混凝土 - 矩形梁 载入(L)...

类型(T)： L8-300X500mm 复制(D)...

重命名(R)...

类型参数(M)

参数	值
结构	
横断面形状	未定义
尺寸标注	
b	300.0
h	500.0
标识数据	
剖面名称关键字	
部件代码	
类型图像	
注释记号	
型号	
制造商	
类型注释	
URL	
说明	

这些属性执行什么操作？

<< 预览(P) 确定 取消 应用

图 4-49 梁的类型属性修改后

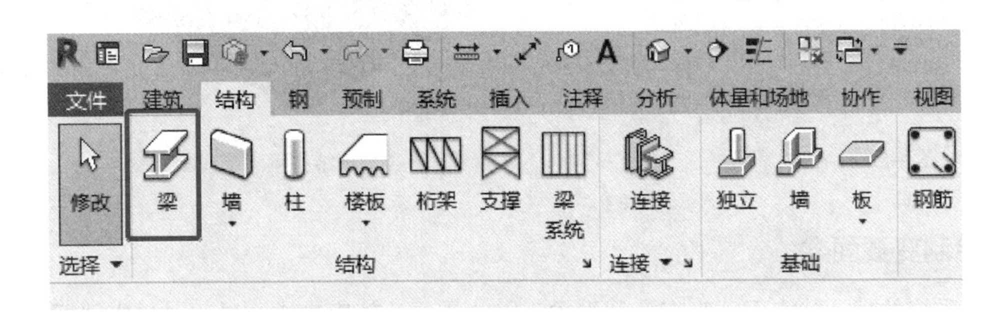

图 4-50 “梁”命令

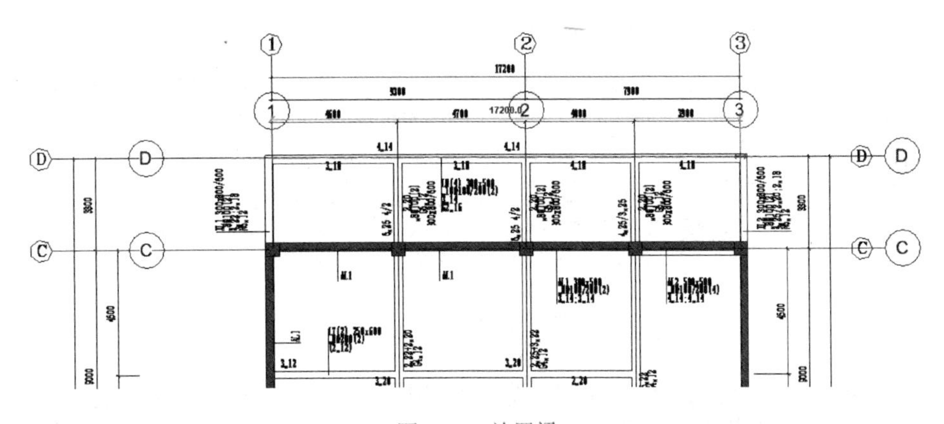

图 4-51 放置梁

五、结构梁标高调整

从图纸中，可以得知，该结构梁参照标高为 1F，偏移为 -50mm，在属性栏中将各项数值依次进行设置，结构梁属性调整完成，如图 4-52 所示。需要说明的是，在梁的属性设置时，可以同时设置梁起点标高偏移与终点标高偏移均为 -50mm，也可设置梁 Z 轴偏移值为 -50mm，这里用 Z 轴偏移值为 -50mm 对该梁进行设置。

绘制完成后，单击工具栏中的命令，会在绘图区显示结构梁的三维视图，如图 4-53 所示。

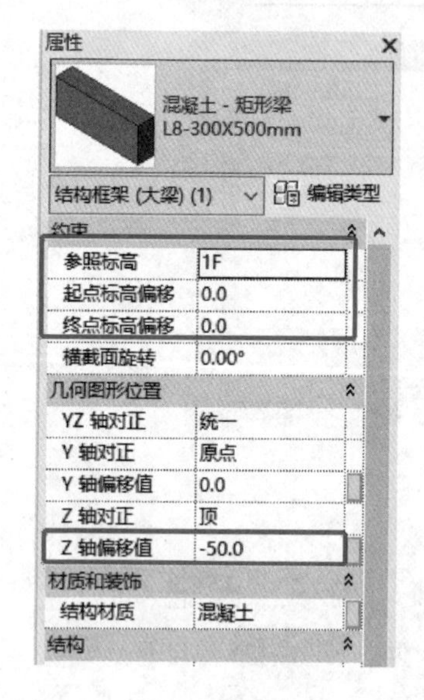

图 4-52　结构梁属性栏

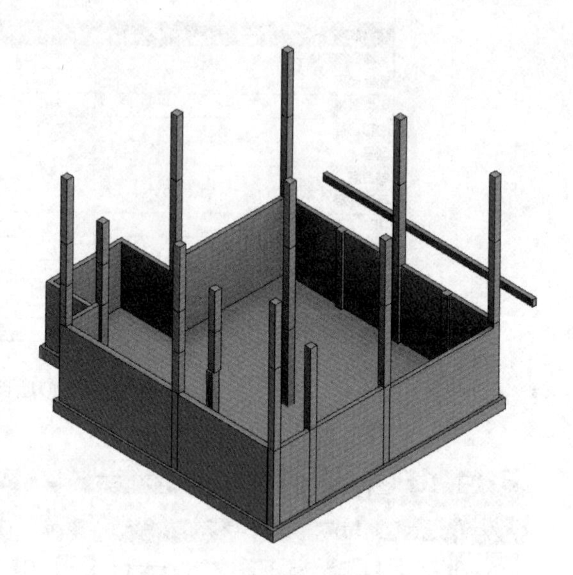

图 4-53　结构梁三维视图

六、绘制变截面梁

在系统的默认状态下，没有变截面梁，因此需要从族库中进行导入。单击“插入”→“从库中载入”→“载入族”，如图 4-54 所示，弹出“载入族”对话框，如图 4-55 所示。依次单击“结构”→“框架”→“混凝土”，选择“砼梁→异形托梁”，此时，在项目浏览器“结构框架”中会增加“砼梁 - 异形托梁”族，如图 4-56 所示。

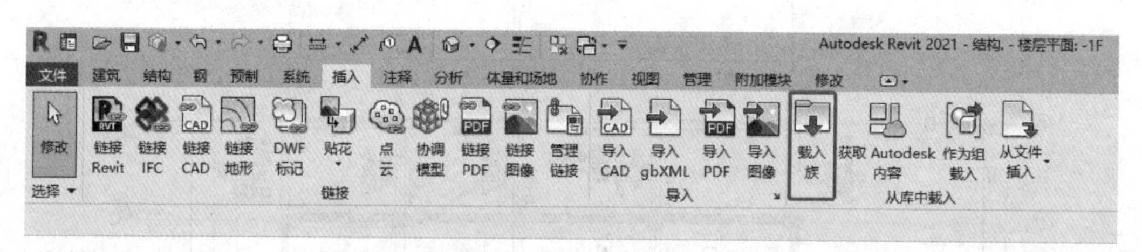

图 4-54　“载入族”命令

依照图纸可知，第二个需要布置的结构梁（Ⓒ、Ⓓ轴与①轴交点处），为 300mm × 800/600mm 变截面结构梁，而目前的项目浏览器中没有该类型的族，故需要修改结构梁的属性值，使其变为绘图者所需的类型。

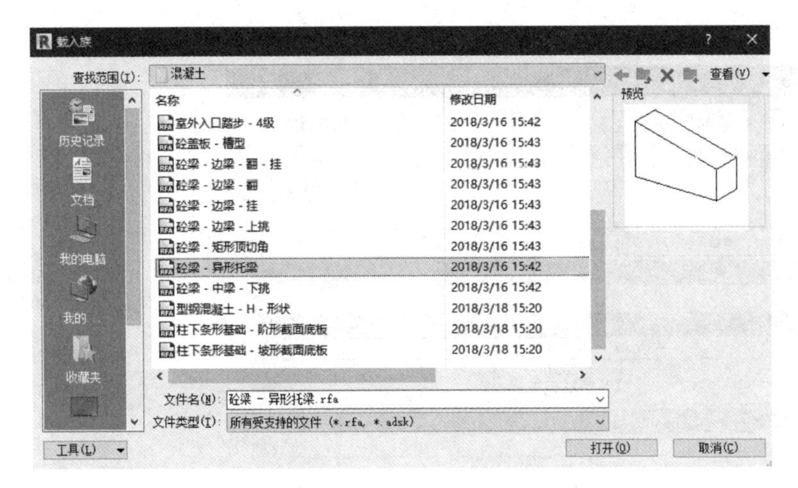

图 4-55 “载入族”对话框

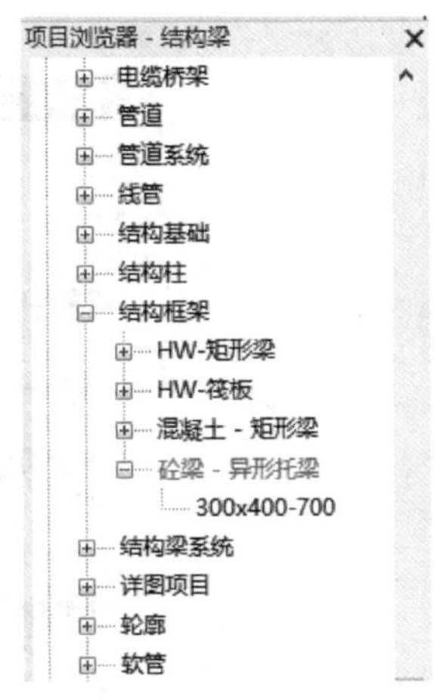

图 4-56 “砼梁 - 异形托梁”族

双击“砼梁 - 异形托梁”→“300×400-700”，弹出“类型属性”对话框，如图 4-57 所示，将“尺寸标注”的“b”值改为“300”，“h”值改为“600”，“h1”值改为“800”，再单击“重命名”按钮，弹出“重命名”对话框，如图 4-58，将“新名称”改为“XL1 300×800/600”，点击【确定】，“重命名”对话框关闭。此时，返回到“类型属性”对话框，“类型”一栏变为“XL1 300×800/600”，再点击【确定】，如图 4-59 所示。

图 4-57 梁的类型属性修改前

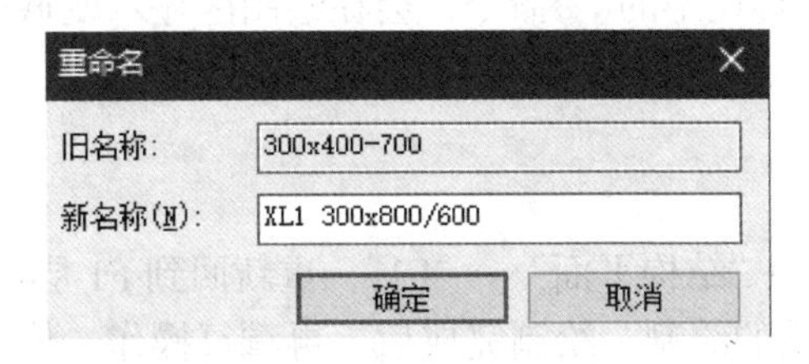

图 4-58 梁的重命名

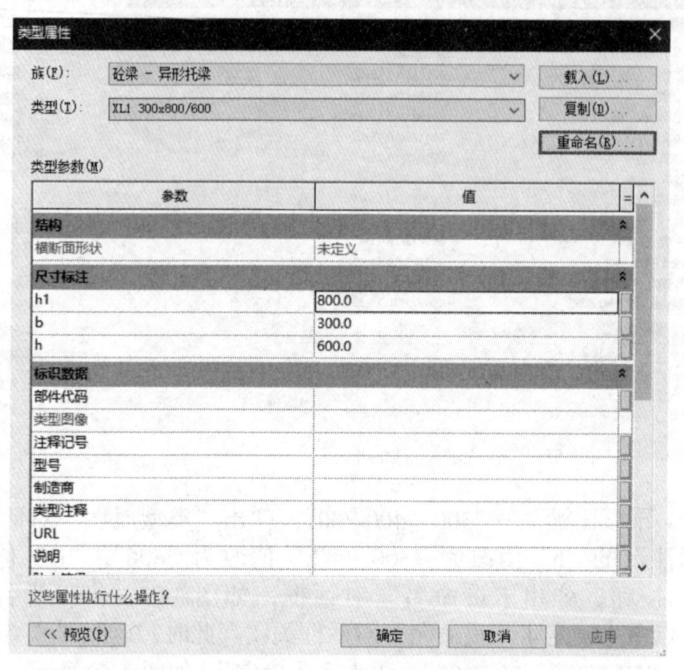

图 4-59　梁的类型属性修改后

单击“结构”→“结构”→“梁”命令，如图 4-60 所示，此时，将鼠标放在绘图区，鼠标变为十字，将鼠标放在①轴与Ⓒ轴交点附近，并向前滚动鼠标轮，放大轴网视图，拾取两轴交点，点击左键，拖动鼠标，将鼠标放在①轴与Ⓓ轴交点附近，如图 4-61 所示。

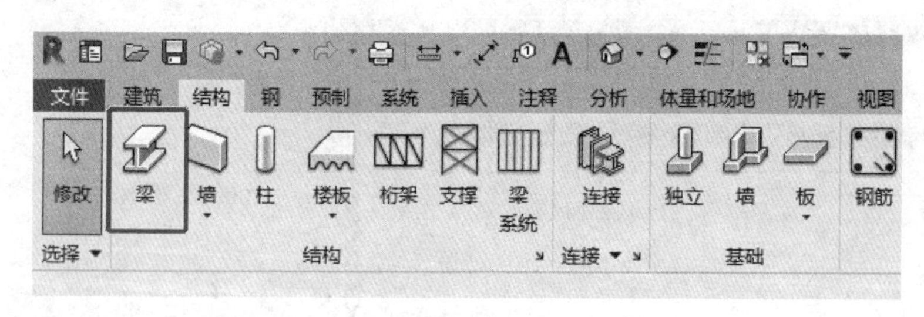

图 4-60　“梁”命令

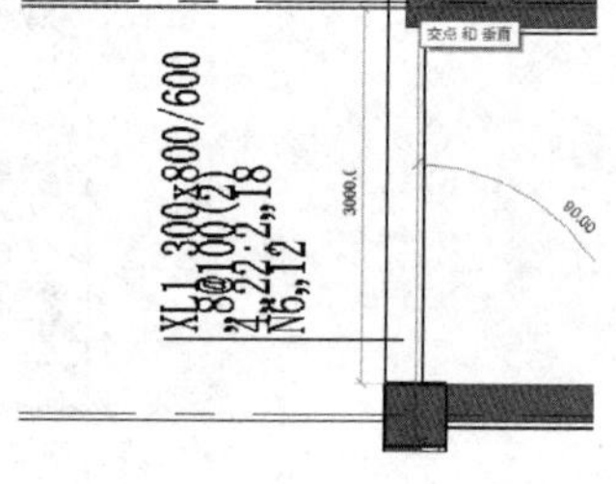

图 4-61　放置梁

同样，依照图纸知该结构梁参照标高为 1F，偏移为 -50mm，在属性栏中将各项数值依次进行设置，具体操作详见普通结构梁的属性设置。

绘制完成后，单击工具栏中的命令，会在绘图区显示变截面梁三维视图，如图 4-62 所示。

七、绘制其他结构梁

双击“项目浏览器”→“结构平面”→“F1”，重新回到 F1 层标高视口，利用上述方法，完成 F1 层其他所有结构梁的绘制，绘制完成后，再重复操作，依次完成其他层的结构梁模型绘制，所有层的结构梁绘制完成后的三维视图如图 4-63 所示。

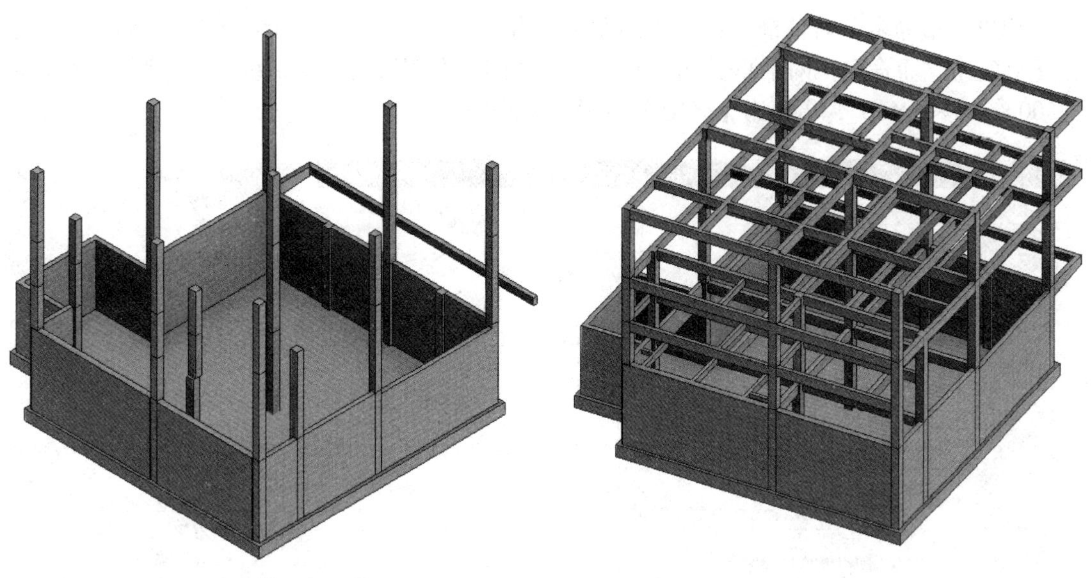

图 4-62　变截面梁三维视图　　　　图 4-63　所有层的结构梁绘制完成后的三维视图

重点提示

1. 创建梁模型只能在平面视图创建，要将鼠标放在绘图区，鼠标变为十字进行绘制。
2. 梁的混凝土材质信息是族文件默认的，如果不是混凝土材质，需要重新定义。
3. 要仔细识读图纸，看清结构梁两个截面是否同高。

任务拓展　H 焊接型钢梁绘制

钢结构作为现今建筑的一种主要表现形式，使用频率较高，下面以 H 焊接型钢梁为例，讲解在 Revit 软件中如何进行绘制。假设 H 焊接型钢梁的尺寸为 500mm × 300mm × 6mm × 10mm。

首先载入 H 焊接型钢梁族文件。在系统的默认状态下，没有 H 焊接型钢梁，因此需要从族库中进行载入，载入具体方法如下，单击“插入”→“从库中载入”→“载入族”命令，如图 4-64 所示，弹出“载入族”对话框，如图 4-65 所示。依次单击“结构”→“框架”→“钢”，选择“H 焊接型钢”，此时，在项目浏览器“结构框架”中会增加“H 焊接型钢”族，如图 4-66 所示。

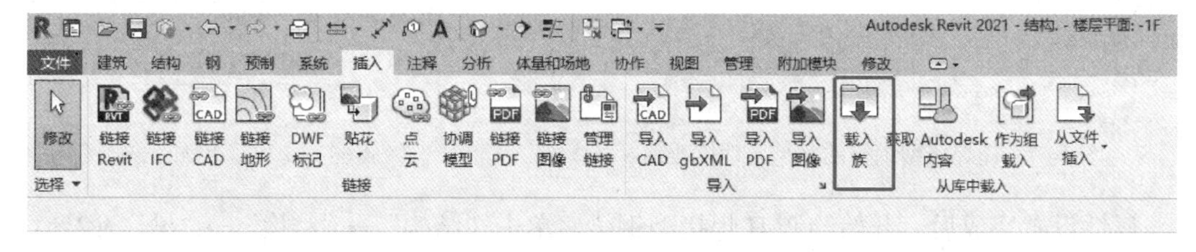

图 4-64　“载入族”命令

插入族后，需要修改 H 焊接型钢梁属性值。H 焊接型钢梁的尺寸为 500mm × 300mm × 6mm × 10mm，而目前的项目浏览器中没有该类型的族，故需要修改 H 焊接型钢梁的属性值。双击“H 焊接型钢”→“I300 × 200 × 6 × 10”，弹出“类型属性”对话框，如图 4-67 所示，将“结构剖面几何图形”的“宽度”值改为“50”，“高度”值改为“30”，再单击“重命名”命令，弹出“重命名”对话框，如图 4-68 所示，将“新名称”改为“I500×300×6×10”，点击【确定】，“重命名”对话框关闭。此时，返回到“类型属性”对话框，“类型”一栏变为“I500×300×6×10”，再点击【确定】，如图 4-69 所示。

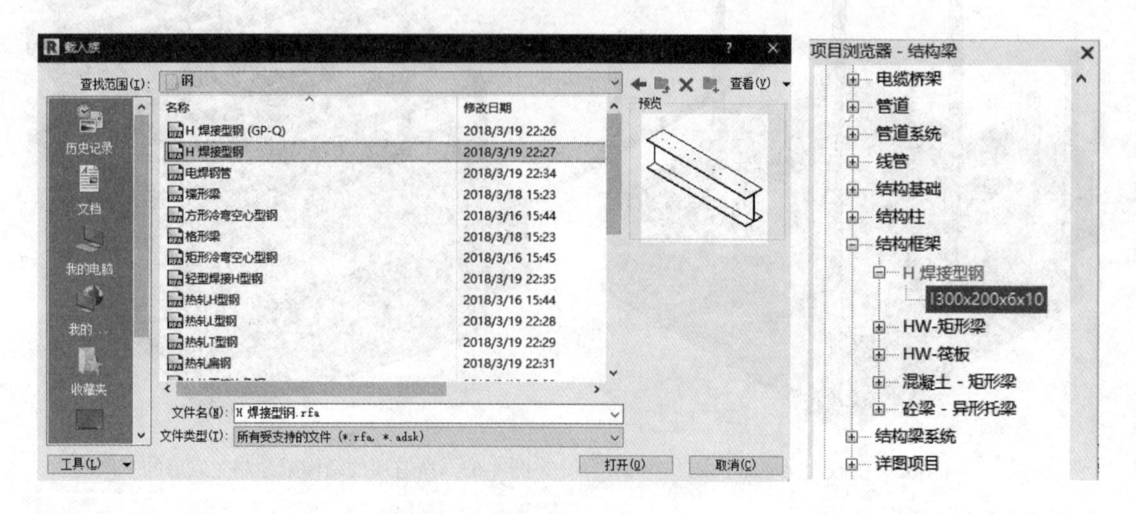

图 4-65 “载入族”对话框

图 4-66 “H 焊接型钢”族

图 4-67 H 焊接型钢梁的类型属性修改前

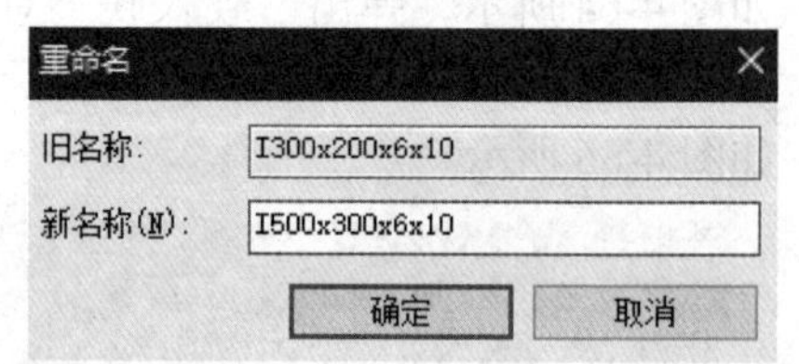

图 4-68 H 焊接型钢梁的重命名

属性设置完成后，开始绘制 H 焊接型钢梁。单击“结构”→“结构”→“梁”命令，如图 4-70 所示，此时，将鼠标放在绘图区，鼠标变为十字，点击左键，垂直向上拖动鼠标移动 18000mm 距离，如图 4-71 所示。

最后进行 H 焊接型钢梁属性调整。H 焊接型钢梁的属性调整方法与混凝土结构梁的属性调整方法相同，不再赘述。调整完成后，单击工具栏中的命令，会在绘图区显示 H 焊接型钢梁三维视图，如图 4-72 所示。

图 4-69　H 焊接型钢梁的类型属性修改后

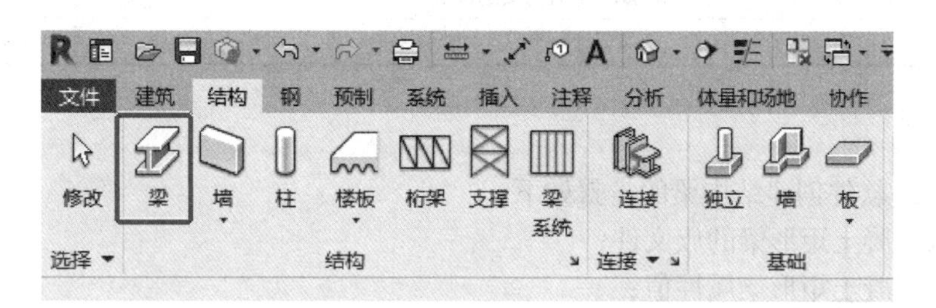

图 4-70　“梁”命令

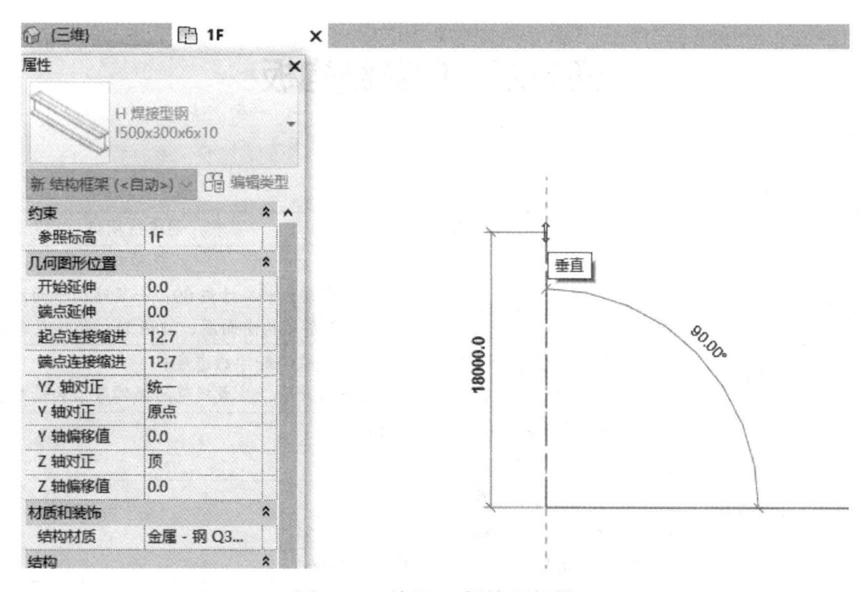

图 4-71　放置 H 焊接型钢梁

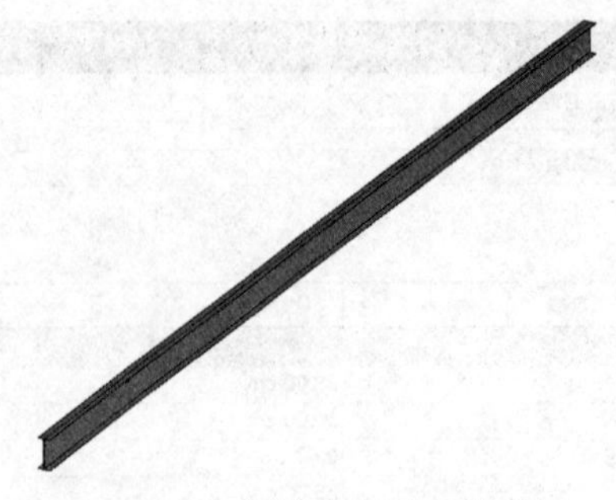

图 4-72　H 焊接型钢梁三维视图

任务评价

姓名：　　　　　　　　　　　　　　班级：　　　　　　　　　　　　　　日期：

序号	考核点	要求	分值 / 分	得分 / 分
1	知识掌握	了解结构梁在 Revit2021 模型中的作用	10	
2	编辑方法	掌握结构梁的绘制方法	30	
3	载入族	能够载入结构梁族	20	
4	修改属性	能够修改不同结构梁各项属性	20	
5	位置调整	能够调整结构梁的标高	20	
合计			100	

任务总结

Revit2021 软件创建结构梁的步骤如下：

① 载入混凝土矩形梁的族文件；

② 修改混凝土矩形梁属性值；

③ 调整混凝土矩形梁标高。

任务四　创建结构板

工作任务卡

任务编号		4-4	任务名称	创建结构板
授课地点		机房	建议学时	2 学时
教学软件		Revit2021	图纸名称	汽车实训楼 - 结施 09：一层结构平面图、结施 10：二层结构平面图、结施 11：屋顶层结构平面图
学习目标	素质目标	了解 Revit2021 板的绘制方法，养成敏而好学的态度； 依照 CAD 中的板的标高，调整板的升降，养成规范的操作习惯和精益求精的精神		
	知识目标	了解板在 Revit2021 模型中的作用； 掌握板的绘制方法		
	能力目标	能够修改板的边界； 能够调整板的标高		
教学重点		学会使用板的直线、矩形命令绘制板		
教学难点		掌握如何依照 CAD 中的板的标高，调整板的高度偏移		

任务引入

识读汽车实训楼结构施工图，提取绘制板模型所需的相关数值；绘制板模型，并进行板的属性调整。

二维码 4-8
创建结构板用图纸

任务分析

识读汽车实训楼结构施工图，了解各楼层楼板的布置特点与属性信息。同层的楼板标高也并不相同要仔细识读 CAD 图纸中的板的标高，调整板的高度偏移。汽车实训楼结施 09 一层结构平面图中包含多种板厚的结构板，图中未注明的板顶标高为 -0.050m，除此之外，还有板顶标高为 -0.100m、板顶标高为 -0.350m、板顶标高为 -0.850m、板顶标高为 2.820m、板顶标高为 2.750m 的不同板类型，需仔细识图。结施 10 二层结构平面图中板顶标高多为 5.650m，结施 11 屋顶层结构平面图板顶标高多为 10.200m。具体标高要仔细识图确定后再绘制。

任务实施

二维码 4-9
创建结构板

一、绘制“1F”标高楼板

首先进入“1F”标高。在“项目浏览器”→“楼层平面”下，双击“1F”，进入“1F”标高的视图，如图 4-73 所示。

画板前已画完梁、柱，可不导入板图，直接依据梁、柱来划定出板的边界，但要注意板厚不同的位置以及降板所在的位置。根据个人习惯，也可按照前面操作，链接图纸进行楼板绘制。

单击“结构”→“楼板”命令（SB），绘制楼板。如图 4-74 所示。

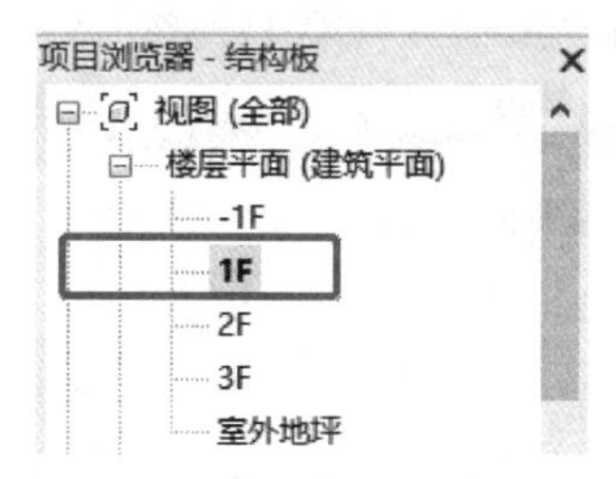

图 4-73　项目浏览器中的“1F”标高位置

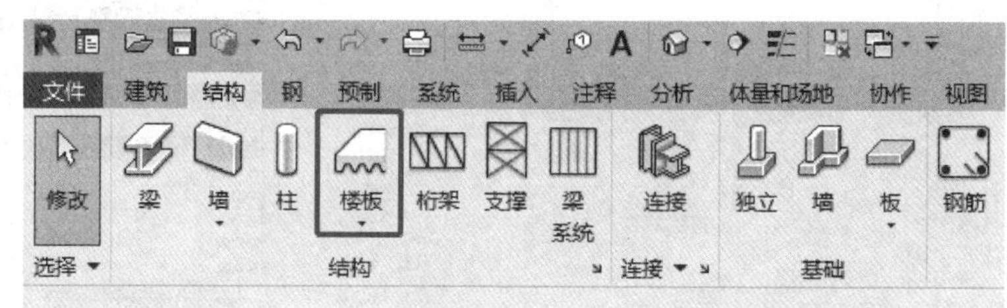

图 4-74　“楼板”命令

要绘制的第一块楼板，LB4 厚度 h=180mm，板顶标高为 -0.35m，而目前的项目浏览器中没有该类型的族，故需要修改结构板的属性值，使其变为绘图者所需的类型。

双击项目浏览器中“楼板”→“LB1-100mm”，如图 4-75 所示，弹出“类型属性”对话框，如图 4-76 所示，单击“复制”命令，弹出“名称”对话框，如图 4-77 所示，将“名称”改为“LB4-180mm”，点击【确定】，“名称”对话框关闭。

单击“编辑”命令，弹出“编辑部件”对话框，如图 4-78 所示，将“厚度”改为“180.0”，再点击【确定】，此时，“类型属性”对话框如图 4-79 所示。

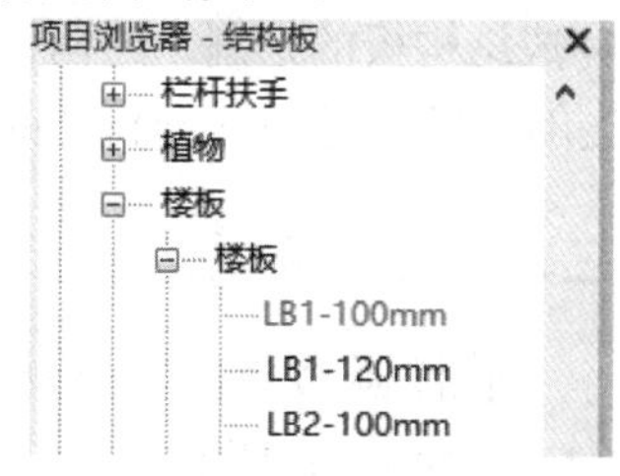

图 4-75　“LB1-100mm”族类型

名称

名称(N): LB4-180mm

确定　取消

图 4-76　板的类型属性修改前　　　　图 4-77　板的重命名

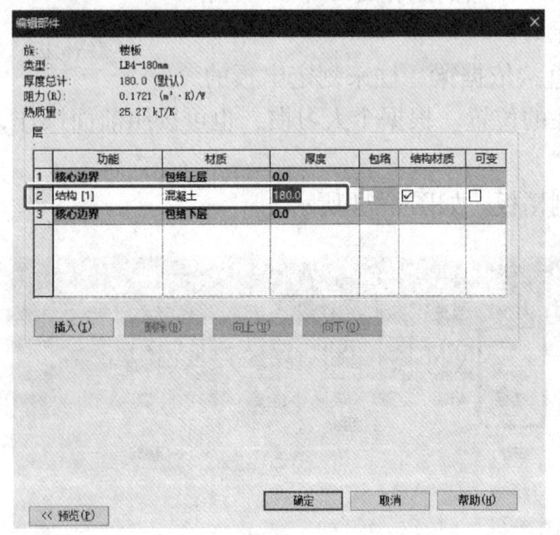

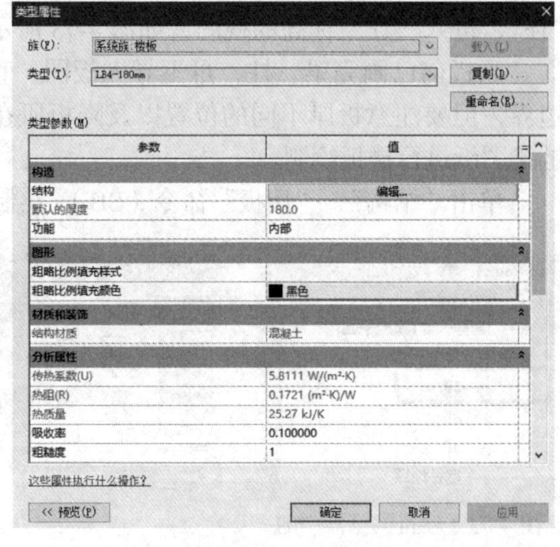

图 4-78　“编辑部件”对话框　　　　图 4-79　板的类型属性修改后

将属性栏设置为“LB4-180mm”，并选中“线”命令，沿梁边线用“线”命令将板编辑围出，如图 4-80 所示。绘制完成后，单击“修改 | 楼板 > 编辑边界”→“模式”→“√”命令，完成结构板的绘制。绘制楼板的方式有很多种，可以按照直线、矩形方式绘制，也可以选择“拾取线”。选择适合自己的方式绘制板块边界线即可。

二、楼板标高调整

软件画楼板时，默认板块的顶标高为 1F 标高。从图纸中可以看出，此板块顶标高为 -0.35m，比 1F 标高低了 350mm。因此，需要修改此板块的标高值。选中板块图元，在属性栏下，将“自标高的高度偏移”调整为“-350.0”，如图 4-81 所示。

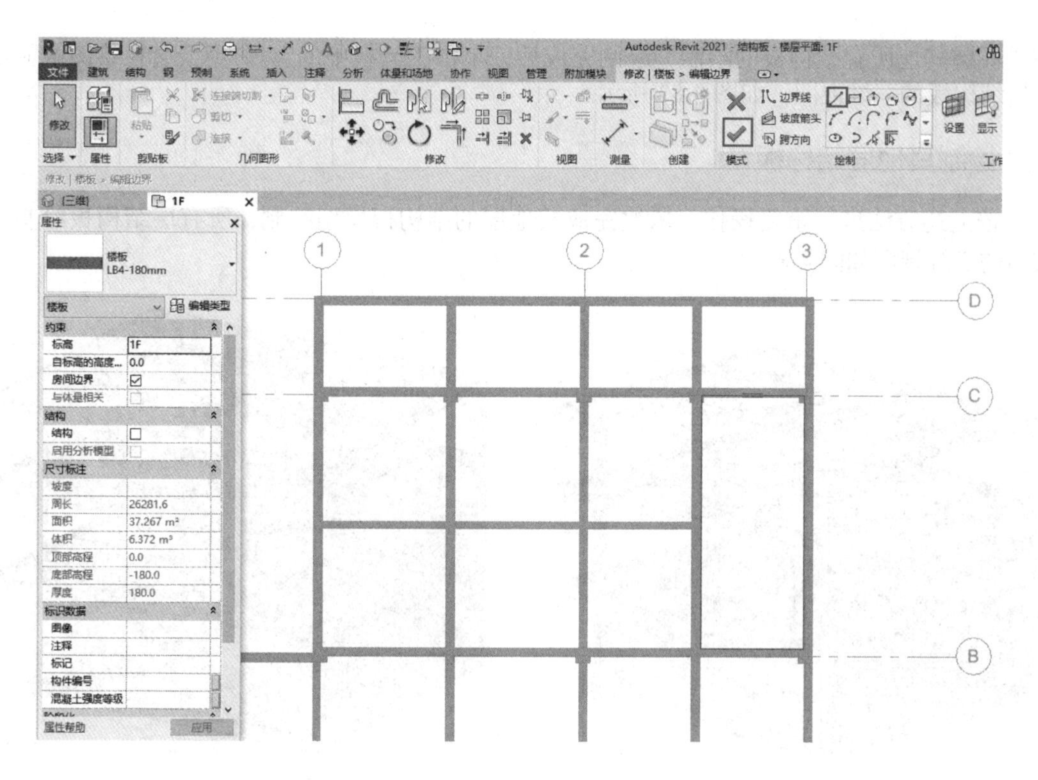

图 4-80　绘制结构板

绘制完成后，单击工具栏中的命令，会在绘图区显示结构板的三维视图，如图 4-82 所示。

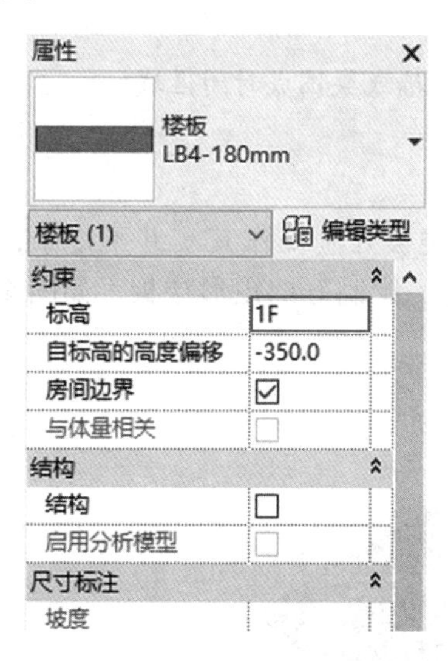

图 4-81　修改板顶高度

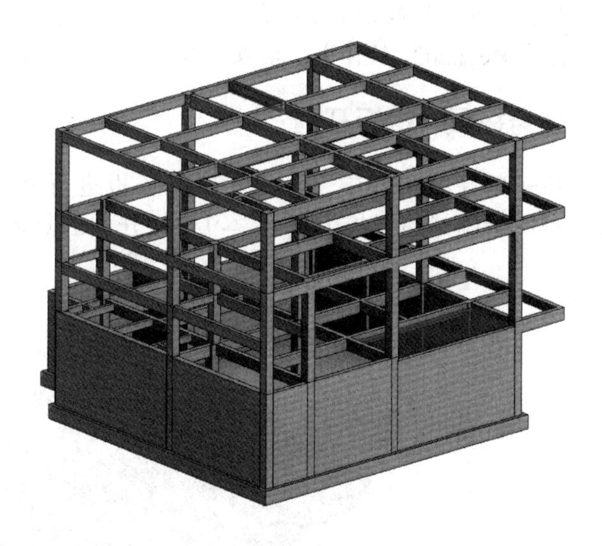

图 4-82　结构板三维视图

三、绘制一层其他结构板

双击“项目浏览器”→“结构平面”→“1F”，重新回到一层标高视口，利用上述方法，完成一层其他所有结构板的绘制，绘制完成后，单击工具栏中的命令，会在绘图区显示一层结构板的三维视图，如图 4-83 所示。

四、绘制其他层结构板

按上述方法进行重复操作，依次完成其他层的结构板模型绘制，所有层结构板绘制完成后的三维视图如图 4-84 所示。

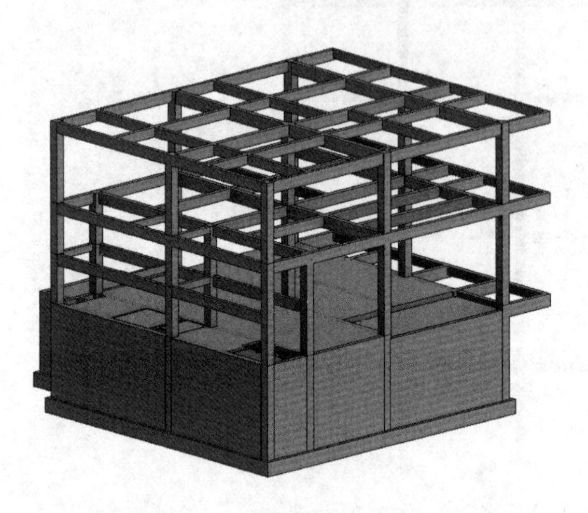

图 4-83　一层结构板的三维视图

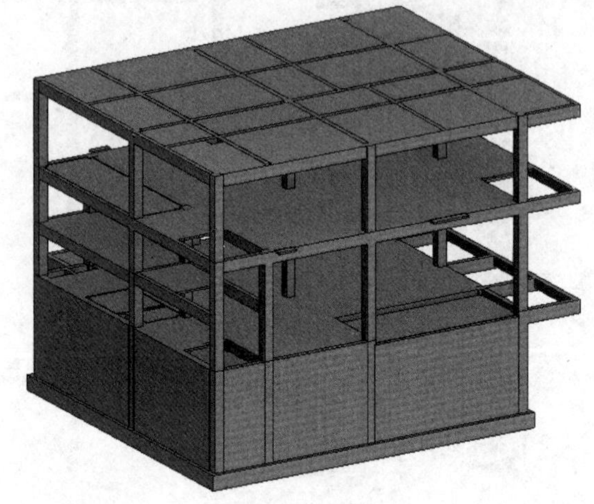

图 4-84　所有层结构板绘制完成后的三维视图

重点提示

1. 楼板的边界线必须是闭合的环。

2. 在 Revit2021 软件中，楼板可以单独绘制，无须依靠墙或梁围成封闭区域。

任务拓展　楼板开洞

在一些建筑工程中，经常需要对楼板进行开洞，楼板开洞操作其实并不复杂，下面以一块绘制好的楼板为例，学习楼板开洞的具体操作。绘制好的矩形楼板，如图 4-85 所示。

图 4-85　绘制好的矩形楼板

单击选中楼板，单击“修改 | 楼板”→“模式”→“编辑边界”命令，如图 4-86 所示，并调整三维视图为上视图。

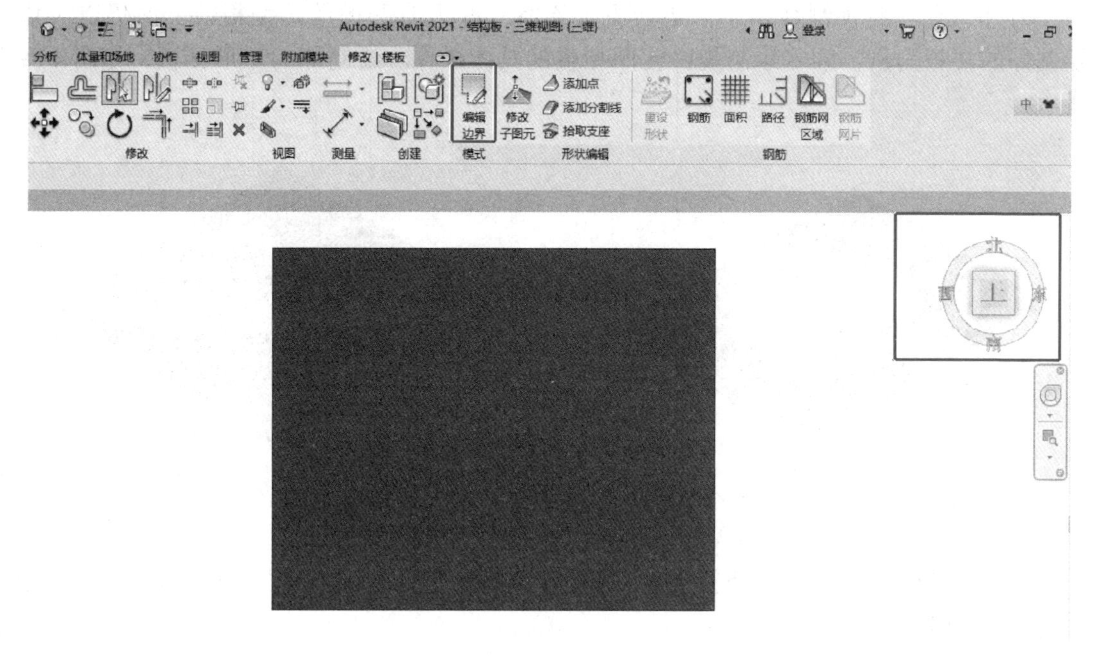

图 4-86 “编辑边界”命令

单击“修改 | 楼板 > 编辑边界”→“绘制”→“矩形线”命令，将矩形洞口编辑围出，如图 4-87 所示。绘制完成后，单击“修改 | 楼板 > 编辑边界”→“模式”→“√”命令，完成结构板的开洞。

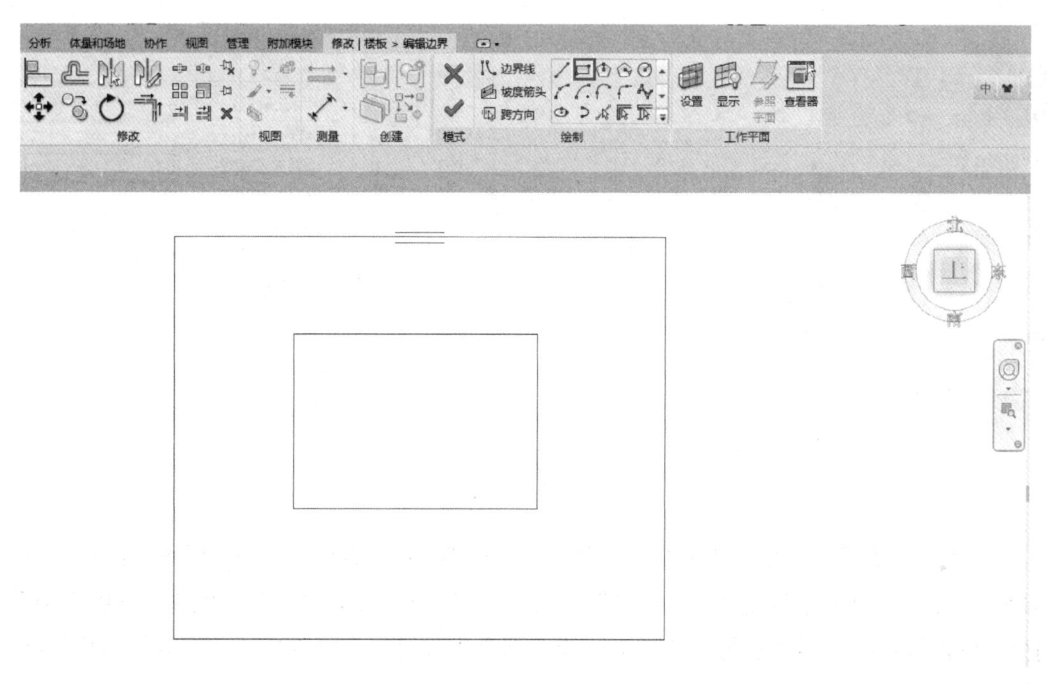

图 4-87 “矩形线”命令

绘制完成后，单击工具栏中的命令，会在绘图区显示结构板的三维视图，如图 4-88 所示。

另外，在一些预制结构中，还会需要绘制一些带有凹槽的凹型板，下面仍以一块绘制好的楼板为例，学习绘制规格化凹型板的具体操作。绘制好的矩形楼板，如图 4-89 所示。

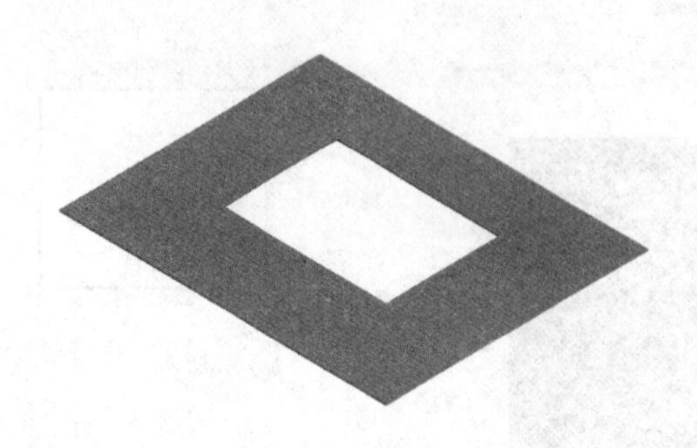

图 4-88　结构板三维视图

图 4-89　绘制好的矩形楼板

单击“结构”→“楼板”下黑三角→“楼板：楼板边”命令，如图 4-90 所示，会弹出楼板边缘属性栏。

在弹出的楼板边缘属性栏单击“编辑类型”命令，如图 4-91 所示，会弹出“类型属性”对话框，如图 4-92 所示。

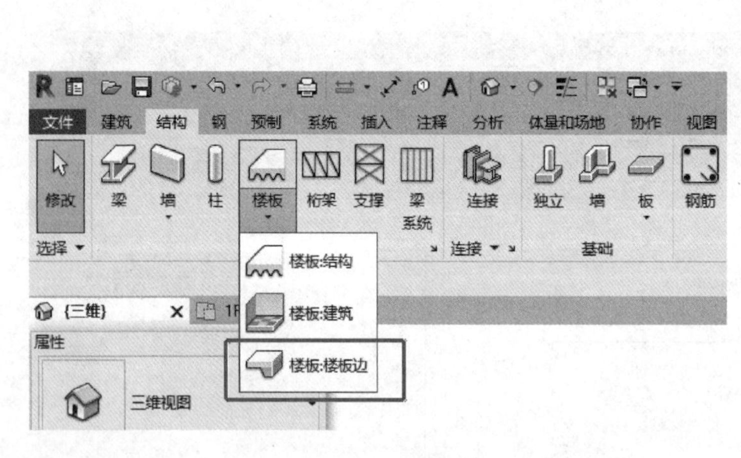

图 4-90　“楼板：楼板边”命令

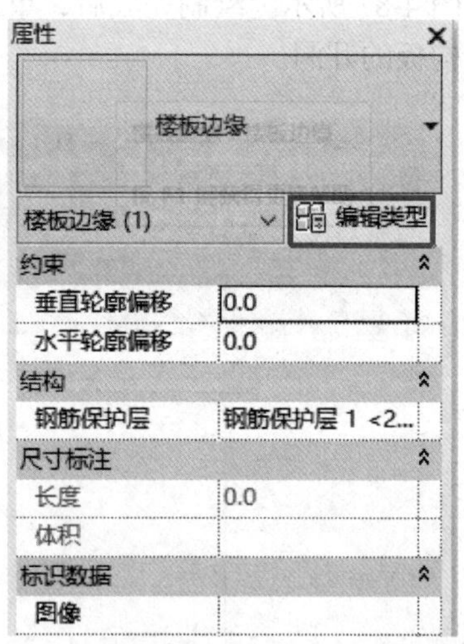

图 4-91　“编辑类型”命令

在弹出“类型属性”对话框，选择需要的轮廓，如选择“M_ 楼板边缘 - 加厚：900×450mm”，单击【确定】命令，“类型属性”对话框关闭。此时，单击一条楼板边线，则会生成楼板边缘，再单击另一条楼板边线，则会生成另一个楼板边缘，完成规格化的凹型板绘制，如图 4-93 所示。

图 4-92 “类型属性”对话框

图 4-93 规格化的凹型板

任务评价

姓名： 班级： 日期：

序号	考核点	要求	分值 / 分	得分 / 分
1	知识掌握	了解板在 Revit2021 模型中的作用	10	
2	编辑方法	掌握板的绘制方法	30	
3	图纸识读	能够正确识读板的标高	20	
4	修改属性	能够使用修改板的属性信息	20	
5	位置调整	能够调整板的高度偏移	20	
合计			100	

任务总结

Revit2021 软件创建结构板的步骤如下：

① 创建楼板类型；

② 编辑楼板边界线，绘制楼板；

③ 修改楼板属性值，调整楼板的标高。

能力训练题

1. 编辑板的草图应在（　　）完成。

A. 平面　　B. 立面　　C. 三维　　D. 轮廓

2. 筏板基础在修改厚度时，需通过（　　）来完成。

A. 编辑部件　　B. 双击需修改尺寸的构件

C. 编辑类型　　D. 以上均可

3.【2020年“1+X”BIM职业技能等级考试真题】对梁模型的标高进行修改，不能用（　　）完成。

A. 参照标高　　B. 起点终点偏移

C. Z轴偏移　　D. 移动

4. 在绘制梁模型时，可通过（　　）命令快速完成与CAD图纸的重合。

A. 对齐　　B. 复制　　C. 剪切　　D. 镜像

5. 关于绘制柱，下列说法正确的是（　　）。

A. 柱中心必须与轴网交点重合

B. 软件可绘制异形柱

C. 柱的截面尺寸不可编辑

D. 柱的名称必须与实际尺寸一致

实训题

根据二层板平法施工图，创建标高、轴网和二层结构板BIM模型。最终结果以“二层结构板”命名。

二维码4-10
二层板平法
施工图

项目五　建筑模型

学习目标

素质目标

- 培养良好的学习习惯、职业道德素养和职业服务意识；
- 培养一定的自主学习和自我发展能力以及创新实践能力。

知识目标

- 掌握建筑施工图识读的方法；
- 掌握建筑模型构件的创建、编辑等基本操作和相关技巧。

能力目标

- 能够正确识读建筑施工图，找到有效的建模信息；
- 能熟练运用 Revit 软件创建、编辑、修改建筑模型。

二维码 5-1
项目总图纸——
建筑施工图

项目脉络

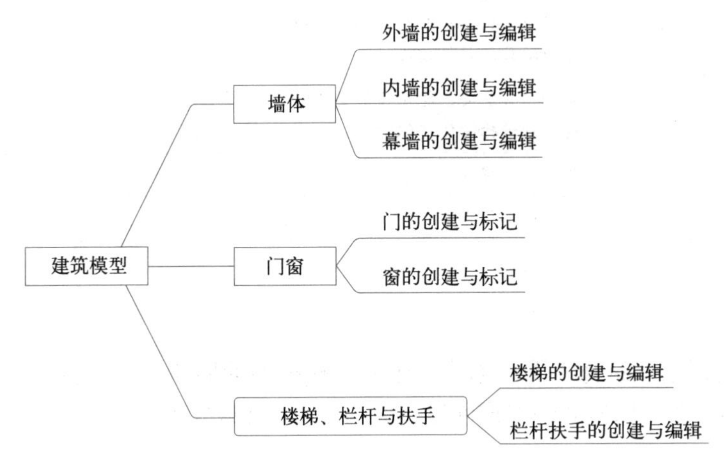

建筑模型主要包括墙体、门窗、楼梯、栏杆与扶手、坡道、台阶等。

墙体是建筑设计中的重要组成部分，在实际工程中墙体根据材质、功能也分多种类型，如隔墙、防火墙、叠层墙、复合墙、幕墙等，因此在创建模型时，需要综合考虑墙体的高度、厚度，构造做法，图纸粗略、精细程度的显示，内外墙体区别等。随着高层建筑的不断涌现，幕墙以及异形墙体的应用越来越多，而通过 Revit 能有效建立出三维模型。Revit 软件中，墙属于系统族，可以根据项目需要创建相应的“建筑墙”“结构墙”和“面墙”。

门和窗是除墙体外被大量使用的建筑构件。在 Revit 中，墙、屋顶等主体图元是门和窗的承载主体。门和窗可以自动识别墙、屋顶等，并且只能依附于墙、屋顶等主体图元存在，这种依赖于主体图元而存在的构件称为“基于主体的构件”。删除主体图元时，其上的门和窗也将随之删除。Revit 中，门窗族属于可载入族，可以依据项目需求载入相应的门窗族。

楼梯是竖向交通和人员紧急疏散的主要交通设施，一般由梯段、楼梯平台、栏杆、扶手三部分组成。在 Revit 中可以创建直梯、螺旋、L 形转角、U 形转角等多种形式的楼梯，还可以使用创建草图的方式，创建异形楼梯。Revit 中创建楼梯时，会自动配置栏杆扶手，可以根据项目需要，删除栏杆扶手或者修改栏杆扶手的参数。

建筑模型还包括坡道及室外台阶等。

任务一　创建墙体

工作任务卡

<table>
<tr><td colspan="2">任务编号</td><td>5-1</td><td>任务名称</td><td>创建墙体</td></tr>
<tr><td colspan="2">授课地点</td><td>机房</td><td>建议学时</td><td>6 学时</td></tr>
<tr><td colspan="2">教学软件</td><td>Revit2021</td><td>图纸名称</td><td>汽车实训楼-建施 05：地下一层平面图，建施 06：一层平面图、夹层平面图，建施 07：二层平面图，建施 08：屋顶平面图，建施 09：东立面、西立面、南立面，建施 10：1—1 剖面图、2—2 剖面图，建施 11：墙身详图，建施 12：门窗表、门窗详图</td></tr>
<tr><td rowspan="3">学习目标</td><td>素质目标</td><td colspan="3">在选择墙体创建方式和定位方法过程中，养成善于思考的习惯，具有灵活选用定位方法的能力</td></tr>
<tr><td>知识目标</td><td colspan="3">了解墙体的分类；
了解 Revit 软件中墙体的创建方式；
了解墙体的定位方法</td></tr>
<tr><td>能力目标</td><td colspan="3">根据项目需要，能正确创建墙体；
能合理选择墙体定位方式</td></tr>
<tr><td colspan="2">教学重点</td><td colspan="3">墙体的创建方式</td></tr>
<tr><td colspan="2">教学难点</td><td colspan="3">墙体的定位方法</td></tr>
</table>

任务引入

二维码 5-2
创建墙体用图纸

识读汽车实训楼建筑施工图，创建汽车实训楼模型的墙体系；识读汽车实训楼建筑施工图，以幕墙的方式创建首层的 C5642 和 C8542。

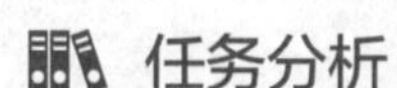

任务分析

识读汽车实训楼建施 05 地下一层平面图，建施 06 一层平面图、夹层平面图，建施 07 二层平面图，建施 08 屋顶平面图，建施 09 东立面、西立面、南立面，建施 10 的 1—1 剖面图、2—2 剖面图和建施 11 墙身详图，可以了解楼层墙体信息。首层外墙采用 200mm 厚加气混凝土砌块 +80mm 厚岩棉保温板，墙体外立面装饰为红色面砖，部分外墙为 250mm 厚加气混凝土砌块 +80mm 厚岩棉保温板；首层内墙采用 200mm 厚加气混凝土砌块，个别内墙为 100mm 厚、150mm 厚、250mm 厚的加气混凝土砌块。墙体未标明者轴线居中布置或墙齐柱边。

识读建施 12 门窗表、门窗详图，C5642 和 C8542 可以用幕墙的方式创建。

任务实施

一、准备工作

打开只创建了标高和轴网的 Revit 项目文件，在“项目浏览器”中双击“楼层平面（建筑平面）”下的“1F”，打开首层平面视图，如图 5-1 所示。

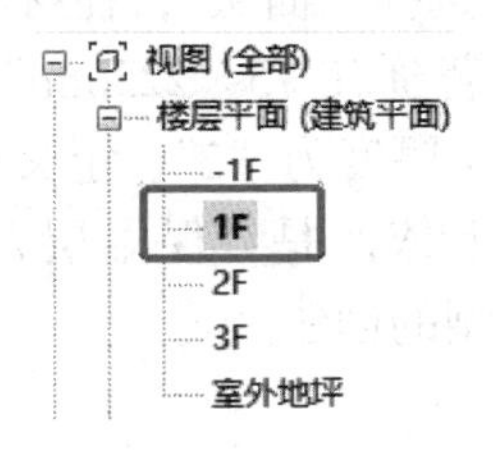

图 5-1　打开首层平面视图

二维码 5-3
创建墙体

二、创建首层墙体

1. 用“直线”命令创建首层墙体

① 定义外墙。“建筑”选项卡中，鼠标左键单击“墙”下的“墙：建筑”命令（WA）。在属性栏中的类型选择器中选择“基本墙”的“常规 -200mm”墙类型，点击“编辑类型”→“复制”，将名称修改为“外墙 - 加气混凝土砌块 -200mm”，点击【确定】退出，如图 5-2 ～图 5-5 所示。

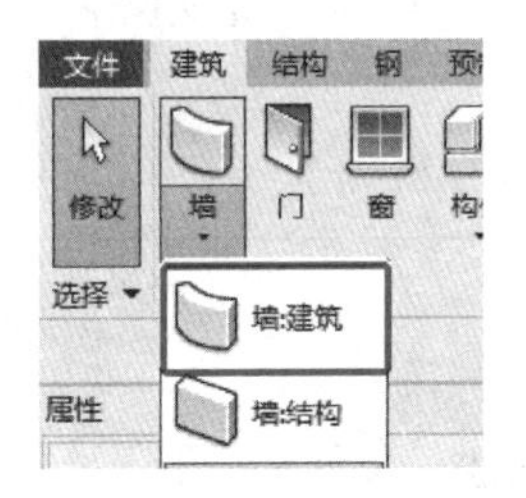

图 5-2　“墙：建筑”命令

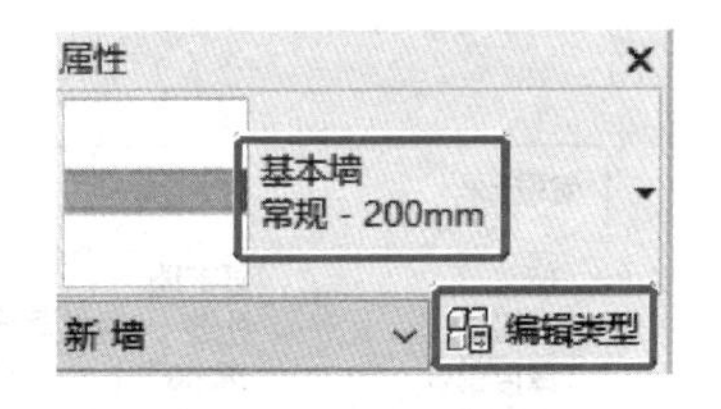

图 5-3　“编辑类型”命令

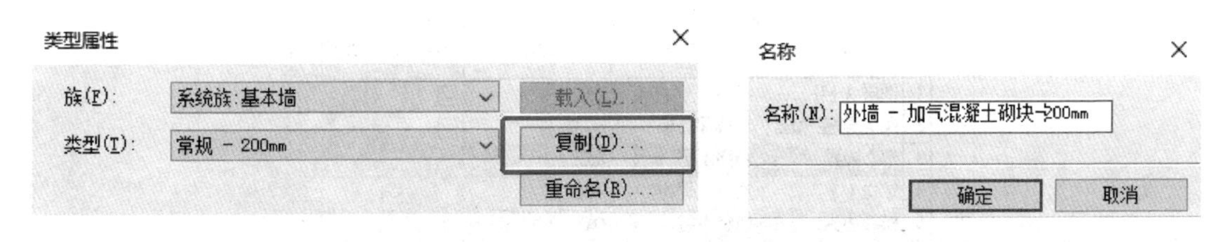

图 5-4　“复制”命令

图 5-5　输入墙体名称

点击“类型参数”中的“编辑”，将结构材质修改为“混凝土砌块”，如图 5-6 所示，点击【确定】退出材质编辑。结构厚度默认为“200”，不须修改。

定义结构材质后，为外墙添加材质为岩棉保温板的保温层。在“编辑部件”对话框中，

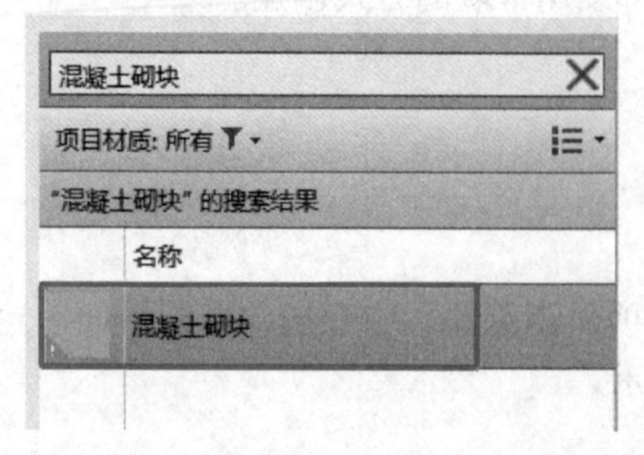

图 5-6 修改墙体结构材质

选中“1 核心边界”，点击“插入”，如图 5-7 所示，“功能”选择“保温层 / 空气层”，在材质浏览器通过搜索找到“隔热层 / 保温层 - 空心填充”，将其复制并命名为“岩棉保温板”，如图 5-8 所示，点击【确定】退出材质编辑。输入保温层的厚度为“80”。

定义外墙装饰为红砖。在“编辑部件”对话框中，选中“1 保温层 / 空气层”，点击“插入”，“功能”选择“面层”，在材质浏览器通过搜索找到“砌体 - 普通砖 75×225mm”，将其复制并命名为“红砖”，点击【确定】退出材质编辑。输入面层厚度为“2”。定义外墙类型如图 5-9 所示，确保“面层 1”在最上边，靠近外部边，向下依次是“保温层 / 空气层”“核心边界”“结构”“核心边界”，点击【确定】完成墙体类型的创建。

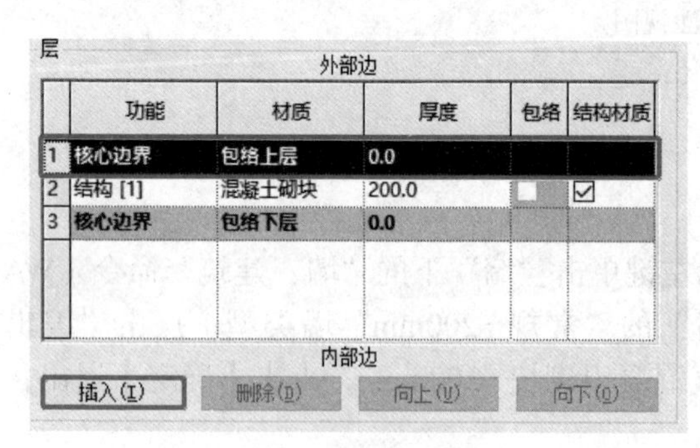

图 5-7 插入保温层

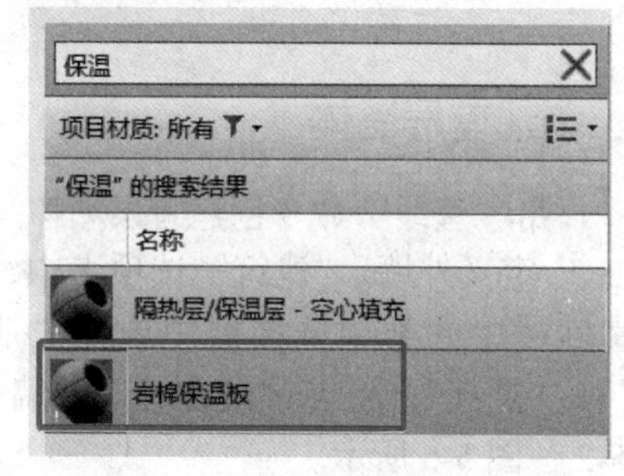

图 5-8 定义保温层材料

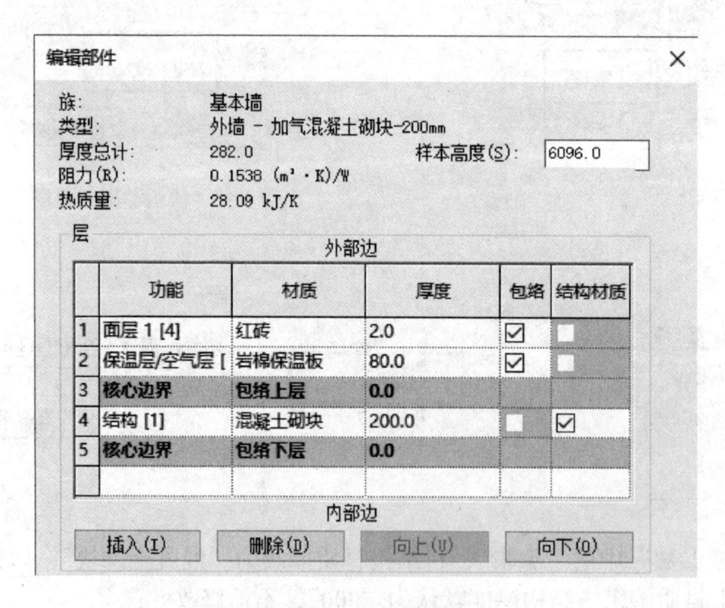

图 5-9 定义外墙类型

② 创建外墙模型。以①轴上的墙体为例，在墙属性栏中，设置实例参数“定位线”为“面层面：内部”，“底部约束”为“室外地坪”，“顶部约束”为“直到标高：2F”，选项栏中输入偏移量为“50.0”，如图 5-10、图 5-11 所示。

图 5-10　设置外墙实例属性

选择“绘制”面板下“线”命令，移动光标捕捉Ⓐ轴和①轴交点并单击鼠标左键，将其作为墙体的一个端点，移动光标捕捉Ⓓ轴和①轴交点并单击鼠标左键，创建一段墙体，单击【Esc】键退出连续绘制，选项栏中“定位线”选择“核心层中心线”，“偏移”输入“0”，捕捉Ⓓ轴和①轴交点并单击鼠标左键，捕捉Ⓓ轴和②轴交点并单击鼠标左键，水平向右移动鼠标，键盘输入“3750”，单击【Enter】键并结束墙体的创建。使用参照平面（RP）绘制定位线，如图 5-12 所示，并按照顺时针方向创建其余 200mm 厚外墙。沿顺时针方向创建外墙模型，可使墙体外面层朝外。

图 5-11　设置偏移量

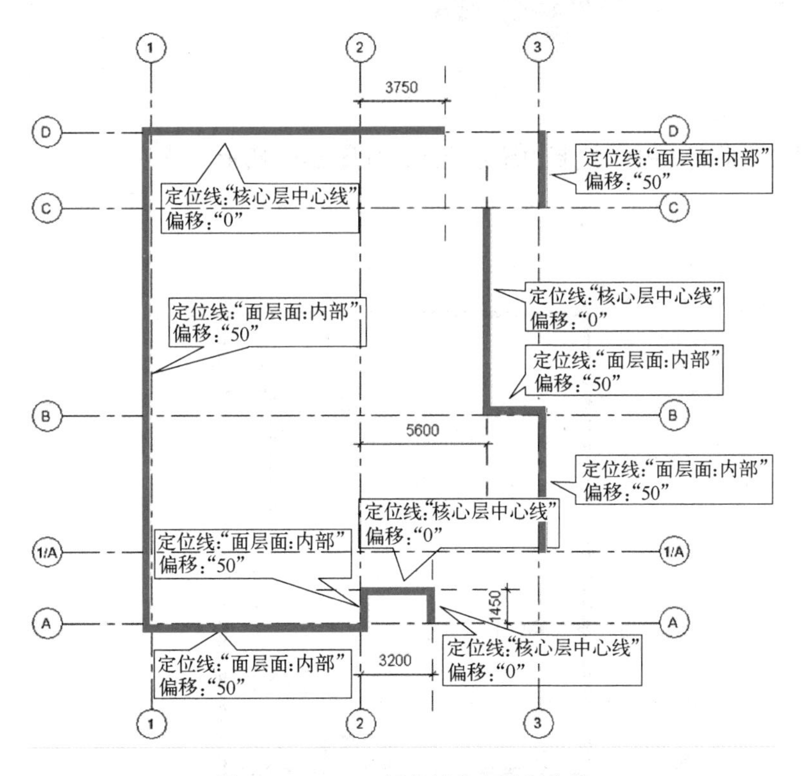

图 5-12　200mm 厚外墙分布及定位线

创建模型过程中，注意及时修改“定位线”选项及“偏移量”，如图 5-12 所示。

定义 250mm 厚外墙并顺时针创建模型。“建筑”选项卡中，鼠标左键单击“墙”→“墙：建筑”命令（WA）。在“属性栏”中的“类型选择器”中选择“基本墙”的“外墙 - 加气

混凝土砌块 -200mm”墙类型，点击“编辑类型”→“复制”，命名为“外墙 - 加气混凝土砌块 -250mm”，并将结构层厚度修改为“250”，顺时针创建 250mm 厚外墙，定位线及偏移量如图 5-13 所示。图中，高亮显示的外墙为 250mm 厚，其余为 200mm 厚，保存文件。

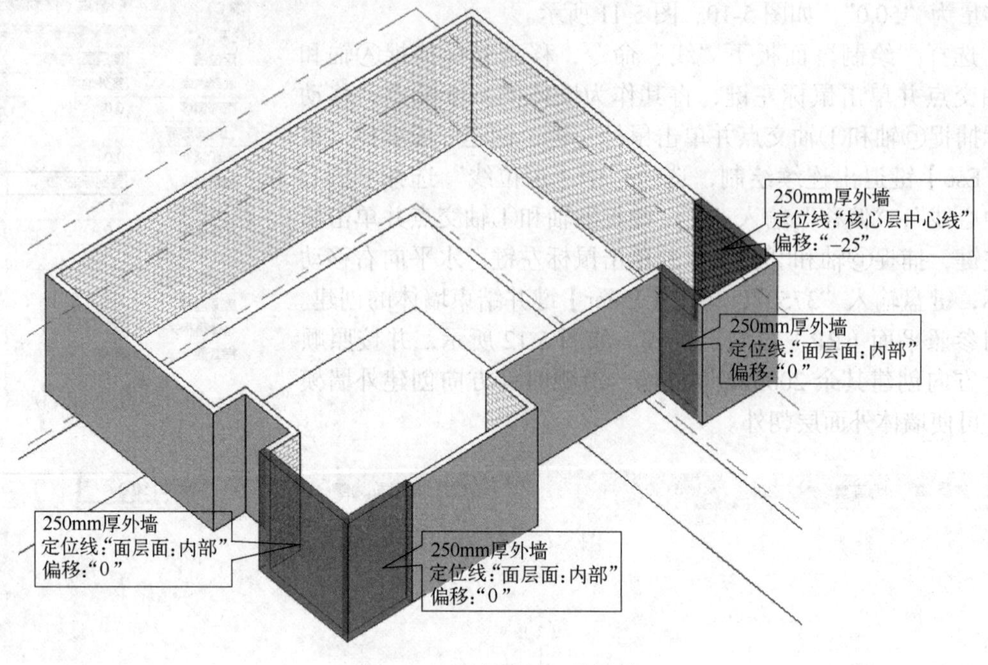

图 5-13　首层外墙三维效果

③ 使用参照平面（RP）绘制内墙定位线，如图 5-14 所示。

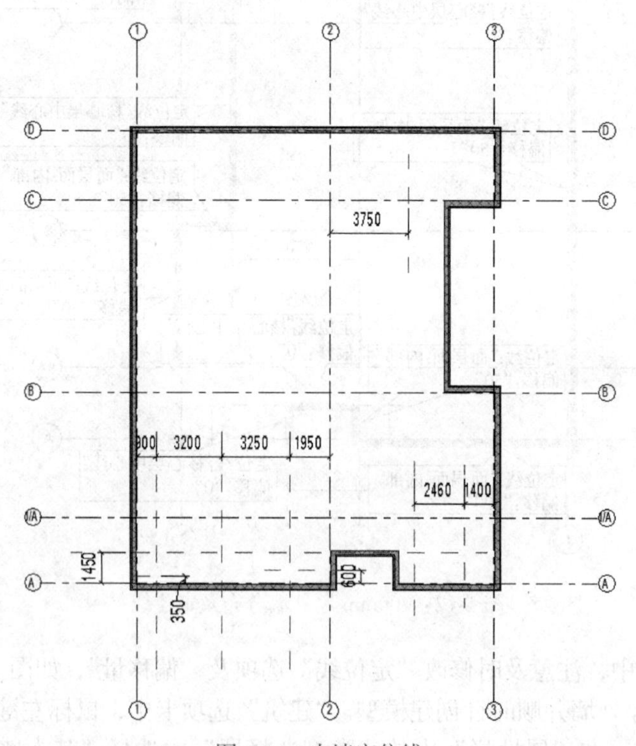

图 5-14　内墙定位线

④ 定义内墙。“建筑”选项卡中，鼠标左键单击“墙”下的“墙：建筑”命令（WA）。在属性栏中的类型选择器中选择“基本墙”的“常规 -200mm”墙类型，点击“编辑类型”→“复制”，分别创建内墙类型“内墙 - 加气混凝土砌块 -100mm”“内墙 - 加气混凝土砌块 -150mm”“内墙 - 加气混凝土砌块 -200mm”“内墙 - 加气混凝土砌块 -250mm”，并定义材质为“混凝土砌块”及对应的厚度，如图 5-15 ～图 5-18 所示。

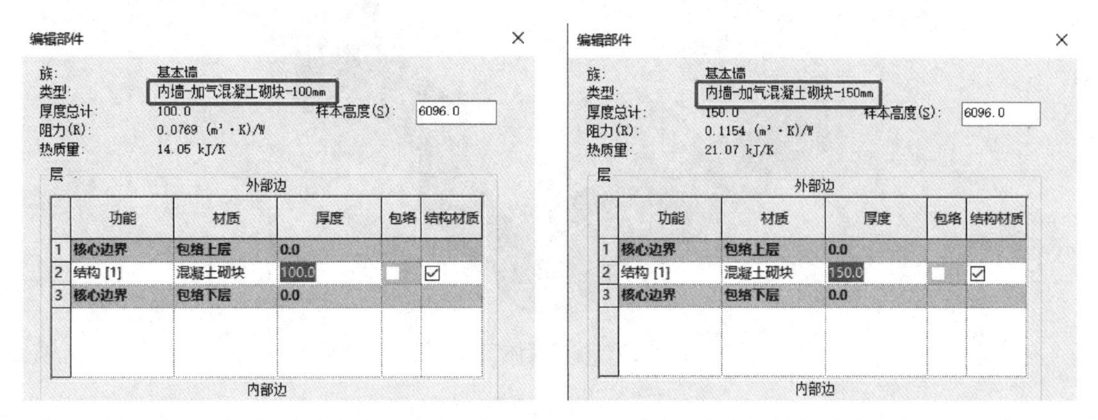

图 5-15　定义内墙“内墙 - 加气混凝土砌块 -100mm”　图 5-16　定义内墙“内墙 - 加气混凝土砌块 -150mm”

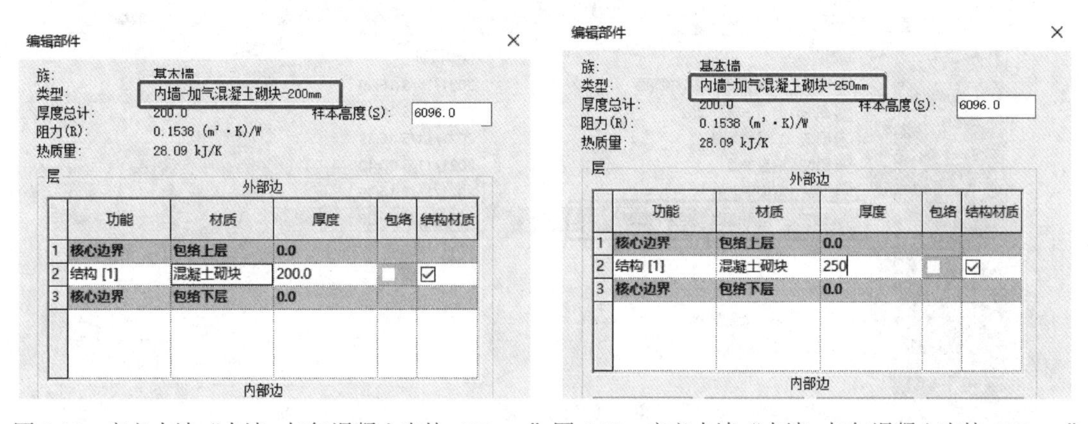

图 5-17　定义内墙“内墙 - 加气混凝土砌块 -200mm”　图 5-18　定义内墙“内墙 - 加气混凝土砌块 -250mm”

⑤ 创建内墙模型。选择“绘制”面板下“线”命令，移动光标单击鼠标左键捕捉参照平面与轴线交点为墙体起点，选项栏中“定位线”选择“墙中心线”，在属性面板中设置实例参数“底部约束”为“1F”，“顶部约束”为“直到标高：2F”，依次创建内墙模型。个别内墙的“定位线”需要及时调整。

每创建完一段墙体，单击【Esc】键则可创建不连续的墙体，按两次则退出墙编辑模式。当墙体位置有偏差时，可以使用“移动”命令，将其沿着指定方向移动指定距离。

完成后的首层墙体三维效果如图 5-19 所示，图中没有高亮显示的内墙厚度为 200mm，保存文件。

2. 导入 CAD 图纸，用“拾取线”的方法创建首层墙体

① 激活楼层平面 1F。“插入”选项卡中，鼠标左键单击“导入 CAD”命令，在弹出的“导入 CAD 格式”对话框中，选择“图纸：一层平面图、夹层平面图”，勾选“仅当前视图”，“导入单位”选择“毫米”，“定位”选择“自动 - 中心到中心”，如图 5-20 所示，点击“打开”，导入“图纸：一层平面图、夹层平面图”。

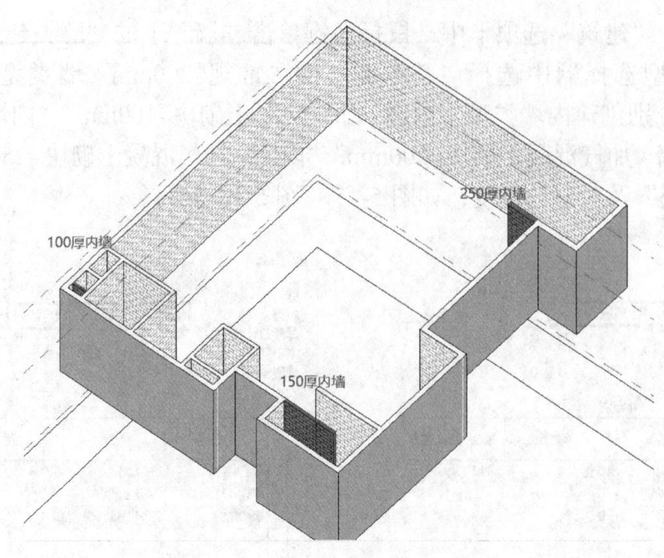

图 5-19　首层墙体三维效果

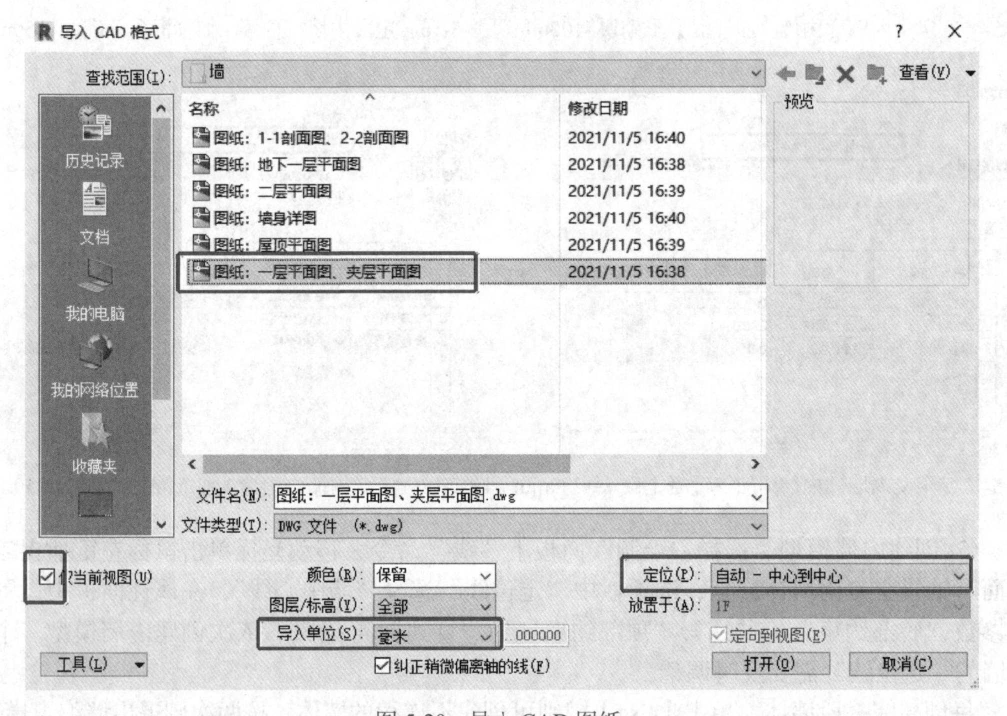

图 5-20　导入 CAD 图纸

② 将导入的图纸与项目轴网对齐，并锁定图纸。

③“建筑”选项卡中，鼠标左键单击“墙”下的“墙：建筑”命令（WA）。在属性栏中的类型选择器中选择“基本墙”的“常规 -200mm”墙类型，点击“编辑类型”→“复制”，将名称修改为“外墙 - 加气混凝土砌块 -200mm”，并定义类型参数。

④ 属性栏中设置“定位线”为“面层面：内部”，“底部约束”为“室外地坪”，“顶部约束”为“直到标高：2F”。选择“绘制”面板中“拾取线”命令，移动光标至底图①轴外侧外墙的内边线处，当虚线在外侧时左键单击，依次捕捉所有外墙内边线创建外墙墙体。

同样的方式，创建 250mm 厚外墙模型。

⑤“建筑”选项卡中，鼠标左键单击“墙”下的“墙：建筑”命令（WA）。在类型选择器中选择“基本墙”的“常规 -200mm”墙类型，点击“编辑类型”→“复制”，将名称修改为“内墙 - 加气混凝土砌块 -200mm”，并定义类型参数。

⑥ 属性栏中设置“定位线”为“墙中心线”，“底部约束”为“1F”，“顶部约束”为“直到标高：2F”。依次单击内墙中心线完成内墙拾取。如果图纸中没有内墙中心线，可提前绘制辅助线或选择合适的定位线或设置“偏移”或创建内墙后对其移动，以确保内墙位置准确。同样的方式，创建 100mm、150mm、250mm 厚的内墙模型。

当拾取的墙体过长时，可以选中该段墙体，选择“修改”面板中的“拆分图元”命令，如图 5-21 所示，在需要拆分的位置处左键单击，将墙体拆分，多余墙体删除即可。

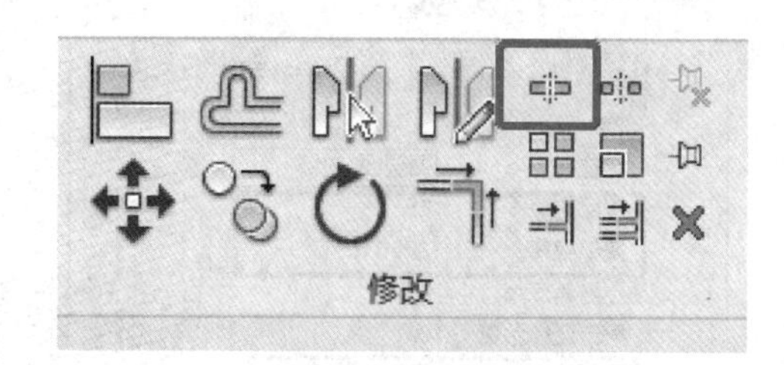

图 5-21 “拆分图元”命令

三、创建其他层墙体

① 结合夹层平面图图纸，修改首层的部分外墙和内墙。激活三维视图，修改首层门口处外墙的实例参数“顶部约束”为“直到标高：1F”，“顶部偏移”为“2800”，如图 5-22 所示。

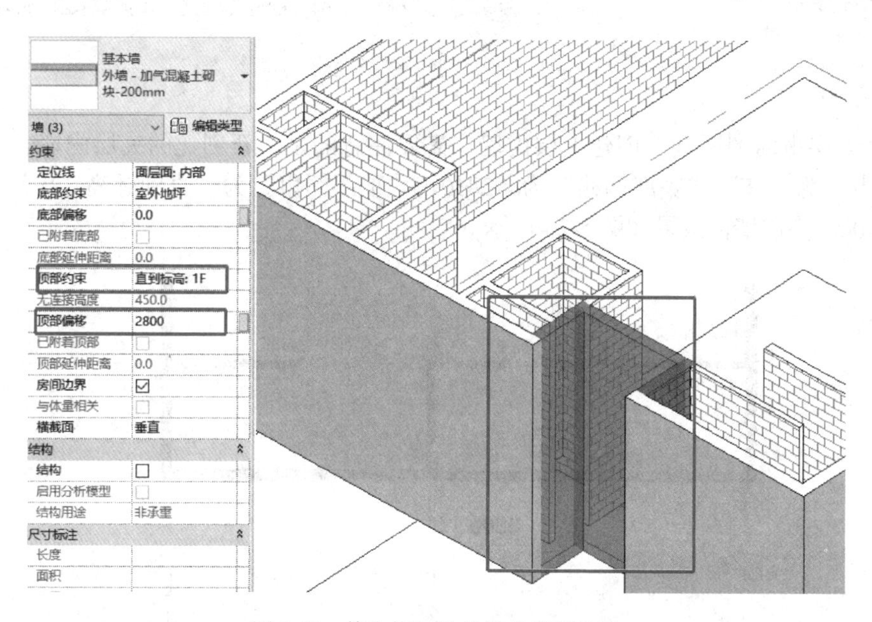

图 5-22 修改门口处外墙的实例参数

激活楼层平面 1F 视图，对比首层平面图和夹层平面图图纸，将夹层下侧的首层内墙选中，修改实例参数“顶部约束”为“直到标高：1F”，“顶部偏移”输入“2830”。

② 创建夹层外墙和内墙。设置楼层平面 1F 的视图范围，“主要范围”中的“剖切面”对应的“偏移”输入“4000”，“底部”对应的“偏移”输入“2830”，“视图深度”中的“标高”对应的“偏移”输入“2830”。

结合夹层平面图图纸，在Ⓐ轴门口处，创建250mm厚的外墙。实例参数“底部约束”为“1F”，“底部偏移”为“2250.0”，“顶部约束”为“直到标高：2F”，“顶部偏移”为“0.0”，如图5-23所示。

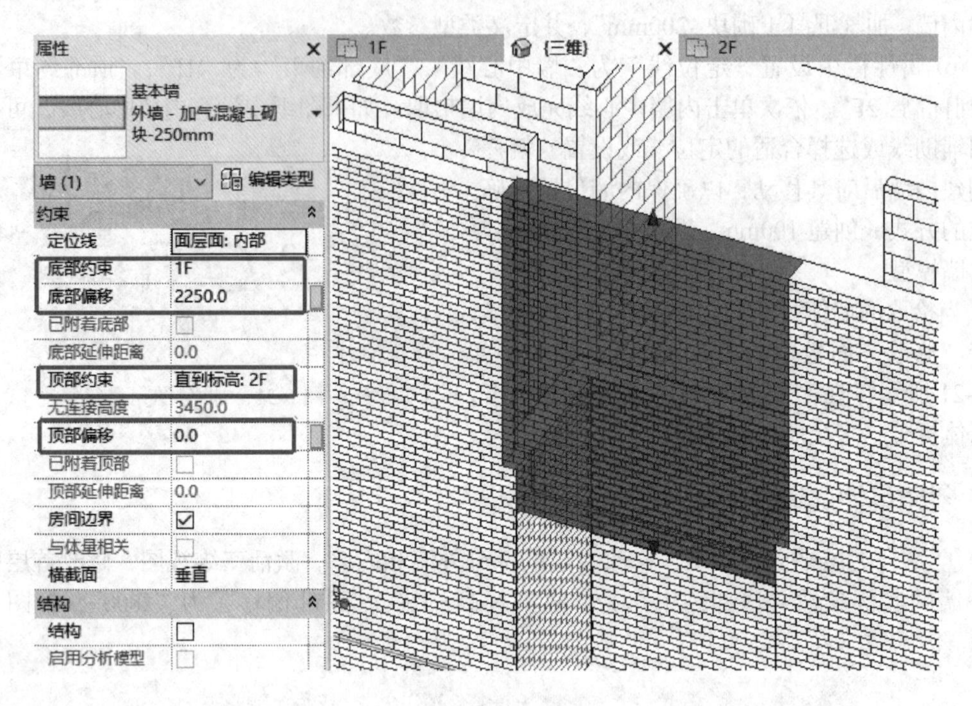

图5-23　创建夹层外墙

结合夹层平面图图纸，创建夹层内墙，需要注意的是，新创建的夹层内墙，实例参数“底部约束”为“1F”，“底部偏移”为“2830”，“顶部约束”为“直到标高：2F”，“顶部偏移”为“0”，夹层墙体效果如图5-24所示。

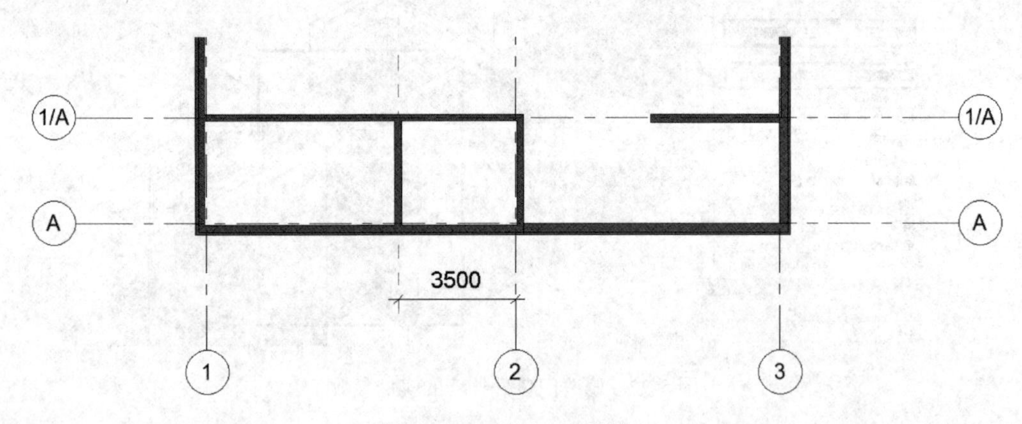

图5-24　夹层墙体效果

③ 创建二层墙体。可以将首层的墙体复制到二层，具体操作如下：选中首层的墙体，选择“复制到剪贴板”，如图5-25所示，再点击“粘贴”→“与选定的标高对齐”，如图5-26所示，选择标高“2F”。

激活楼层平面2F视图，按照建施07二层平面图，修改和编辑二层的墙体，如

图 5-27 所示。其中，二层所有外墙的实例参数，“顶部约束”为“直到标高：3F”，“顶部偏移”为“600”。需要注意的是，在①轴和③轴上有 400mm 厚外墙，具体位置如图 5-27 所示，长度均为 350mm，因此需要定义“外墙 - 加气混凝土砌块 -400mm”的墙类型并创建模型。

图 5-25 “复制到剪贴板”命令

图 5-26 “与选定的标高对齐”命令

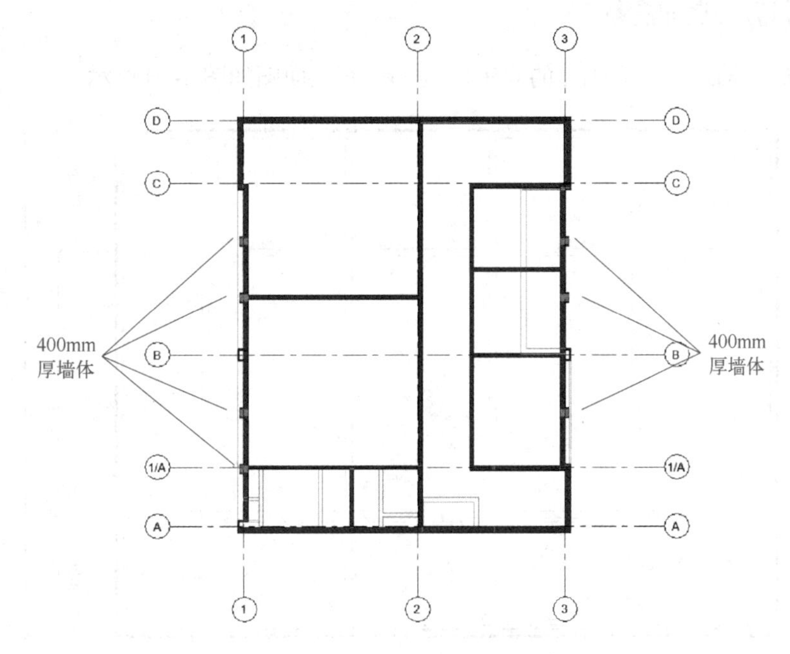

图 5-27 二层墙体及 400mm 厚外墙分布示意图

定义“外墙保温层 -80mm”墙体类型，其中“厚度”为“80”，“材质”为“面砖”。200mm 厚和 400mm 厚外墙连接处以及框架柱外侧，需要创建“外墙保温层 -80mm”的墙体模型，绘制效果如图 5-28 所示。

④ 创建地下一层墙体。创建“内墙 - 小型加气混凝土砌块 -190mm”墙类型，其中，“厚度”为“190”，“材质”为“加气混凝土砌块”。按照建施 05 地下一层平面图，创建混凝土砌块墙的模型，限制条件“底部约束”为“-1F”，“顶部约束”为“直到标高：1F”，“底部偏移”和“顶部偏移”均为“0”。汽车实训楼建筑模型中，所有墙体模型如图 5-29 所示。

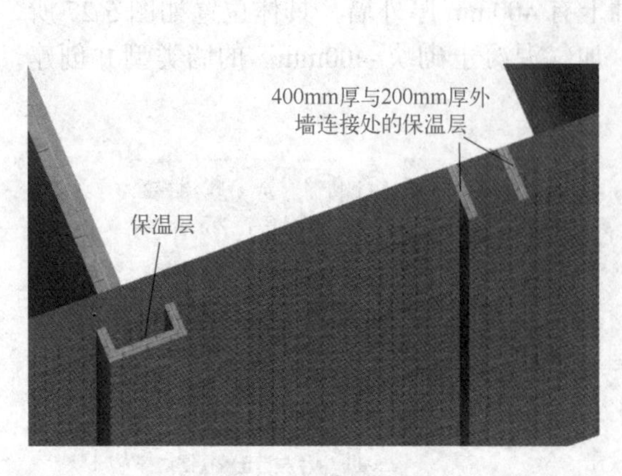

图 5-28　定义“外墙保温层 -80mm”并创建模型

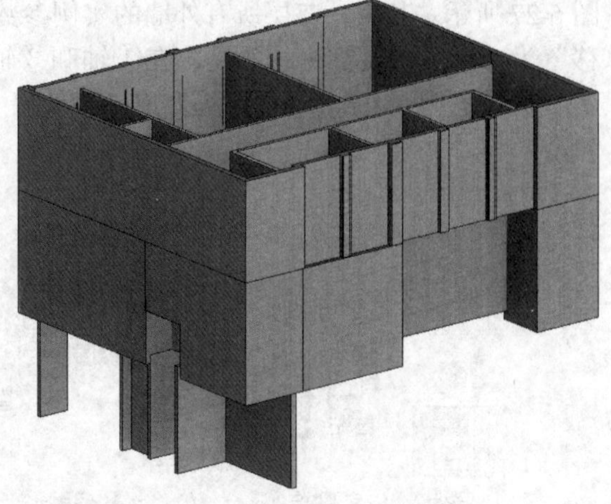

图 5-29　汽车实训楼建筑模型的墙体模型

四、以幕墙的方式创建窗

以ⓁⒶ轴与Ⓑ轴之间的③轴上的 C5642 为例，其立面图如图 5-30 所示。

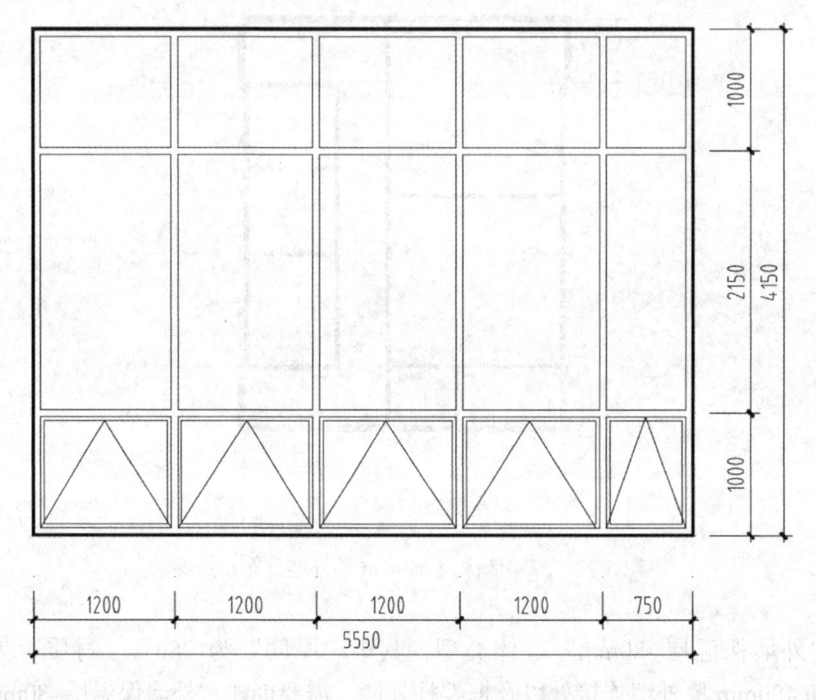

图 5-30　C5642 立面图

激活楼层平面 1F。使用“参照平面”命令（RP）在Ⓑ轴下侧 250mm 的距离绘制一个参照平面，作为 C5642 的定位线。“建筑”选项卡中，鼠标左键单击“墙”下的“墙：建筑”命令（WA）。在属性栏中的类型选择器中选择“幕墙”，点击“编辑类型”→“复制”，将名称修改为“C5642”，如图 5-31 所示，点击【确定】。勾选“自动嵌入”，如图 5-32 所示，点击【确定】退出。

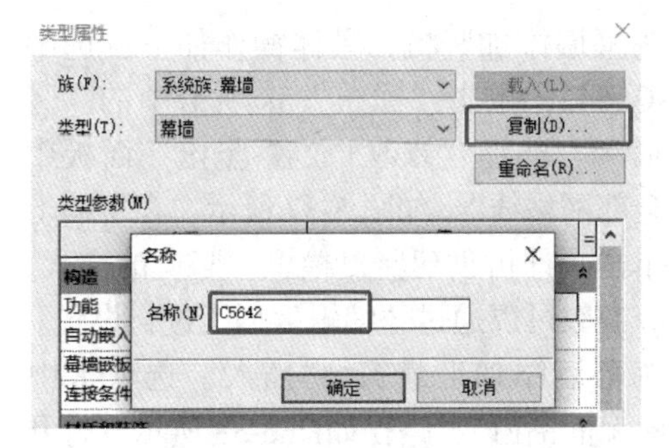

图 5-31　新建幕墙类型

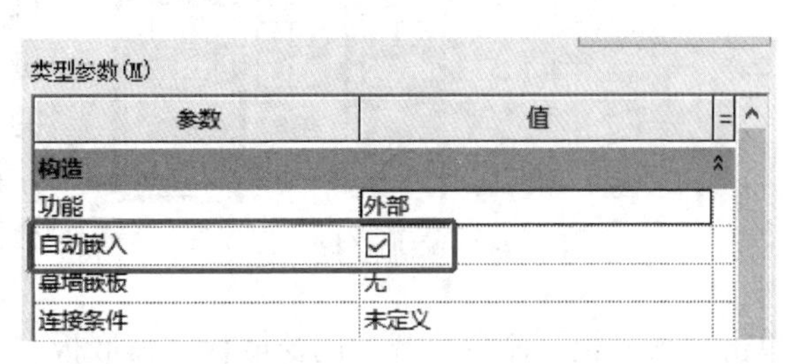

图 5-32　勾选“自动嵌入”

在属性栏中，设置实例参数“底部约束”为“1F”，“底部偏移”为“900.0”，“顶部约束”为“未连接”，“无连接高度”为“4150.0”，如图 5-33 所示。

移动光标捕捉 C5642 所在墙体与参照平面的交点，单击鼠标左键作为幕墙的起点，垂直向下移动光标，键盘输入“5550”，单击【Enter】键，点击两次【Esc】键退出，如图 5-34 所示。

图 5-33　设置幕墙实例属性

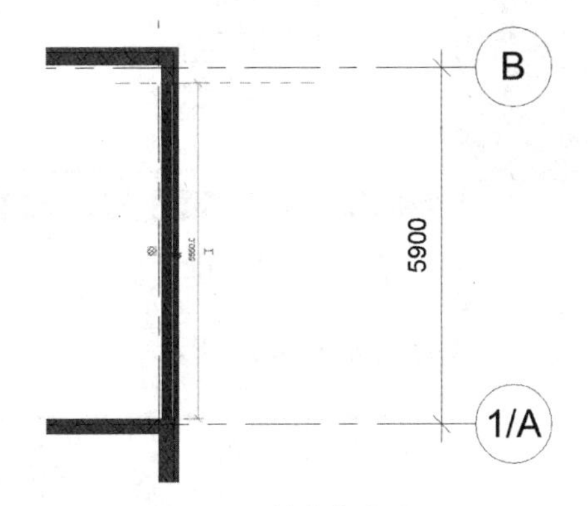

图 5-34　创建幕墙 C5642

激活东立面视图，修改“视觉样式”为“着色”，参照图纸建施 12 门窗表、门窗详图中的“C5642 立面图”，划分水平网格。单击“建筑”选项卡下的“幕墙网格”命令，在距离幕墙顶部和底部均为 1000mm 的位置，分别左键单击以添加水平网格，如图 5-35 所示。如果添加的幕墙网格位置有偏差，可通过调整该幕墙网格的临时尺寸标注调整幕墙网格的位置。

从左向右间距依次为 1200、1200、1200、1200、750，添加竖向幕墙网格，如图 5-36 所示。

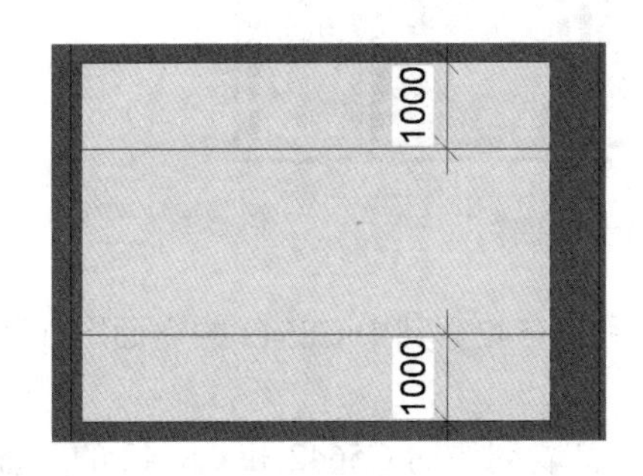

图 5-35　添加水平网格

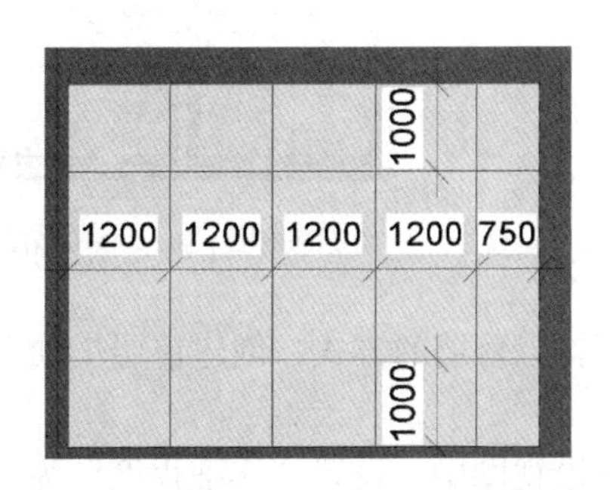

图 5-36　添加竖向幕墙网格

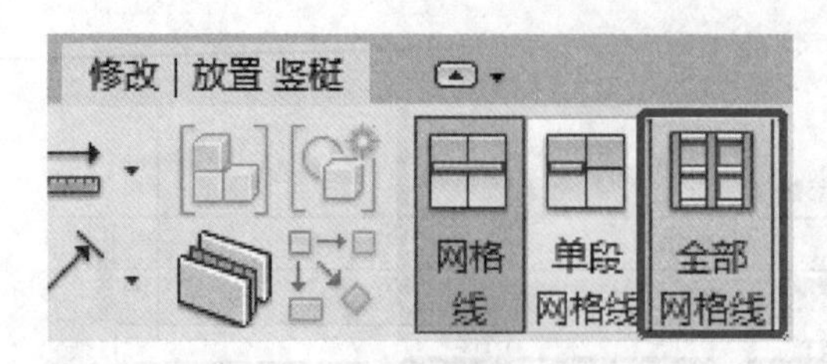

图 5-37　添加竖梃

为幕墙添加竖梃，具体操作如下：选中幕墙 C5642，单击“建筑”选项卡中的“竖梃”命令，选择“修改 | 放置 竖梃”面板中的“全部网格线”，如图 5-37 所示，在幕墙上左键单击，即可创建竖梃模型。竖梃的样式、材质等参数可以通过“编辑类型”进行设置。

为幕墙添加上悬窗。“插入”选项卡中单击“载入族”命令，载入门窗嵌板“窗嵌板 _ 上悬无框铝窗”，路径如图 5-38 所示。打开“按面选择图元”，光标移动到下侧的幕墙嵌板处使用【Tab】键选中幕墙嵌板，“类型选择器”中，选择“窗嵌板 _ 上悬无框铝窗”，如图 5-39 所示。

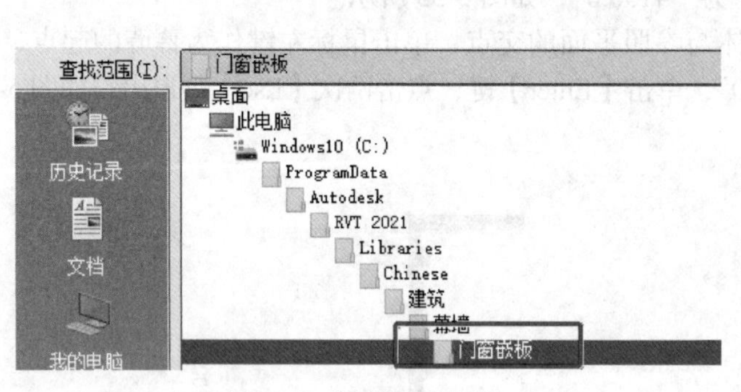

图 5-38　门窗嵌板路径

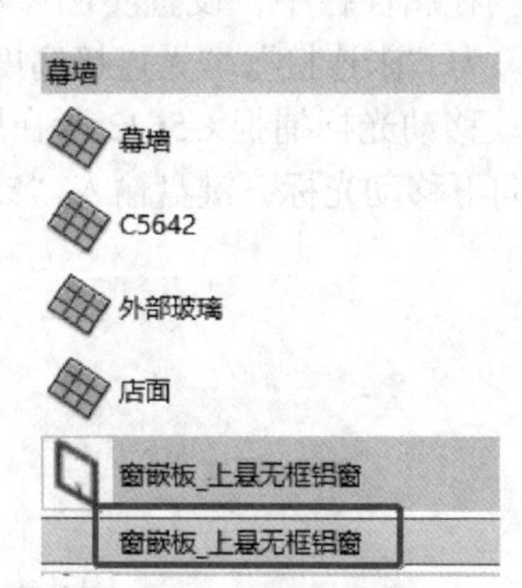

图 5-39　替换嵌板

C5642 完成效果如图 5-40 所示。

图 5-40　C5642 立面效果图

同样以幕墙的方式，创建首层①轴上的 C5642 和 C8542。其中 C8542 的立面图如图 5-41 所示。

三维视图中，设置“详细程度”为“精细”，用幕墙创建的 C5642 和 C8542 的三维效果如图 5-42 所示。

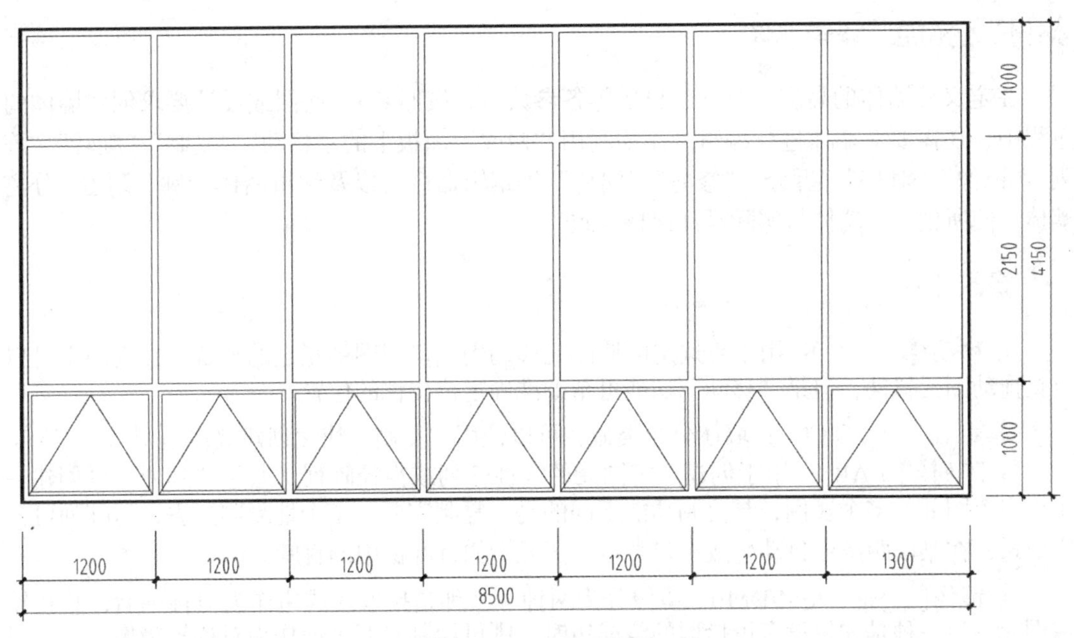

图 5-41 C8542 立面图

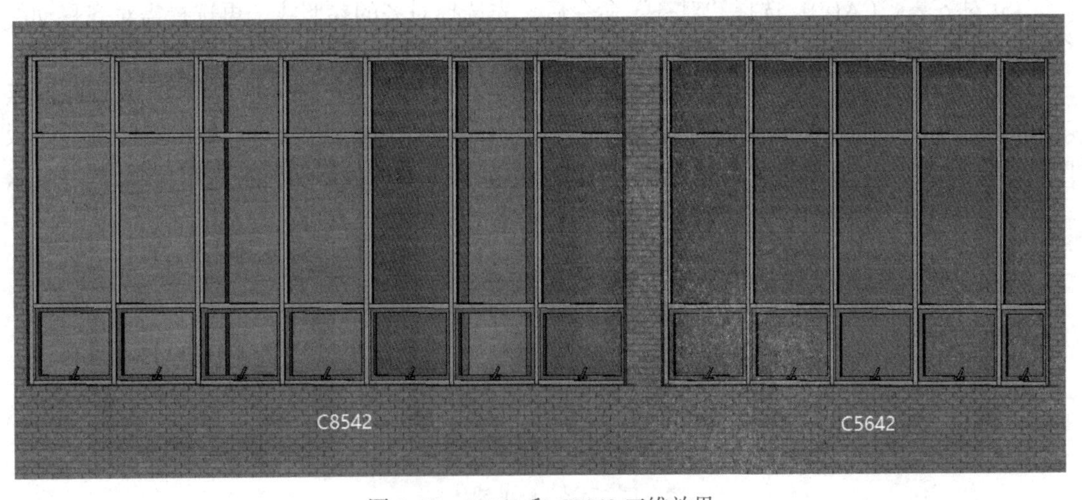

图 5-42 C5642 和 C8542 三维效果

重点提示

1. 创建墙体模型前确认进入正确的楼层平面视图。

2. 使用“粘贴板”复制楼层墙体时注意楼层层高是否相同，如果不同，必须修改墙体的高度。

3. 创建墙体模型时注意区分内外。沿顺时针创建外墙，可使墙体外面层朝外，使用“空格键”可以快速翻转墙体。

4. 创建幕墙时注意详图中关于幕墙网格的划分与竖梃的设置要求。

5. 替换幕墙嵌板时，可以打开“按面选择图元”，并结合【Tab】键选择需要替换的嵌板。幕墙嵌板还可以替换为门嵌板，需提前将相应的门嵌板族载入。

任务拓展　编辑墙体

在定义好墙体的高度、厚度、材质等各参数后，按照 CAD 底图或设计要求创建墙体的过程中，还需要对墙体进行编辑，比如利用“修改”面板下的“移动”“复制”“旋转”“阵列”“镜像”“对齐”“拆分”“修剪”“偏移”等编辑命令，以及编辑墙体轮廓、附着 / 分离墙体，使所创建的墙体与实际设计保持一致。

一、修改工具

① 移动（MV）：用于将选定的墙图元移动到当前视图中指定的位置。在视图中可以直接拖动图元移动，但是“移动”功能可帮助准确定位构件的位置。

② 复制（CO/CC）：墙体分布类似，可以使用“复制”快速创建墙体模型。

③ 阵列（AR）：用于创建选定图元的线性阵列或半径阵列，通过“阵列”可创建一个或多个图元的多个实例，与复制功能不同的是，复制需要一个个地复制过去，但阵列可指定数量，在某段距离中自动生成一定数量的图元，如百叶窗中的百叶。

④ 镜像（MM/DM）：镜像分为两种，一种是拾取线或边作为对称轴后，直接镜像图元，另一种是如果没有可拾取的线或边时，则可绘制参照平面作为对称轴镜像图元。对于两边对称的构件，通过镜像可以大大提高工作效率。

⑤ 对齐（AL）：选择“对齐”命令后，先选择对齐的参照线，再选择需对齐移动的线。

⑥ 拆分图元（SL）：拆分图元是指在选定点剪切图元（例如墙或线），或删除两点之间的线段，常结合修剪命令一起使用。如图 5-43 所示中的蓝色墙体，单击“修改”面板中的“拆分图元”，在要拆分的墙中单击任意一点，则该面墙分成两段，再用“修剪”命令，选择所要保留的两面墙，则可将墙修剪成所需状态。

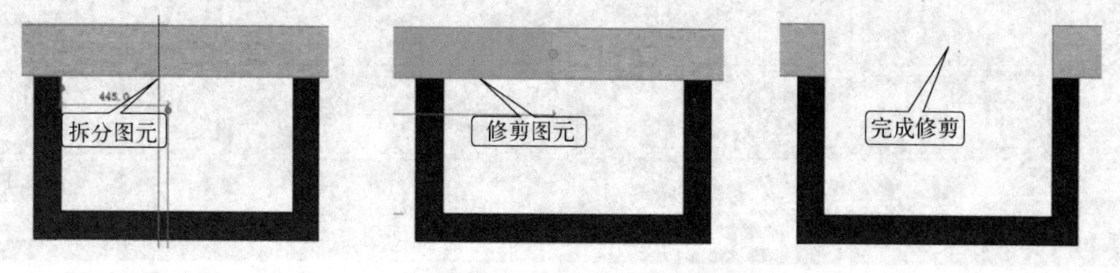

图 5-43　修剪墙体

二、编辑墙体轮廓

选中墙体，自动激活“修改 | 墙”选项卡，单击“修改 | 墙”下“模式”面板中的“编辑轮廓”，如图 5-44 所示，如果在平面视图进行了轮廓编辑操作，此时弹出“转到视图”对话框，选择任意立面或三维进行操作，进入“编辑轮廓”模式。

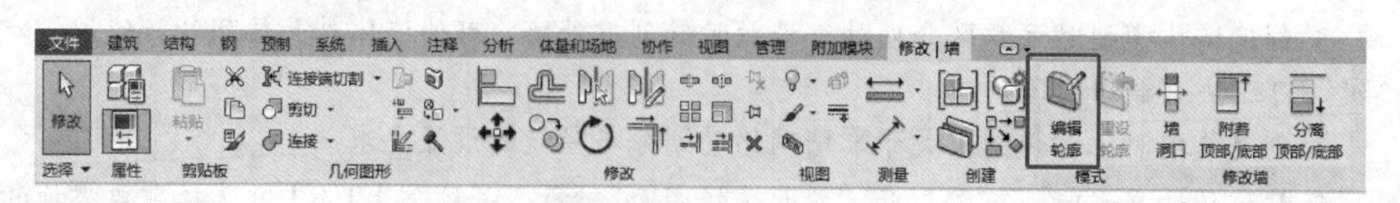

图 5-44　“编辑轮廓”命令

如果在三维中编辑墙体轮廓时，默认工作平面为墙体所在的平面。

在三维或立面视图中，利用不同的命令，绘制所需形状，如图 5-45 所示。其创建思路为：创建一段墙体→“修改 | 墙”→“编辑轮廓”→“绘制轮廓”→“修剪轮廓”→“完成”。

需要注意的是，弧形墙体的立面轮廓不能编辑。

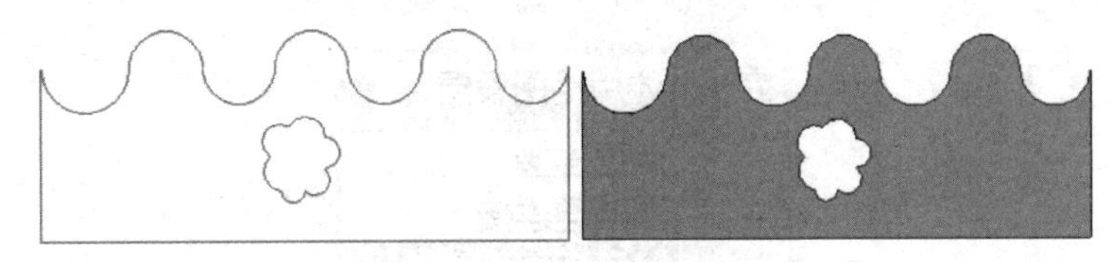

图 5-45　绘制墙体形状

完成后，单击“模式”面板中的“✔”即可完成墙体的编辑，保存文件。

如需一次性还原已编辑过轮廓的墙体，选择墙体，单击“重设轮廓”命令即可实现。

三、附着 / 分离墙体

如果墙体在多坡屋面的下方，需要墙和屋顶有效快速连接，依靠编辑墙体轮廓的话，会花费很多时间，此时通过“附着 / 分离”墙体能有效解决问题。

如图 5-46 所示，墙与屋顶未连接，用【Tab】键选中所有墙体，在“修改墙”面板中选择“附着顶部 / 底部”，在选项栏中选择顶部或底部 附着墙: ◉ 顶部 ◯ 底部，再单击选择屋顶，则墙自动附着在屋顶下，如图 5-47 所示。再次选择墙，单击“分离顶部 / 底部”，再选择屋顶，则墙会恢复原样。

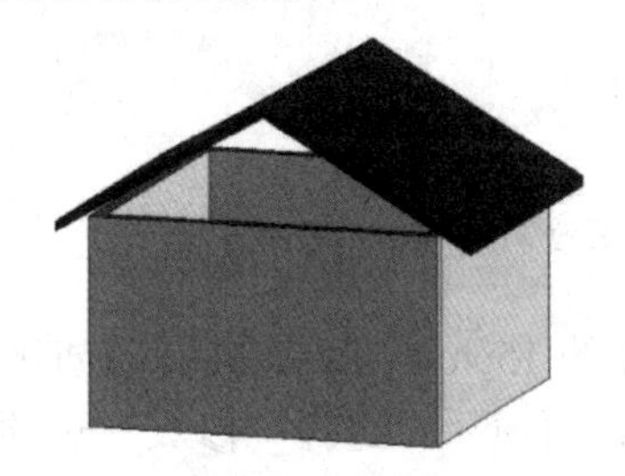

图 5-46　附着前的墙体

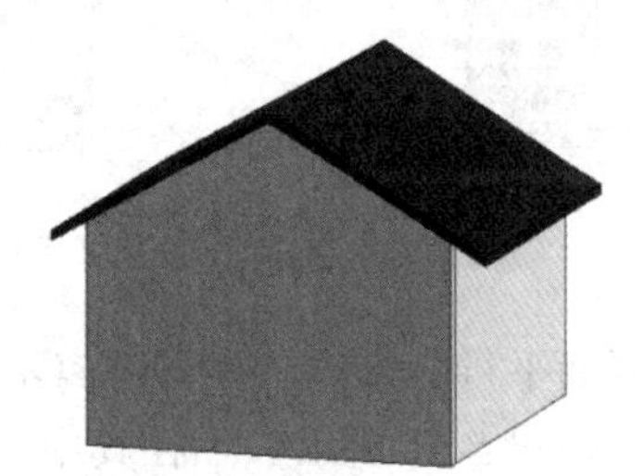

图 5-47　附着后的墙体

墙不仅可以附着于屋顶，还可附着于楼板、天花板、参照平面等。

四、墙体连接方式

墙体相交时，可有多种连接方式，如平接、斜接和方接三种方式，如图 5-48 所示。单击“修改”选项卡→“几何图形”面板→“墙连接”功能，将鼠标光标移至墙上，然后在显示的灰色方块中单击，即可实现墙体的连接。

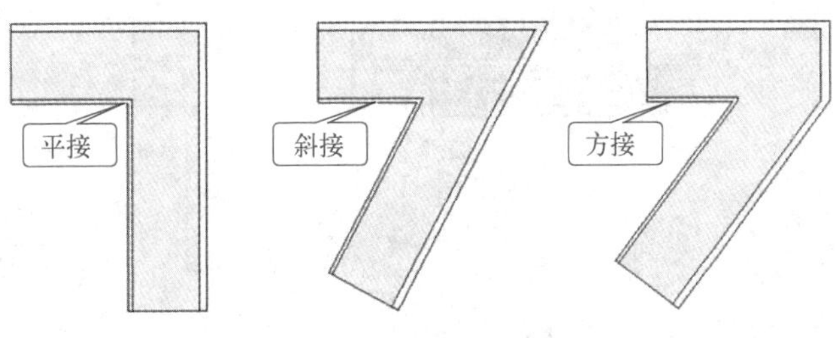

图 5-48　墙体连接方式

在设置墙连接时，可指定墙连接是否以及如何在活动平面视图中进行处理，在“墙连接”命令下，将光标移至墙连接上，然后在显示的灰色方块中单击。在“选项栏”中的“显示”有“清理连接”“不清理连接”和“使用视图设置”三个显示设置，如图 5-49 所示。

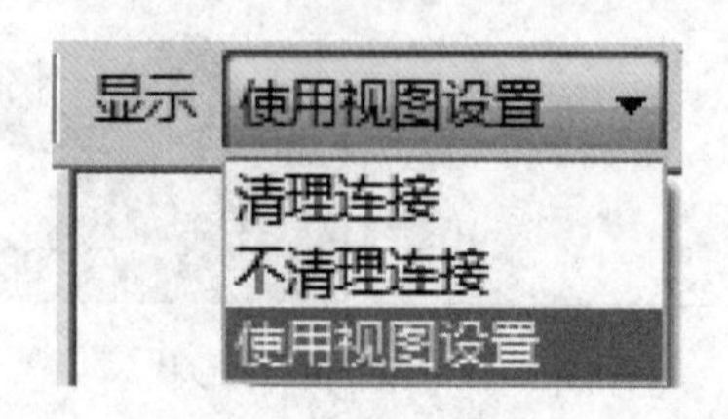

图 5-49　墙连接显示设置

默认情况下，Revit 会创建平接连接并清理平面视图中的显示，如果设置成“不清理连接”，则在退出“墙连接”工具时，这些线不消失。另外，在设置墙体连接方式时，不同视图详细程度与显示设置也会在很大程度上影响显示效果。如图 5-50 所示。

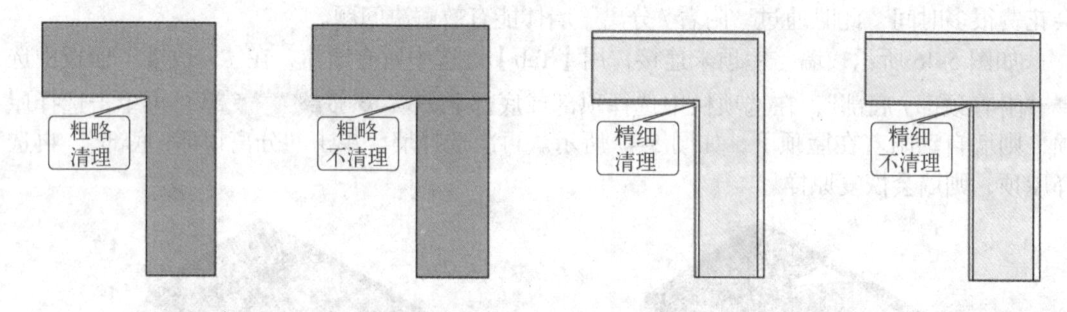

图 5-50　不同设置的显示效果

对于两面平行的墙体，如果距离不超过 6 英寸（约 15cm），Revit 会自动创建相交墙之间的连接，如图 5-51 所示。如在其中一面墙体上放置门窗后，选择“修改”选项卡→“几何图形”面板中→“连接”下拉列表→“连接几何图形” 连接命令，则该门窗会剪切两面墙体。

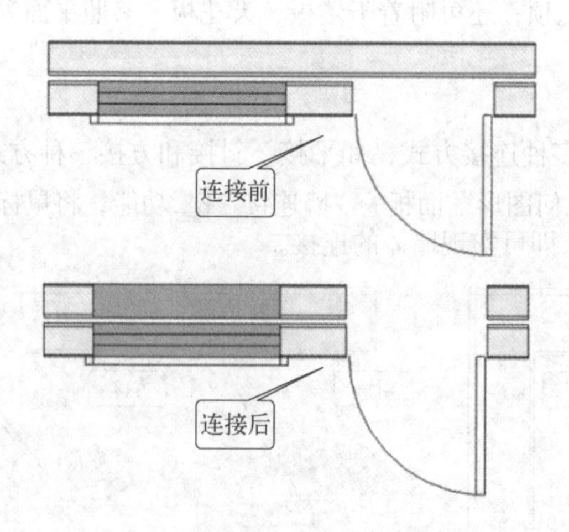

图 5-51　墙体自动连接

任务评价

姓名：　　　　　　　　　　　　班级：　　　　　　　　　　　　　　　　　　　　日期：

序号	考核点	要求	分值 / 分	得分 / 分
1	识读墙体材质信息	能正确识读建筑施工图设计说明，确定墙体的材质信息	10	
2	识读墙体定位、厚度及标高信息	能正确识读建施 06 一层平面图、夹层平面图，确定墙体的定位、厚度及标高信息	10	
3	定义墙体类型参数	能按图纸要求，正确定义墙体类型参数，尤其是结构、材质、厚度	20	
4	修改墙体实例参数	能正确设置墙体实例参数，尤其是约束条件	20	
5	墙体定位线	能根据实际情况，选择合理的定位线	10	
6	创建外墙顺序	能顺时针创建外墙，保证外立面朝外	10	
7	划分幕墙网格	能按图纸要求，正确划分幕墙网格	10	
8	替换幕墙嵌板	能按图纸要求，载入合适的嵌板族并替换幕墙嵌板	10	
合计			100	

任务总结

Revit2021 软件创建墙体模型的流程如下：

① 激活相应的楼层平面视图；

② 正确选择墙体的族类型，如果没有则新建族类型；

③ 修改所选择墙族的实例属性：定位线、底部约束、底部偏移、顶部约束、顶部偏移；

④ 根据平面图，准确捕捉起点和端点完成墙体的创建。

Revit2021 软件创建幕墙模型的流程如下：

① 进入相应的楼层平面视图；

② 正确选择幕墙的族类型，如果没有则新建族类型；

③ 修改所选择幕墙的实例属性：定位线、底部约束、底部偏移、顶部约束、顶部偏移；

④ 根据平面图，准确捕捉起点和端点完成幕墙的创建；

⑤ 在立面视图或者三维视图中，根据详图划分幕墙网格、布置幕墙嵌板、添加竖梃。

任务二　创建门窗

工作任务卡

任务编号		5-2	任务名称	创建门窗
授课地点		机房	建议学时	4 学时
教学软件		Revit2021	图纸名称	汽车实训楼 - 建施 05：地下一层平面图，建施 06：一层平面图、夹层平面图，建施 07：二层平面图，建施 09：东立面、西立面、南立面，建施 10：1—1 剖面图、2—2 剖面图，建施 12：门窗表、门窗详图
学习目标	素质目标	有整体意识和大局观，能结合平面图、立面图和门窗详图综合分析门窗的各类信息		
	知识目标	了解门窗在 Revit 模型中的作用； 掌握门窗的创建方法与编辑方法		
	能力目标	能够设置门窗的宽度、高度、材质； 能够确定门窗在墙上的位置		
教学重点		能够结合平面图、立面图和门窗详图，正确创建、编辑门窗及标记		
教学难点		能够结合立面图，正确设置窗的实例属性"底高度"； 能够调整门窗在墙上的位置		

任务引入

识读汽车实训楼建筑施工图，创建汽车实训楼模型的门窗构件。

二维码 5-4
创建门窗用图纸

任务分析

识读汽车楼训楼建施 05 地下一层平面图，建施 06 一层平面图、夹层平面图，建施 07 二层平面图，建施 09 东立面、西立面、南立面，建施 10 1—1 剖面图、2—2 剖面图，可以了解楼层门窗的编号、位置和尺寸等信息。识读建施 12 门窗表、门窗详图，可以读取门窗的样式、类型等详细信息。

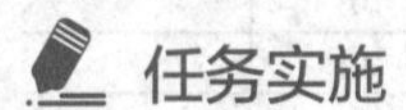

任务实施

二维码 5-5
创建门窗

一、创建首层门窗

① 载入门窗族。打开项目五中任务 5-1 保存的 Revit 项目文件，在项目浏览器中打开首层平面视图。“插入”选项卡中，点击“载入族”，将样例提供的所有门窗族载入到项目中。

② 创建②～③与Ⓑ～Ⓒ轴处的卷帘门并标记。“建筑”选项卡中，单击“门”命令（DR）。在类型选择器下拉列表中选择“JLM8351”类型，如图 5-52 所示。

在“修改 | 放置 门”选项卡中单击“在放置时进行标记”命令，对门进行自动标记，如图 5-53 所示，在选项栏中选择门标记方向为“垂直”，不勾选“引线”，如图 5-54 所示。

图 5-52　选择门类型“JLM8351”

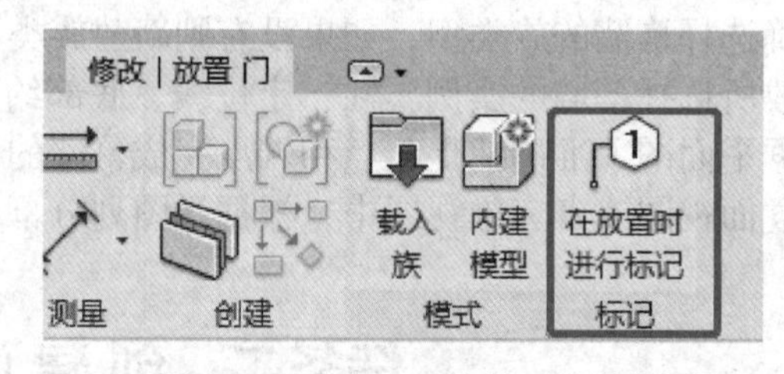

图 5-53　点击“在放置时进行标记”

图 5-54　选项栏中选择门标记方向

将光标移动到卷帘门所在墙体上，此时会出现临时尺寸标注，如图 5-55 所示。这样可以通过临时尺寸大致捕捉门的位置。在平面视图中放置门之前，单击空格键控制门的开启方向，或者放置门后，选中门单击蓝色的翻转控件⇆或⇅，调整开启方向。

在墙上合适位置单击鼠标左键以放置门，单击两次【Esc】键退出命令。选中放置的卷帘门，调整一侧的临时尺寸标注蓝色的控制点，如图 5-56 所示，拖动蓝色控制点移动到Ⓒ轴线，修改距离值为“4500”。“JLM8351”修改后的位置如图 5-57 所示。

选中“门标记”，单击数字“39”的位置，键盘输入“JLM8351”，修改卷帘门标记，如图 5-58 所示。

选中“门标记”，通过键盘上的“↑”“↓”“←”“→”方向键，调整卷帘门标记位置，或者调整拖拽符号如图 5-59 所示，移动标记至合理位置。

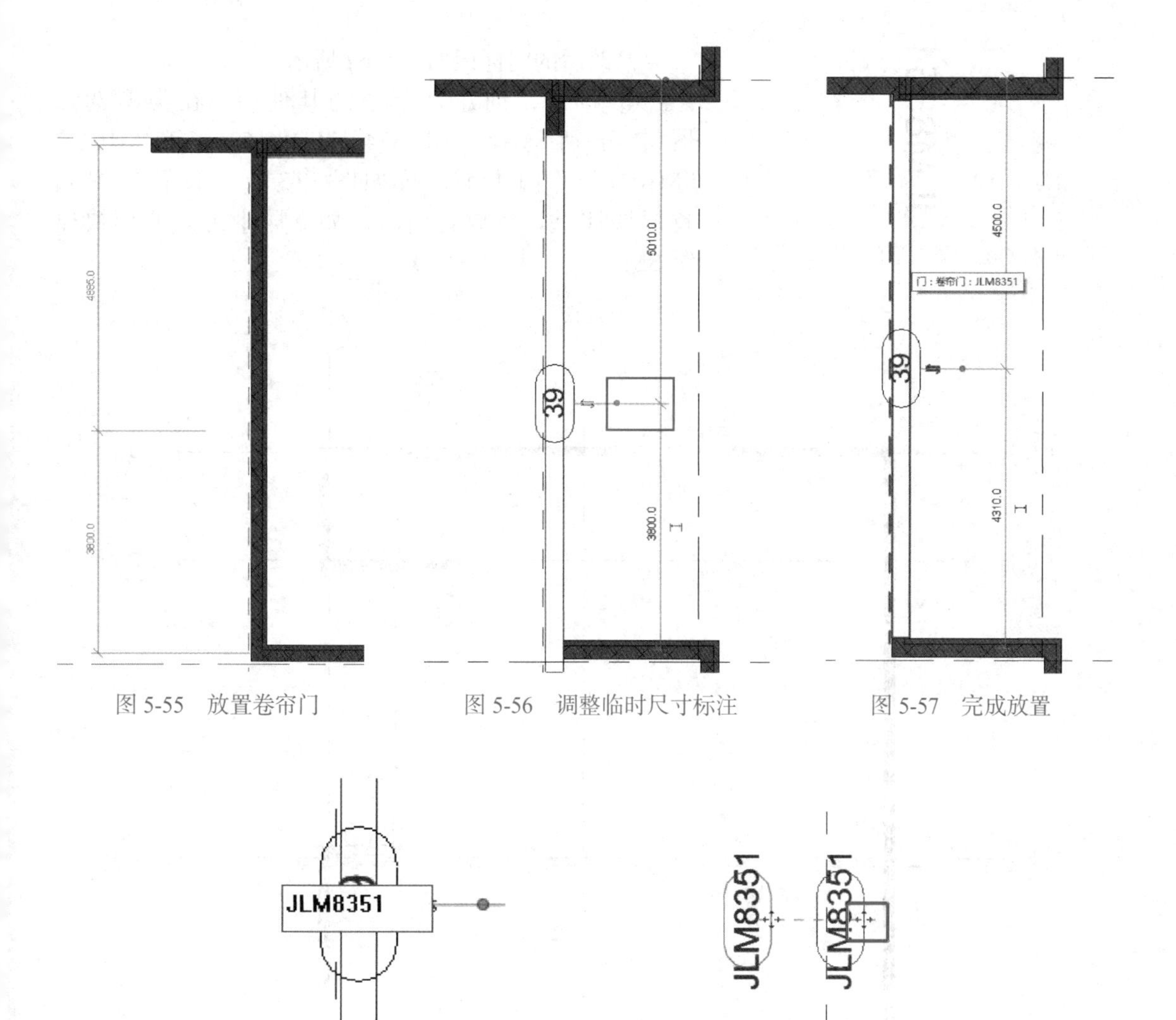

图 5-55　放置卷帘门　　图 5-56　调整临时尺寸标注　　图 5-57　完成放置

图 5-58　修改标记为“JLM8351”　　图 5-59　调整标记位置

修改卷帘门的标记族，具体操作如下：选中“门标记”，点击上下文选项卡“修改 | 门”中的“编辑族”，选中标记外侧的线，在属性栏中，不勾选“可见”，如图 5-60 所示。点击“载入到项目”，在弹出的“族已存在”提示框中，点击“覆盖现有版本及其参数值”，如图 5-61 所示。

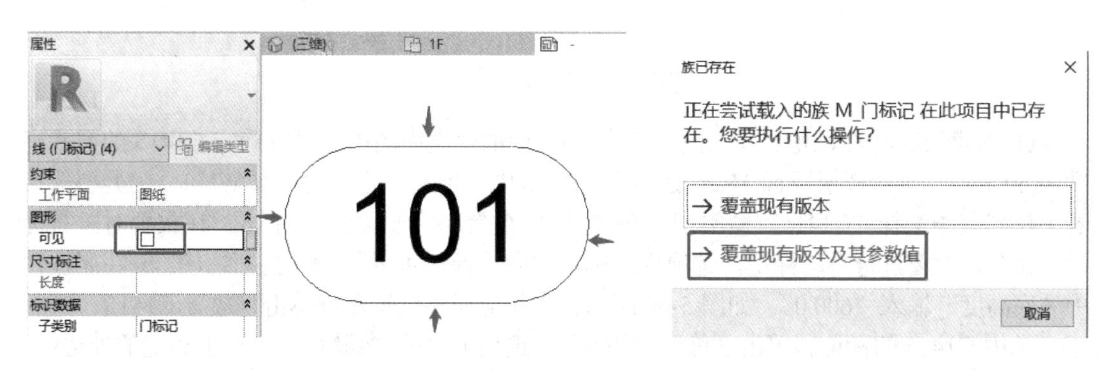

图 5-60　编辑“门标记”族　　图 5-61　载入到项目并覆盖版本

JLM8351

图 5-62　修改后的门标记

修改后的门标记如图 5-62 所示。

③ 同理，创建首层中的其他门。在类型选择器中分别选择“FJL3824”“FDM1521”“FDM1021”“M1021”等门类型，按如图 5-63 所示位置放置到首层墙体上。在放置门时，如需居中可以使用快捷键 SM。

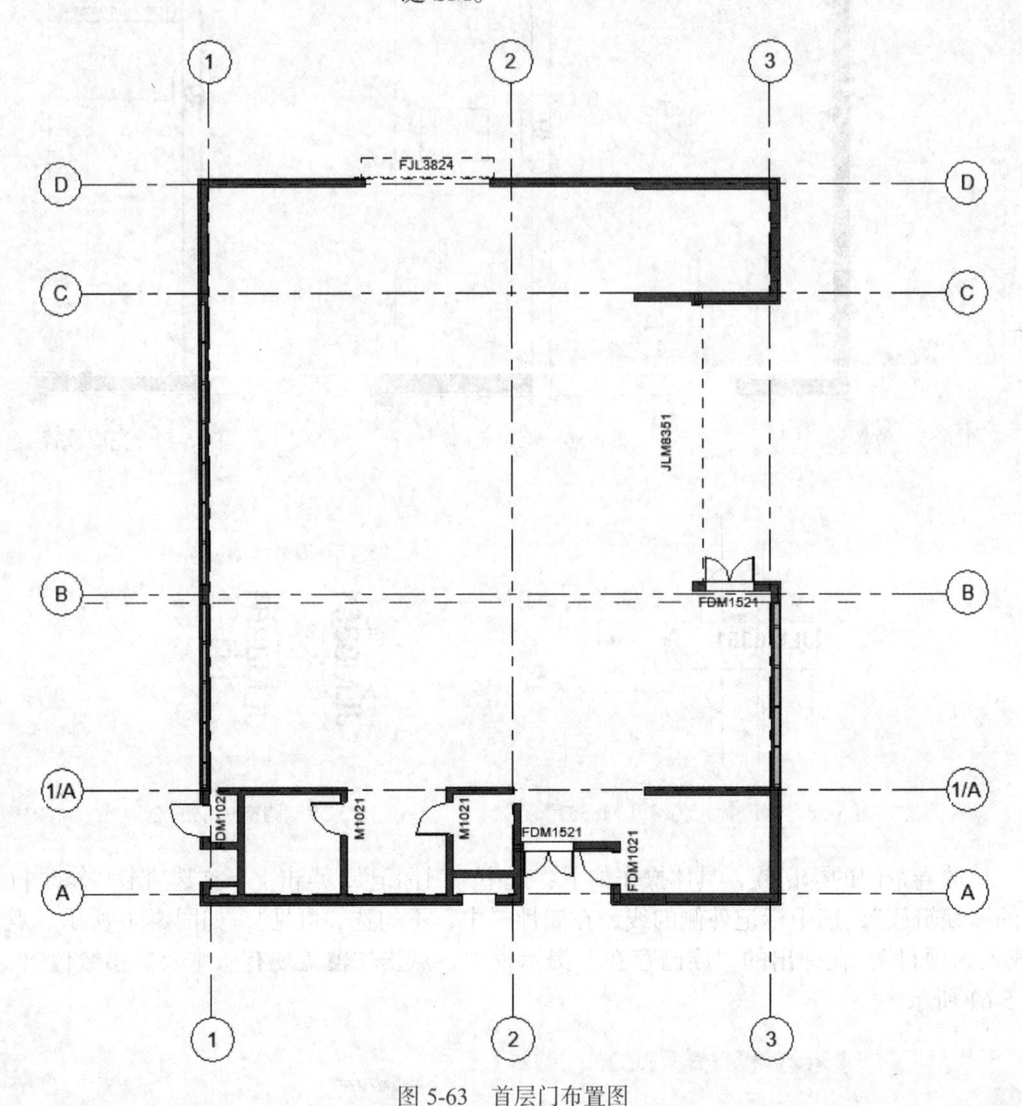

图 5-63　首层门布置图

④ 创建Ⓐ轴上的 C1415 并标记。从建施 09 中的南立面图中，可以确定 C1415 的窗底高度为 600mm。激活楼层平面 1F，“建筑”选项卡中，单击“窗”命令（WN）。在类型选择器下拉列表中选择“C1415”窗类型，在“修改 | 放置 窗”选项卡中单击“在放置时进行标记”命令，对窗进行自动标记。选项栏中标记方向选择“水平”，不勾选“引线”，在属性栏中“底高度”输入“600.0”，如图 5-64 所示，在相应墙体位置左键单击以放置 C1415。

选中 C1415 的标记，单击“修改 | 窗标记”选项卡中的“编辑族”，选中标记的外边线，在“属性栏”中，不勾选“可见”，如图 5-65 所示。

图 5-64　输入窗的“底高度”

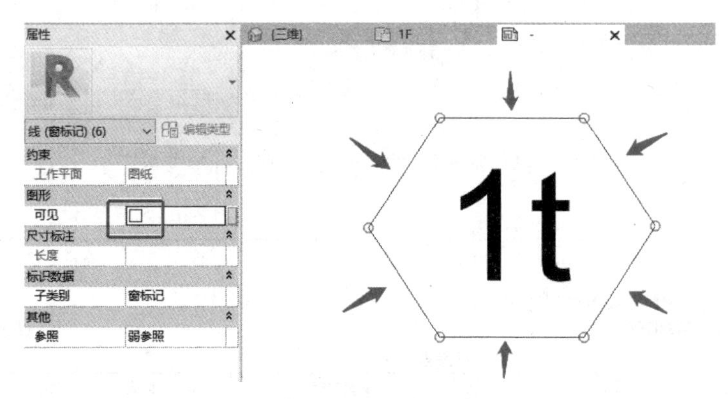

图 5-65　设置窗标记的边线不可见

选中标签，单击“修改 | 标签”选项卡中的“编辑标签”，如图 5-66 所示。在打开的“编辑标签”对话框中，将类别参数“标记”添加到“标签参数”中，如图 5-67 所示，将类别参数“类型标记”从“标签参数”中删除，如图 5-68 所示，点击【确定】退出，并将窗标记族载入到项目。

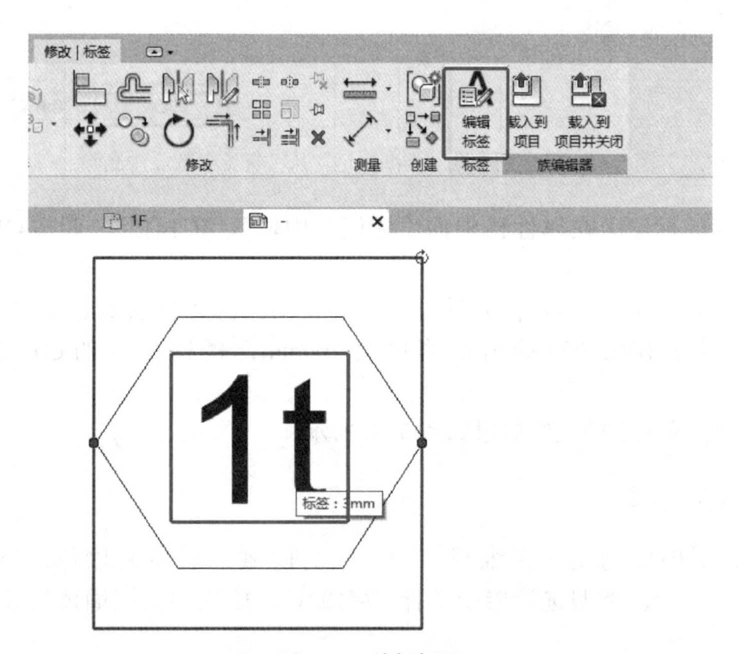

图 5-66　编辑标签

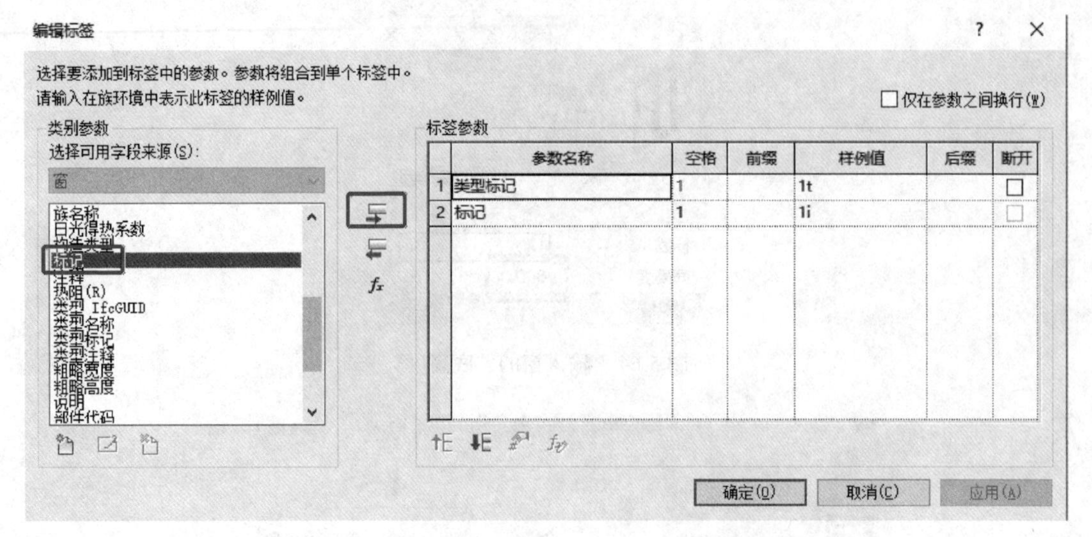

图 5-67　将类别参数“标记”添加到“标签参数”中

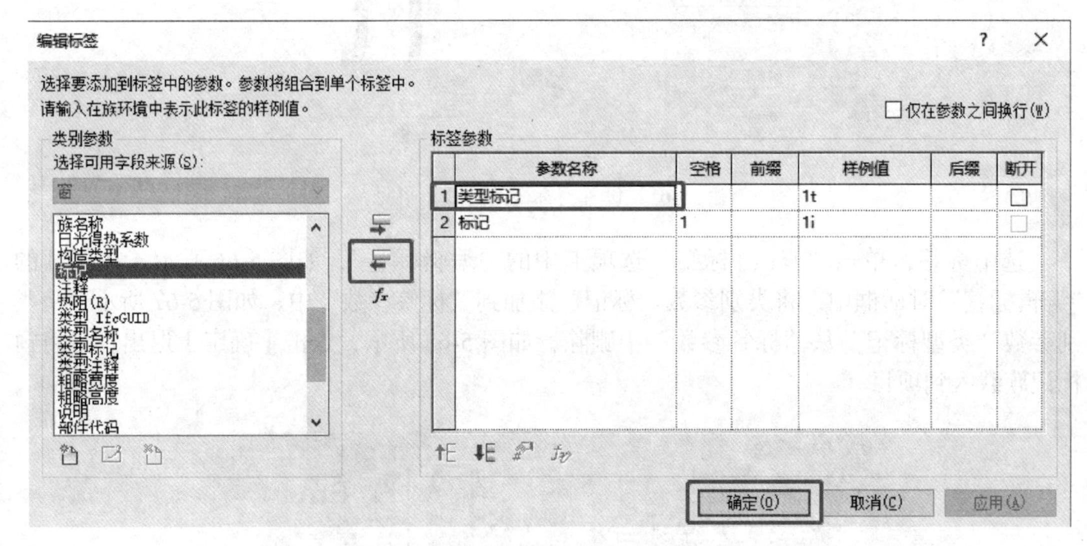

图 5-68　将类别参数“类型标记”从“标签参数”中删除

选中 C1415 的标记，在属性栏中的“标记”中输入“C1415”。调整 C1415 及标记的位置。

⑤ 参照图纸建施 06 一层平面图、夹层平面图，创建首层其他的窗，平面位置如图 5-69 所示。其中 BYC1020 的窗底高度为 100mm，楼梯一处的 C0725 窗底高度为 1425mm。

首层门窗放置完成后的三维效果如图 5-70 所示。

二、创建其他层门窗

① 创建夹层中的门窗。三维视图中，临时隐藏二层所有墙体，“建筑”选项卡下，点击“门”命令，类型选择器中选择“M1021”，放置到夹层墙体的顶端，如图 5-71 所示。

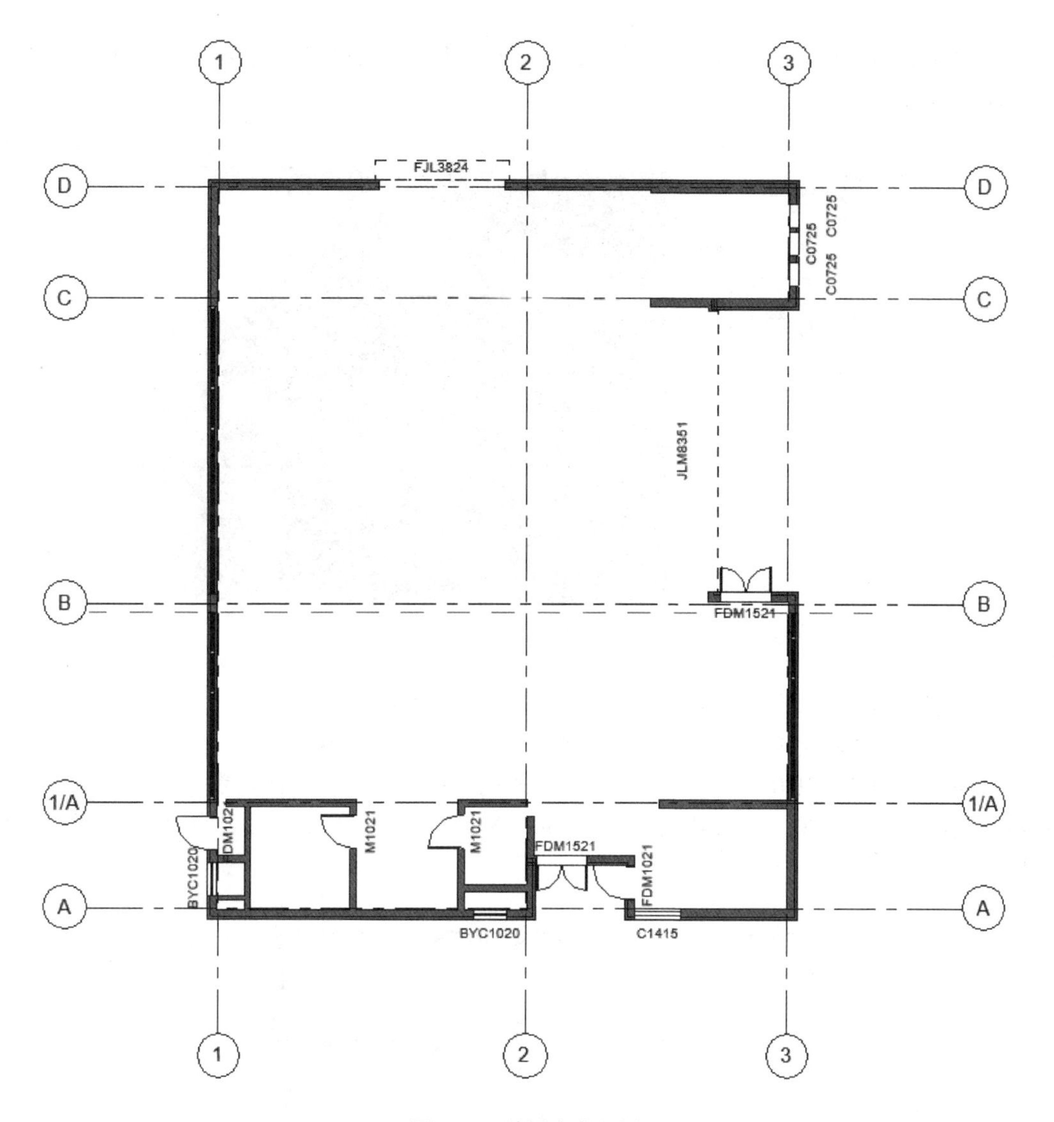

图 5-69　首层窗布置图

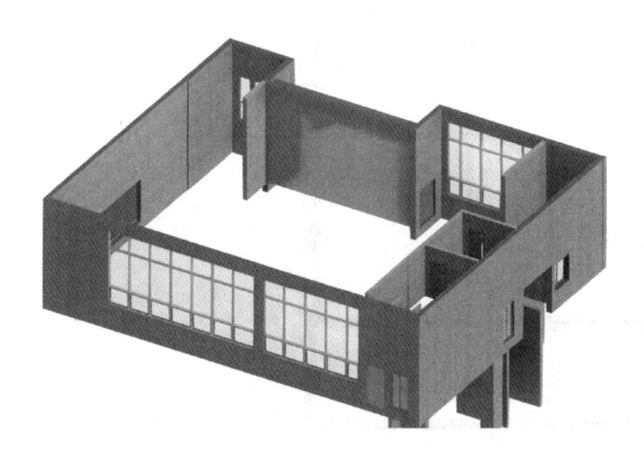

图 5-70　首层门窗放置完成后的三维效果

图 5-71　创建夹层中的 M1021

选中M1021，修改实例属性，“标高”选择“1F”，“底高度”输入“2830.0”，效果如图5-72所示。

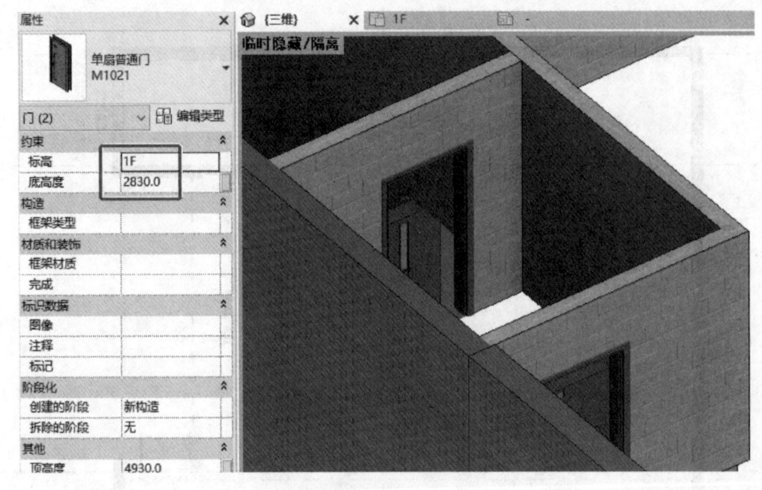

图5-72 修改M1021实例参数

在楼层平面1F视图中，调整门的平面位置和开启方向。

创建夹层中Ⓐ轴上的C1315，实例参数“底高度”为“3750”。

② 创建其他楼层的门窗及标记，创建方式同首层门窗。二层的门窗布置如图5-73，所有窗的底高度都是900，消防救援窗XC1530、XC1230位置如图5-73中矩形框所示，其余窗均为C1230。

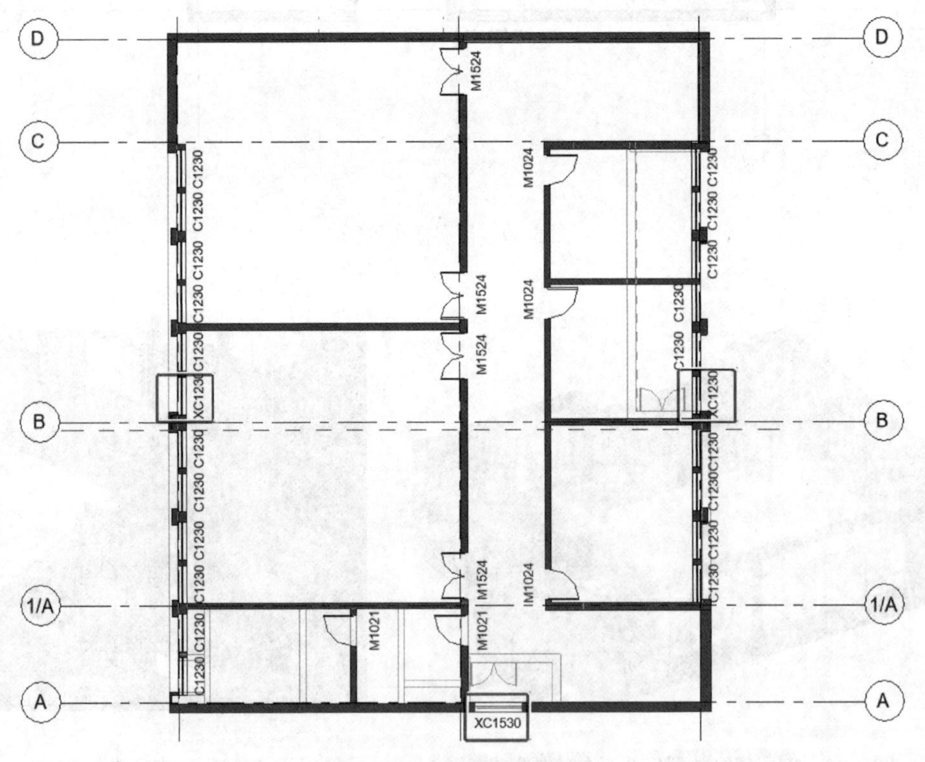

图5-73 二层门窗布置图

如果其他楼层的门窗的平面位置和首层类似，可以在 1F 的楼层平面视图中，通过过滤器的方式选中“门”“门标记”“窗”“窗标记”将其复制到其他楼层，再根据各层图纸进行局部修改。

本项目中一层和二层的门窗布置差异较大，二层中的门窗及标注适合单独布置。

汽车实训楼门窗体系三维效果如图 5-74 所示。

图 5-74　汽车实训楼门窗体系三维效果

重点提示

1. 放置门窗时，可以通过空格键或者翻转控件调整门窗的方向，尤其是门的开启方向。

2. 门窗放置时居中可以使用快捷键 SM。

3. 若门窗放置时忘记点选“在放置时进行标记”，可通过“注释”→“按类别标记”，进行门窗标记。

4. 门窗只能依附于墙、屋顶等主体图元存在，主体图元被删除时，门窗也随之删除。

任务拓展　三维视图中创建门窗注意事项

在三维视图中为墙体创建门窗时，窗的位置可以任意插入，而门会默认放置在标高层的底部，如图 5-75 所示。

在三维视图中调整门窗的位置时，使用“移动”调整时只能在门窗所在墙体对应的平面上调整位置。当需要将门窗调整到其他墙面上，可以重新定义门窗的主体。

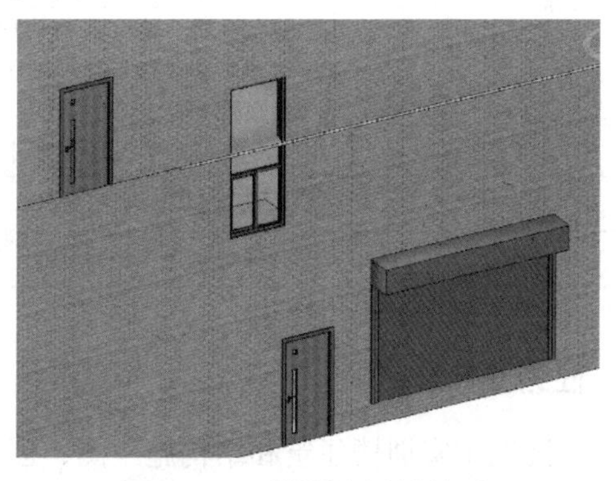

图 5-75　三维视图中放置门窗

任务评价

姓名：　　　　　　　　　　班级：　　　　　　　　　　　　　　　日期：

序号	考核点	要求	分值 / 分	得分 / 分
1	门的类型	能根据项目需求，正确选择及创建门的类型	20	
2	门的平面位置	能根据图纸，利用临时尺寸标注调整门的平面位置	20	
3	门的开启方向	能根据平面图纸，调整门的开启方向	20	
4	窗的类型	能根据项目需求，正确选择及创建窗的类型	20	
5	窗的位置	能根据图纸，利用临时尺寸标注调整窗的平面位置，正确设置窗的“底高度”	10	
6	设置门窗的尺寸	能根据门窗详图，设置同一门窗族的不同尺寸	10	
合计			100	

任务总结

门窗族需要根据项目要求，进行载入。本项目中各层的门窗布置差异较大，可以根据各层的图纸，在相应的楼层平面视图中逐个创建门窗及标注。如果其他楼层的门窗和首层类似，可以将首层的门窗及标记复制到各楼层，再进行局部修改。

任务三　创建楼梯、栏杆与扶手

工作任务卡

任务编号		5-3	任务名称	创建楼梯、栏杆与扶手
授课地点		机房	建议学时	4 学时
教学软件		Revit2021	图纸名称	汽车实训楼 -建施 05：地下一层平面图，建施 06：一层平面图、夹层平面图，建施 07：二层平面图，建施 10：1—1 剖面图、2—2 剖面图
学习目标	素质目标	具备严谨识图、准确建模的职业素养； 养成善于观察积极思考的学习习惯		
	知识目标	掌握双跑和多跑楼梯梯段、楼层平台、休息平台的创建与编辑方法； 掌握楼梯、栏杆和扶手的创建与编辑方法		
	能力目标	能够使用“按构件”创建楼梯梯段与休息平台，并调整楼梯的属性； 能够创建楼梯栏杆及扶手，并按照图纸要求选择相应的栏杆扶手样式，调整栏杆和扶手的属性； 能够将标准层楼梯复制到其他楼层		
教学重点		正确创建楼梯、栏杆与扶手		
教学难点		读懂楼梯详图和剖面图，找全楼梯的参数		

任务引入

识读汽车实训楼建筑和结构施工图，创建楼梯梯段和平台；识读汽车实训楼建筑施工图，创建栏杆与扶手；识读汽车实训楼建筑施工图，创建楼层平台及楼地面。

任务分析

二维码 5-6
创建楼梯、栏杆与扶手用图纸

识读汽车实训楼建筑施工图平面图，本工程共有两部楼梯，②～③与Ⓒ～Ⓓ轴处为楼梯一，②～③与Ⓐ～1/A轴处为楼梯二。识读建施 10 的 1—1 剖面图、2—2 剖面图，可以了解楼梯标高信息：楼梯一为平行四跑楼梯，起步标高为 ±0.000m，向上第一跑的休息平台标高为 1.425m，第二跑的休息平台标高为 2.850m，第三跑的休息平台标高为 4.275m，第四跑到达二层平台其标高为 5.700m；楼梯二也为平行四跑楼梯，起步标高为 -5.400m，向上第一跑的休息平台标高为 -4.050m，第二跑的休息平台标高为 -2.700m，第三跑的休息平台标高为 -1.350m，第四跑到达 ±0.000m，一层到二层的平台标高与楼梯一相同。

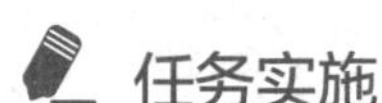

任务实施

二维码 5-7
创建楼梯

一、创建楼梯一及其栏杆扶手

（1）识读图纸

根据建筑施工图可知，楼梯间净宽度为 3150mm，梯井宽度为 150mm，楼梯段净宽度为 1500mm，首层平面图中的楼梯一如图 5-76 所示，夹层平面图中的楼梯一如图 5-77 所示。

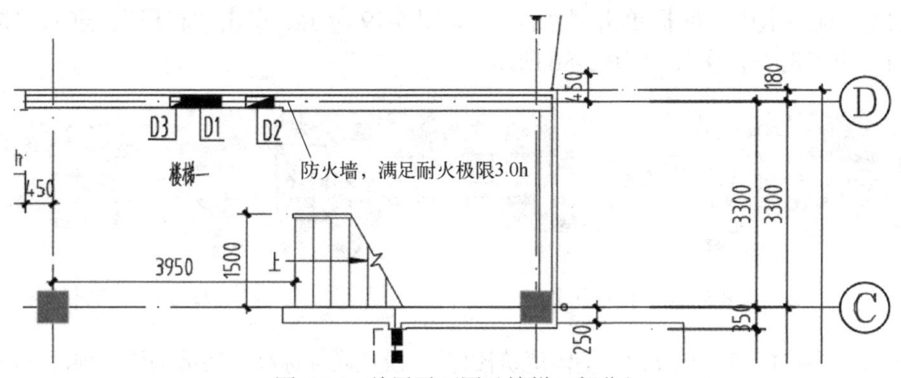

图 5-76　首层平面图（楼梯一部分）

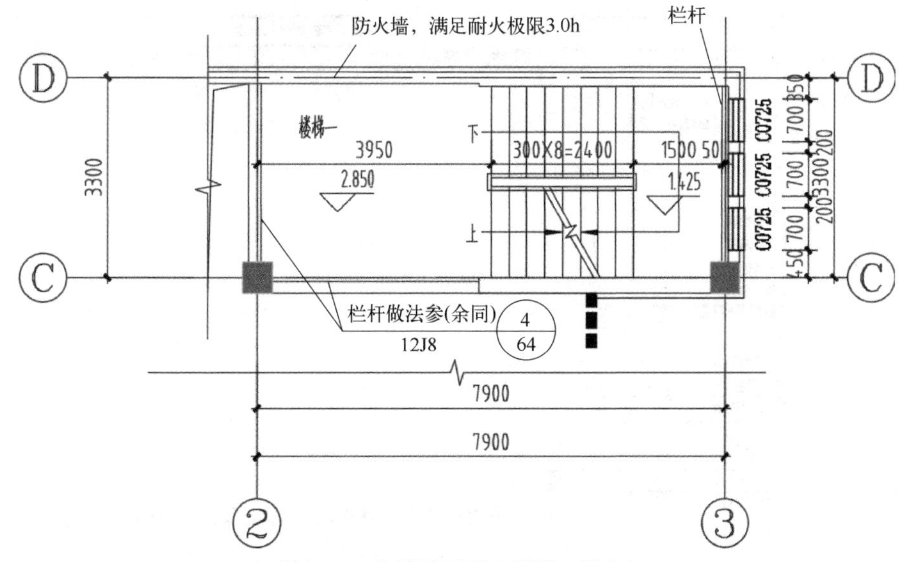

图 5-77　夹层平面图（楼梯一部分）

（2）绘制楼梯定位线

找到楼梯的起步及平台位置，起步距②轴 3950mm，休息平台距③轴 1550mm。使用“参照平面”（RP）绘制定位线，如图 5-78 所示。

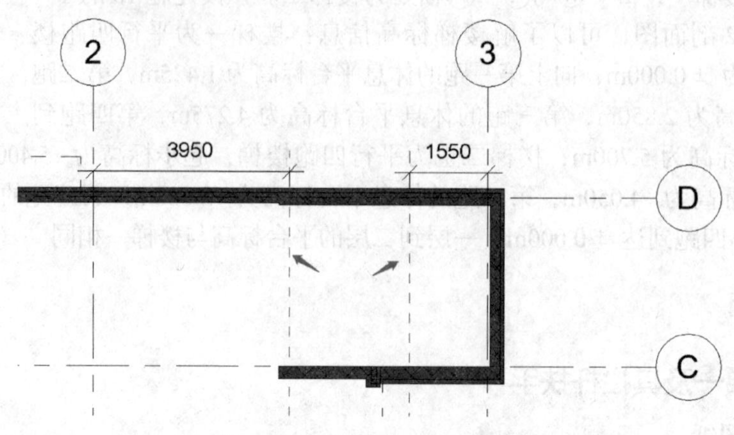

图 5-78　绘制楼梯一的定位线

（3）创建楼梯一

“建筑”选项卡中，鼠标单击“楼梯”，如图 5-79 所示。点击“梯段”，进入“按构件”绘制界面，再点击“直梯”，如图 5-80 所示。

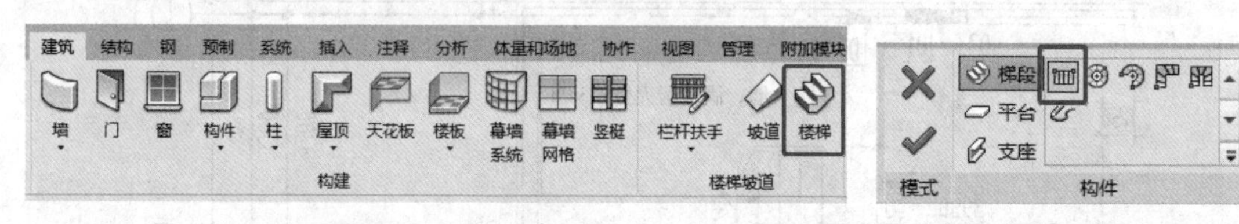

图 5-79　“楼梯”命令　　　　图 5-80　“直梯”命令

在属性栏中将楼梯类型改为“整体浇筑楼梯”，设置底部标高、底部偏移、顶部标高、顶部偏移、所需踢面数、实际踏板深度，在选项栏中设置定位线和实际梯段宽度，如图 5-81 所示。

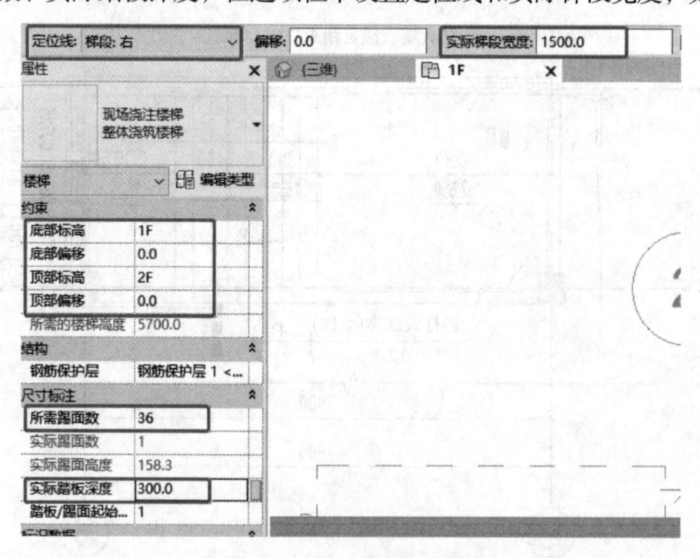

图 5-81　设置楼梯一属性

然后点击“编辑类型”，复制新的楼梯类型为“楼梯一”，修改梯段类型参数，如图 5-82 所示。

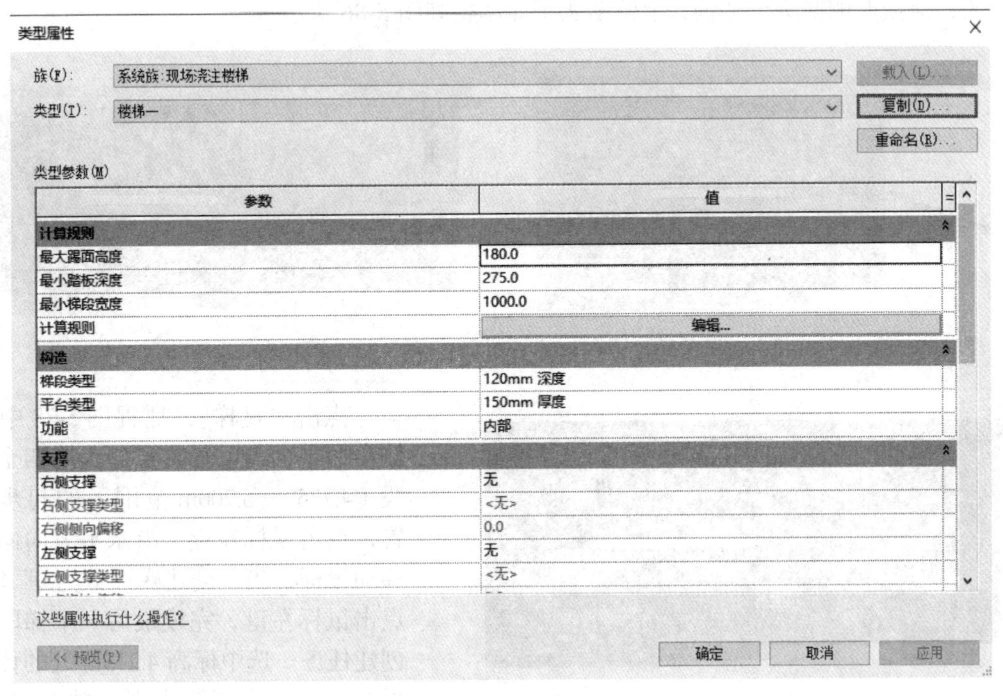

图 5-82　楼梯一类型属性

如图 5-78 所示楼梯一定位线，以左侧参照平面与Ⓒ轴交点为起点，点击鼠标左键，沿水平方向向右移动鼠标，当“创建踢面数为 9”时，点击鼠标左键，完成此区域第一个梯段（±0.000 ~ 1.425m 范围）的创建任务。捕捉图 5-78 中右侧参照平面与Ⓓ轴交点作为第二个梯段（1.425 ~ 2.850m 范围）的起步位置，点击鼠标左键，沿水平方向向左移动鼠标，当“创建踢面数为 9”时，点击鼠标左键，完成第二个梯段的创建任务，标高 1.425m 处的休息平台自动生成。单击两次【Esc】键，退出连续创建梯段，选中标高 1.425m 处的休息平台，出现如图 5-83 所示多个箭头，拖拽最右侧的箭头至楼梯间东墙，如图 5-84 所示。

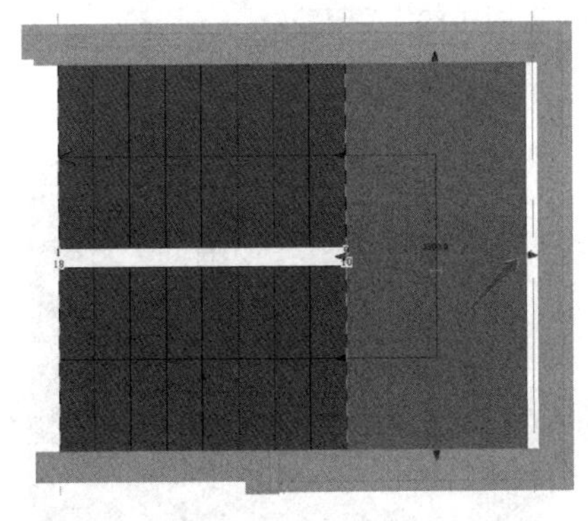

图 5-83　选中标高 1.425m 处的休息平台

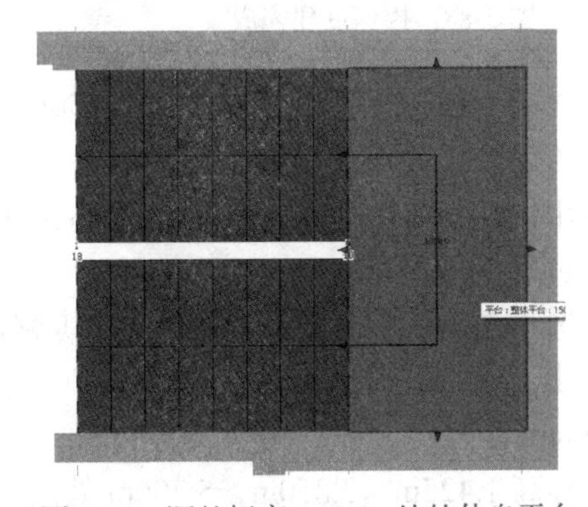

图 5-84　调整标高 1.425m 处的休息平台

点击“直梯”，捕捉图 5-78 中左侧参照平面与Ⓒ轴交点作为第三个梯段（2.850 ~ 4.275m 范围）的起步位置，点击鼠标左键，沿水平方向向右移动鼠标，当“创建踢面数为 9”时，点击鼠标左键，完成第三个梯段的创建任务，标高 2.850m 处的休息平台自动生成。单击两次【Esc】键，退出连续创建梯段，选中标高 2.850m 处的休息平台，出现如图 5-85 所示多个箭头，拖拽左侧箭头至②轴，上侧箭头至北墙，如图 5-86 所示。

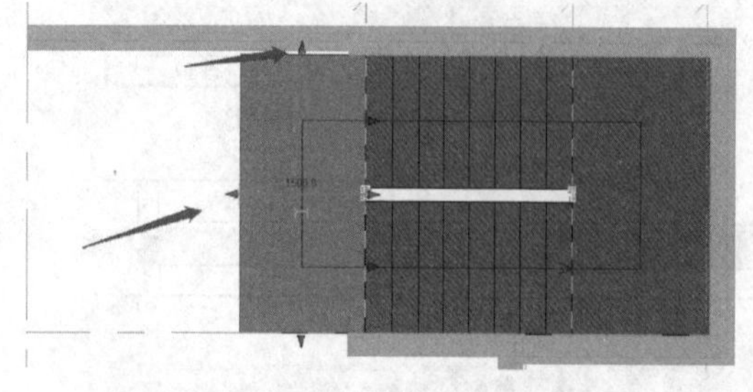
图 5-85　选中标高 2.850m 处的休息平台

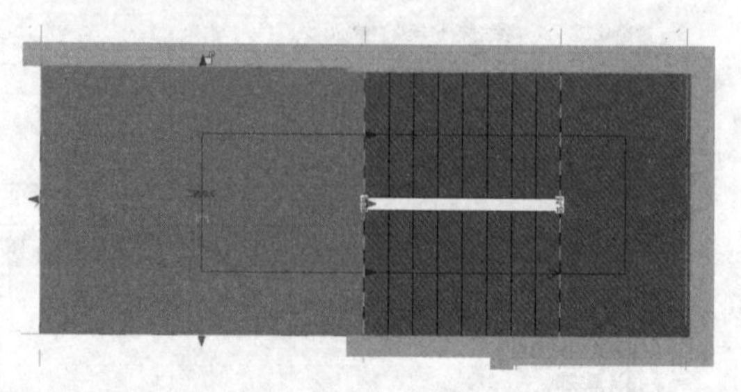
图 5-86　调整标高 2.850m 处的休息平台

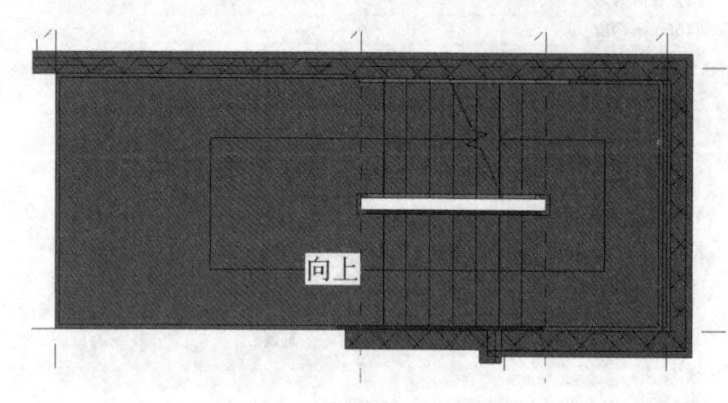

图 5-87　楼梯一平面图

点击“直梯”，捕捉图 5-78 中右侧参照平面与Ⓓ轴交点作为第四个梯段（4.275 ～ 5.700m 范围）的起步位置，点击鼠标左键，沿水平方向向左移动鼠标，当“创建踢面数为 9”时，点击鼠标左键，完成最后一个梯段的创建任务。选中标高 4.275m 处的休息平台，调整右侧箭头到③轴外墙处。创建的楼梯一平面图如图 5-87 所示。

点击“模式”面板中的“√”，如图 5-88 所示，结束创建楼梯。如果弹出“警告”，如图 5-89 所示，直接关闭。

图 5-88　楼梯创建完成

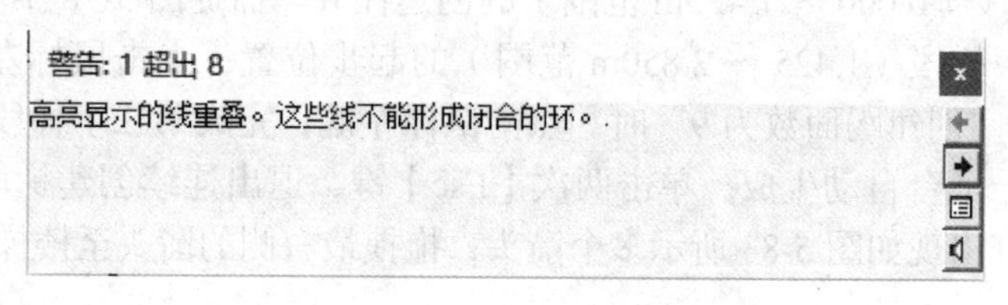

图 5-89　关闭警告

激活三维视图，选中楼梯一及Ⓓ轴、③轴处的外墙，使用快捷键 HI 将其隔离出来，并使用快捷键 EL 检查休息平台标高是否正确，如图 5-90 所示。

选中靠墙侧的栏杆扶手，将其删除。选中其余栏杆扶手，类型选择器中选择“900mm”。

标高 1.425m、2.850m、5.700m 处的平台有栏杆。点击 ViewCube 立方体的“上”面，将视角变为俯视。在“建筑”选项卡中，单击“栏杆扶手”下的“绘制路径”创建栏杆，

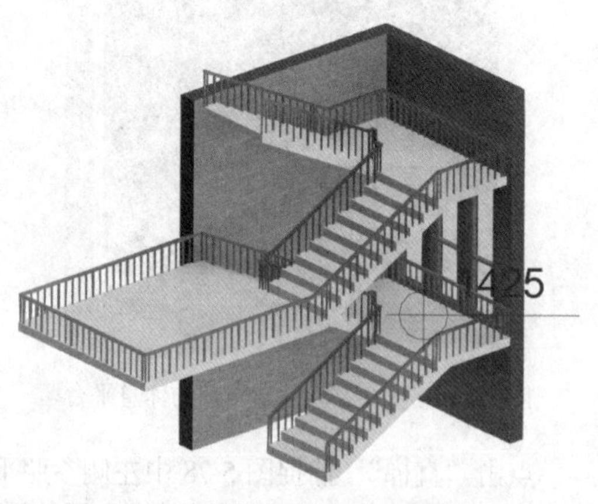

图 5-90　将楼梯一及部分外墙隔离出来

如图 5-91 所示。

在类型选择器中，选择“1100mm”，点击【确定】，如图 5-92 所示。

图 5-91 “绘制路径”命令

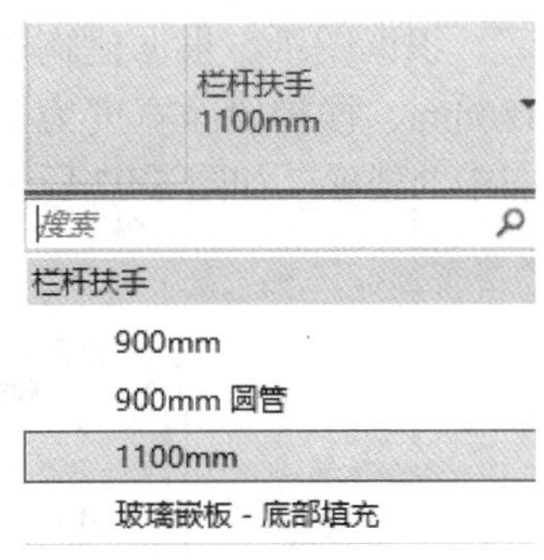

图 5-92 选择“1100mm”栏杆扶手类型

设置栏杆实例参数，“底部标高”为“1F”，“底部偏移”为“1425.0”，如图 5-93 所示。在③轴墙体左侧 50mm 的位置绘制栏杆路径，如图 5-94 所示，点击“模式”面板中的“√”。

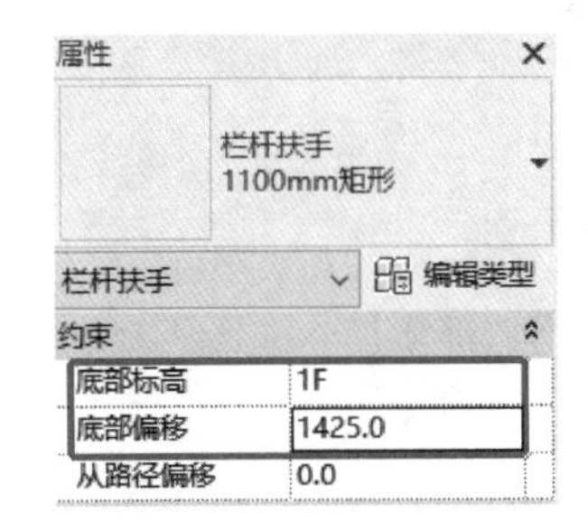

图 5-93 设置栏杆扶手实例属性

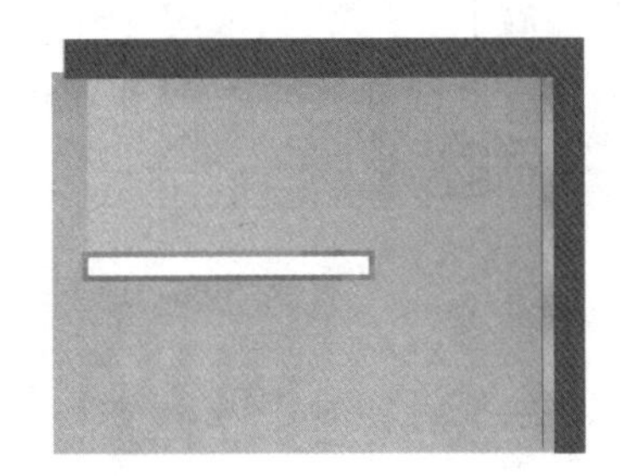

图 5-94 绘制栏杆路径

继续创建标高 2.850m 休息平台②轴和Ⓒ轴处的栏杆，“底部标高”为“1F”，“底部偏移”为“2850”。创建标高 5.700m 处的栏杆，“底部标高”为“1F”，“底部偏移”为“5700”，栏杆扶手类型为“1100mm”。创建栏杆三维效果如图 5-95 所示。

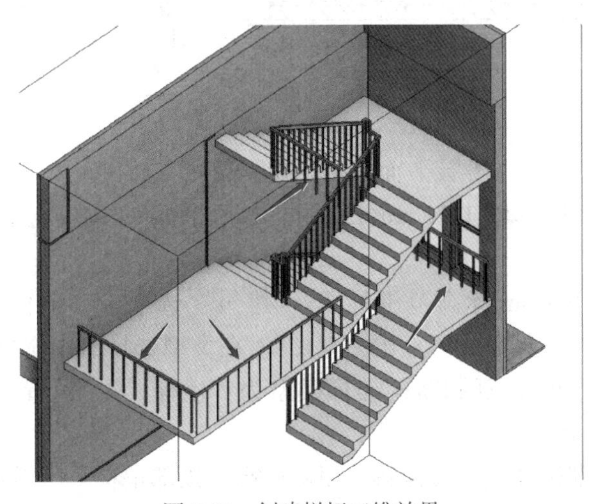

图 5-95 创建栏杆三维效果

二、创建楼梯二及栏杆扶手

（1）创建 -5.400 ～ ±0.000m 标高范围梯段

识读图纸。根据建施 05 地下一层平面图可知，楼梯间净宽度为 2850mm，梯井宽度为 150mm，楼梯段净宽度为 1350mm，地下一层平面图中的楼梯二如图 5-96 所示，夹层平面图中的楼梯二如图 5-97 所示。

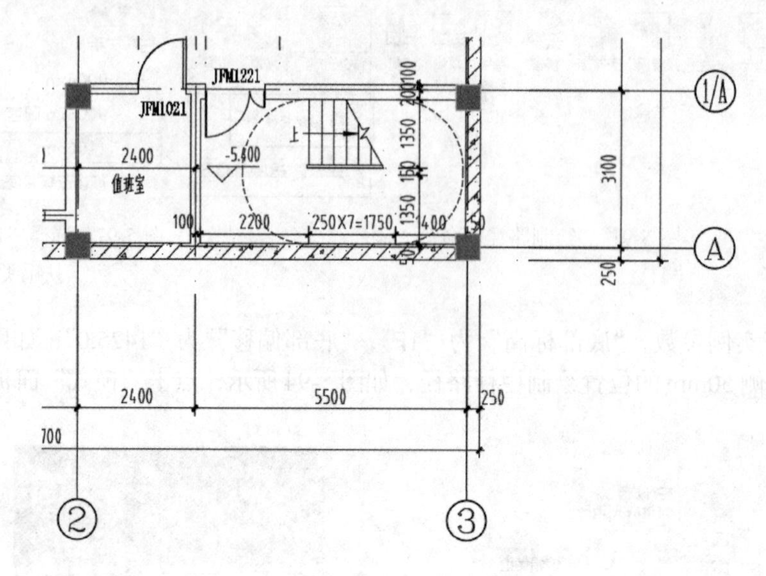

图 5-96　地下一层平面图（楼梯二部分）

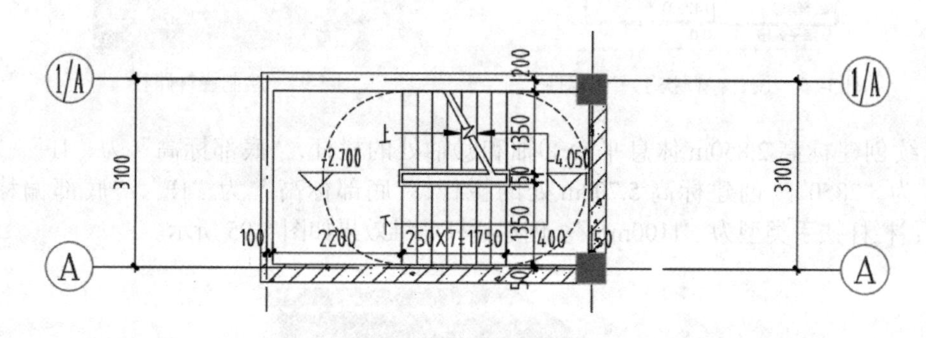

图 5-97　夹层平面图（楼梯二部分）

绘制楼梯定位线。激活楼层平面 -1F，找到楼梯二的起步及平台位置，起步距②轴 4700mm，休息平台距③轴 1450mm。使用“参照平面”（RP）绘制定位线，如图 5-98 所示。

创建 -5.400 ～ ±0.000m 标高范围梯段。“建筑”选项卡，鼠标单击“楼梯”，点击“梯段”，进入“按构件”界面，再点击“直梯”。在类型选择器中选择“现场浇筑楼梯 楼梯一”，点击“编辑类型”，复制新的楼梯类型为“楼梯二”，设置“最小踏板深度”为“250.0”，如图 5-99 所示。

设置实例参数底部标高、底部偏移、顶部标高、顶部偏移、所需踢面数、实际踏板深度，在选项栏中设置定位线、偏移量和实际梯段宽度，如图 5-100 所示。

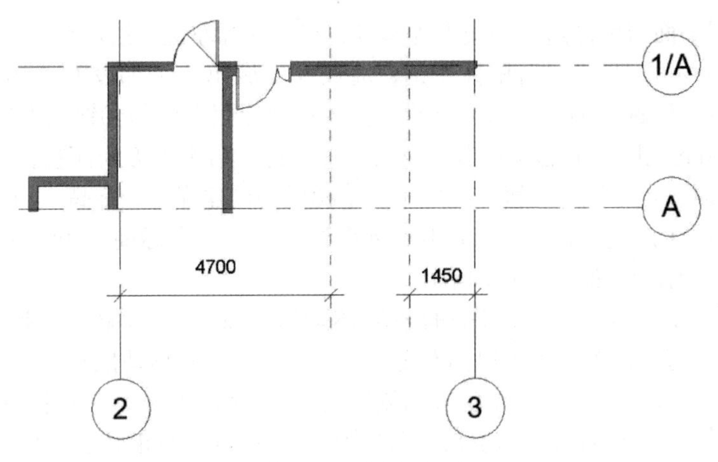

图 5-98　绘制定位线

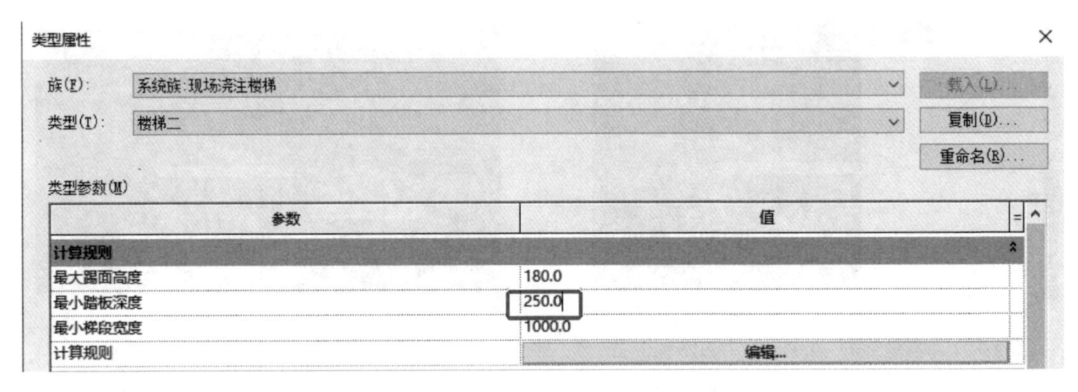

图 5-99　设置楼梯二类型参数

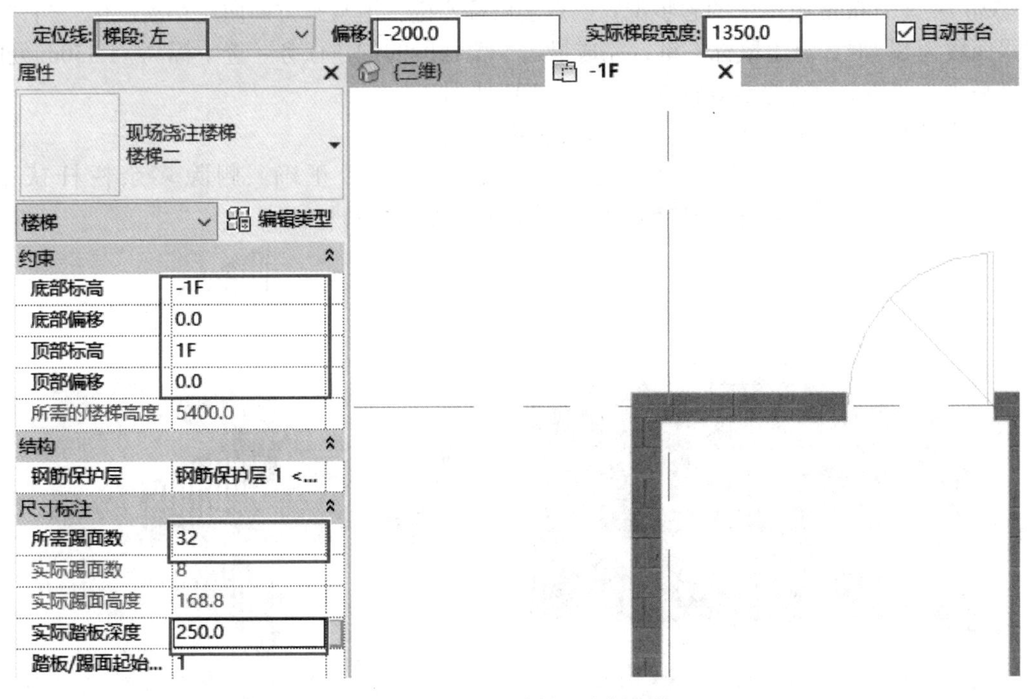

图 5-100　设置楼梯二实例参数

以左侧参照平面与墙体边线的交点为起点，点击鼠标左键，沿水平方向向右移动鼠标，当“创建踢面数为 8”时，点击鼠标左键，完成此区域第一个梯段（-5.400 ～ -4.050m 范围）的创建任务。设置“偏移”为“-50”，捕捉右侧参照平面与Ⓐ轴交点作为第二个梯段（-4.050 ～ -2.700m 范围）的起步位置，点击鼠标左键，沿水平方向向左移动鼠标，当“创建踢面数为 8”时，点击鼠标左键，完成第二个梯段的创建任务，标高 -4.050m 处的休息平台自动生成。单击两次【Esc】键，退出连续创建梯段，选中标高 -4.050m 处的休息平台，调整平台边缘至③轴处，如图 5-101 所示。

点击“直梯”，捕捉左侧参照平面与墙体边线的交点作为第三个梯段（-2.700m ～ -1.350m 范围）的起步位置，点击鼠标左键，沿水平方向向右移动鼠标，当“创建踢面数为 8”时，点击鼠标左键，完成第三个梯段的创建任务，标高 -2.700m 处的休息平台自动生成。单击两次【Esc】键，退出连续创建梯段，选中标高 -2.700m 处的休息平台，调整平台至墙体处，如图 5-102 所示。

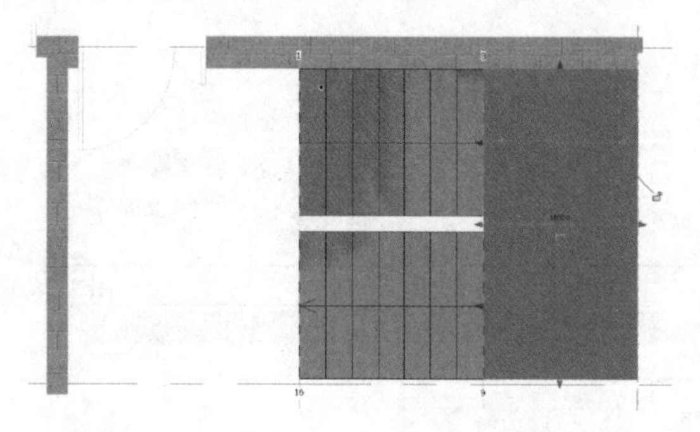

图 5-101　调整标高 -4.050m 处的休息平台

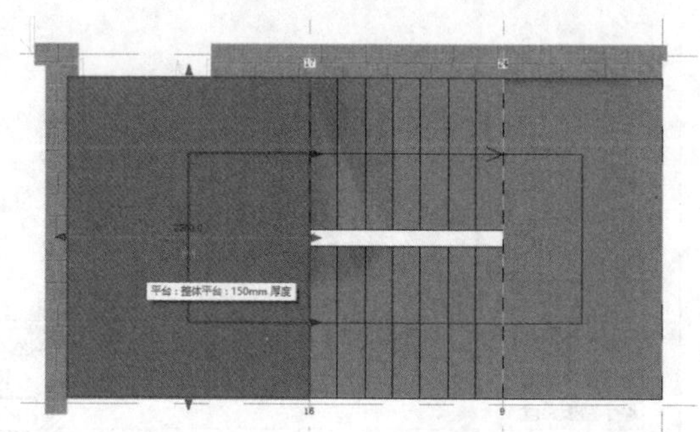

图 5-102　调整标高 -2.700m 处的休息平台

点击“直梯”，设置“偏移”为“-50”，捕捉右侧参照平面与Ⓐ轴交点作为第四个梯段（-1.350 ～ ± 0.000m 范围）的起步位置，点击鼠标左键，沿水平方向向左移动鼠标，当“创建踢面数为 8”时，点击鼠标左键，完成最后一个梯段的创建任务。选中标高 -1.350m 处的休息平台，调整平台边缘至③轴处，如图 5-103 所示。

点击“模式”面板中的“√”，结束楼梯创建。

激活三维视图，检查楼梯二的休息平台标高是否正确。删除多余栏杆扶手，-5.400 ～ ± 0.000m 标高范围的楼梯二的三维效果如图 5-104 所示。

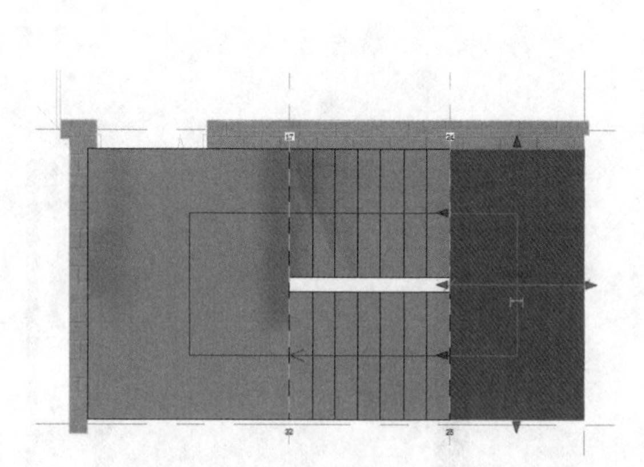

图 5-103　调整标高 -1.350m 处的休息平台

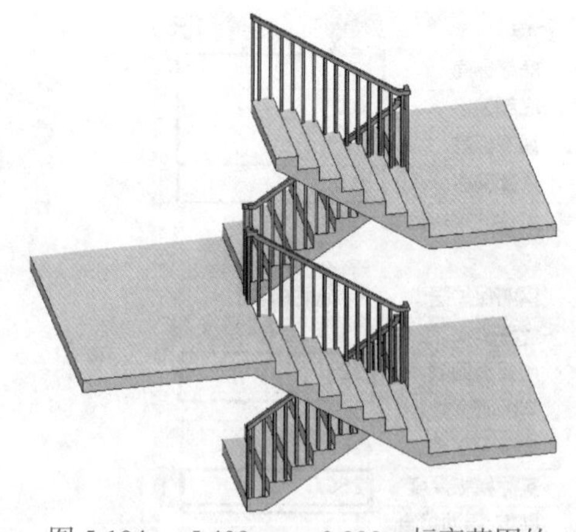

图 5-104　-5.400 ～ ± 0.000m 标高范围的楼梯二的三维效果

（2）创建 ±0.000 ～ 5.700m 标高范围梯段

此标高范围梯段的创建方法，与 -5.400 ～ ±0.000m 标高范围相似。不同的是，标高 ±0.000m 处起步位置距离②轴 4100mm，休息平台距③轴 1400mm。在创建此范围梯段时，实例参数中设置底部标高、底部偏移、顶部标高、顶部偏移、所需踢面数、实际踏板深度，在选项栏中设置定位线、实际梯段宽度，如图 5-105 所示。

图 5-105　±0.000 ～ 5.700m 标高范围的楼梯二实例参数

在标高 2.850m 休息平台Ⓐ轴处需创建一段栏杆，类型为“900mm”，标高 5.700m 平台处，需创建一段栏杆，类型为“900mm”。楼梯二的三维效果如图 5-106 所示。

图 5-106　楼梯二的三维效果

三、创建楼层平台及楼地面

（1）创建 ±0.000m 标高处的楼梯楼层平台及楼地面

在首层平面视图中，“建筑”选项卡，点击“楼板”下的“楼板：建筑”命令，如图 5-107 所示。

类型选择器中选择“常规 -150mm”类型楼板，设置约束条件“标高”为“1F”，“自标高的高度偏移”为“0”，用直线画出首层楼梯平台及楼地面边界线，如图 5-108 所示。单击“√”，退出。

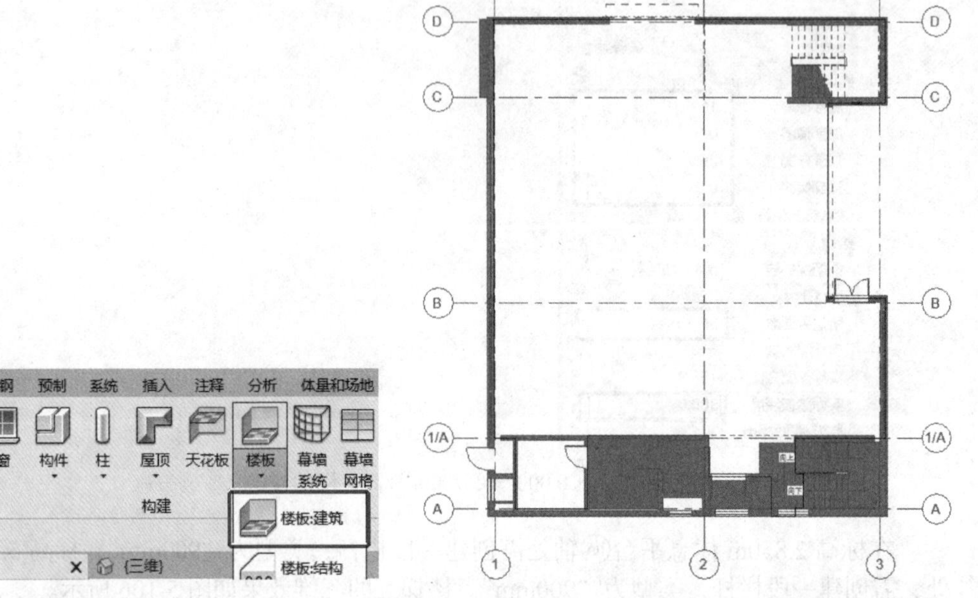

图 5-107 “楼板：建筑”命令　　　图 5-108 首层楼梯平台及楼地面边界线

“建筑”选项卡，点击“楼板”下的“楼板：建筑”命令，点击楼板属性中的“编辑类型”，复制并重命名为“面层 -50mm”。点击结构“编辑”，修改材质为“面层水泥砂浆”，厚度依照结构图纸，修改为“50.0”，如图 5-109 所示。

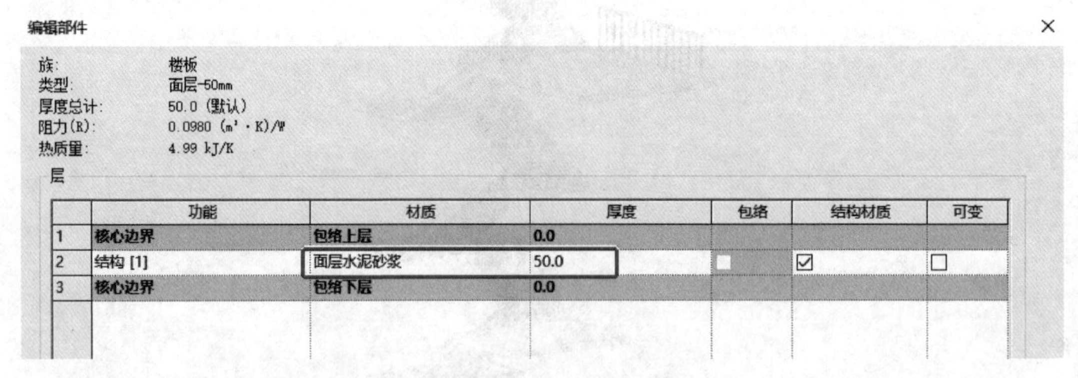

图 5-109 修改结构材质及厚度

设置约束条件“标高”为“1F”，“自标高的高度偏移”为“-15”，用直线画出门口处的边界线，如图 5-110 所示。单击“√”，退出。

“建筑”选项卡，点击“楼板”下的“楼板：建筑”命令，类型选择器中选择“面层 -50mm”类型楼板，复制并命名为“面层 -80mm”，结构厚度依照结构图纸，修改为“80”。设置约束条件“标高”为“1F”，“自标高的高度偏移”为“-20”，用直线画出盥洗室和无障碍卫生间楼地面的边界线，如图 5-111 所示。单击“√”，退出。

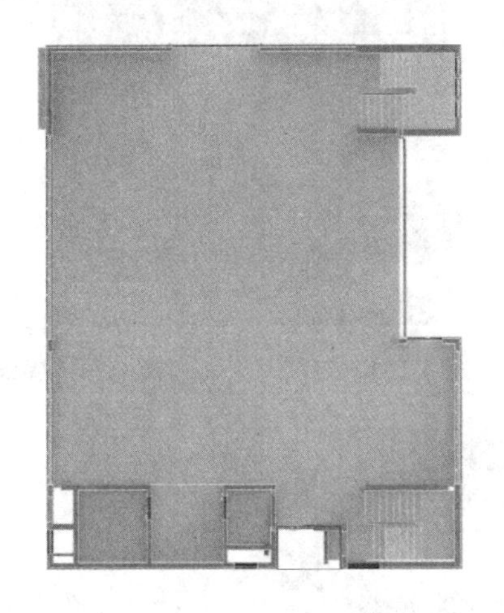

图 5-110 门口处“面层 -50mm”边界线

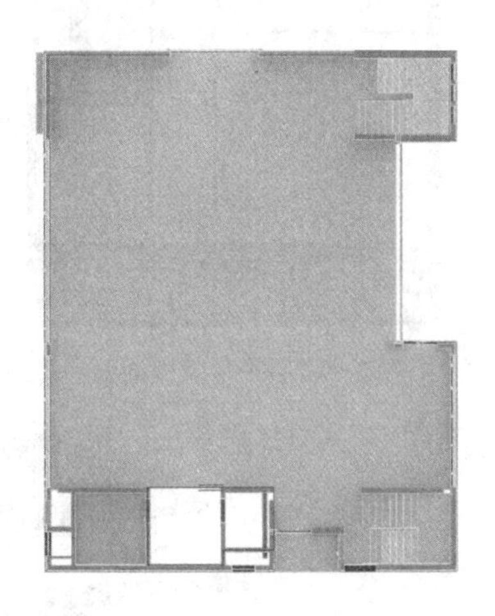

图 5-111 盥洗室和无障碍卫生间楼地面边界线

（2）创建标高 2.830m 处楼地面

“建筑”选项卡，点击“楼板”下的“楼板：建筑”命令，类型选择器中选择“面层 -80mm”类型楼板。设置约束条件“标高”为“1F”，“自标高的高度偏移”为“2830”，用直线画出卫生间一楼地面的边界线，如图 5-112 所示。单击“√”，退出。

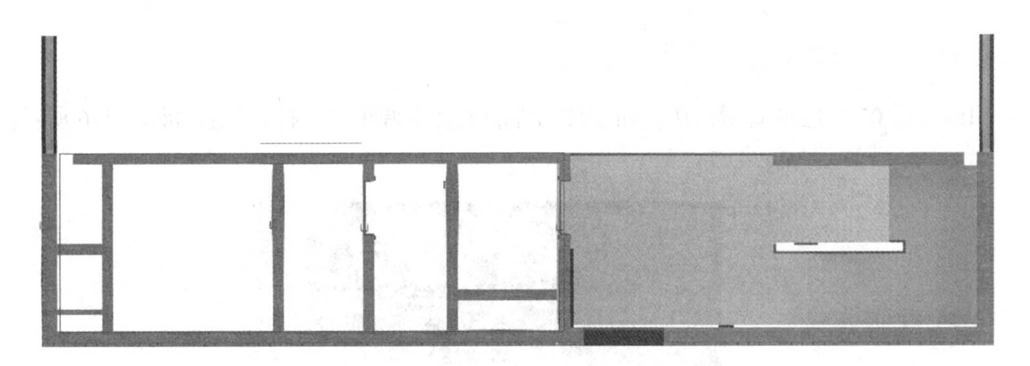

图 5-112 夹层卫生间一楼地面边界线

（3）创建标高 5.700m 处的楼层平台及楼地面

“建筑”选项卡，点击“楼板”下的“楼板：建筑”命令，类型选择器中选择“面层 -50mm”类型楼板。设置约束条件“标高”为“2F”，“自标高的高度偏移”为“0”，用直线画出平台及标高为 5.700m 的楼地面边界线，如图 5-113 所示。单击“√”，退出。

“建筑”选项卡，点击“楼板”下的“楼板：建筑”命令，类型选择器中选择“面层 -80mm”类型楼板。设置约束条件“标高”为“2F”，“自标高的高度偏移”为“-20”，用直线画出卫生间二楼地面的边界线，如图 5-114 所示。单击“√”，退出。

楼层平台及楼地面三维视图效果如图 5-115 所示。

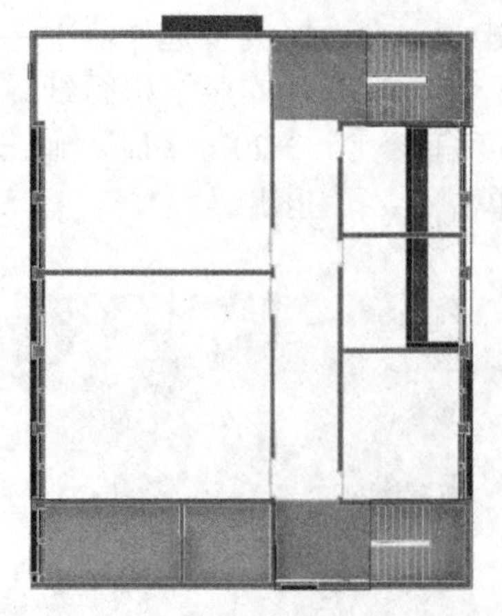

图 5-113　二层平台及楼地面边界线

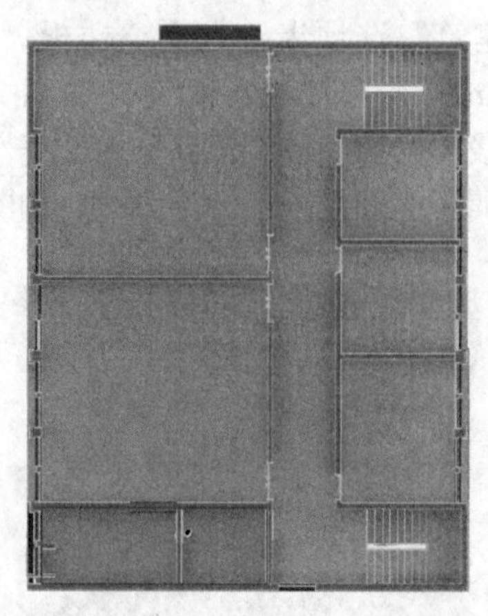

图 5-114　二层卫生间二楼地面边界线

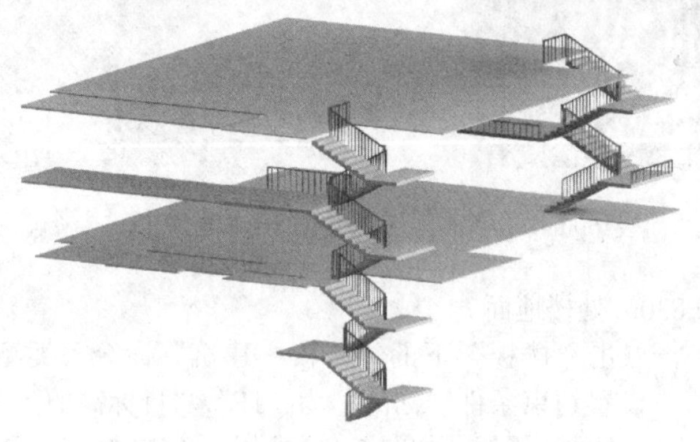

图 5-115　楼层平台及楼地面三维视图效果

四、创建二层空调板处的栏杆

识读建施 07 二层平面图，在①和③轴的外墙上有空调板的栏杆，位置如图 5-116 所示。

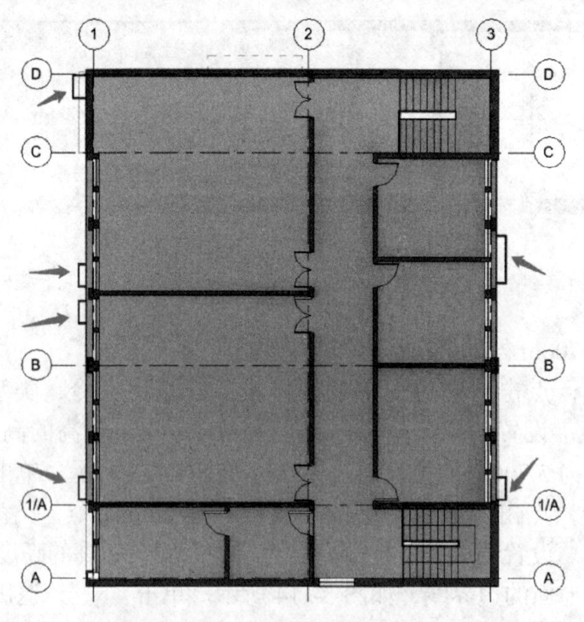

图 5-116　二层空调板栏杆示意图

"建筑"选项卡中，单击"栏杆扶手"下的"绘制路径"命令，在类型选择器中，选择"900mm"，点击"编辑类型"，复制并命名为"500mm 矩形"，修改高度为"500.0"，如图 5-117 所示。

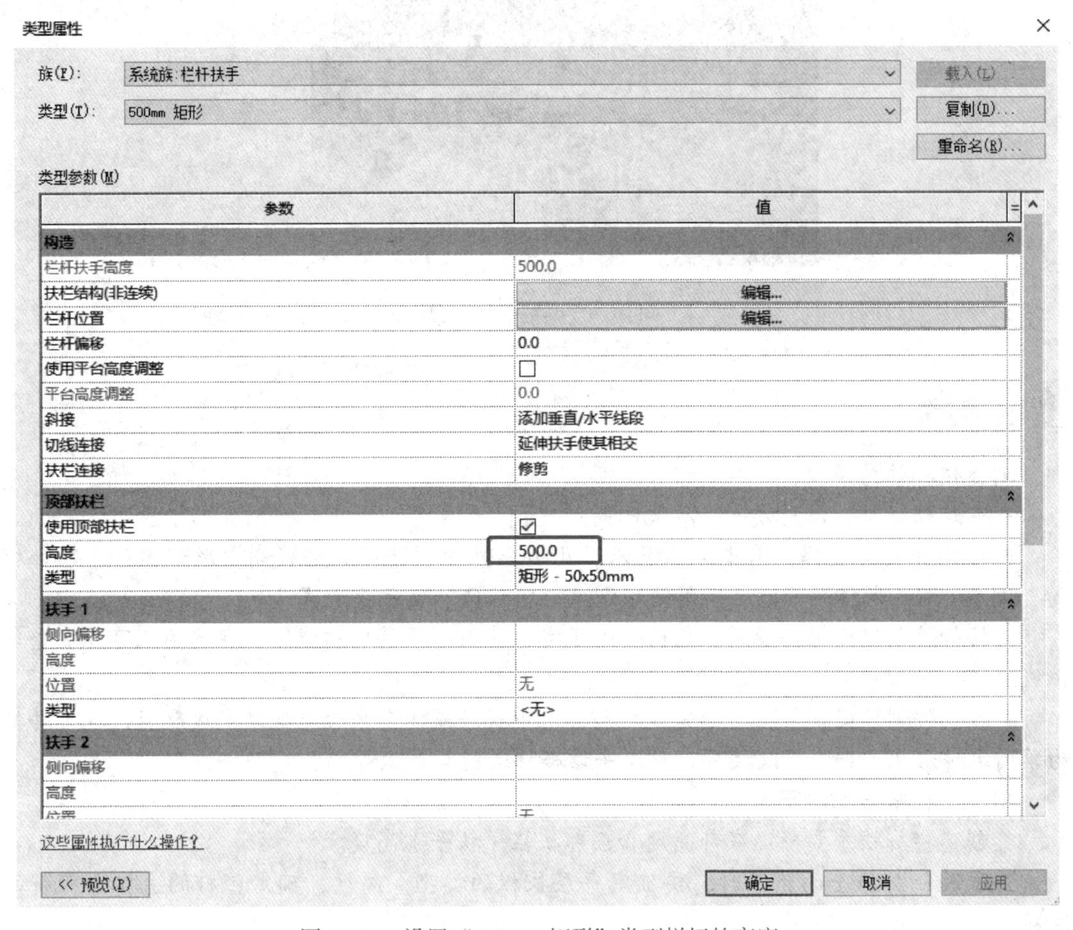

图 5-117　设置"500mm 矩形"类型栏杆的高度

以①轴交Ⓐ轴附近的空调板栏杆为例，绘制栏杆路径，如图 5-118 所示。单击"√"，退出。重复上述操作，完成所有空调板栏杆的创建。其三维效果如图 5-119 所示。

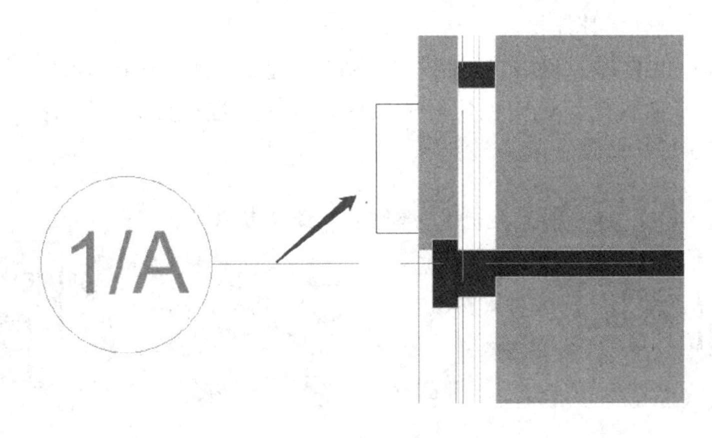

图 5-118　绘制栏杆路径

图 5-119　空调板栏杆三维效果

重点提示

创建楼梯注意事项：

1. 创建楼梯时，注意方向，从低向高创建。

2. 按构件创建楼梯，需重点注意以下几项属性的调整：底部标高、底部偏移、顶部标高、顶部偏移、所需踢面数、实际踏板深度、定位线、实际梯段宽度。

3. 按构件创建楼梯梯段时，默认情况下定位线在梯段的中心线上，在选项栏可以调整定位线。

4. 按构件创建楼梯，在勾选完成之前，选中梯段或休息平台可拖动完成改变，也可转换为草图编辑形状，如需修改楼梯，可双击该楼梯进行编辑。

创建栏杆扶手注意事项：

1. 创建栏杆扶手要确定底部高度和顶部扶栏（扶手）高度。

2. 修改栏杆扶手的属性时，要确定每层扶栏的类型、高度，确定栏杆的主体与栏杆的间距。

任务拓展　复制标准层楼梯

（1）当项目中存在连续的标准层楼梯时，先创建下层楼梯，再通过“复制”“粘贴”或者“选择标高”功能创建其他楼层。

① 选中创建好的楼梯，利用“复制”“粘贴”功能，粘贴到相应视图，如图 5-120 所示。

② 激活楼层平面视图，选中创建好的楼梯，利用“选择标高”功能，选择连续标准层的最高层，如图 5-121 所示。

图 5-120　“复制”“粘贴”命令

图 5-121　“选择标高”功能

上述两种方式生成的楼梯在样式上完全一致，但是二者有内在区别：利用“复制”“粘贴”生成的楼梯梯段以每一个标准层为单元，而利用“选择标高”生成的楼梯则为一个整体。

（2）修改楼梯踏步，楼梯踏步外形及面层样式多种多样。可以根据工程具体做法对其进行修改。

（3）按构件创建楼梯时，默认定位线为中心线。我们可以根据实际操作的需要，将定位线改为：“梯段：左”或“梯段：右”，同时可以设置对应的偏移量，如图 5-122 所示。合理选择定位线，能有效提高工作效率。

图 5-122　楼梯定位线及偏移量

（4）在转角处自动生成的楼梯栏杆走向与实际不符，如图 5-123 所示。若模型需要和实际完全一致，则需要根据实际计算竖向及水平位置，利用内建模型功能进行创建。

（5）楼梯是一个比较复杂的工程构件，建模时需要反复查阅、对比建筑图和结构图，并将楼梯详图与板、梁、柱等图纸进行结合，及时发现碰撞、漏项等错误。切忌看图纸不全面。

（6）栏杆扶手的样式可以根据项目需求进行修改。选择栏杆扶手，单击“编辑类型”，在“类型属性”对话框中可以设置多种参数，如图 5-124 ～图 5-126 所示。

图 5-123　楼梯转角

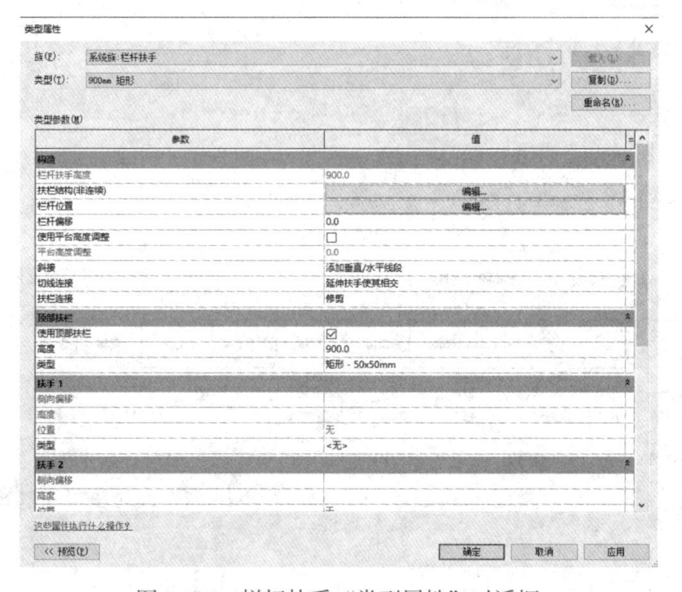

图 5-124　栏杆扶手“类型属性”对话框

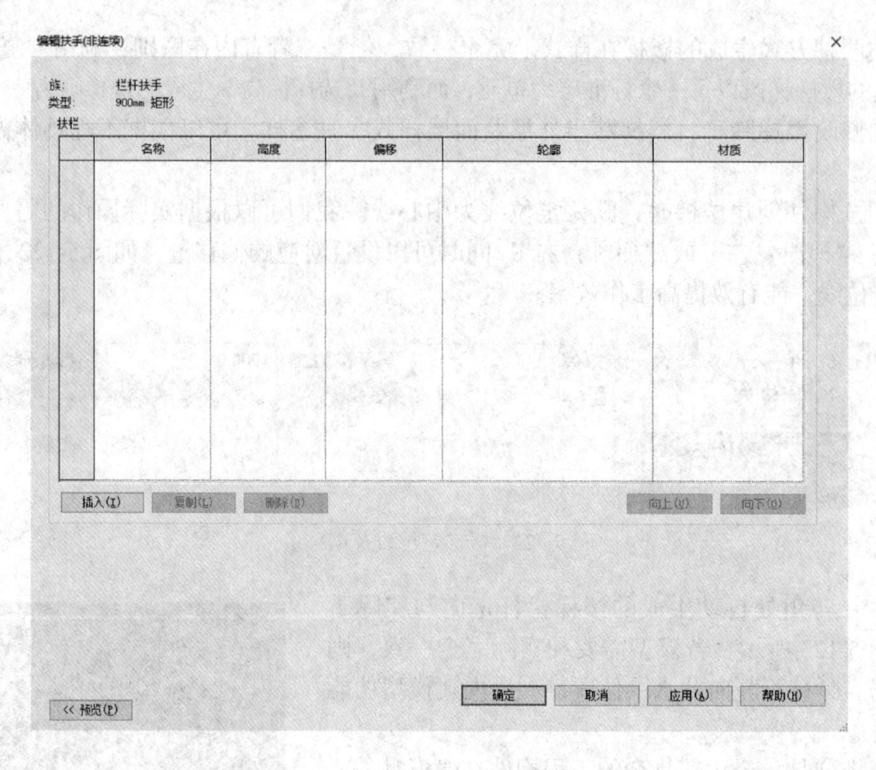

图 5-125 “编辑扶手（非连续）”对话框

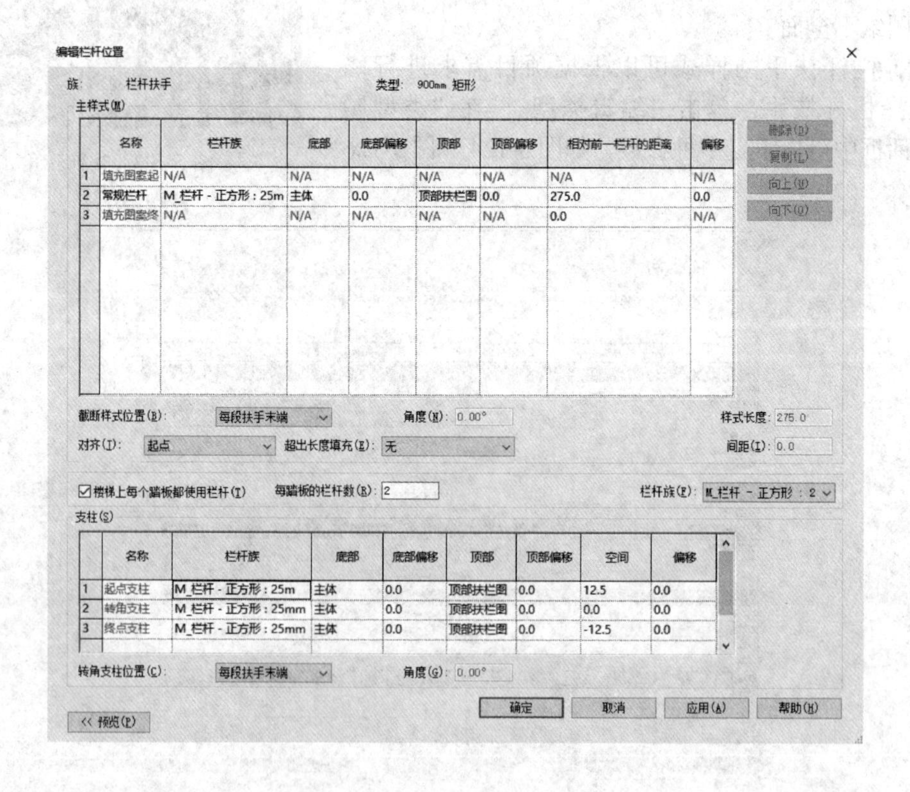

图 5-126 “编辑栏杆位置”对话框

任务评价

姓名：　　　　　　　　　　　　　　　班级：　　　　　　　　　　　　　　　日期：

序号	考核点	要求	分值 / 分	得分 / 分
1	楼梯信息	通过识图，能确定楼梯的起步位置、平台位置、标高等信息	20	
2	创建楼梯	能正确设置楼梯参数并创建楼梯	20	
3	修改楼梯平台	能正确调整楼梯平台的尺寸	20	
4	栏杆扶手信息	通过识图，能确定栏杆扶手的位置及相关信息	20	
5	创建栏杆扶手	能正确设置栏杆扶手参数并创建栏杆扶手	10	
6	楼层平台及楼地面	能使用“楼板”创建楼层平台及楼地面，并设置正确的标高	10	
合计			100	

任务总结

Revit 软件创建楼梯的步骤如下：

①利用参照平面进行楼梯定位；②创建楼梯类型；③选择合理的定位线，创建各层楼梯；④编辑栏杆扶手。

能力训练题

1. Revit 软件中，创建墙体的快捷键是（　　）。

A. LL　　B. GR　　C. WB　　D. WA

2. Revit 软件中，墙属于（　　）族。

A. 系统　　B. 内建　　C. 可载入　　D. 单独

3. Revit 中，门窗族属于（　　）。

A. 内建族　　B. 主体图元　　C. 可载入族　　D. 系统族

4. Revit 中创建 900mm×2300mm 的门，如果类型属性中没有这个类型，可以通过（　　），并修改相应的参数，得到需要的门类型。

A. “编辑类型”→“复制”　　B. “编辑类型”→“重命名”

C. “编辑类型”→“直接修改”　　D. 重新“载入族”

5. 以下关于栏杆扶手创建说法正确的是（　　）。

A. 可以直接在建筑平面图中创建栏杆扶手

B. 可以在楼梯主体上创建栏杆扶手

C. 可以在坡道上创建栏杆扶手

D. 以上均可

6.（多选）Revit 中，放置门时，如果开启方向反了，先选中门实例，按（　　）或者单击（　　）符号来调整。

A. 空格键　　B. Shift 键　　C. Ctrl 键　　D. 翻转控件

7.（多选）Revit 中创建楼梯，在“修改 | 创建 楼梯”→“构件”→“直梯”中不需要设置的选项有（　　）。

A. 所需踢面数　　B. 实际踢面高度　　C. 实际踏板深度　　D. 实际踢面数

8.（多选）关于坡道的说法正确的是（　　）。

A. 坡道的创建方向是上坡方向　　　　　B. 坡道的创建方向是下坡方向
C. 坡道创建完成后自动生成栏杆扶手　　D. 坡道的起止点必须位于不同的标高位置

实训题

【2019 年“1+X”BIM 职业技能等级考试真题】按钢结构雨棚图纸要求，建立钢结构雨棚模型（包括标高、轴网、楼板、台阶、钢柱、钢梁、幕墙及玻璃顶棚），尺寸、外观与图示一致，幕墙和玻璃雨棚表示网格划分即可，见节点详图，钢结构除图中标注外均为 GL2 矩形钢，图中未注明尺寸自定义。将建好的模型以“钢结构雨棚＋考生姓名”为文件名保存至考生文件夹中。

二维码 5–8
钢结构雨棚

BIM

模块四

机电模型

模块简介

本模块共包括三个项目，项目六给排水模型主要讲解给水管道、排水管道、消防管道、凝结水管道的建立，过滤器设置，管道参数设置及注意事项等内容。项目七采暖与通风模型主要讲解采暖管道和通风管道的建立、过滤器设置、管道参数设置及注意事项等内容。项目八电气模型主要讲述配电箱放置、强电系统元件、弱电系统元件的布置和创建等内容。

项目六　给排水模型

学习目标

素质目标

- 在识读给水排水图纸时，培养科学严谨的作风；
- 通过精细化建立给水排水模型，培养严谨治学精神。

知识目标

- 了解给水排水系统的功能与组成；
- 掌握 Revit 给水排水管道建立的方法、管件及管道附件连接方法。

能力目标

- 能按图纸创建和修改给水排水管道；
- 能正确设置给水排水系统类型。

二维码 6-1
项目总图纸—
给排水平面图

项目脉络

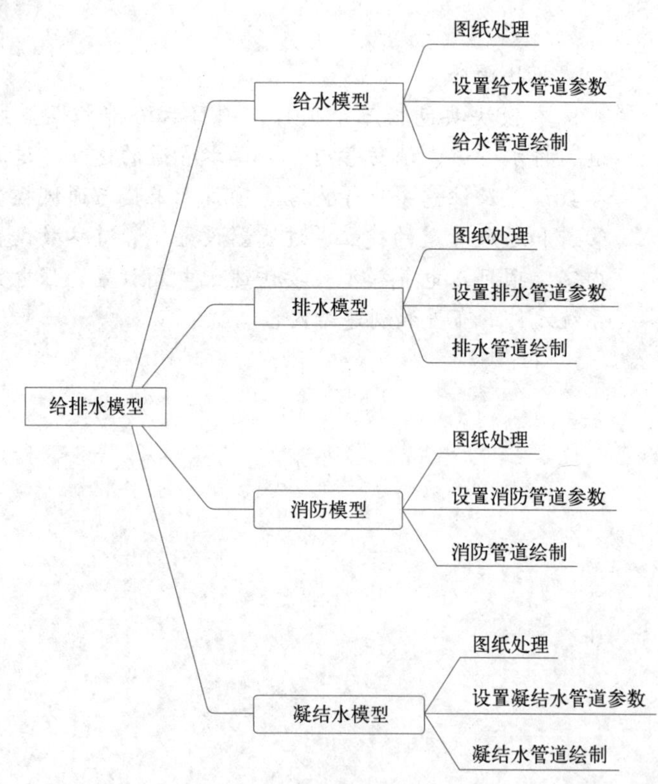

给排水系统是为人们的生活、生产、市政和消防提供用水和废水排除设施的总称，是任何建筑都必不可少的重要组成部分。一般建筑物的给排水系统包括生活给水系统、生活排水系统和消防系统等。给排水系统建模属于 Revit 建模过程中的一个重要部分，包括建立给水模型、排水模型、消防模型、凝结水模型等内容。

任务一　创建给水模型

工作任务卡

任务编号		6-1	任务名称	创建给水模型
授课地点		机房	建议学时	4 学时
教学软件		Revit2021	图纸名称	汽车实训楼 - 水施 01：设计说明、水施 02：地下一层给排水消火栓平面图、水施 03：一层给排水消火栓平面图、水施 04：二层给排水消火栓平面图、水施 05：给排水消火栓系统图
学习目标	素质目标	在识读给水图纸时，培养科学严谨的作风； 通过精细化建立给水模型，培养严谨治学精神		
	知识目标	了解给水系统的功能与组成； 掌握给水管道建立的方法，管件及管道附件连接方法		
	能力目标	按图纸创建和修改给水管道； 会设置给水系统类型		
教学重点		正确创建给水系统		
教学难点		正确设置给水系统类型		

任务引入

识读汽车实训楼给水施工图，创建汽车实训楼给水系统模型；正确设置给水管道和给水系统参数。

二维码 6-2
创建给水模型用图纸

任务分析

给水图纸包括“水施 01：设计说明”“水施 02：地下一层给排水、消火栓平面图”“水施 03：一层给排水、消火栓平面图”“水施 04：二层给排水、消火栓平面图”“水施 05：给排水、消火栓系统图”。本汽车实训楼给水系统主要集中在一层、夹层、二层盥洗室及卫生间中。识读汽车实训楼水施 05 给水系统图，可以找出各楼层给水支管的管径和标高，水施 02、水施 03、水施 04 给水平面图中可以找出各楼层给水水平支管布置位置。

任务实施

一、图纸拆分

在图纸导入 Revit 之前，首先要对图纸进行拆分处理，即把图纸按照专业和楼层进行拆分。以给排水专业为例，将“给排水平面图 .dwg”进行图纸拆分，并按照各楼层进行整理，如图 6-1 所示。后续可以同样方法对其他专业图纸进行拆分。

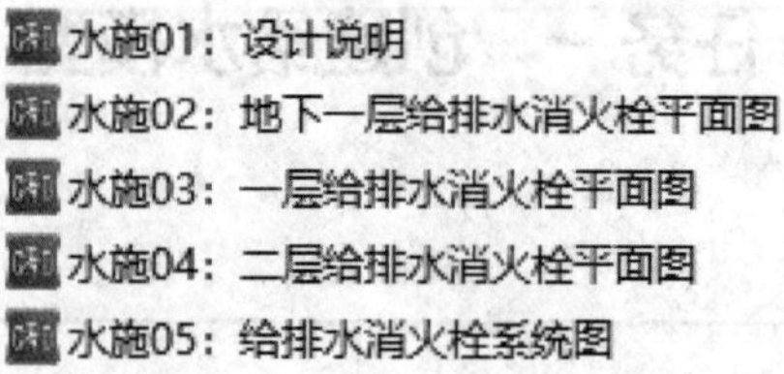

水施01：设计说明
水施02：地下一层给排水消火栓平面图
水施03：一层给排水消火栓平面图
水施04：二层给排水消火栓平面图
水施05：给排水消火栓系统图

图 6-1　拆分后的给排水图纸

二、打开土建模型文件

双击打开前述建好的土建模型文件“实训楼 - 建筑 .rvt”，打开土建模型。双击打开“项目浏览器”→“楼层平面”→“1F 楼层平面”，然后依次点击“视图”→“可见性 / 图形”，如图 6-2 所示。在打开的对话框中勾选“建筑”“结构”两项，然后点击“全选”，将选项中的对勾全部取消掉，如图 6-3 所示。同时点击“导入的类别”选项卡，将之前导入的土建图纸可见性取消勾选，最后点击“确定”，如图 6-4 所示。依次打开其余 1F、2F、3F 楼层平面，完成上述相同操作，以隐藏土建模型。

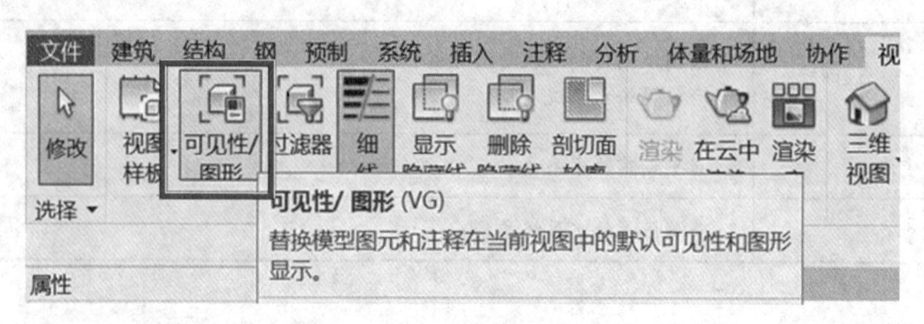

图 6-2　“可见性 / 图形”命令

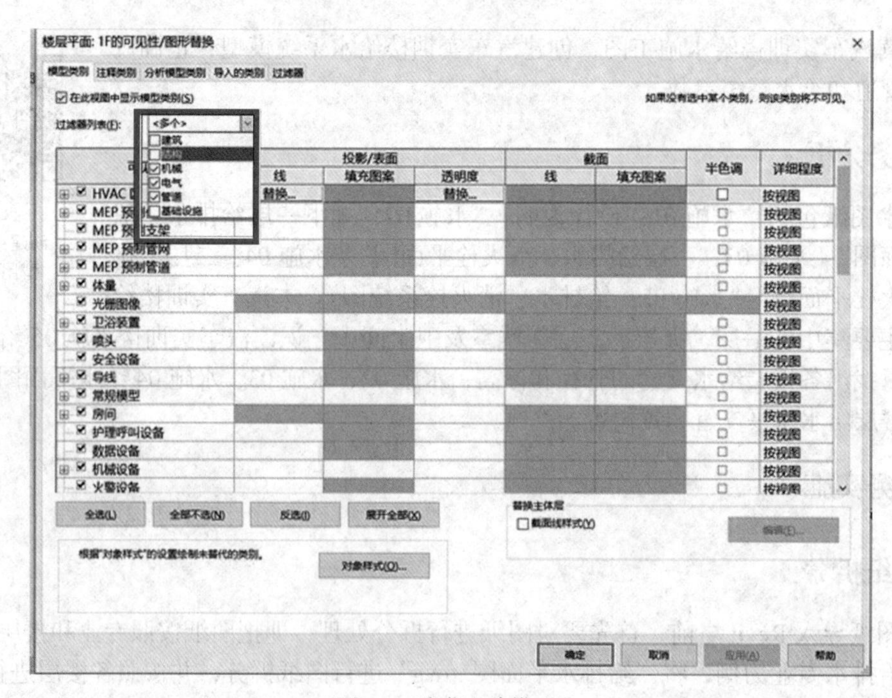

图 6-3　隐藏土建模型

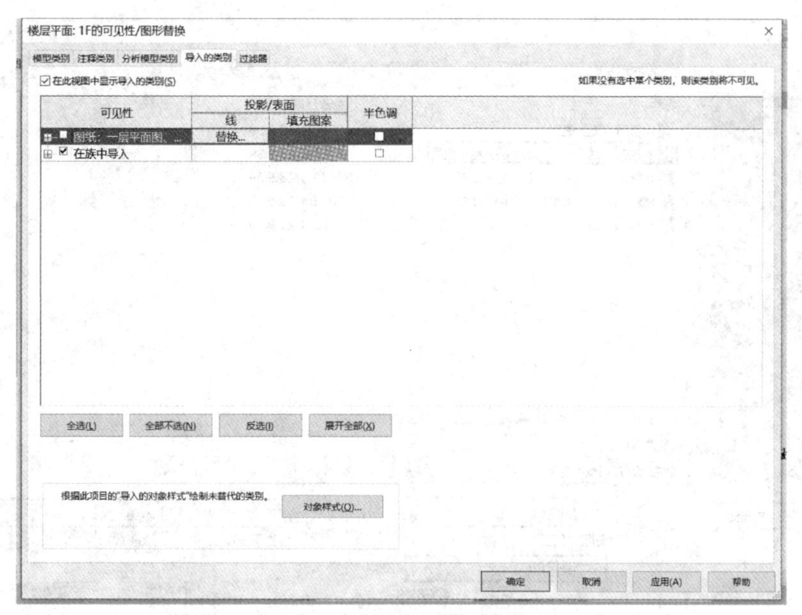

图 6-4　隐藏土建图纸

三、导入图纸

1. 打开“-1F”楼层平面视图

选择项目浏览器面板中的“-1F”选项，如图 6-5 所示。

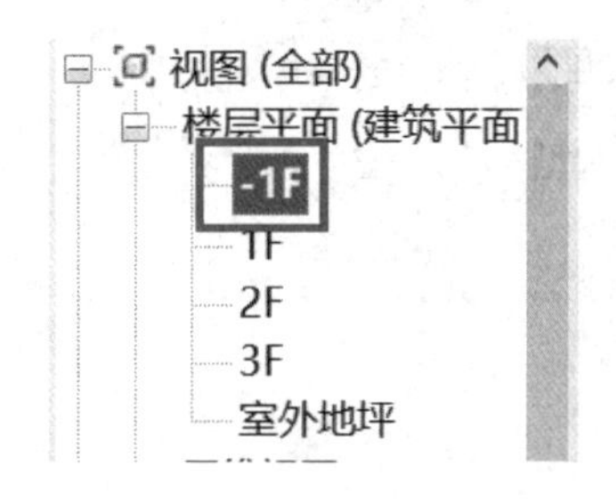

图 6-5　打开“-1F”楼层平面视图

2. 导入 CAD 图纸

将之前拆分出的“地下一层给排水、消火栓平面图”导入至上述打开的平面视图中。单击“插入”→“导入 CAD”命令，选择“水施 02 地下一层给排水、消火栓平面图”，勾选“仅当前视图”，“颜色”选项为“保留”，“导入单位”一般为“毫米”，“定位”方式选择“自动 - 中心到中心”，设置完成后单击“打开”完成操作，如图 6-6 所示。

3. 调整 CAD 图纸位置

导入 Revit 的图纸初始默认为锁定状态，所以要首先将其解锁，方法如下：

首先左键单击图纸来选中图纸，单击“锁定”命令，如图 6-7 所示，将图纸解锁。然后通过“移动”或“对齐”命令将 CAD 图纸与楼层平面中的轴网对齐，最后将对齐的图纸再次锁定以避免因操作失误移动图纸，如图 6-8 所示。

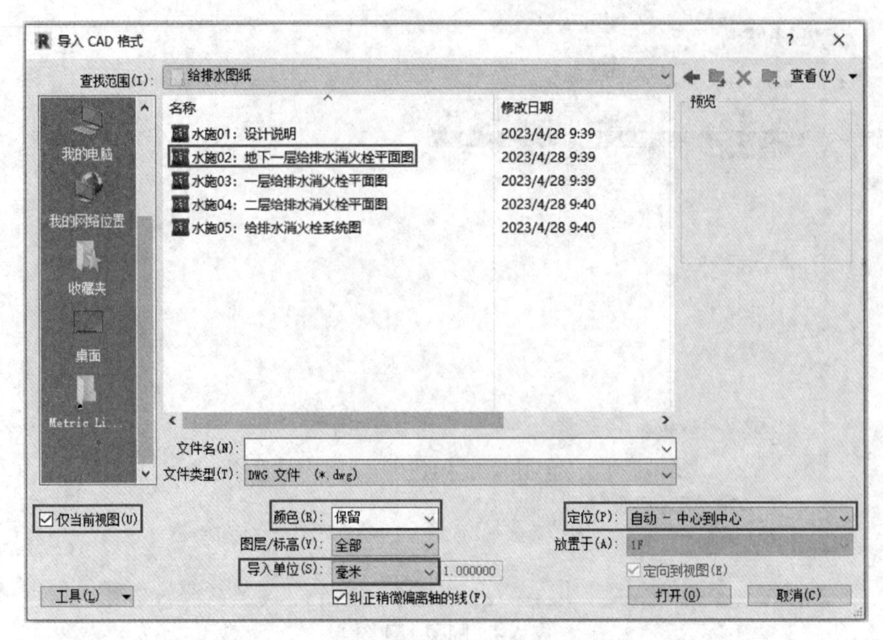

图 6-6　导入 CAD 图纸

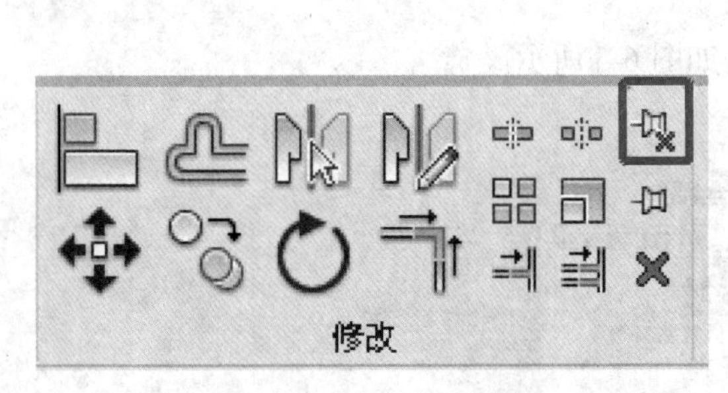

图 6-7　解锁 CAD 图纸

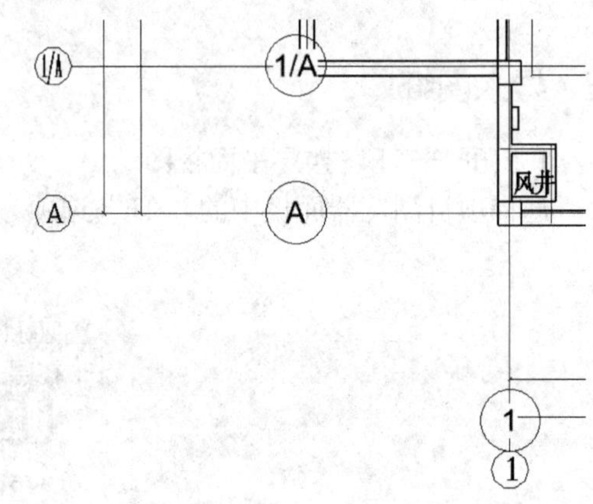

图 6-8　CAD 图纸与轴网对齐

四、设置给水管道参数

下面介绍给水管道与给水系统的参数设置。排水系统、消火栓系统、冷凝水系统的管道与给水系统的参数设置方法均相同。

（1）创建管道类型

在项目浏览器“管道”→“管道类型”中，双击“默认”管道类型，弹出“类型属性”对话框，点击“复制”命令，弹出“名称”对话框，输入“给水系统”，如图 6-9 所示。

（2）新增系统

点击“确定”后返回“类型属性”，再点击“确定”，此时在管道类型中会新增“给水系统”管道类型，如图 6-10 所示。

（3）布管系统配置

双击新建的“给水　管道”管道类型，打开“类型属性”对话框。单击“布管系统配

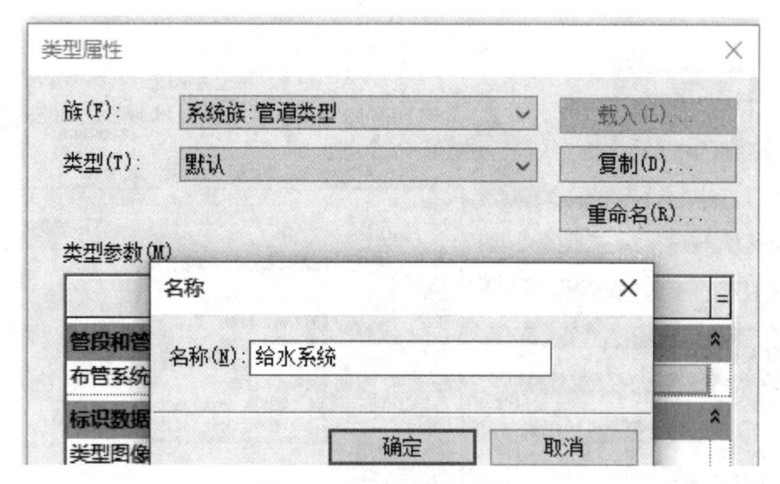

图 6-9　输入“给水系统”

置”→“编辑…”按钮，进入“布管系统配置”编辑对话框，如图 6-11 所示，管段选择“钢，碳钢 -Schedule 40”，单击“载入族…”按钮，打开 Revit 自带族库“China”文件夹，将所需管件载入其中，具体载入管件情况，如图 6-12 所示。其他专业水管如排水系统、消防系统、凝结水系统等系统配置方法均与上述相同。

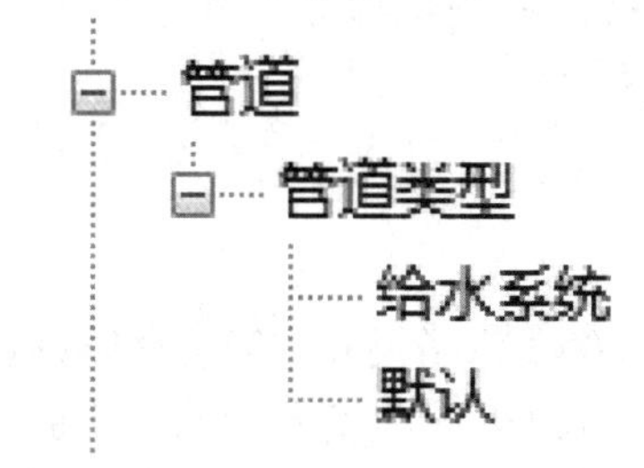

图 6-10　新增“给水系统”管道类型

布管系统配置

管道类型：给水系统

管段和尺寸(S)...　载入族(L)...

构件	最小尺寸	最大尺寸
管段		
塑料 - Schedule 40	15.000 mm	300.000 mm
弯头		
弯头 - 螺纹 - 钢塑复合: 标准	全部	
首选连接类型		
T 形三通	全部	
连接		
T 形三通 - 螺纹 - 钢塑复合: 标准	15.000 mm	50.000 mm
四通		
四通 - 常规: 标准	全部	
过渡件		
变径管 - 螺纹 - 钢塑复合: 标准	全部	
活接头		
管接头 - 螺纹 - 钢塑复合: 标准	全部	
法兰		
无	无	
管帽		
堵头 - 螺纹 - 钢塑复合: 标准	全部	

确定　取消(C)

图 6-11　“布管系统配置”对话框

二维码 6-3
绘制给水管道

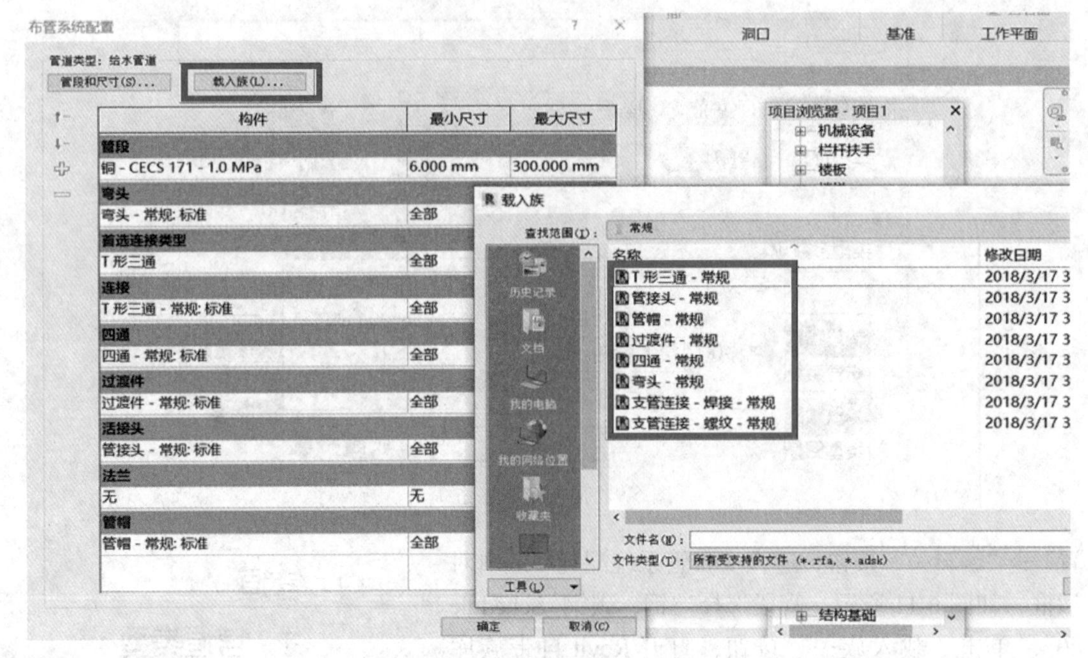

图 6-12　载入所需管件族

（4）管道尺寸与管段材质设置

双击项目浏览器中的“管道”→“管道类型”→“给水管道”，打开类型属性对话框。点击“布管系统配置”→“编辑…”按钮，点击“管段和尺寸…”按钮，打开“机械设置”对话框，点击“新建管段”按钮，进行新建管段，如图 6-13 所示。

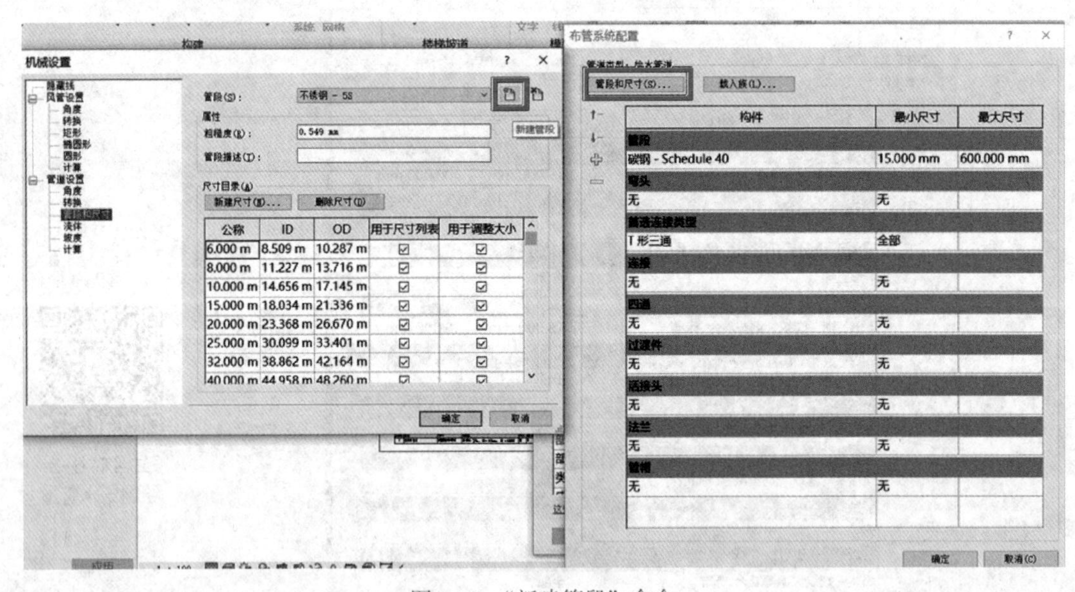

图 6-13　“新建管段”命令

在“新建：”里选择第三项“材质和规格 / 类型”，按照给排水设计说明给出的材质，输入“塑钢”材质如图 6-14 所示。

（5）管道系统设置

在绘制管道之前，需要新建管道系统。在项目浏览器中右键单击“管道系统”→“家用冷水”，左键单击菜单栏中的“复制”，如图 6-15 所示，右键单击新复制的“家用冷水”，重命名为“给水系统”。利用相同方法，可复制“其他消防系统”新建为“消火栓系统”，复制“家用冷水”新建为“排水系统”，复制“家用冷水”为“凝结水系统”。

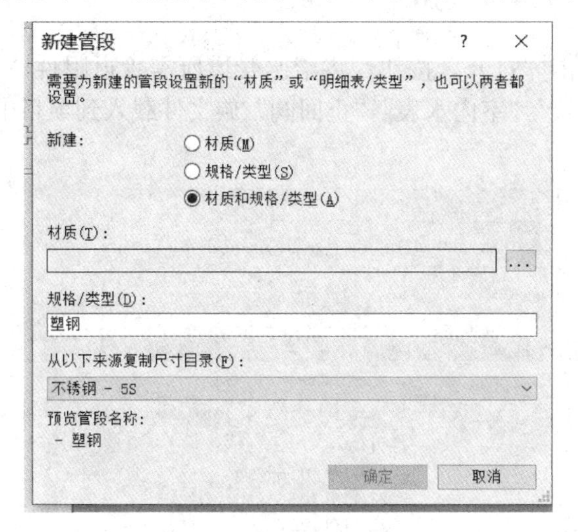

图 6-14 新建管段材质

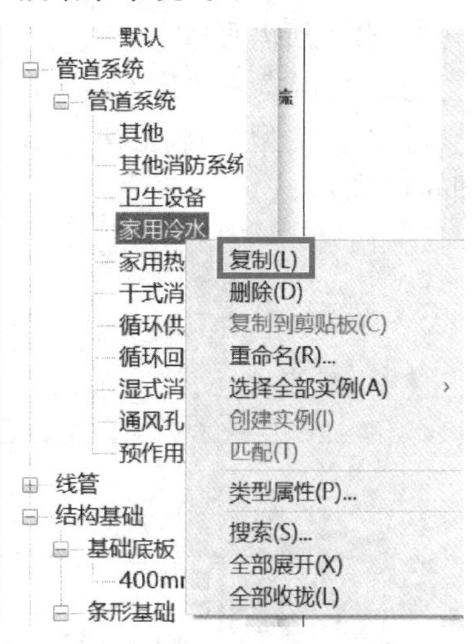

图 6-15 新建给水系统

设置给水系统材质。在项目浏览器中双击新建的“给水系统”，对给水系统的材质进行编辑。右键单击任一种渲染材质，单击复制，将复制的材质重命名为“给水绿”，在右侧对话框中勾选“使用渲染外观”，如图 6-16 所示，“外观”选项卡中，在颜色色号对话框中输入“0-255-0”。

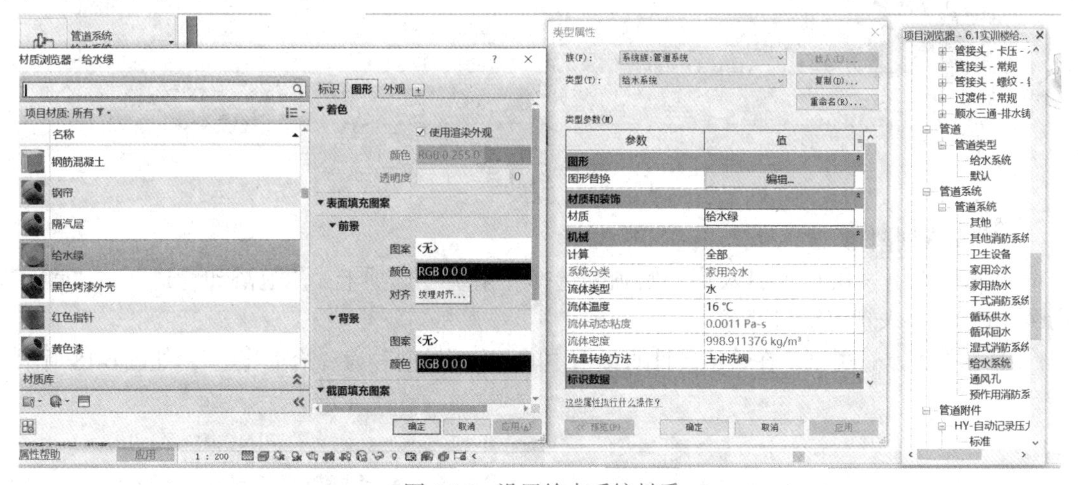

图 6-16 设置给水系统材质

排水系统、消火栓系统、冷凝水系统管道参数和系统参数的新建与设置的方法均与上述方法相同。

五、给水管道绘制

下面介绍给水管道绘制方法。绘制顺序由下层至上层，首先绘制地下一层给水管道。

(1) 打开“-1F”楼层平面视图

地下一层给水系统管道主要由引入管、给水干管、给水立管等组成，其中引入管、给水干管为水平方向管道，给水立管为垂直方向管道。根据给排水设计说明，给水管道材质选用钢塑管，DN65、DN50、DN32、DN25 等。在绘制给水管道前，需要将拆分好的“地下一层给排水、消火栓平面图”导入至“-1F”楼层平面中。

（2）载入所需管道附件族

选择“插入”→“载入族”命令，单击“打开”按钮，将给水管道所需管道附件“蝶阀”“过滤器 -Y 型”“截止阀 - J21 型 - 螺纹”“室内水表”“止回阀”族文件载入到项目中，如图 6-17 所示。

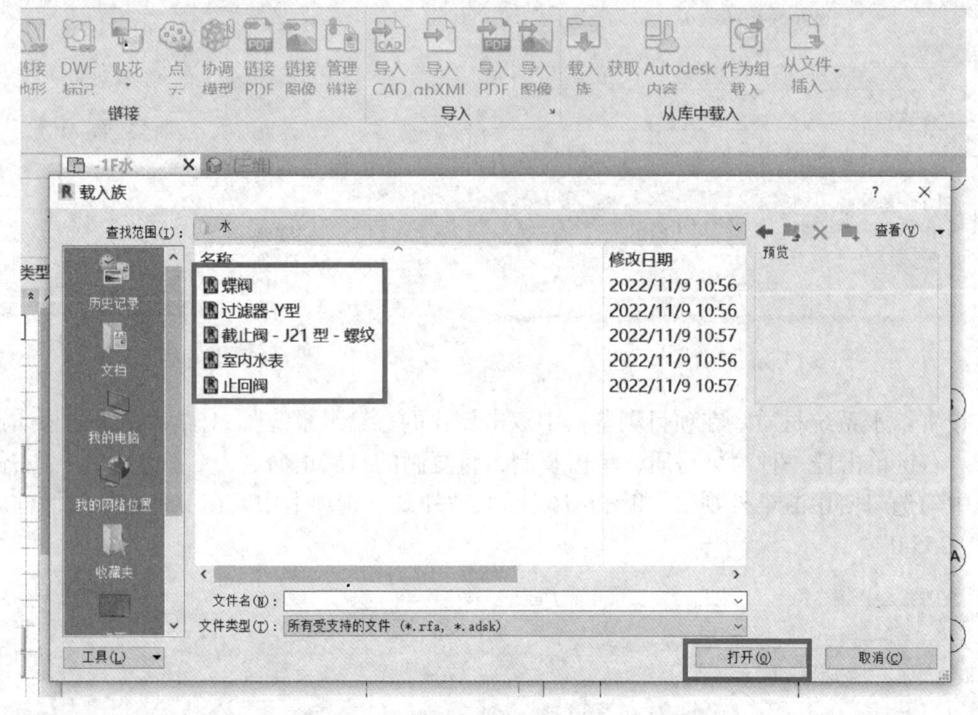

图 6-17 载入所需管道附件族

（3）绘制水平横管

首先从地下一层给水引入管开始画。选择“系统”选项卡→“卫浴和管道”→“管道”命令（PI），进入管道绘制模式。

① 选择给水管类型。在管道属性对话框中的“管道类型”为“给水管道”，如图 6-18 所示。

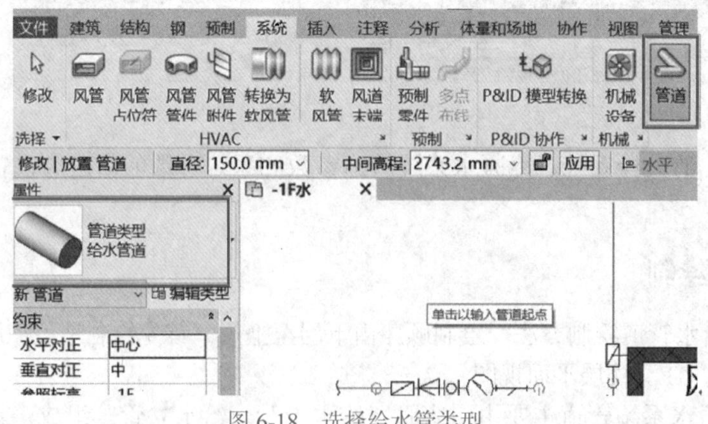

图 6-18 选择给水管类型

② 设置给水管道属性。在属性面板中，设置所绘制给水管道的属性："水平对正"栏中选择"中心"选项，"垂直对正"栏中选择"中"，"参照标高"为"1F"，"中间高程"为"-1450.0"毫米，"系统类型"为"给水系统"，如图 6-19 所示。利用相同方法，完成项目其余水平横管的绘制。

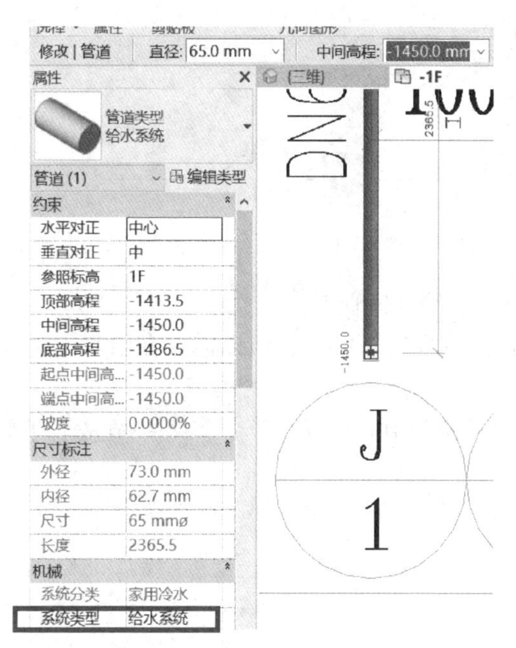

图 6-19 设置给水管道属性

二维码 6-4
创建排水模型用图纸

（4）绘制给水立管

以给水引入管进入室内后的一段给水立管（位置位于地下一层Ⓐ轴与①轴、②轴之间）为例进行讲解。

① 鼠标左键点击刚才绘制的水平横管，鼠标在水平横管的端点右键点击水平管尾部的拖拽点，选择"绘制管道"，即指定了给水立管的起点，如图 6-20 所示。

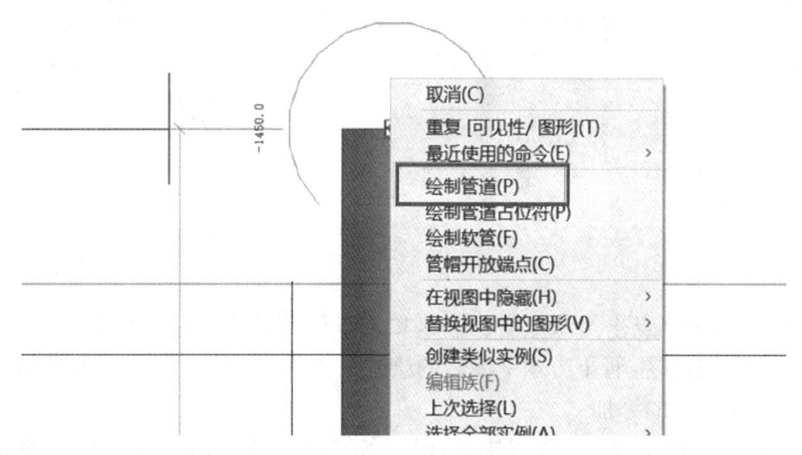

图 6-20 确定给水立管绘制起点

② 将选项栏"修改 | 放置 管道"的"中间高程"改为"-3000.0mm"，双击"应用"按钮，即可完成立管绘制，如图 6-21 所示。绘制完成后的给水立管三维效果如图 6-22 所示。

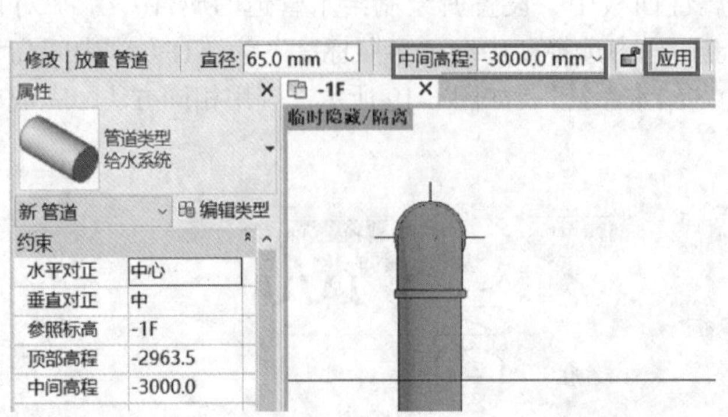

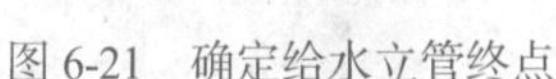

图 6-21　确定给水立管终点

图 6-22　给水立管三维效果

（5）绘制给水立管下方的给水横管

由于在平面中无法捕捉到立管下端点，所以需要在给水立管旁建立剖面来找到立管下端点。

① 点击“快速访问工具栏”中的“剖面”命令 ，在立管下侧绘制剖切面，如图 6-23 所示。

② 鼠标右键单击剖切符号，对话框中选择“转到视图”，即进入该剖面视图。如图 6-24 所示。

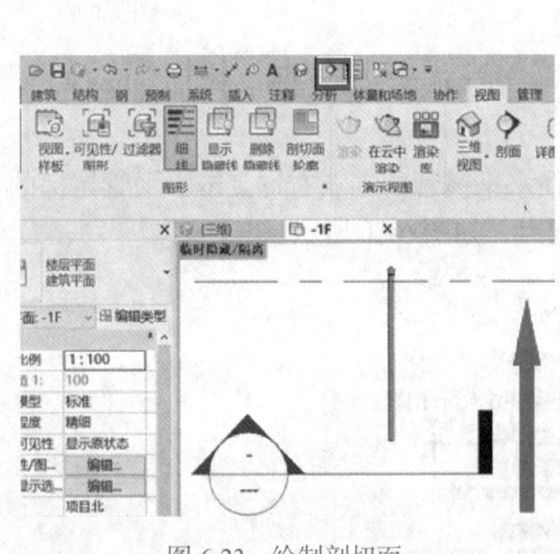

图 6-23　绘制剖切面

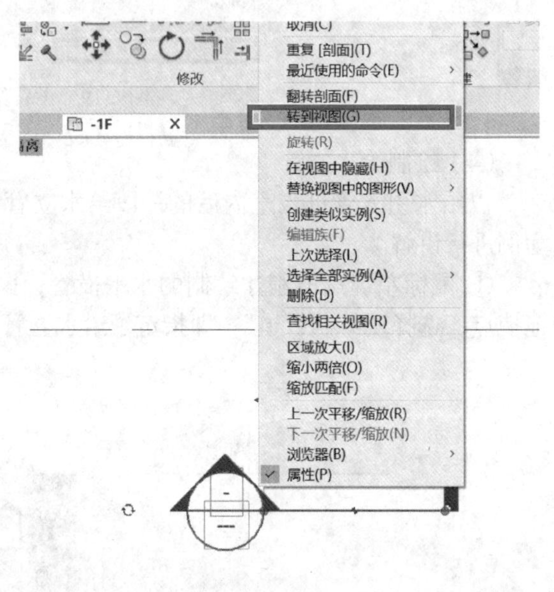

图 6-24　转至剖面视图界面

③ 在剖面视图中，点击给水立管，右键单击立管下端点，对话框中选择“绘制管道”，水平移动鼠标，单击完成立管下方水平横管的绘制，如图 6-25 所示，完成效果如图 6-26 所示。

（6）给水管道附件的添加

前面已经将管道附件载入至项目中，现将管道附件按照图纸要求布置在所需要的位置。下面以管道附件“过滤器”为例进行讲解，其余管道附件的添加方法与之相同。

① 单击“系统”→“管路 附件”功能按钮，在左侧的属性框中选择“过滤器 -Y 型”管道附件，如图 6-27 所示。

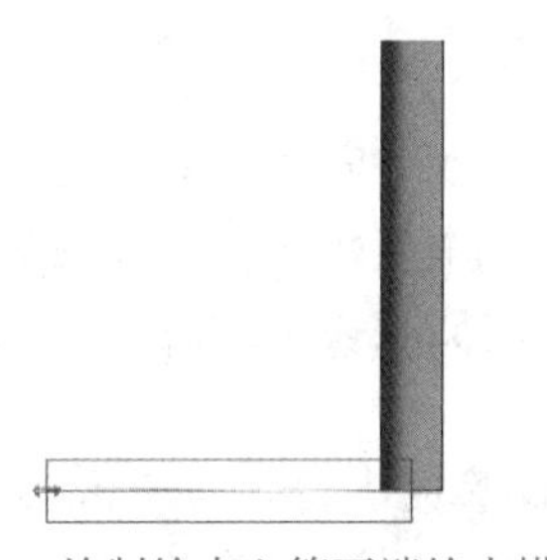

图 6-25　绘制给水立管下端给水横管

图 6-26　给水管道（局部）三维效果

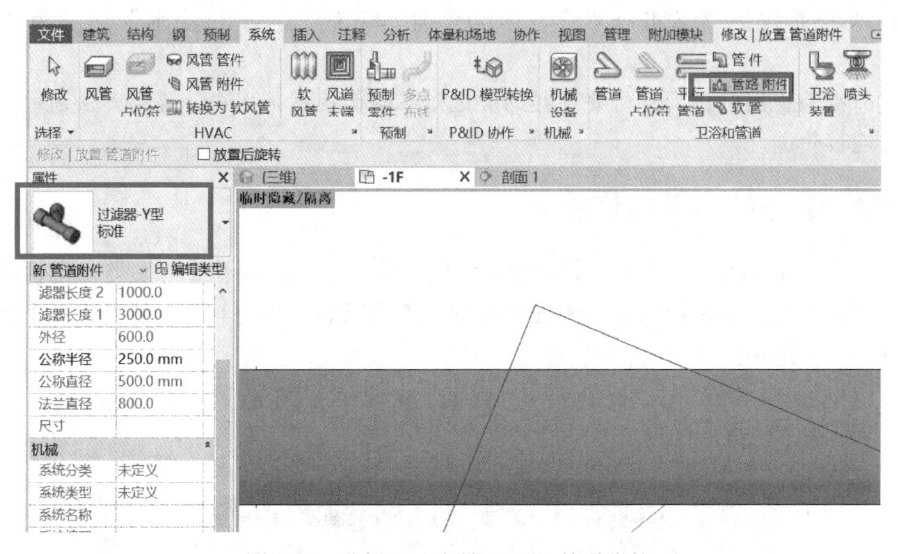

图 6-27　选择“过滤器 -Y 型”管道附件

② 按照图纸标记的位置，将光标移动至所需添加给水管道中心线上，单击鼠标左键，即可完成“过滤器 -Y 型”的添加，如图 6-28 所示。

依照上述管道的绘制步骤，依次完成实训楼其他给水管道，完成后的给水系统模型三维效果如图 6-29 所示。

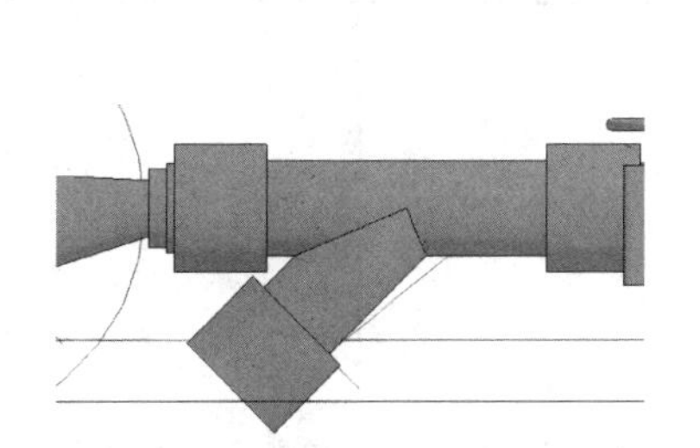

图 6-28　将“过滤器 -Y 型”管道附件添加至管道上

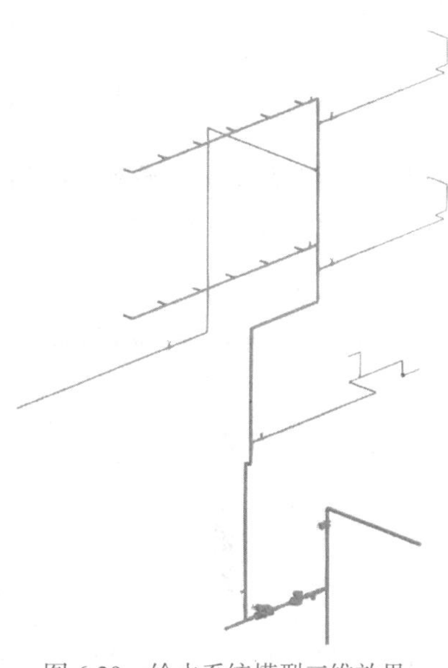

图 6-29　给水系统模型三维效果

重点提示

1. 在 Revit 中图纸导入的命令有两个，分别为：“链接 CAD”和“导入 CAD”。两者相似又有一定区别，“链接 CAD”是指将 CAD 图纸等其他文件作为外部参照放到 Revit 文件当中来使用，它是以路径链接的方式存在，而“导入 CAD”可以将参照文件保存在 Revit 文件中。

2. 在项目浏览器中复制管道系统时，注意被复制的默认管道类型须与所需新建管道系统类型相匹配，如“管道系统 - 家用冷水”对应为“给水系统”，“其他消防系统”对应为“消火栓系统”，“家用冷水”对应为“排水系统”，“家用冷水”对应为“凝结水系统”。

3. 建立剖面视图时，注意需要连接的管道须在剖面视图范围内，否则无法通过剖面视图观察所需连接管道。

任务拓展　支管与干管连接

在给水管道系统中，按照管道所处位置不同可分为支管和干管两大类，支管是给水管道系统的管道分支，有时候为了方便先单独画出支管以后，再将其与干管连接，下面讲解如何将支管与干管连接。

① 鼠标依次左键单击“修改”→“修剪 / 延伸单个图元”功能按钮，如图 6-30 所示。

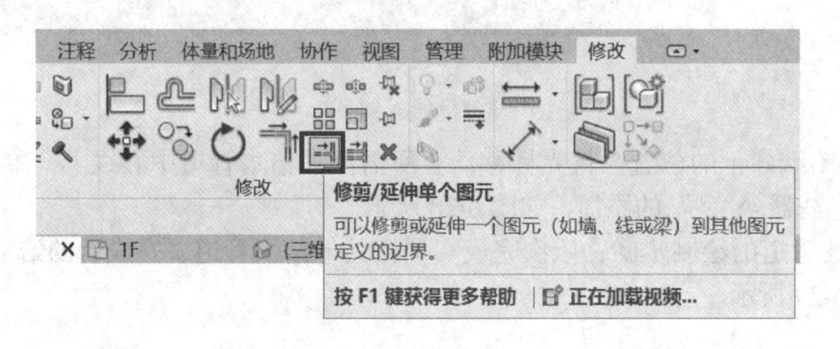

图 6-30　单击“修剪 / 延伸单个图元”功能按钮

② 鼠标左键依次单击需要连接的两根水管，如图 6-31 所示。注意：需要先单击干管后单击支管，两根需要连接的干管管道和支管管道将完成连接，连接后的结果如图 6-32 所示。

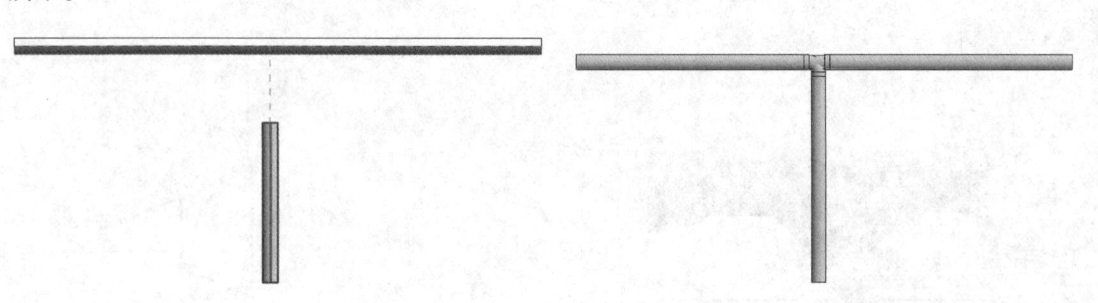

图 6-31　依次单击需要连接的干管和支管　　　　图 6-32　干管和支管完成连接

任务评价

姓名：　　　　　　　　　　　　班级：　　　　　　　　　　　　日期：

序号	考核点	要求	分值 / 分	得分 / 分
1	识读给水图纸	能正确导入给水平面图	5	
		能正确识读给水平面图中的所有信息	5	
		能正确识读给水立面图中的所有信息	5	
2	管道参数设置	能正确设置给水管道参数	10	
3	给水管道绘制	能使用“管道”命令正确绘制给水水平管道	20	
		能使用“管道”命令正确绘制给水立管管道	20	
		能使用“管件”命令正确创建给水管道管件	20	
4	添加管道附件	能正确添加给水管道附件	15	
合计			100	

任务总结

Revit2021 软件创建给水模型的流程如下：

①将所需创建给水模型的平面图导入至相应平面视图中；②正确设置给水系统参数；③建立给水系统管道模型；④建立给水系统管道附件。

任务二　创建排水模型

工作任务卡

任务编号		6-2	任务名称	创建排水模型
授课地点		机房	建议学时	2 学时
教学软件		Revit2021	图纸名称	汽车实训楼 - 水施 01：设计说明、水施 02：地下一层给排水消火栓平面图、水施 03：一层给排水消火栓平面图、水施 04：二层给排水消火栓平面图、水施 05：给排水消火栓系统图
学习目标	素质目标	在识读排水图纸时，培养科学严谨的作风； 通过排水建模训练，培养实事求是、求真务实、开拓创新的理性精神		
	知识目标	了解排水系统的功能与组成； 掌握排水管道建立的方法，管件及管道附件连接方法； 了解排水系统所涉设备的功能与分类		
	能力目标	按图纸创建和修改排水管道； 会设置排水系统类型		
教学重点		正确创建排水系统		
教学难点		排水管道与设备的连接		

任务引入

识读汽车实训楼排水施工图，创建汽车实训楼排水系统模型；正确设置排水管道和排水系统参数。

任务分析

二维码 6-5
放置与连接
管道泵

排水图纸包括“水施 01：设计说明”“水施 02：地下一层给排水、消火栓平面图”“水施 03：一层给排水、消火栓平面图”“水施 04：二层给排水、消火栓平面图”“水施 05：给排水、消火栓系统图”。本汽车实训楼排水系统主要集中在地下一层和二层、三层盥洗室及卫生间中。识读汽车实训楼水施 05 排水系统图，可以找出各楼层排水支管的管径和标高，水施 02、水施 03、水施 04 排水平面图中可以找出各楼层排水水平支管布置位置。

任务实施

一、图纸拆分

在图纸导入 Revit 之前，首先要对图纸进行拆分处理，即把图纸按照专业和楼层进行拆分。使用任务 6-1 创建给水模型中同样方法对排水图纸进行拆分。

二、建立过滤器

为了便于独立显示不同专业的模型，下面以建立给水系统过滤器为例进行讲解。双击打开前述建好的给水模型文件“实训楼 - 给水 .rvt”，打开给水模型。双击打开“项目浏览器”→“楼层平面”→“-1F”楼层平面。依次点击“视图”→“可见性 / 图形”，如图 6-33 所示。左键单击“过滤器”→“编辑 / 新建…”按钮，如图 6-34 所示。

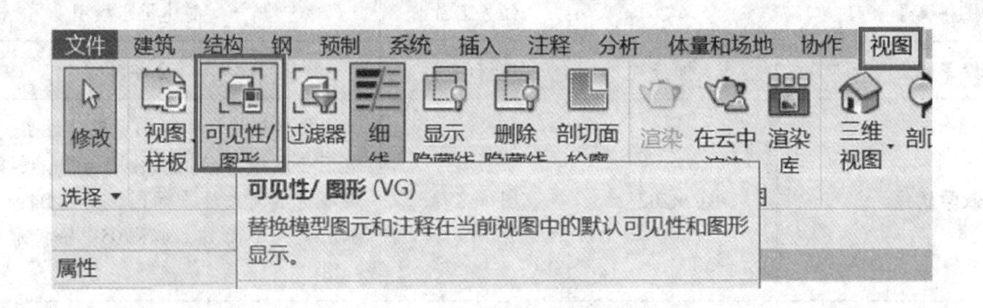

图 6-33　打开“可见性 / 图形”命令

依次单击“新建”按钮，输入过滤器名称“给水系统”，在“过滤器列表”中选择“管道”，在下方类别中，依次勾选“管件”“管道”“管道占位符”“管道附件”“管道隔热层”，然后在右侧“过滤器规则”选项卡中，设置“所有选定类别”为“系统类型”“等于”“给水系统”，最后点击“确定”，如图 6-35 所示。

按照上述方法，依次建立“排水系统”“消火栓系统”“凝结水系统”过滤器，因为该任务要建立排水系统，所以只显示排水系统即可，故在“可见性”选项中只勾选“排水系统”，其他系统不需勾选，如图 6-36 所示。

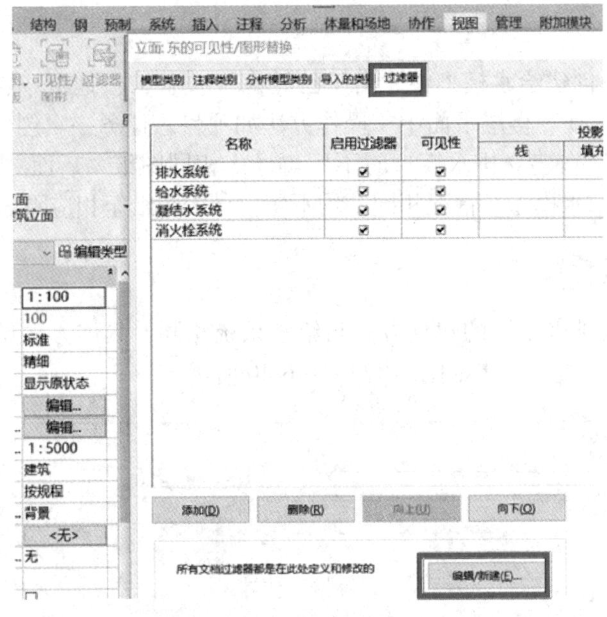

图 6-34　打开过滤器选项卡

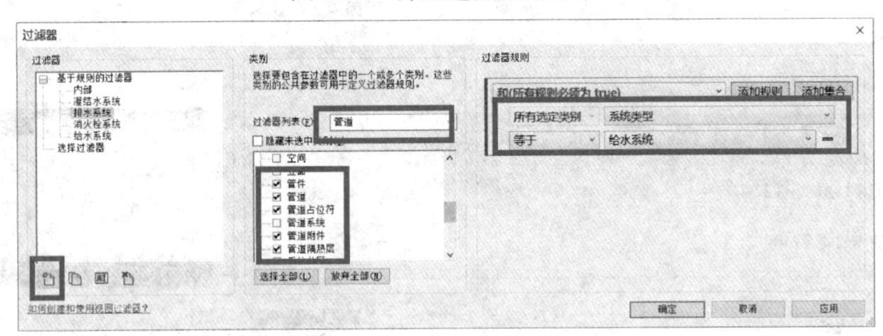

图 6-35　建立“给水系统”过滤器

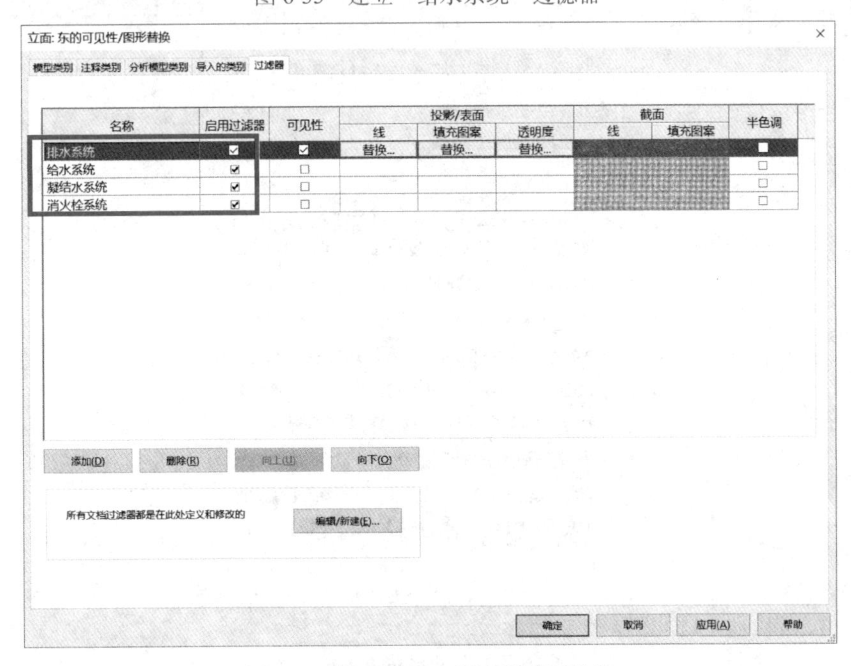

图 6-36　建立给排水所有所需过滤器

三、导入图纸

在项目六任务一创建给水模型中，由于已经将“水施 02：地下一层给排水、消火栓平面图”图纸导入至“-1F”楼层平面中（操作方法如项目六任务一 创建给水模型“导入图纸”部分讲解），所以在建立排水模型时不用再导入相同图纸。后面“任务三 创建消防模型”“任务四 创建凝结水模型”情况相同，均不用再导入图纸至相应平面。

四、设置排水管道参数

排水管道参数及排水系统的建立方法与给水系统相同，具体方法见项目六任务一相关内容介绍，不再赘述，设置结果如图 6-37 ～图 6-40 所示。

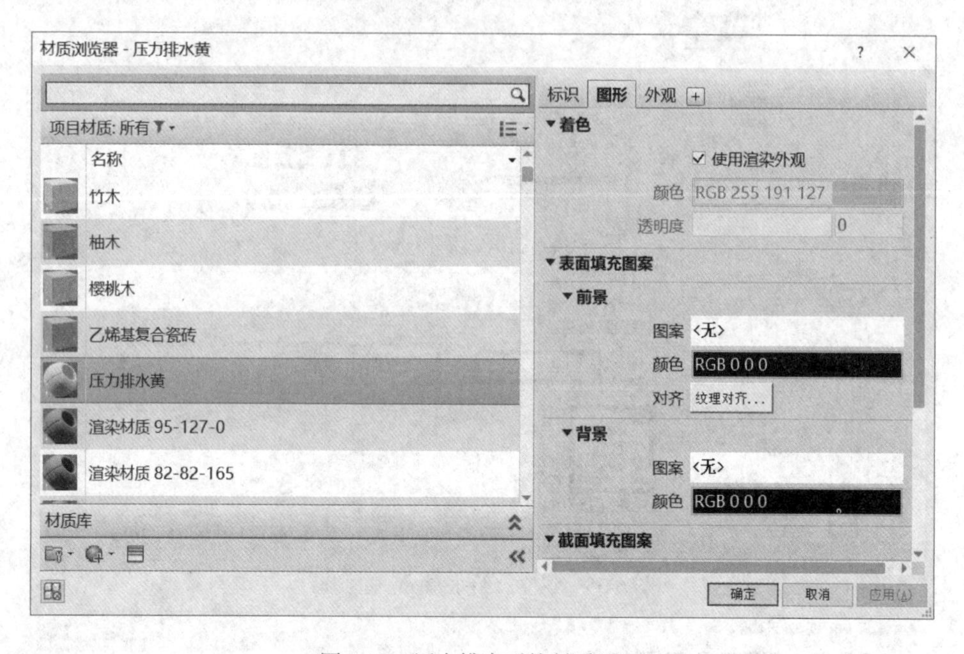

图 6-37 压力排水系统材质设置

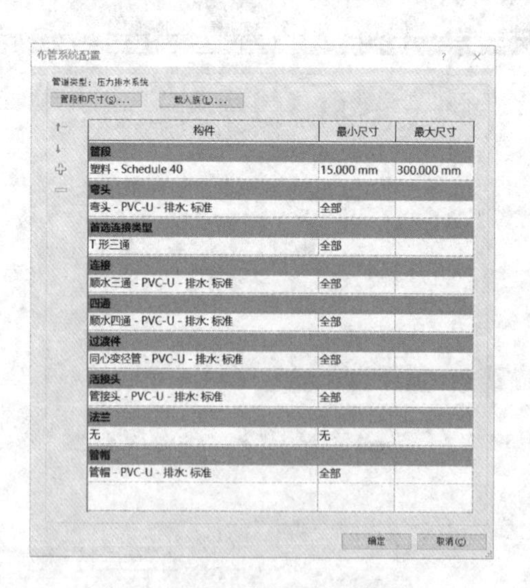

图 6-38 压力排水布管系统配置

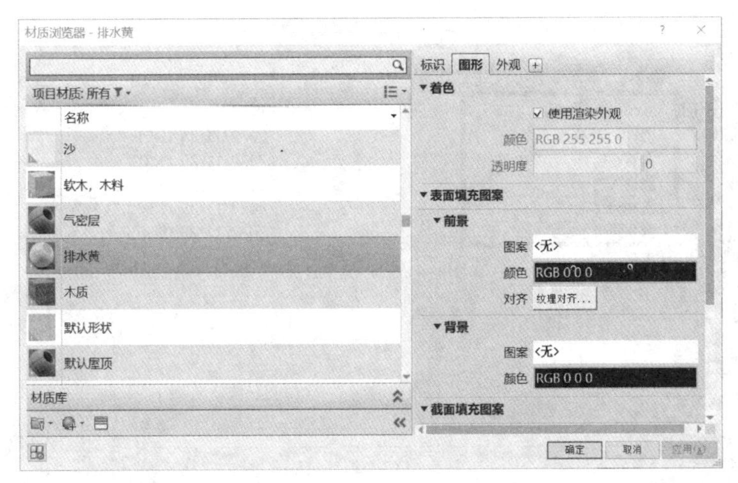

图 6-39　排水系统材质设置

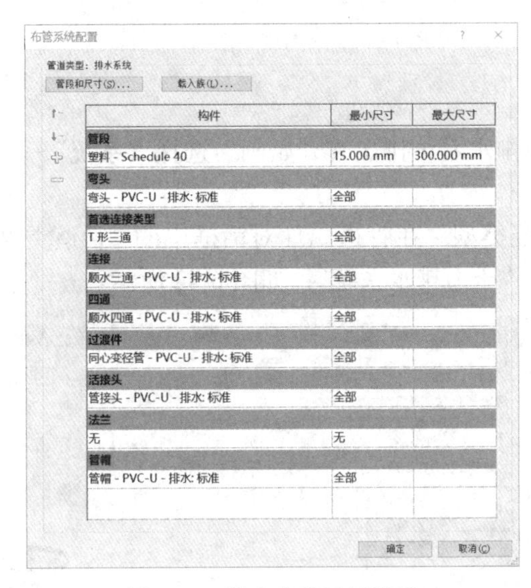

图 6-40　排水布管系统配置

五、排水管道绘制

下面介绍排水管道绘制方法。绘制顺序由下层至上层，首先绘制地下一层排水管道。

（1）打开“-1F”楼层平面视图

地下一层排水系统管道主要由压力排水系统组成，压力排水系统的功能为换热站排水兼消防排水。其中连接管道泵的排出管有水平方向管道和垂直方向管道。根据给排水设计说明，排水管道材质选用 PVC-U，管径为 DN100。

二维码 6-6
创建消防模型
用图纸

（2）载入所需管道附件族

选择“插入”→“载入族”命令，单击“打开”按钮，将排水管道所需管道附件“止回阀”“闸阀”“HY- 自动记录压力表”“通气帽”及排水设备“管道泵”载入到项目中，如图 6-41 所示，载入方法与给水管道附件载入方法相同，见项目六任务一　创建给水模型部分，不再赘述。

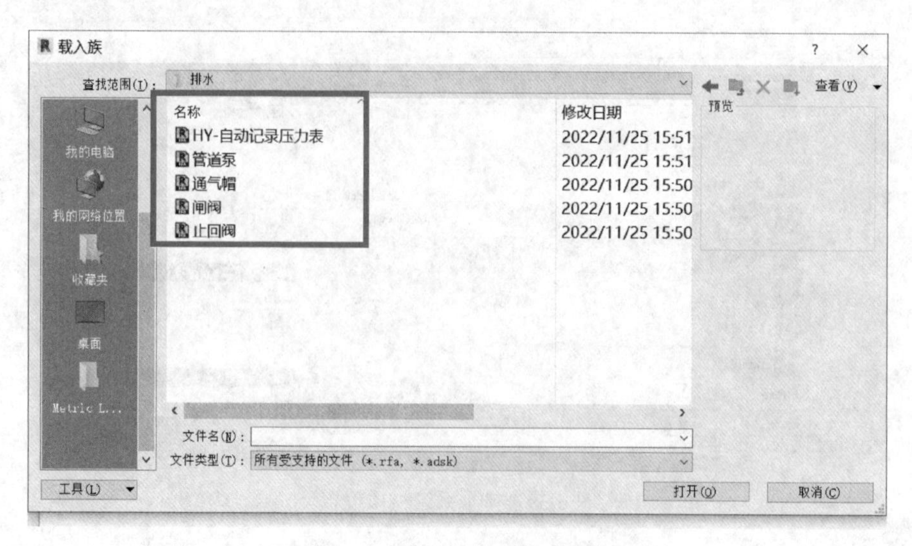

图 6-41 载入排水系统所需族

（3）绘制水平横管

首先从地下一层压力排水系统排出管开始画。选择“系统”→“卫浴和管道”→“管道”（PI），进入管道绘制模式。

① 选择压力排水系统类型。在管道属性对话框中的“管道类型”为“压力排水系统”，下方“系统类型”中选择“压力排水系统”，如图 6-42 所示。

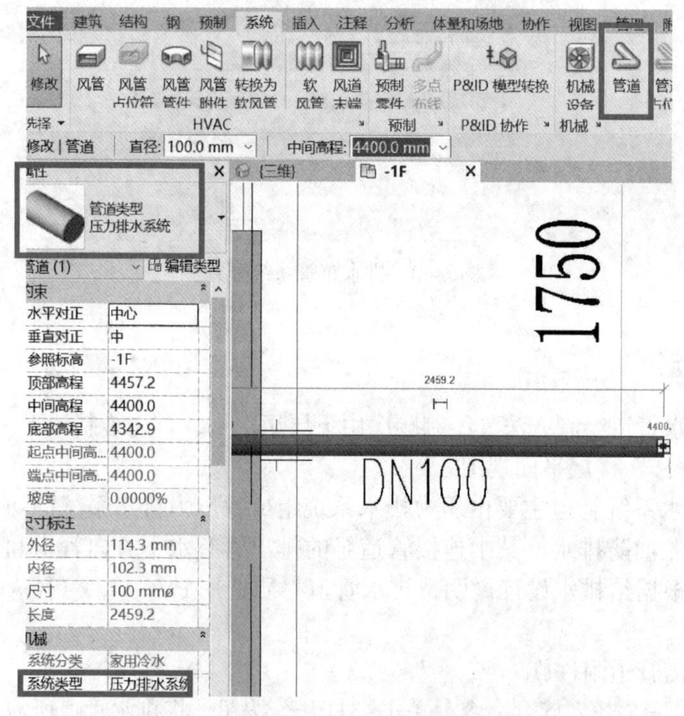

图 6-42 设置压力排水管道类型与系统类型

② 设置排水管道属性。在属性面板中，设置所绘制排水管道的属性：“水平对正”栏中选择“中心”选项，“垂直对正”栏中选择“中”，“参照标高”为“-1F”，“中间高程”为

“4400.0”毫米，“系统类型”为“压力排水系统”，如图 6-43 所示。将鼠标移动到底图压力排水管道端点处，单击鼠标左键，水平向左移动鼠标至水平管道末端，单击鼠标左键，完成水平排水管道的绘制。利用相同方法，完成项目其余排水系统水平横管的绘制。

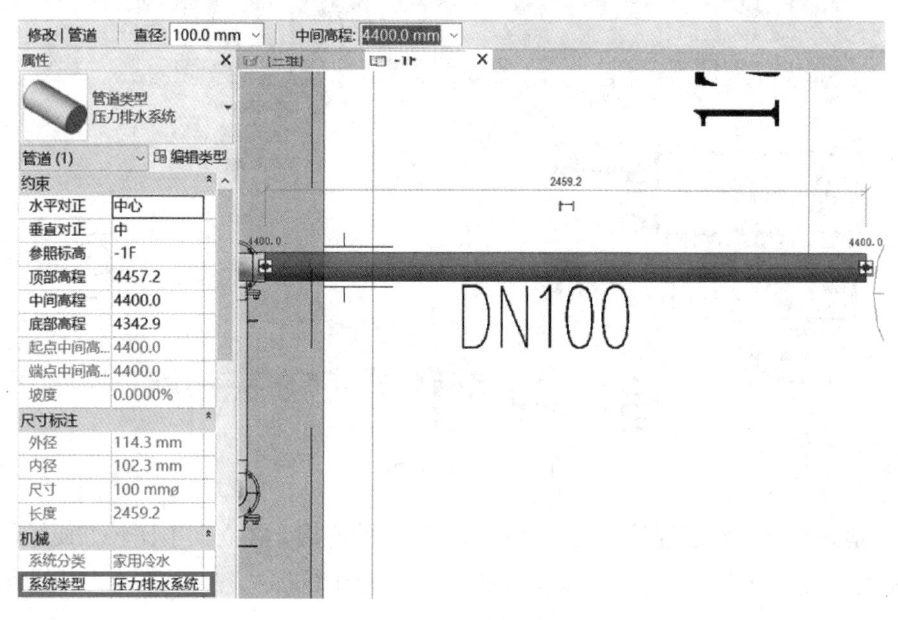

图 6-43　设置排水管道属性

（4）绘制排水立管

排水系统立管的绘制方法与任务一中给水系统立管绘制方法完全相同，具体方法可参考前文，不再赘述。按照图纸要求，完成排水系统立管的绘制。

（5）绘制排水立管下方的给水横管

按照图纸要求，绘制与排水立管连接的横管部分，绘制方法与给水模型类似，不再赘述。

（6）排水管道附件的添加

完成排水系统管道绘制以后，要进行排水管道附件的添加。将前文已经载入至项目中的“止回阀”“闸阀”“HY- 自动记录压力表”“通气帽”，按照图纸要求添加到排水系统管道相应位置，添加方法与给水管道附件添加方法相同，不再赘述。排水管道附件添加效果如图 6-44 所示。

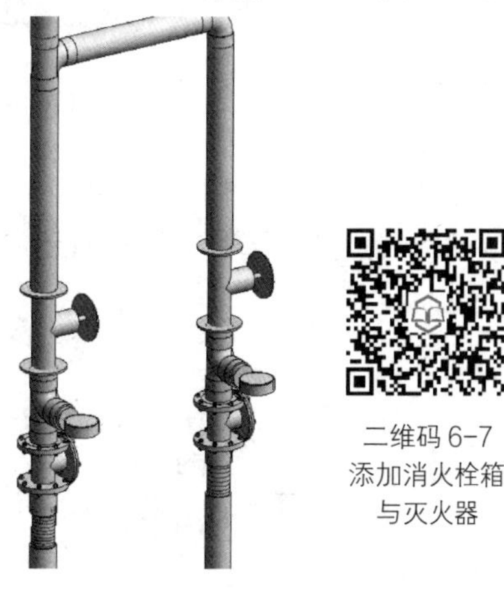

图 6-44　排水管道附件添加效果

二维码 6-7
添加消火栓箱与灭火器

（7）添加排水系统管道泵

本实训楼项目在动力排水系统中，设置有两台压力排水设备——管道泵，在前文，已经将管道泵与排水管道附件一并载入至项目中，下面讲解管道泵的放置和与排水管道的连接。

① 放置管道泵。由压力排水系统轴测图可知，管道泵安装高度在 -1F 地面以下 -900mm 的位置。打开“-1F”楼层平面，可以看到管道泵布置在压力排水管道排出管位置附近。依次点击“系统”→

“机械设备”（ME），在左侧属性栏中选择前文载入的“管道泵”机械设备，在属性栏下方的“标高”选择为“-1F”，“标高中的高程”设置为“-900.0”。在平面图中找到管道泵的位置，单击鼠标左键，管道泵即放置在相应的位置上了，如图 6-45 所示。

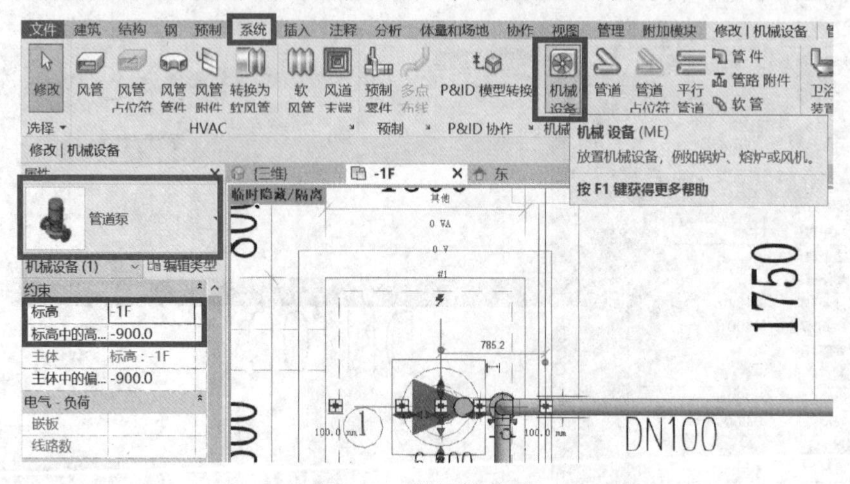

图 6-45　放置管道泵

② 管道泵与排水管道连接。排水管道与管道泵的连接，在立面中比较方便操作，因此在管道泵的上方建立剖面。单击建立剖面图标，单击鼠标左键，从右至左拖动鼠标，建立剖面，如图 6-46 所示。

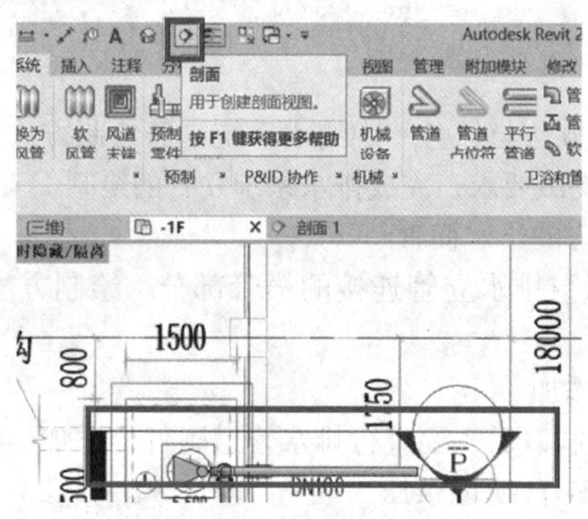

图 6-46　在管道泵上方建立剖面

③ 鼠标右键单击新建好的剖面，选择“转到视图”命令，操作如图 6-47 所示。鼠标右键单击设备端点处，选择“绘制管道”，如图 6-48 所示。

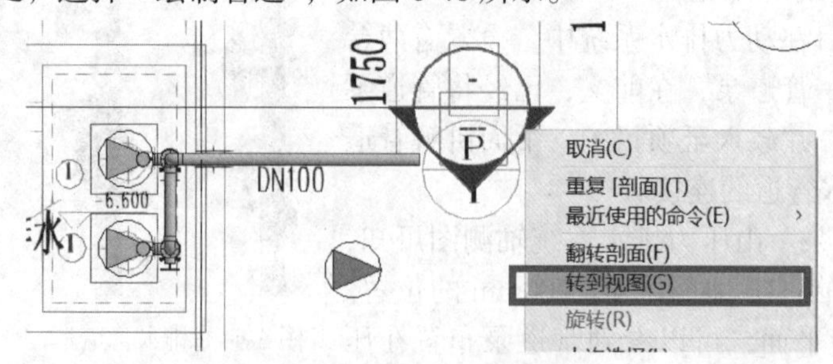

图 6-47　打开新建剖面视图

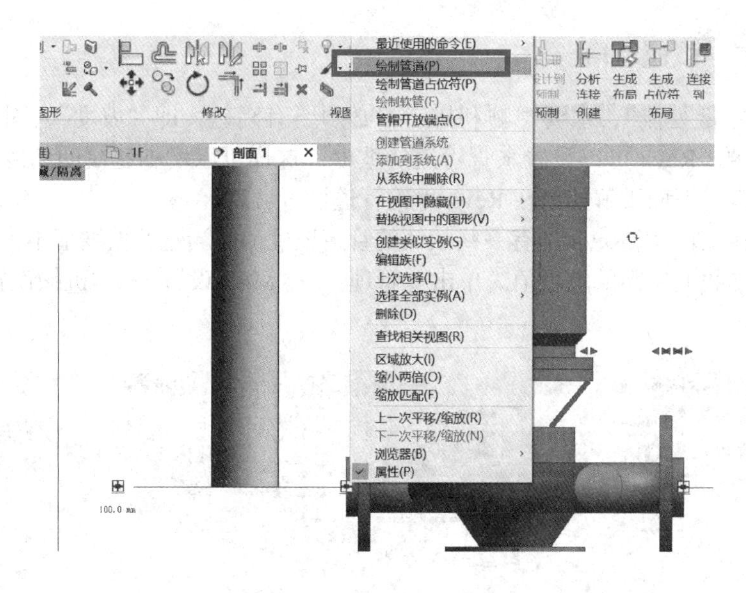

图 6-48　创建管道泵连接管道

④ 将光标水平移动至左侧排水立管中心线处，单击鼠标左键，即完成排水系统管道与管道泵的连接，如图 6-49 所示。

依照上述管道的绘制步骤，依次完成汽车实训楼所有排水管道及设备的建模，完成后的排水系统模型三维效果如图 6-50 所示。

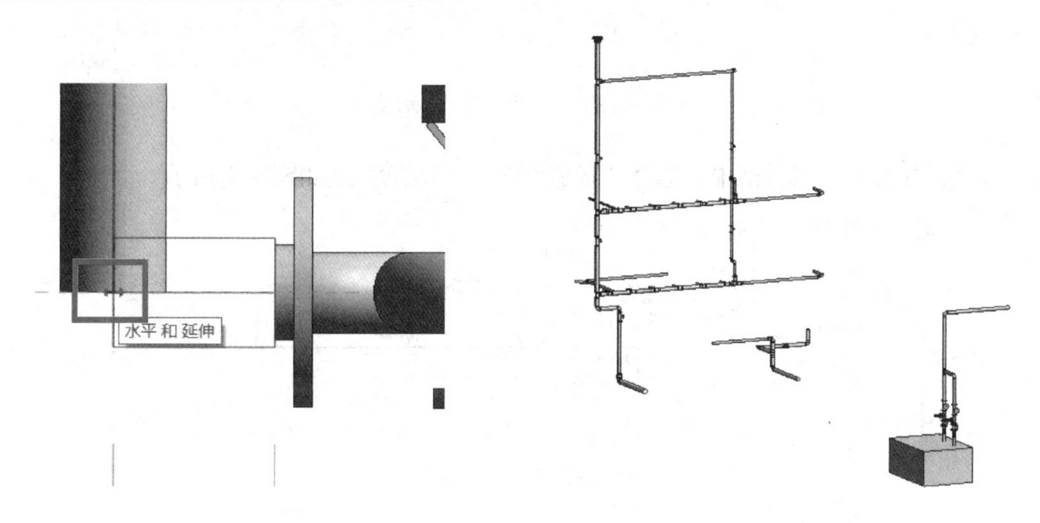

图 6-49　管道泵水平管道与排水系统连接　　图 6-50　排水管道系统模型三维效果示意

重点提示

1. 在管道连接时，需要精准捕捉管线中心线或端点等位置时，可将“视觉样式”切换为“线框”，这样更容易找到相应的位置。

2. 管道的连接在平面视图或者三维视图均可完成，视具体情况选择方便的视图进行建模即可。

3. 放置排水泵时，注意水泵的约束标高是否为水泵所应放置的楼层标高。

任务拓展　设置坡度

所谓“水往低处流”，水要想顺利排走，必须要有高差，即“坡度”，因此坡度对于排水系统至关重要。Revit 可以设置水管管道的坡度，这样可以增加建模的精度，提高模型的还原度与准确度。下面讲解如何在 Revit 里给管道设置坡度。

① 添加坡度值。当 Revit 中有一些默认的管道坡度值，当这些坡度值不是想要设置的数值时，需要添加我们所需的坡度值。单击“管理”→“MEP 设置”→“机械设置”（MS），如图 6-51 所示。

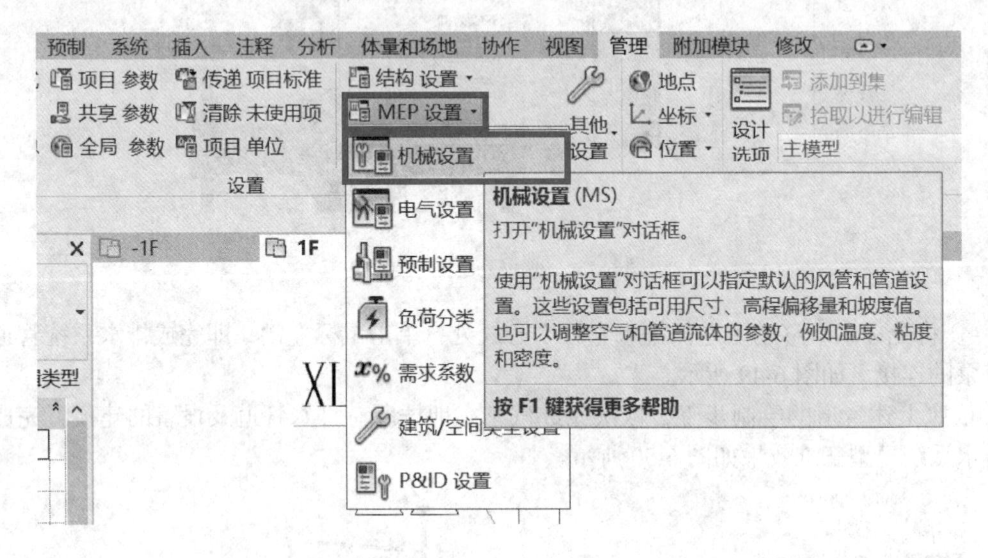

图 6-51　打开“机械设置”对话框

在“机械设置”对话框中，选择“管道设置”→“坡度”，如图 6-52 所示。

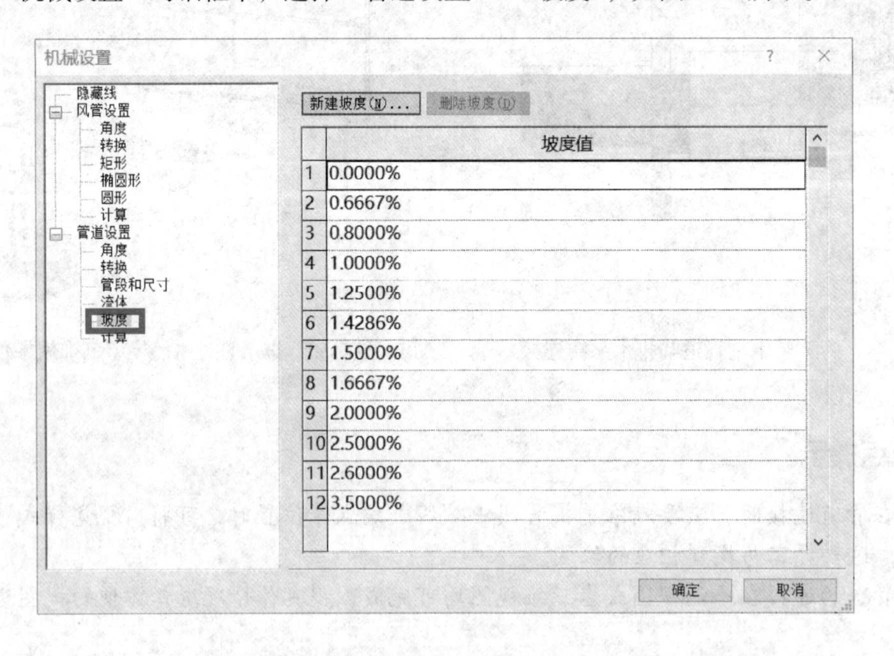

图 6-52　“机械设置”对话框

单击“新建坡度…”按钮，打开“新建坡度”对话框，在此可以输入想要的坡度，例如“1.2”，如图 6-53 所示。

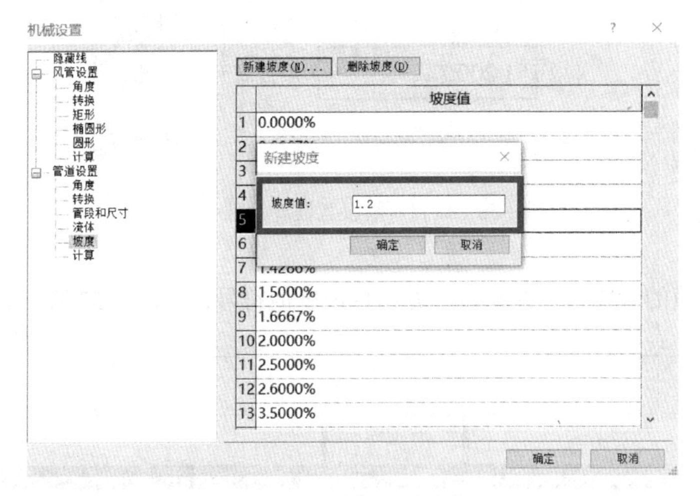

图 6-53　添加所需坡度

② 设置管道坡度。管道坡度设置既可以在管道绘制前就设置好，也可以对绘制好的管道进行坡度设置，下面以绘制好的管道的坡度设置为例进行讲解。鼠标左键单击要设置坡度的排水管道，如图 6-54 所示。单击“编辑”→“坡度”功能按钮，如图 6-55 所示。

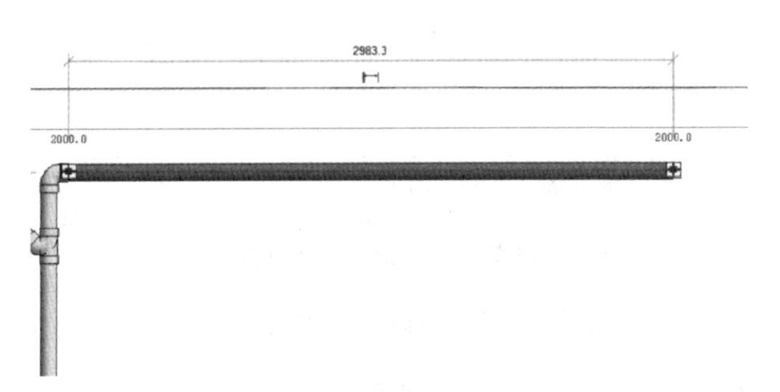

图 6-54　选中所需设置坡度的排水管道

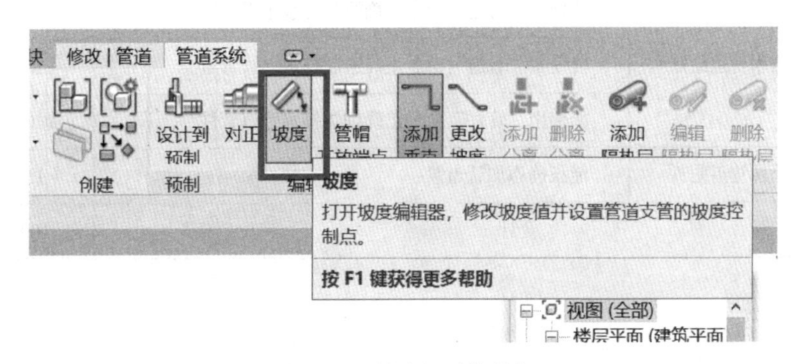

图 6-55　“坡度”功能按钮

在左侧“坡度值”选项栏中选择刚才新建的坡度值“1.2000%”，鼠标左键单击“完成”按钮，完成选中管段坡度设置，如图 6-56 所示。

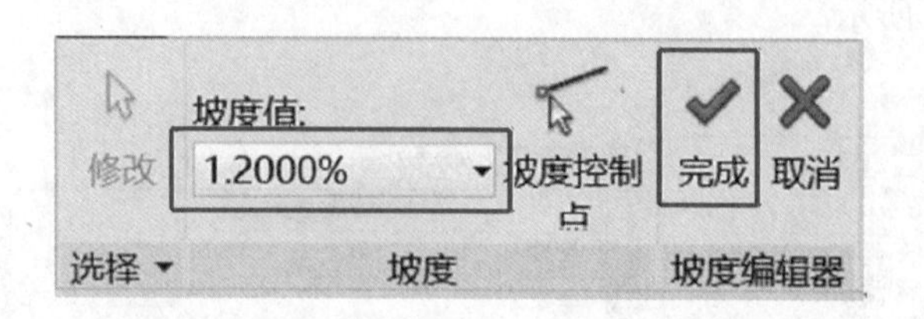

图 6-56 设置所需设置坡度的排水管道

设置好坡度值的管段，会在管段上方出现坡度值符号，如图 6-57 所示。

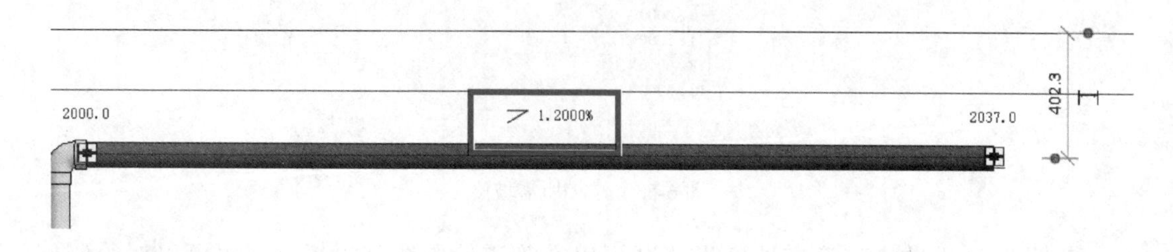

图 6-57 设置好坡度值的排水管道

任务评价

姓名：　　　　　　　　　　　　　班级：　　　　　　　　　　　　　日期：

序号	考核点	要求	分值 / 分	得分 / 分
1	识读排水图纸	能正确导入排水平面图	5	
		能正确识读排水平面图中的所有信息	5	
		能正确识读排水立面图中的所有信息	5	
2	管道参数设置	能正确设置排水管道参数	10	
3	给水管道绘制	能使用“管道”命令正确绘制排水水平管道	20	
		能使用“管道”命令正确绘制排水立管管道	20	
		能使用“管件”命令正确创建排水管道管件	20	
4	添加管道附件	能正确添加管道泵	15	
合计			100	

任务总结

Revit2021 软件创建排水模型的流程如下：

①将所需创建排水模型的平面图导入至相应平面视图中；②正确设置排水系统参数；③建立排水系统管道模型；④建立排水系统管道附件及管道泵。

任务三　创建消防模型

工作任务卡

任务编号	6-3	任务名称	创建消防模型
授课地点	机房	建议学时	4 学时
教学软件	Revit2021	图纸名称	汽车实训楼 - 水施 01：设计说明、水施 02：地下一层给排水消火栓平面图、水施 03：一层给排水消火栓平面图、水施 04：二层给排水消火栓平面图、水施 05：给排水消火栓系统图
学习目标	素质目标	在识读消防图纸时，培养科学严谨的作风； 通过探索建模方法，养成独立思考的习惯	
	知识目标	了解消防系统的功能与组成； 掌握消防管道建立的方法，管件及管道附件连接方法	
	能力目标	按图纸创建和修改消防管道； 会连接消火栓箱	
教学重点	正确创建消防系统		
教学难点	正确连接消火栓箱		

任务引入

识读汽车实训楼消防施工图，创建汽车实训楼消防系统模型；正确设置消防管道和消防系统参数。

二维码 6-8
创建凝结水
模型用图纸

任务分析

给排水图纸包括“水施 01：设计说明”“水施 02：地下一层给排水、消火栓平面图”“水施 03：一层给排水、消火栓平面图”“水施 04：二层给排水、消火栓平面图”“水施 05：给排水、消火栓系统图”。本汽车实训楼消防系统主要由消火栓系统组成，其中消火栓系统分布在一层、夹层、二层房间内。识读汽车实训楼水施 05 消火栓系统图，可以找出各楼层消火栓支管的管径和标高，水施 02、水施 03、水施 04 给水平面图中可以找出各楼层消火栓水平支管布置位置及消火栓箱位置。

任务实施

一、图纸拆分

在图纸导入 Revit 之前，首先要对图纸进行拆分处理，即把图纸按照专业和楼层进行拆分。任务一　创建给水模型中已讲过类似内容，拆分结果如图 6-1 所示。

二、过滤器设置

双击打开前述建好的排水模型文件“实训楼 - 排水 .rvt”，打开排水模型。双击打开项目浏览器中的“-1F”楼层平面。由于在项目六任务二　创建排水模型中已经建立好过滤器，所以此处不需要重复建立过滤器。这里只显示消火栓系统即可，故在“可见性”选项中只勾选“消火栓系统”，其他系统不需勾选，如图 6-58 所示。

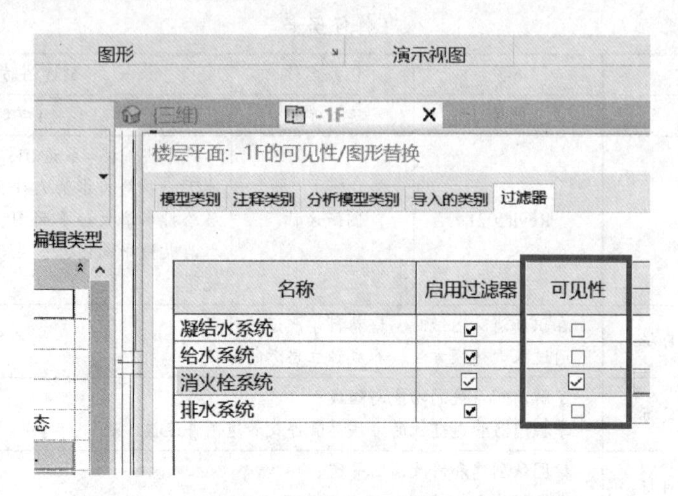

图 6-58　设置过滤器消火栓系统可见性为可见

三、导入图纸

在项目六任务二　创建排水模型中，由于已经将“水施 02：地下一层给排水、消火栓平面图”图纸导入至“-1F”楼层平面中（操作方法如项目六任务一　创建给水模型“导入图纸”部分讲解），所以在建立消防模型时不用再导入相同图纸。“任务四 创建凝结水模型”情况相同，均不用再导入图纸至相应平面。

四、设置消火栓管道参数

消火栓管道参数与消火栓系统的建立方法与给水系统和排水系统均相同，具体方法见项目六任务一相关内容介绍，不再赘述，设置结果如图 6-59、图 6-60 所示。

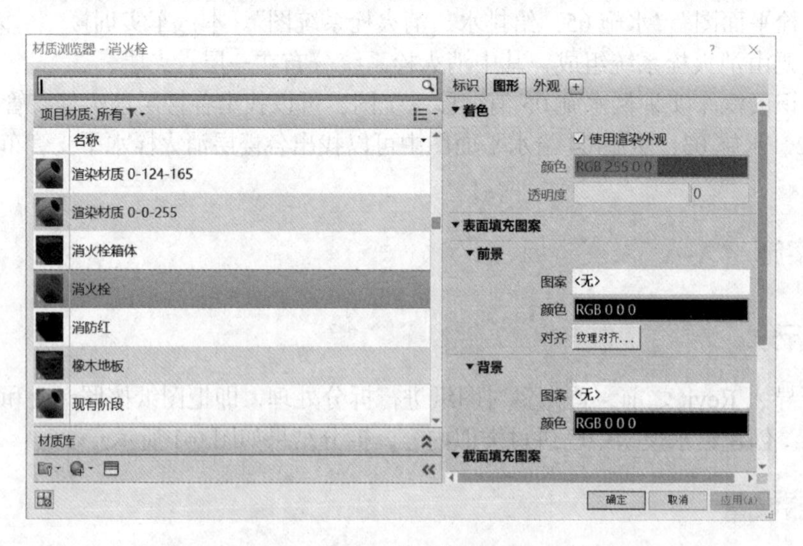

图 6-59　消火栓系统材质设置

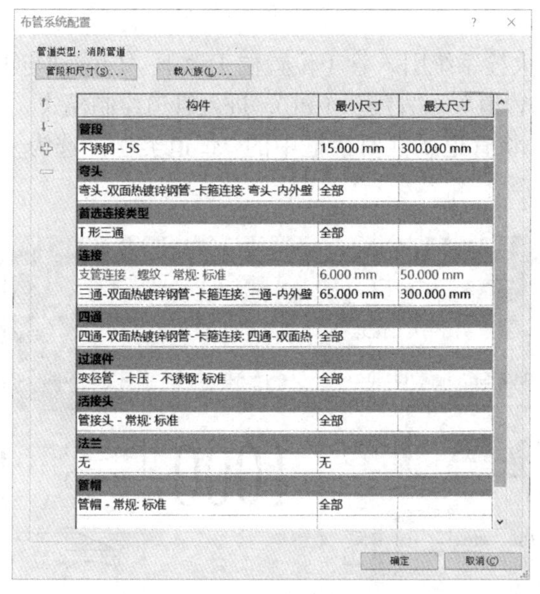

图 6-60　消防管道布管系统配置

五、消防管道绘制

下面介绍消防管道绘制方法。绘制顺序由下层至上层，首先绘制地下一层消火栓管道。

（1）打开“-1F”楼层平面视图

地下一层消防系统管道主要由消火栓系统组成。其中连接消火栓箱的消防支管有水平方向管道和垂直方向管道。

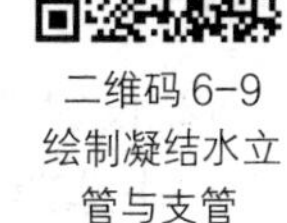

二维码 6-9 绘制凝结水立管与支管

（2）载入消防管道所需管道附件族

选择“插入”→“载入族”命令，单击“打开”按钮，将消火栓管道所需管道附件“蝶阀”“自动排气阀”以及设备“单栓室内消火栓箱”和“灭火器”载入到项目中，如图 6-61 所示，载入方法与给水管道附件载入方法相同，见项目六任务一　创建给水模型部分，不再赘述。

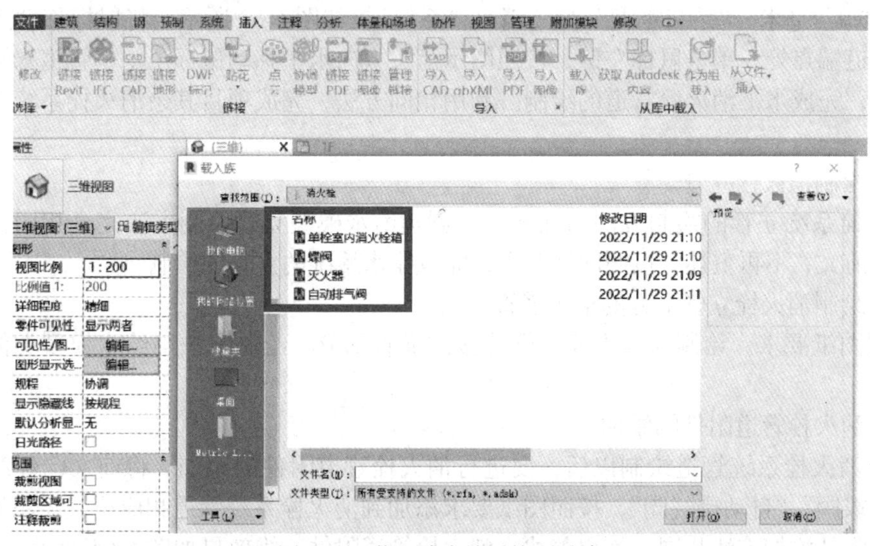

图 6-61　载入消火栓系统所需族

（3）绘制水平横管

首先从地下一层消火栓系统引入管（位置位于地下一层Ⓐ轴与①、②轴之间）开始画。选择“系统”→“卫浴和管道”→“管道”（PI），进入管道绘制模式。

① 选择管道类型。将管道属性对话框中的“管道类型”选为“消防管道”，如图6-62所示。

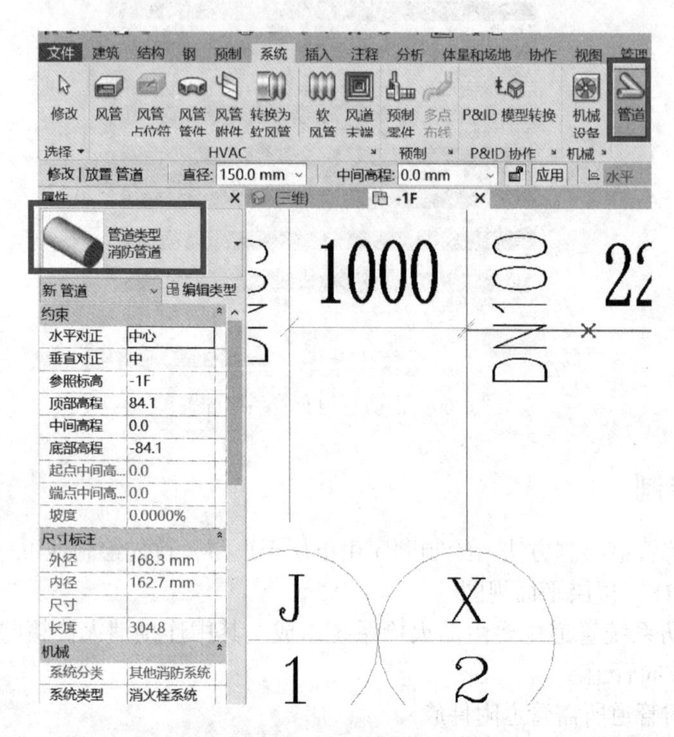

图6-62 选择“消防管道”管道类型

② 设置消火栓管道属性参数。在属性面板中，设置所绘制消火栓管道的属性：“水平对正”栏中选择“中心”选项，“垂直对正”栏中选择“中”，“参照标高”为“1F”，中间高程为“−1450.0”毫米，“系统类型”为“消火栓系统”，如图6-63所示。将鼠标移动到底图压力排水管道端点处，单击鼠标左键，按照图示箭头方向水平移动鼠标至水平管道末端，单击鼠标左键，完成水平消火栓管道的绘制。利用相同方法，完成项目其余消火栓系统水平横管的绘制。

（4）绘制消火栓立管

消火栓系统立管的绘制方法与任务一 创建给水模型立管绘制方法完全相同，具体方法可参考前文，不再赘述。按照图纸要求，完成排水系统的立管的绘制。

（5）绘制消火栓立管下方的给水横管

按照图纸要求，绘制与消火栓立管连接的横管部分，绘制方法与给水模型类似，不再赘述。

（6）消火栓管道附件的添加

完成消火栓系统管道绘制以后，要进行消火栓管道附件的添加。将前文已经载入至项目中的“蝶阀”“自动排气阀”，按照图纸要求添加到消火栓系统管道相应位置，添加方法与给水管道附件添加方法相同，不再赘述。消火栓管道附件三维效果如图6-64所示。

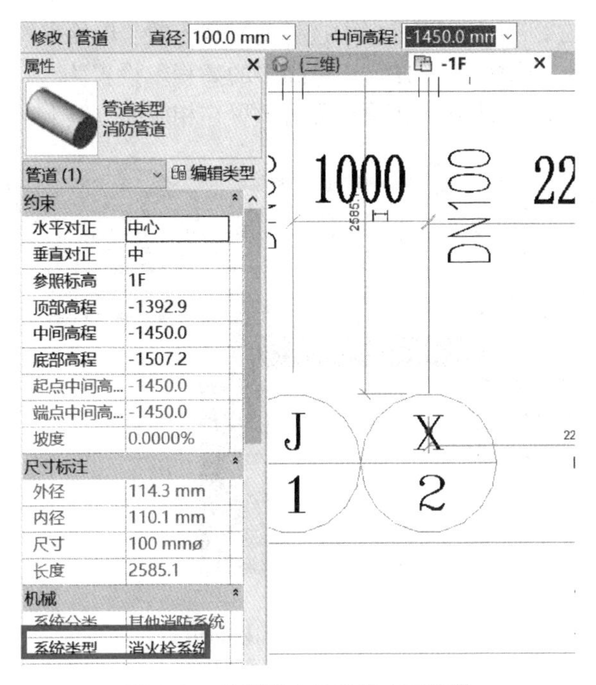

图 6-63　绘制消火栓系统水平管道

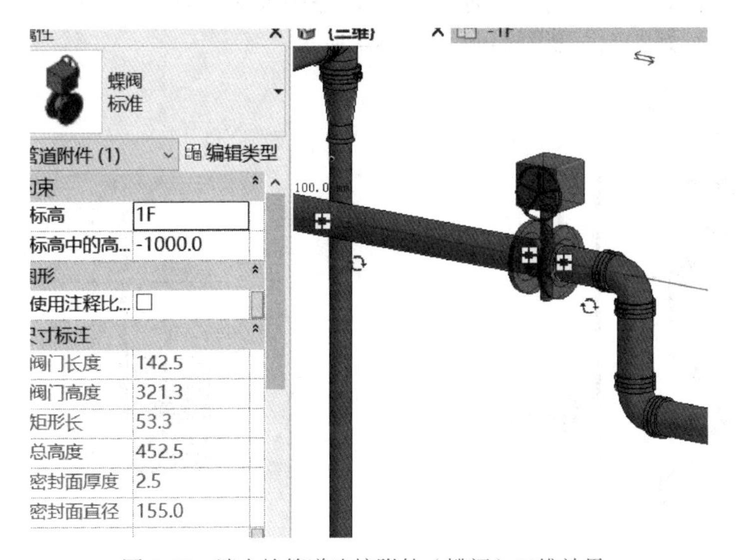

图 6-64　消火栓管道连接附件（蝶阀）三维效果

二维码 6-10
某公园卫生间
排水大样图

（7）添加消火栓箱及灭火器

本汽车实训楼项目消火栓系统中，在地下一层、一层、二层均布有消火栓箱及灭火器，消火栓箱和灭火器族与排水管道附件载入项目的方法相同，不再赘述，下面讲解消火栓箱及灭火器的放置和与消火栓管道的连接。

① 放置消火栓箱。下面以地下一层消火栓箱的放置为例进行讲解，其他楼层消火栓箱的放置方法相同。由压力排水系统轴测图可知，消火栓箱安装高度在距 -1F 地面 1100mm 高度的位置。打开“-1F”楼层平面，由底图所示可知，地下一层有两个消火栓箱，其在平面中的位置分别在①轴与Ⓒ轴交点附近和②轴与ⓁⒶ轴交点附近，贴墙明装安装。依次点击“系

统”→“机械设备”（ME），在左侧属性栏中选择前文载入的“单栓室内消火栓箱”机械设备，在属性栏下方的“标高”选择为“-1F”，“标高中的高程”设置为“1100.0”。在平面图中找到消火栓箱的位置，单击鼠标左键，消火栓即可放置在相应的位置上，如图 6-65 所示。

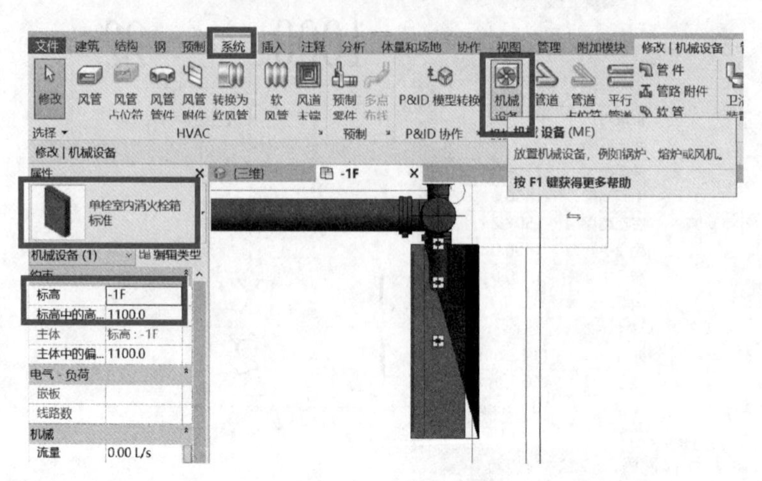

图 6-65　放置消火栓箱

② 消火栓箱与消火栓管道连接。消火栓管道与消火栓箱的连接，在立面中比较方便操作，因此在消火栓箱的右侧建立剖面。剖面建立的方法在项目六任务二　创建排水模型中有介绍，不再赘述，建立好的剖面如图 6-66、图 6-67 所示。

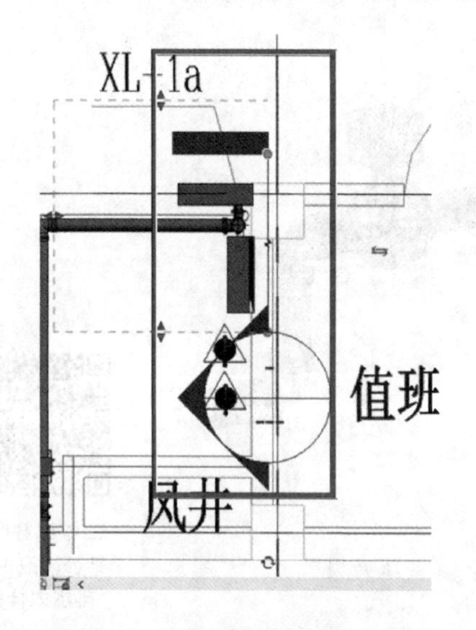

图 6-66　在消火栓箱右侧建立剖面

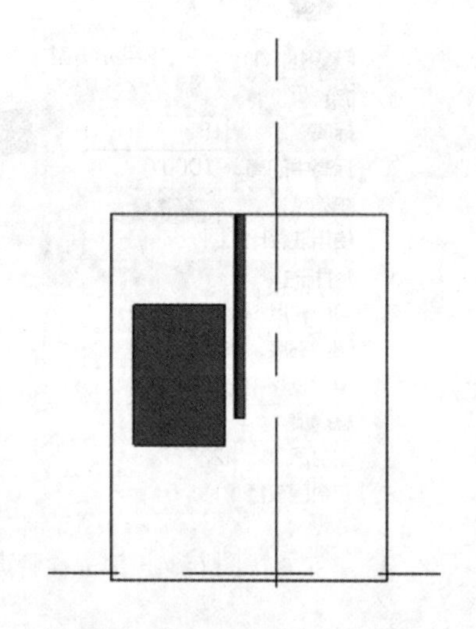
图 6-67　转到新建的剖面视图

③ 鼠标右键单击设备端点处，选择“绘制管道”，如图 6-68 所示。

④ 将光标水平移动至右侧消防立管中心线处，单击鼠标左键，即完成消火栓系统管道与消火栓箱的连接，如图 6-69 所示。

⑤ 添加灭火器。灭火器的添加方法与消火栓箱类似，首先打开“-1F”楼层平面，找到并右键单击项目浏览器中的“专用设备”→“灭火器”，选择“创建实例”命令，如图 6-70 所示。

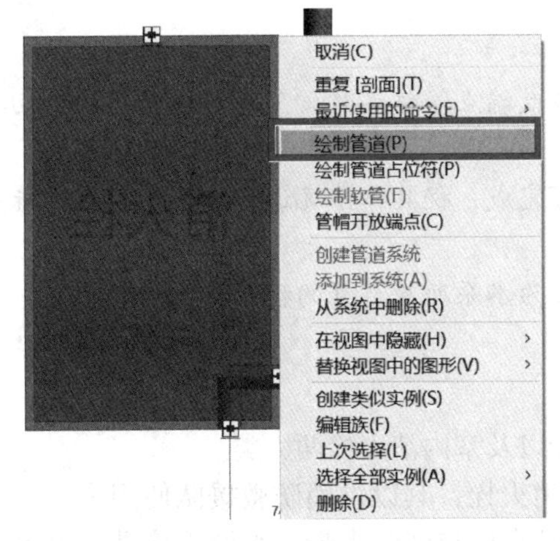

图 6-68 “绘制管道”命令

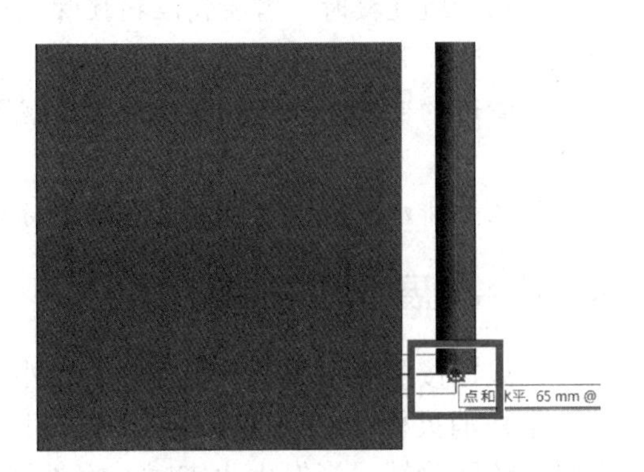

图 6-69 消火栓箱与消火栓系统管道的连接

在灭火器的属性对话框中“标高”设置为“-1F”,“标高中的高程”设置为“0.0”,按照底图位置,将灭火器放置在正确的位置上,如图 6-71 所示。

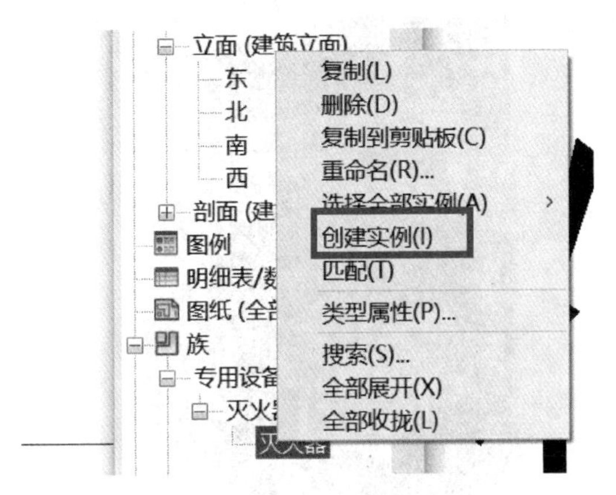

图 6-70 创建“灭火器”实例

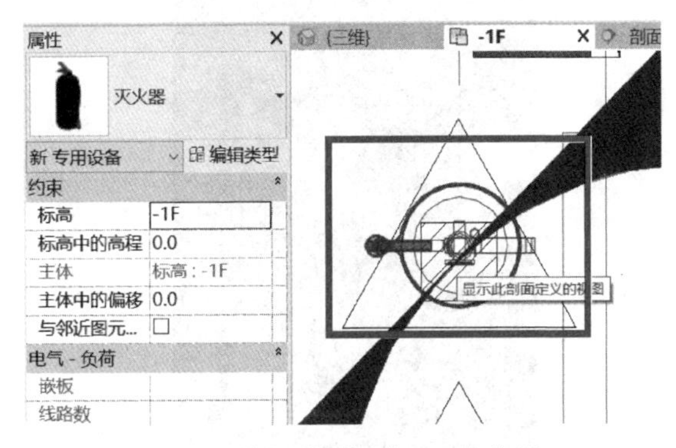

图 6-71 将灭火器摆放至正确位置

依照上述管道的绘制步骤,依次完成汽车实训楼所有消火栓管道及设备的建模,完成后的消火栓系统模型三维效果如图 6-72 所示。

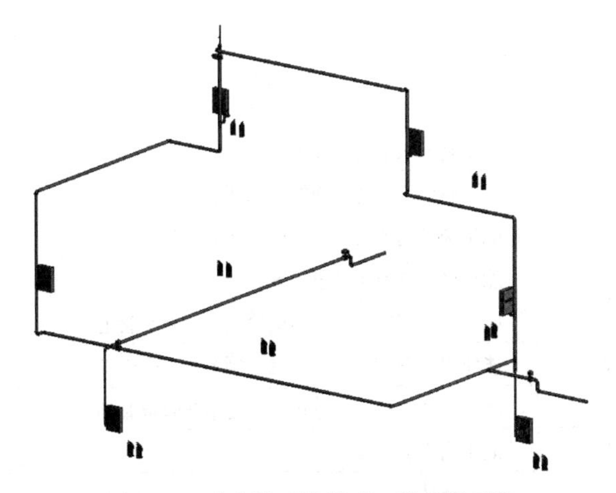

图 6-72 消火栓系统模型三维效果示意

重点提示

1. 在管道连接时，需要精准捕捉管线中心线或端点等位置时，可将“视觉样式”切换为“线框”，这样更容易找到相应的位置。

2. 管道的连接在平面视图或者三维视图均可完成，视具体情况选择方便的视图进行建模即可。

3. 放置排水泵时，注意水泵的约束标高是否为水泵所应放置的楼层标高。

任务拓展　消火栓的分类

消火栓按照使用场所不同可分为室外消火栓以及室内消火栓两大类。

室外消火栓是指设置在建筑物外墙以外的消火栓，其以供消防救援队使用为主，单位志愿消防队为辅。当发生火灾时，室外消火栓可直接与消防水带、水枪连接进行灭火，如图 6-73 所示。

室内消火栓是指设置在建筑物内的消火栓。室内消火栓是一种应用最为广泛的灭火设施，通常安装在消火栓箱内，与水带、水枪等消防器材配合使用，如图 6-74 所示。

图 6-73　室外消火栓

图 6-74　室内消火栓

任务评价

姓名：　　　　　　　　　　班级：　　　　　　　　　　日期：

序号	考核点	要求	分值 / 分	得分 / 分
1	识读消防图纸	能正确导入消防平面图	5	
		能正确识读消防平面图中的所有信息	5	
		能正确识读消防立面图中的所有信息	5	
2	管道参数设置	能正确设置消防管道参数	10	
3	消防管道绘制	能使用“管道”命令正确绘制消防水平管道	20	
		能使用“管道”命令正确绘制消防立管管道	20	
		能使用“管件”命令正确创建消防管道管件	20	
4	添加管道附件	能正确添加消火栓	15	
合计			100	

任务总结

Revit2021软件创建消防模型的流程如下：

①将所需创建消防模型的平面图导入至相应平面视图中；②正确设置消防系统参数；③建立消防系统管道模型；④建立消防系统管道附件。

任务四　创建凝结水模型

工作任务卡

任务编号	6-4	任务名称	创建凝结水模型
授课地点	机房	建议学时	2学时
教学软件	Revit2021	图纸名称	汽车实训楼-水施01：设计说明、水施02：地下一层给排水消火栓平面图、水施03：一层给排水消火栓平面图、水施04：二层给排水消火栓平面图、水施05：给排水消火栓系统图
学习目标	素质目标	在识读凝结水图纸时，培养科学严谨的作风； 通过凝结水建模训练，掌握分流制排水的优势，增强绿色环保意识	
	知识目标	了解冷凝水系统的功能与组成； 掌握冷凝水管道建立的方法，管件及管道附件连接方法	
	能力目标	按图纸创建和修改凝结水管道； 会连接支管与凝结水管	
教学重点	正确创建凝结水系统		
教学难点	正确连接凝结水支管与凝结水管		

任务引入

识读汽车实训楼凝结水施工图，创建汽车实训楼凝结水系统模型；正确设置凝结水管道和凝结水系统参数。

任务分析

凝结水系统图纸包括“水施01：设计说明”“水施02：地下一层给排水、消火栓平面图”“水施03：一层给排水、消火栓平面图”“水施04：二层给排水、消火栓平面图”“水施05：给排水、消火栓系统图”。由项目设计说明可知，本汽车实训楼凝结水系统为建筑外排水系统，建筑外排水系统是指屋面不设雨水斗，建筑物内部没有雨水管道的雨水排放系统。本项目凝结水系统主要由水平雨水管与凝结水管组成，其中管道主要分布在一层、夹层、二层外墙外。识读汽车实训楼水施05冷凝水系统图，可以找出各楼层凝结水管的管径和标高，水施02、水施03、水施04给水平面图中可以找出各楼层凝结水水平支管布置位置。

任务实施

一、图纸拆分

在图纸导入 Revit 之前，首先要对图纸进行拆分处理，即把图纸按照专业和楼层进行拆分。任务一　创建给水模型中已讲过类似内容，拆分结果如图 6-1 所示。

二、过滤器设置

双击打开前述建好的排水模型文件“实训楼 - 排水 .rvt”，打开排水模型。由于 -1F 楼层没有凝结水管，所以从一层开始往上绘制凝结水管。双击打开项目浏览器中的“1F”楼层平面。由于在项目六任务二　创建排水模型中已经建立好过滤器，所以此处不需要重复建立过滤器。这里只显示凝结水系统即可，故在“可见性”选项中只勾选“凝结水系统”，其他系统不需勾选，如图 6-75 所示。

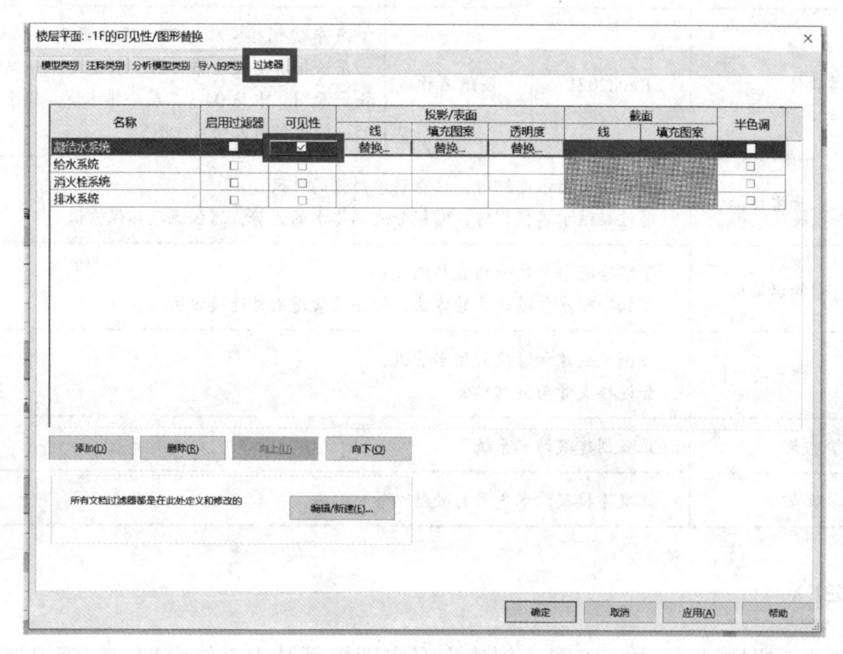

图 6-75　设置过滤器凝结水系统可见性为可见

三、导入图纸

在项目六任务一　创建给水模型时，已将所需图纸导入至相应楼层平面中了，所以此时建立模型时不用再导入相同图纸（导入图纸方法见：项目六任务一　创建给水模型　三、导入图纸）。

四、设置凝结水管道参数

凝结水管道参数与凝结水系统的建立方法与给水系统、排水系统和消防系统均相同，具体方法如项目六任务一相关内容介绍，不再赘述，设置结果如图 6-76、图 6-77 所示。

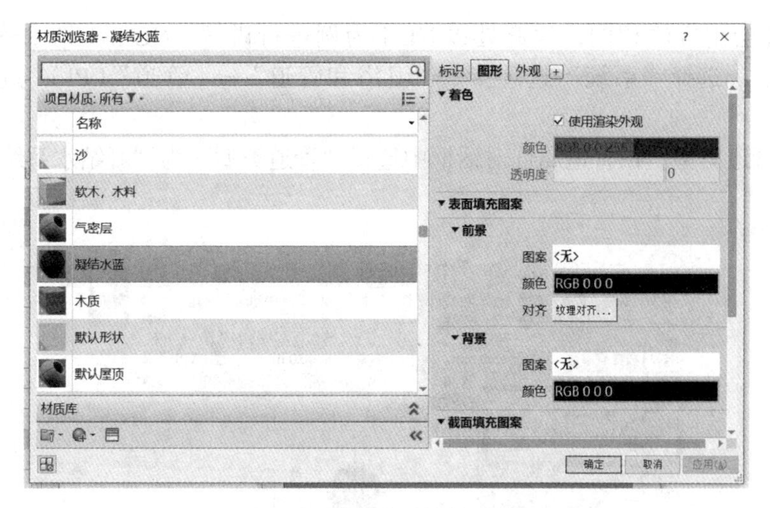

图 6-76　凝结水系统材质设置

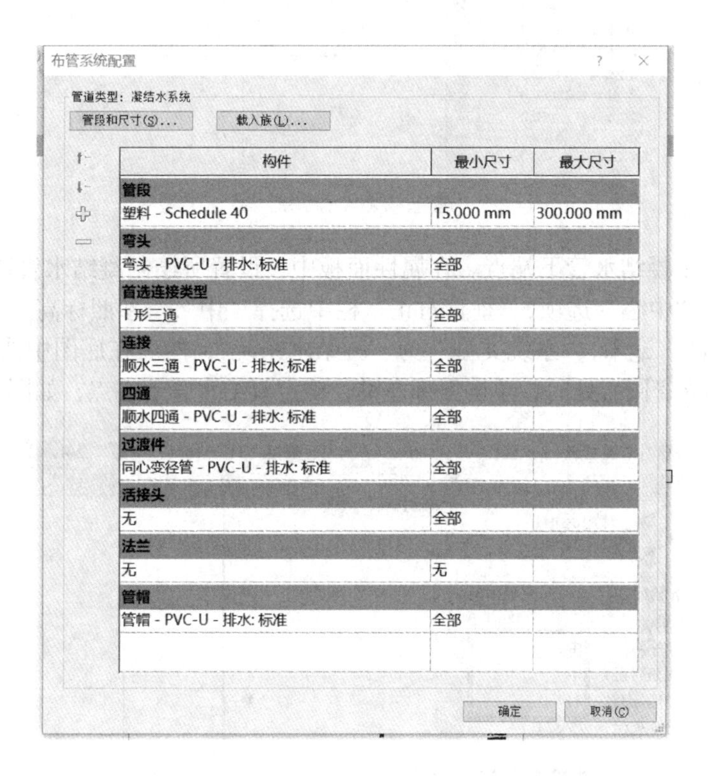

图 6-77　凝结水管道布管系统配置

五、凝结水管道绘制

下面介绍凝结水管道绘制方法。绘制顺序由下层至上层，首先绘制一层凝结水管道。

（1）打开“1F”楼层平面视图

一层凝结水系统管道主要由凝结水管组成。

（2）绘制凝结水管

本项目凝结水管一共有 5 组，图纸上分别标记为“NL-1”“NL-2”“NL-3”“NL-4”“NL-5”，

5 组凝结水管绘制方法相同，故此处以 NL-1 为例进行讲解。NL-1 凝结水管位于Ⓑ轴与①轴交点附近。选择“系统”选项卡→“卫浴和管道”→“管道”（PI），进入管道绘制模式。

① 选择管道类型。在管道属性对话框中选择“管道类型”为“凝结水系统”，如图 6-78 所示。

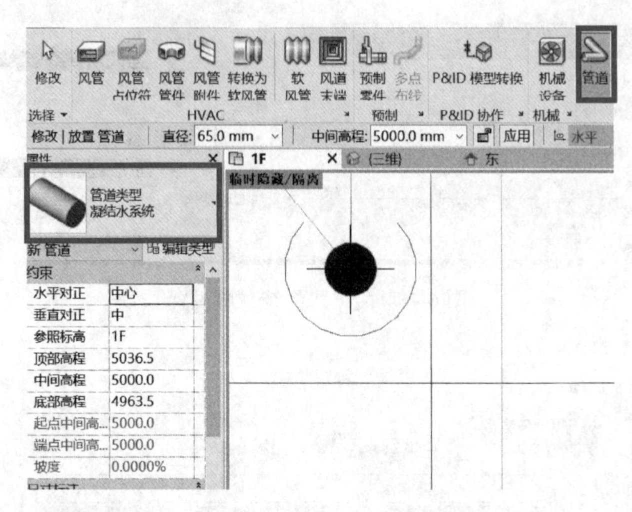

图 6-78　选择“凝结水系统”管道类型

② 确定 NL-1 凝结水管下端点。在属性面板中，设置所绘制凝结水管道的属性：“水平对正”栏中选择“中心”选项，“垂直对正”栏中选择“中”，“参照标高”为“1F”，“底部高程”为“-350.0”毫米，“系统类型”为“凝结水系统”，然后在底图中找到 NL-1 凝结水管位置，捕捉到立管圆心处时，单击鼠标左键，确定凝结水管下端点，如图 6-79 所示。

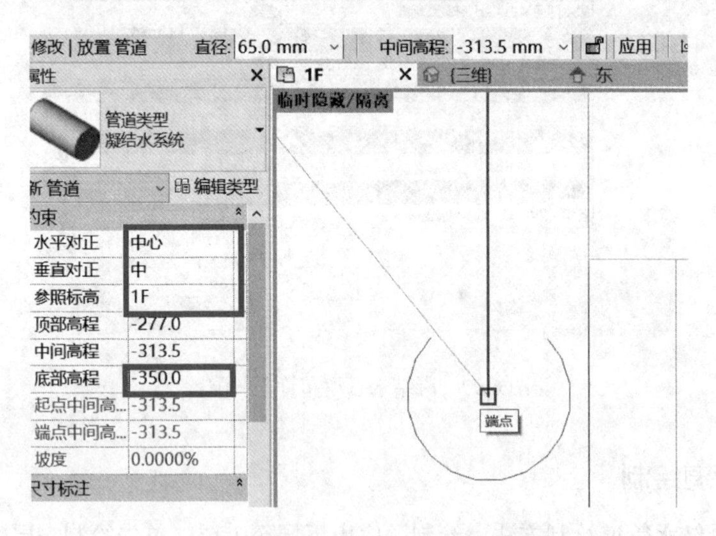

图 6-79　确定 NL-1 凝结水管下端点

③ 确定凝结水管上端点。在“修改 | 放置 管道”栏中输入管道直径“50.0mm”，“中间高程”输入“5000.0mm”，然后鼠标左键双击右侧的“应用”按钮，NL-1 凝结水管即绘制完成，如图 6-80 所示。

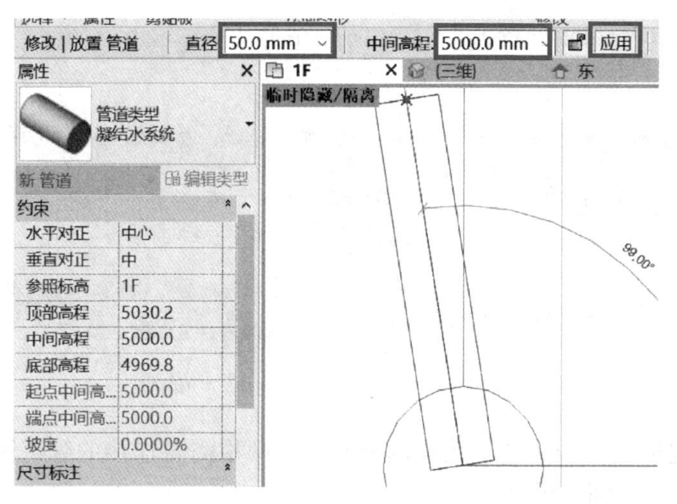

图 6-80　确定 NL-1 凝结水管上端点

（3）绘制凝结水管上方的横支管

按照图纸要求，绘制与凝结水管立管连接的横管部分，绘制方法与给水模型类似，不再赘述。

依照上述管道的绘制步骤，依次完成实训楼其余所有凝结水管道的建模，完成后的凝结水系统模型三维效果如图 6-81 所示。

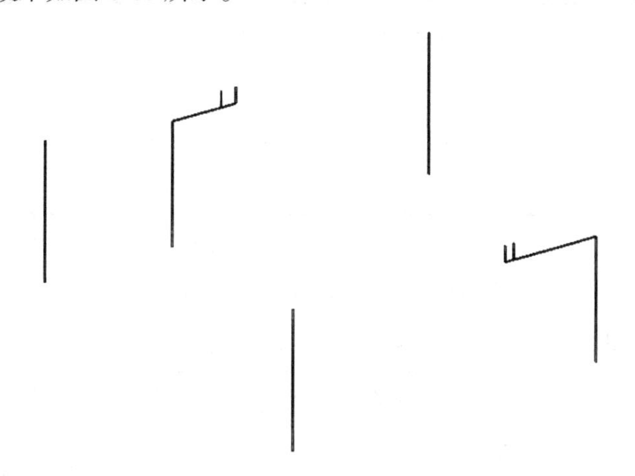

图 6-81　凝结水系统模型三维效果示意

重点提示

1. 管道绘制时，注意管道类型应正确选择“凝结水系统”。
2. 由于凝结水系统中立管较多，在识图时应注意分辨正确的立管。
3. 凝结水立管在绘制时，应注意与底图位置的准确对应。

任务拓展　管道连接方法

有时为了方便，会先单独画出若干水管，然后再根据图纸信息，将需要连接的水管管道依次连接。下面介绍一种两根管道连接的方法，具体操作如下。

① 鼠标依次左键单击“修改”→“修剪 / 延伸为角”（TR）功能按钮，如图 6-82 所示。

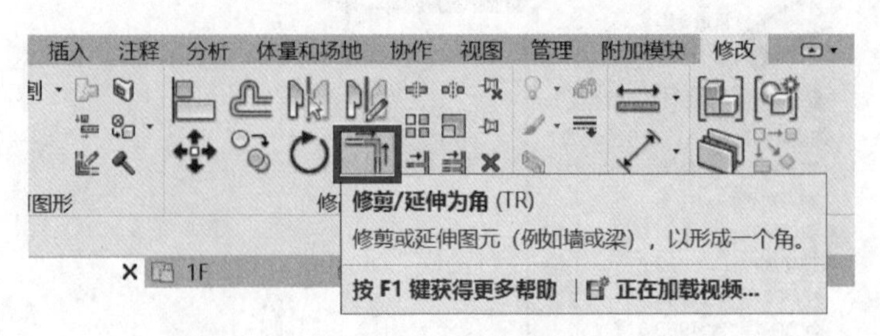

图 6-82　单击“修剪 / 延伸为角”功能按钮

② 鼠标左键依次单击需要连接的两根水管，两根需要连接的管道将完成连接，如图 6-83 所示。连接后的结果如图 6-84 所示。

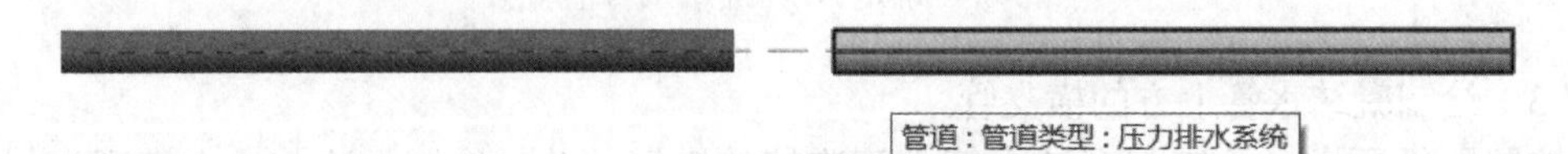

图 6-83　依次单击需要连接的管道

图 6-84　连接后的管道

任务评价

姓名：　　　　　　　　班级：　　　　　　　　日期：

序号	考核点	要求	分值 / 分	得分 / 分
1	识读凝结水图纸	能正确导入凝结水平面图	5	
		能正确识读凝结水平面图中的所有信息	5	
		能正确识读凝结水立面图中的所有信息	5	
2	管道参数设置	能正确设置凝结水管道参数	10	
3	凝结水管道绘制	能使用“管道”命令正确绘制凝结水水平管道	25	
		能使用“管道”命令正确绘制凝结水立管管道	25	
		能使用“管件”命令正确创建凝结水管道管件	25	
合计			100	

任务总结

Revit2021 软件创建凝结水模型的流程如下：

①将所需创建凝结水模型的平面图导入至相应平面视图中；②正确设置凝结水系统参数；③建立凝结水系统管道模型；④建立凝结水系统管道附件。

能力训练题

1. 下列绘制竖向消防管道的方式正确的是（　　）。

A. 使用“管道”命令，首先点击第一点，其次修改偏移量，最后再双击选项栏中的“应用”即可

B. 在剖面图中使用“管道”命令从下往上绘制管道

C. 使用“管道”命令，连接两段偏移量高差较大的风管的端部连接件，会自动生成竖向管道

D. 以上均正确

2. 为已创建无坡度的管道添加坡度时，在坡度编辑器中设定好坡度值之后，会在管道端点显示一个箭头，对该箭头说法正确的是（　　）。

A. 该端点为选定管道部分的最高点　　B. 该端点为选定管道部分的最低点

C. 无法切换该箭头位置　　D. 以上说法都不对

3. 以下哪个构件为系统族？（　　）

A. 风管　　B. 风管附件　　C. 风道末端　　D. 机械设备

4. 在绘制消防管道时，下列选项中可以在选项栏中调整的是（　　）。

A. 材质　　B. 对齐方式

C. 直径　　D. 偏移量

E. 管道类型

5.【2021 年“1+X”BIM 职业技能等级考试真题】在三维视图中怎么给不同的管道系统进行颜色区分？（　　）

A. 添加隔热层　　B. 使用颜色图例

C. 添加材质颜色　　D. 设置视图选项卡中的过滤器

E. 添加防热层

实 训 题

根据某公园卫生间排水大样图，建立项目卫生间排水模型，最终结果以“卫生间排水”命名。

项目七　采暖与通风模型

❖ 学习目标

素质目标

- 在识读采暖与通风图纸时，培养科学严谨的作风；
- 通过采暖与通风模型建模训练，培养节约能源的环保意识。

知识目标

- 了解采暖系统与通风系统的功能和组成；
- 掌握采暖管道与通风管道建立的方法、管件及管道附件连接方法。

能力目标

- 能按图纸创建和修改采暖管道与通风管道；
- 能根据需要正确设置采暖系统与通风系统类型。

二维码 7-1
项目总图纸—
采暖、通风
平面图

❖ 项目脉络

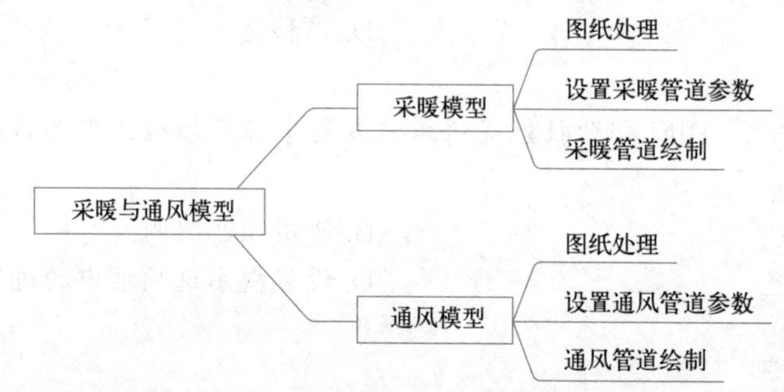

为了维持室内所需要的温度，必须向室内供给相应的热量，这种向室内供给热量的工程设备叫作采暖系统。通风是借助换气稀释或通风排除等手段，控制空气污染物的传播与危害，实现室内外空气环境质量保障的一种建筑环境控制技术。通风系统就是实现通风这一功能，包括进风口、排风口、送风管道、风机、降温及采暖、过滤器、控制系统以及其他附属设备在内的一整套装置。采暖与通风系统建模属于 Revit 建模过程中的一个重要部分，包括建立采暖模型和通风模型等内容。

任务一　创建采暖模型

工作任务卡

任务编号	7-1	任务名称	创建采暖模型
授课地点	机房	建议学时	4 学时
教学软件	Revit2021	图纸名称	汽车实训楼 - 暖施 01：采暖设计说明、暖施 02：采暖施工说明、暖施 04：一层采暖通风平面图、暖施 05：二层采暖通风平面图、暖施 06：采暖系统图

续表

学习目标	素质目标	在识读采暖图纸时，培养科学严谨的作风； 通过采暖模型建模训练，培养节约能源的环保意识
	知识目标	了解采暖系统的功能与组成； 掌握采暖管道建立的方法，管件及管道附件连接方法
	能力目标	按图纸创建和修改采暖管道； 会设置采暖系统类型
教学重点		正确创建采暖系统
教学难点		正确连接采暖管道与散热器

任务引入

识读汽车实训楼采暖施工图，创建汽车实训楼采暖系统模型；正确设置采暖管道和采暖系统参数。

任务分析

二维码 7-2 创建采暖模型用图纸

采暖图纸包括"暖施 01：采暖设计说明""暖施 02：采暖施工说明""暖施 04：一层采暖通风平面图""暖施 05：二层采暖通风平面图""暖施 06：采暖系统图"。本汽车实训楼采暖系统主要集中在一层、二层盥洗室及卫生间、教室、办公室等房间中。识读汽车实训楼暖施 06 采暖系统图，可以找出各楼层采暖系统支管的管径、标高和散热器片数，暖施 04 一层采暖平面图、暖施 05 二层采暖平面图中可以找出各楼层采暖水平支管和散热器的布置位置。

任务实施

一、图纸拆分

在图纸导入 Revit 之前，首先要对图纸进行拆分处理，即把图纸按照专业和楼层进行拆分。项目七建模前，须先将"采暖、通风平面图"进行图纸拆分，并按照各楼层进行整理，如图 7-1 所示。同样方法后续可对其他专业图纸进行拆分。

暖施01：采暖设计说明
暖施02：采暖施工说明
暖施03：地下一层通风平面图
暖施04：一层采暖通风平面图
暖施05：二层采暖通风平面图
暖施06：采暖系统图

图 7-1　拆分后的采暖、通风图纸

二、打开"1F"楼层平面

双击打开前述任一建好的机电模型文件，例如打开"实训楼排水 .rvt"。选择项目浏览器面板中的"1F"楼层平面，如图 7-2 所示。

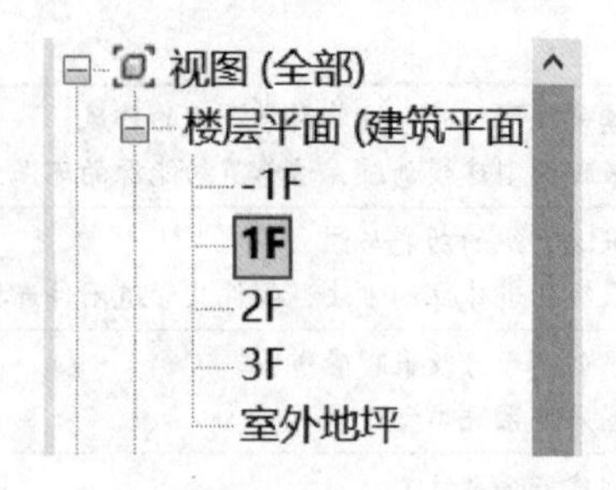

图 7-2　打开“1F”楼层平面

三、过滤器设置

在项目六任务二　创建排水模型中已经建立好的过滤器基础上新建采暖系统的过滤器，新建过滤器的方法在项目六任务二　创建排水模型中有详细讲解，不再赘述。新建好采暖系统过滤器以后，在“可见性”选项中只勾选“采暖系统”，其他系统不需勾选，如图 7-3 所示。

模型类别　注释类别　分析模型类别　导入的类别　过滤器

名称	启用过滤器	可见性	投影/表面			截面		半色调
			线	填充图案	透明度	线	填充图案	
凝结水系统	☑	☐						☐
采暖系统	☑	☑						☐
给水系统	☑	☐						☐
消火栓系统	☑	☐						☐
排水系统	☑	☐	替换...	替换...	替换...			☐

图 7-3　设置过滤器采暖系统可见性为可见

四、导入图纸

在项目六任务二　创建排水模型中，由于已经将“水施 02 地下一层给排水、消火栓平面图”图纸导入至“-1F”楼层平面中，此时需要先将导入的图纸可见性关闭，操作如下：快捷键双击键盘 V 打开可见性编辑窗口，单击“导入的类别”选项卡，将之前导入的图纸左侧的勾选取消。然后导入新图纸，导入图纸最终结果如图 7-4 所示。将图纸与轴网对齐，局部效果如图 7-5 所示（图纸导入与对齐轴网操作方法见项目六任务一　创建给水模型“导入图纸”部分讲解）。

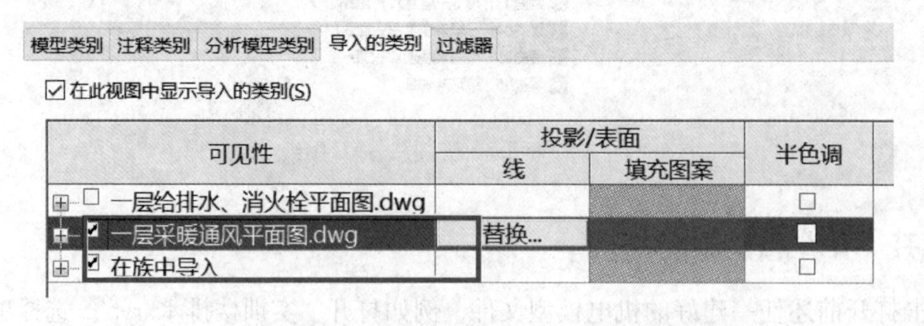

图 7-4　关闭之前导入图纸的可见性并导入采暖图纸

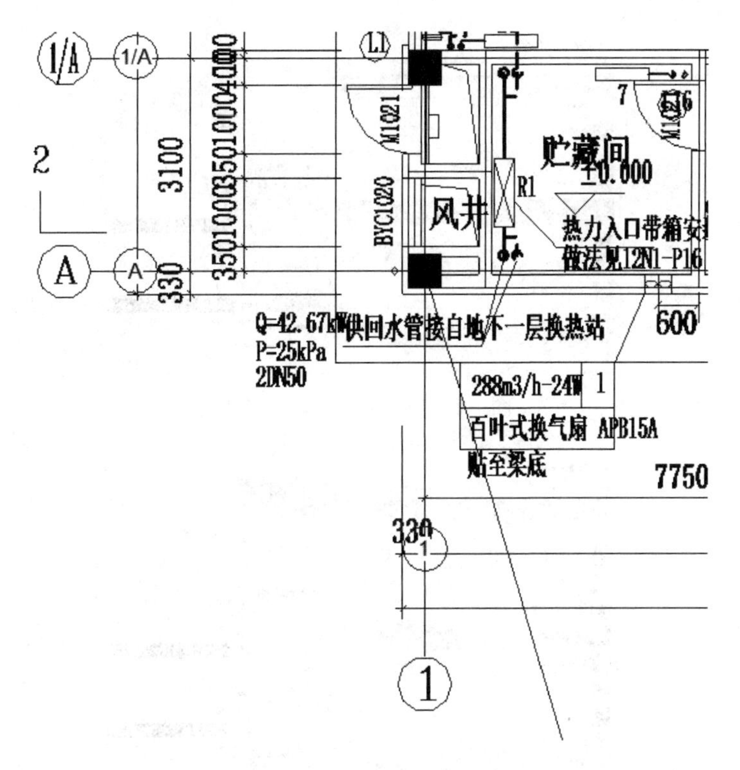

图 7-5　采暖图纸与轴网对齐局部效果

五、设置采暖管道参数

采暖管道参数与采暖系统需要建立采暖供水系统和采暖回水系统，管道类型需要新建采暖供水管道和采暖回水管道，其建立方法与给排水各系统的建立方法相同，具体方法见项目六任务一创建给水系统建模相关内容介绍，不再赘述，设置结果如图 7-6 ～图 7-9 所示。

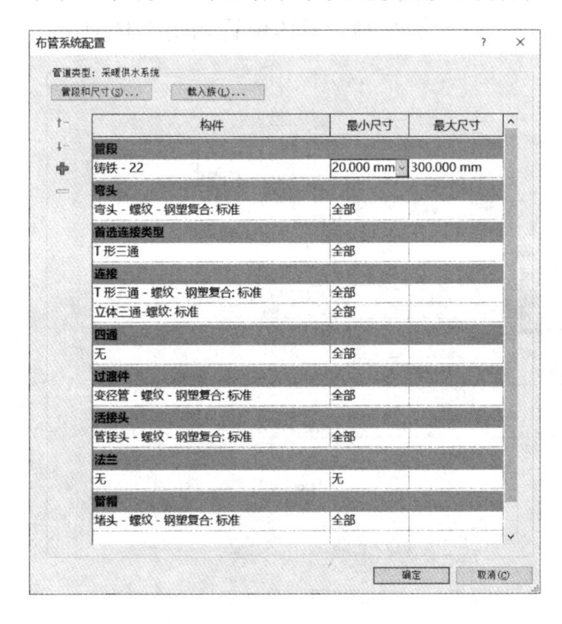

图 7-6　采暖供水管道类型布管系统配置

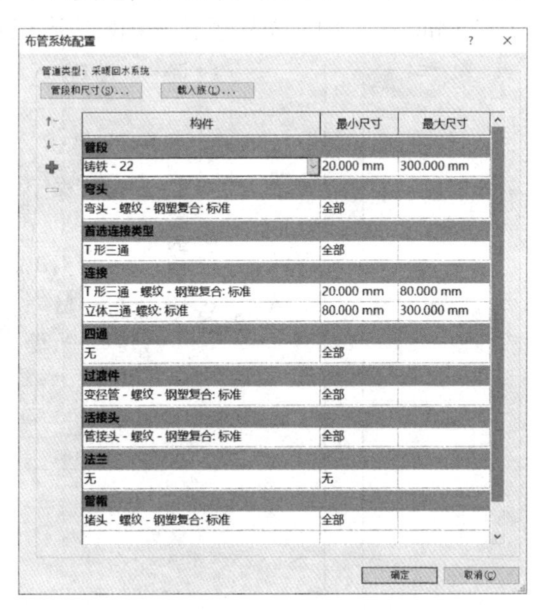

图 7-7　采暖回水管道类型布管系统配置

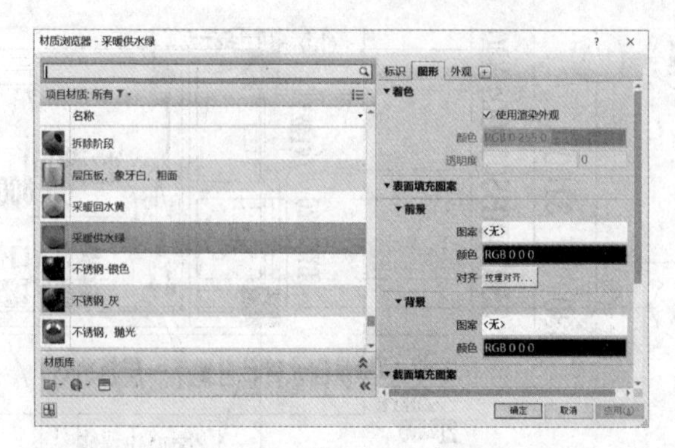

图 7-8　采暖供水系统材质设置

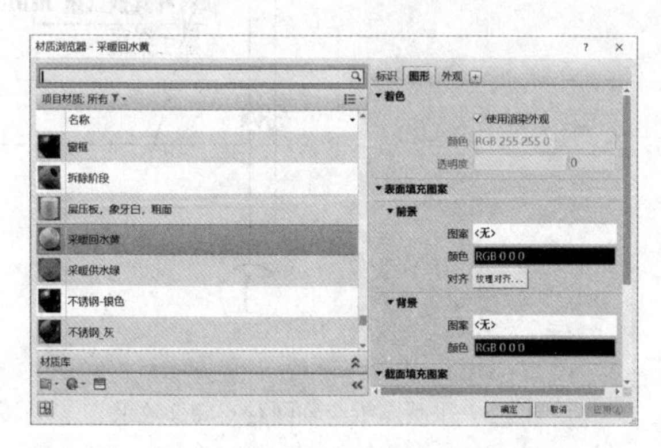

图 7-9　采暖回水系统材质设置

六、供暖管道绘制

下面介绍供暖管道绘制方法。绘制顺序由下层至上层。由“采暖系统图”上所示信息可知，供暖供水引入管与供暖排水排出管位置位于平面图Ⓐ轴与①轴相交处附近，高度位于 -750mm 处，因此先从地下一层供暖引入管与排出管开始绘制，具体位置如图 7-10 所示。

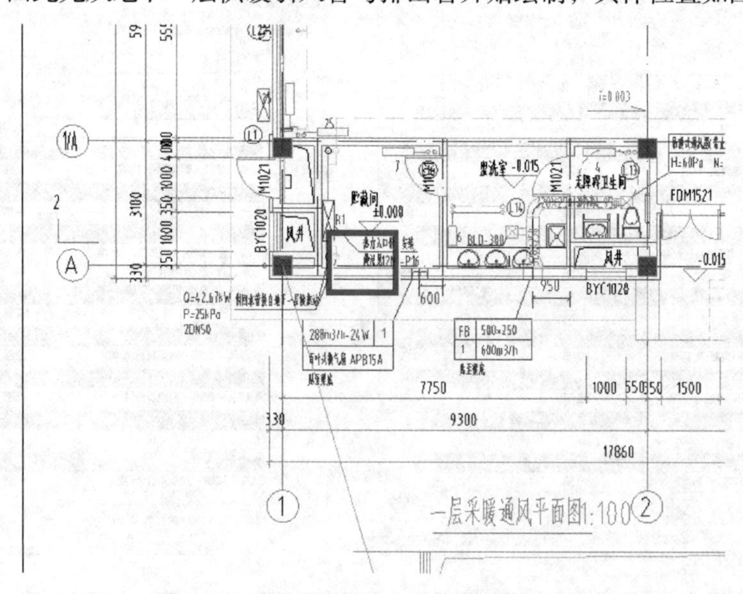

图 7-10　采暖系统供回水干管所在位置

（1）载入所需管道附件族

选择“插入”→“载入族”命令，单击“打开”按钮，将采暖管道所需管道附件“固定支架”“采暖管截止阀”“四柱钢柱散热器组”“温控阀”“排水止回阀”“自动排气阀”“清扫口”载入到项目中，如图 7-11 所示。载入方法与给排水管道附件载入方法相同，见项目六任务一　创建给水模型部分，不再赘述。

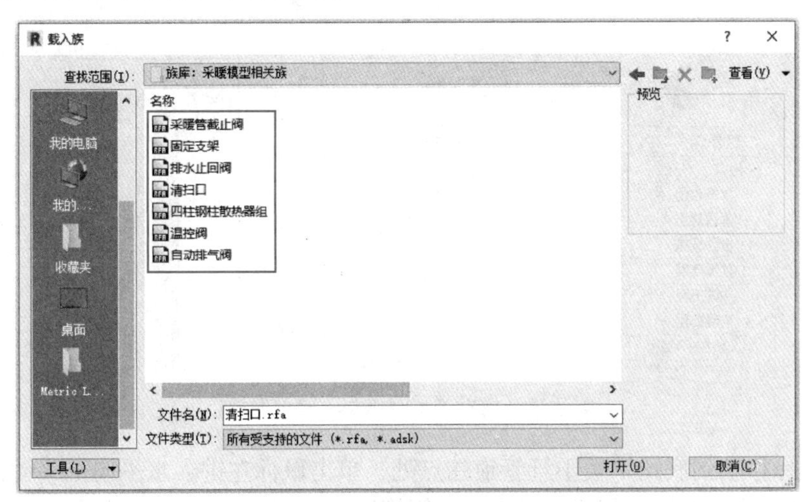

图 7-11　载入采暖管道所需管道附件

（2）绘制采暖水平横干管

由采暖系统图可知，供水引入干管位于 -0.75m 的位置。选择“系统”→“卫浴和管道”→“管道”（PI），进入管道绘制模式。

① 选择采暖供水系统类型。选择管道属性对话框中的“管道类型”为“采暖供水系统”，下方“系统类型”中选择“采暖供水系统”，如图 7-12 所示。

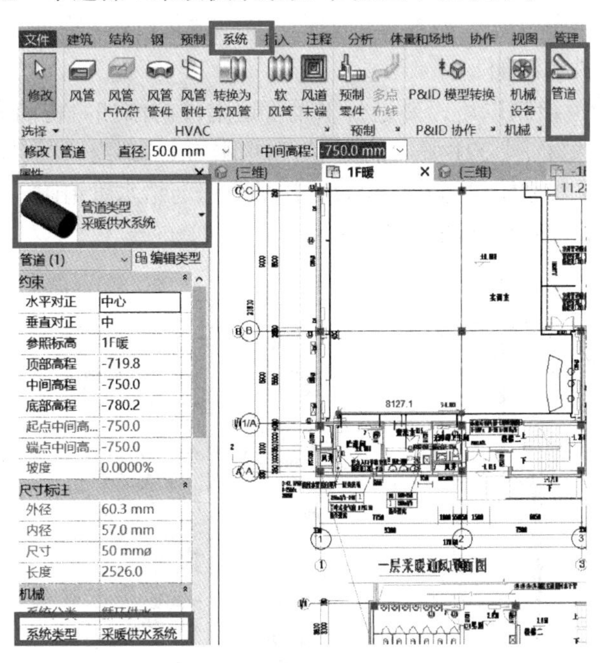

图 7-12　设置采暖供水管道类型与系统类型

② 供暖干管绘制。以供暖供水干管为例，回水干管画法与之相同。由一层采暖通风平面图中信息可知，供暖供水干管管径为 DN50，管道中心标高为 0.750m，因此在属性面板中，设置所绘制供暖干管管道的属性："水平对正"栏中选择"中心"选项，"垂直对正"栏中选择"中"，"参照标高"为"1F"，偏移值为"-750.0"，如图 7-13 所示。

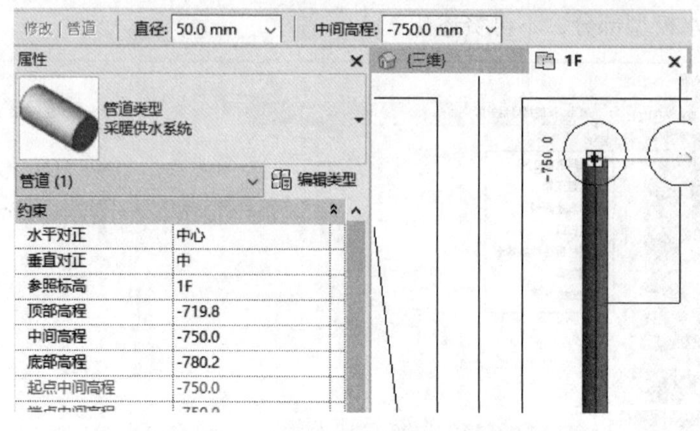

图 7-13　设置"采暖供水"管道属性

③ 将鼠标移动到底图采暖干管管道端点处，单击鼠标左键，水平向上移动鼠标至水平管道末端，单击鼠标左键，完成水平供暖干管管道的绘制，如图 7-14 所示。利用相同方法，完成项目其余采暖供水管道与采暖回水管道。

（3）绘制采暖立管

采暖系统立管的绘制方法与项目六任务一　创建给水模型立管绘制方法完全相同，具体方法可参考前文，不再赘述。按照图纸要求，完成采暖系统的立管的绘制。

（4）绘制采暖立管下方的给水横管

按照图纸要求，绘制与采暖立管连接的横管部分，绘制方法与给水模型类似，不再赘述。

（5）采暖系统附件的添加

完成采暖系统管道绘制以后，要进行采暖管道附件的添加。将前文已经载入至项目中的附件"固定支架""截止阀 -J21 型 - 螺纹""四柱钢柱散热器组""温控阀""自动排气阀"，按照图纸要求添加到采暖系统管道相应位置，添加方法与给水管道附件添加方法相同，不再赘述。采暖管道附件添加效果如图 7-15 所示。

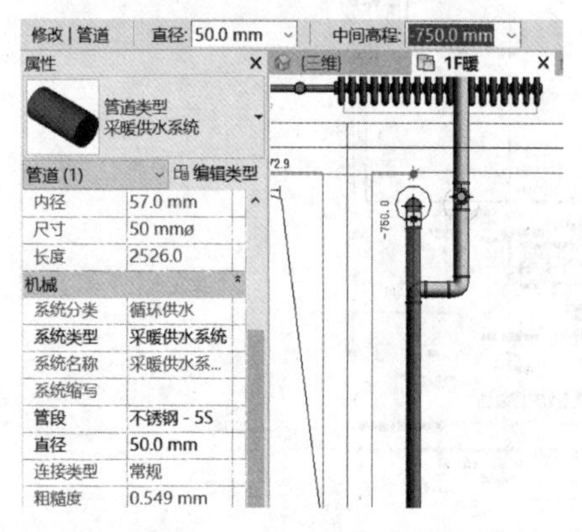

图 7-14　采暖供水干管绘制

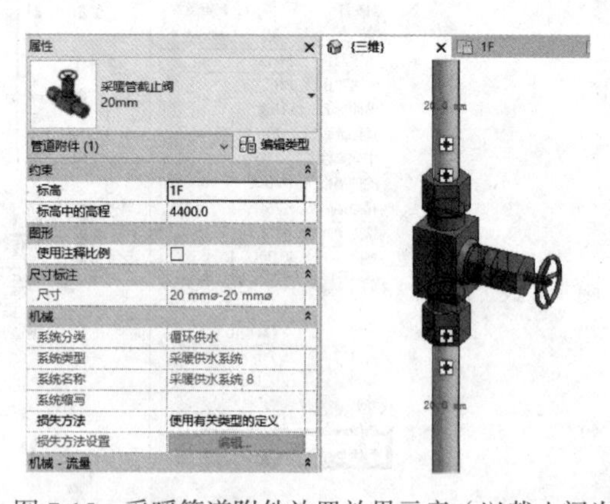

图 7-15　采暖管道附件放置效果示意（以截止阀为例）

（6）添加采暖系统散热器

本汽车实训楼项目采暖系统是以散热器为供热单元进行散热的，在前文，已经将散热器与采暖管道附件一并载入至项目中，下面讲解散热器的放置和与采暖管道的连接。

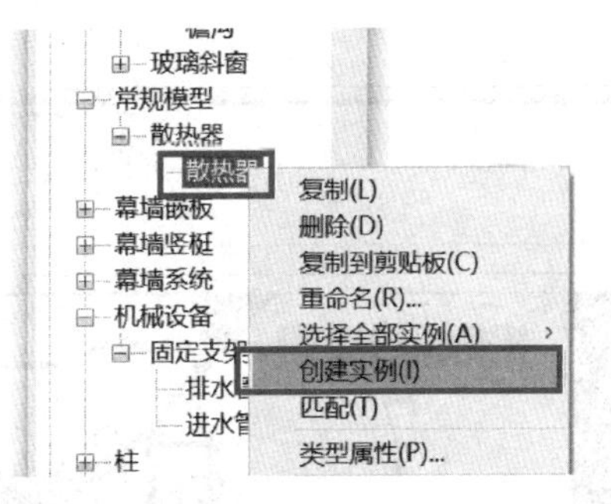

图 7-16　创建“散热器”实例

二维码 7-3
放置散热器

① 放置散热器。由于 -1F 没有散热器，因此打开“1F”楼层平面，从导入的平面图可以看出，散热器布置在四面墙附近。在项目浏览器中右键单击位于“常规模型”中的“散热器”，在弹出的对话框中选择“创建实例”，如图 7-16 所示。在属性栏下方的“标高”选择为“1F”，“标高中的高程”设置为“0.0”。在平面图中找到散热器的位置，单击鼠标左键，散热器即放置在相应的位置上了，如图 7-17 所示。

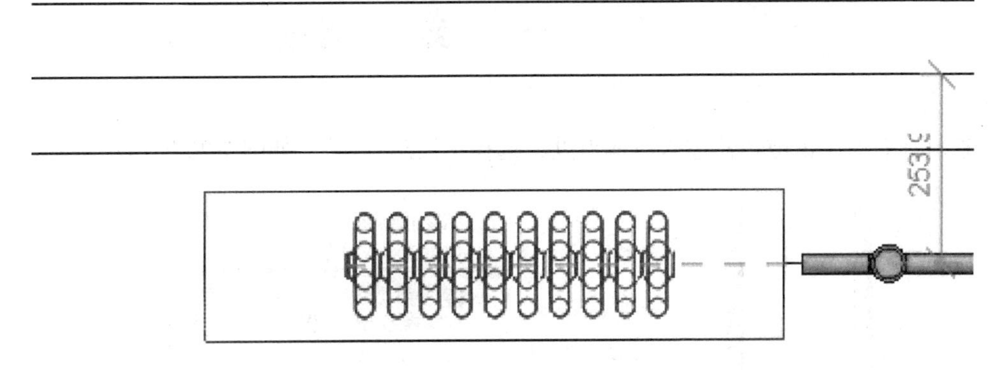

图 7-17　放置散热器

② 散热器与采暖管道连接。采暖管道与散热器的连接，在立面中比较方便操作，因此在散热器的上方建立剖面。单击建立剖面图标，单击鼠标左键，从右至左拖动鼠标，建立剖面，如图 7-18 所示。

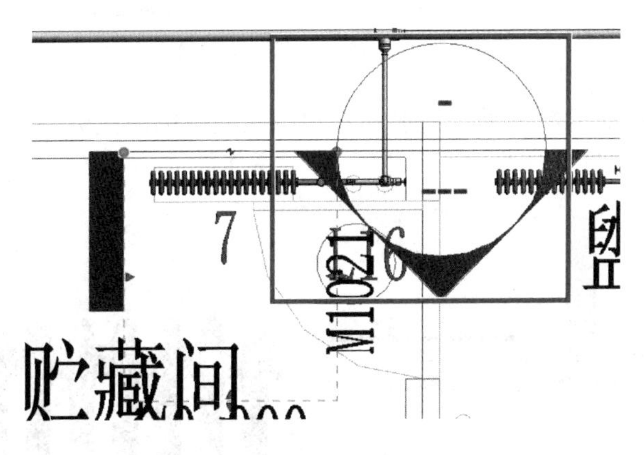

图 7-18　在散热器上方创建剖面

③ 鼠标右键单击新建好的剖面，选择“转到视图”命令，操作如图 7-19 所示。

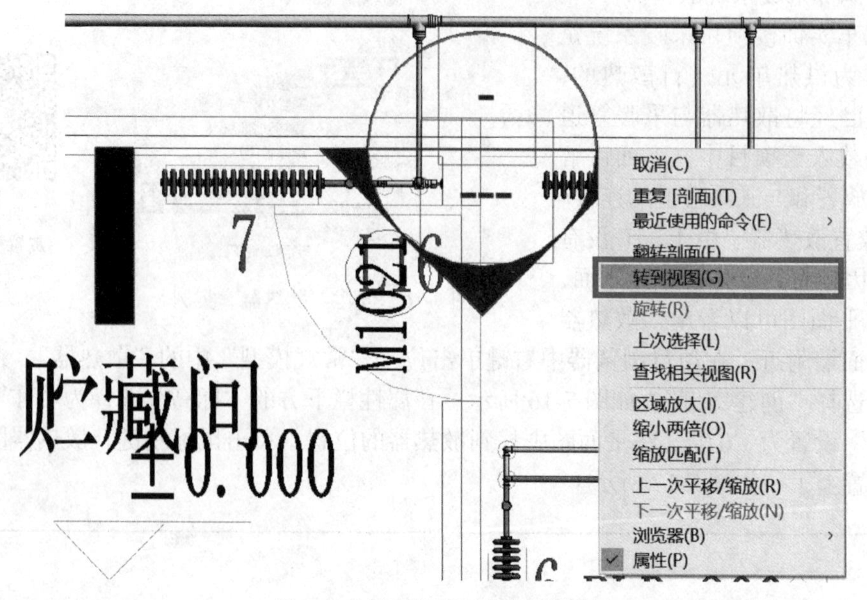

图 7-19　转到新建好的剖面视图

④ 鼠标右键单击散热器进水口端点处，选择“绘制管道”，如图 7-20 所示。

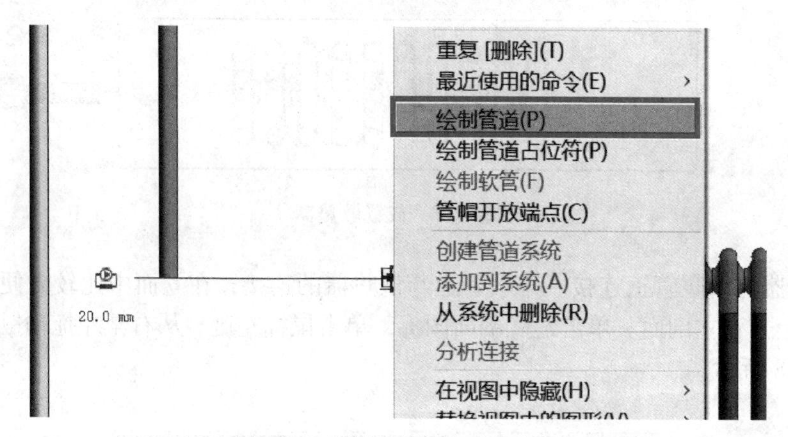

图 7-20　选择“绘制管道”命令

⑤ 将光标水平移动至左侧采暖进水立管中心线处，单击鼠标左键，即完成采暖系统管道与散热器的连接，如图 7-21 所示。

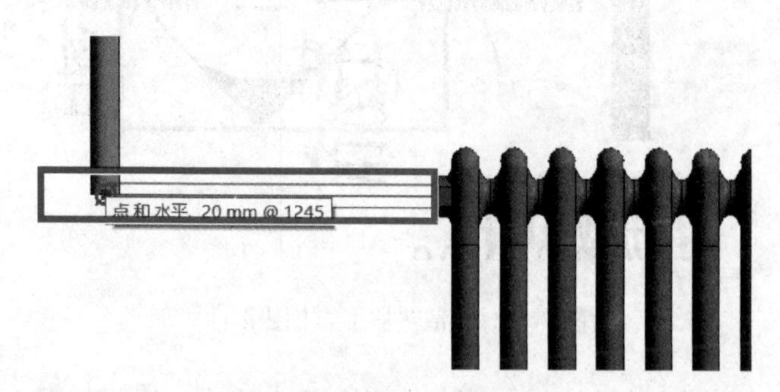

图 7-21　散热器与立管连接

依照上述管道的绘制步骤，依次完成实训楼所有采暖管道及散热器等设备的建模，完成后的采暖管道系统三维效果如图 7-22 所示。

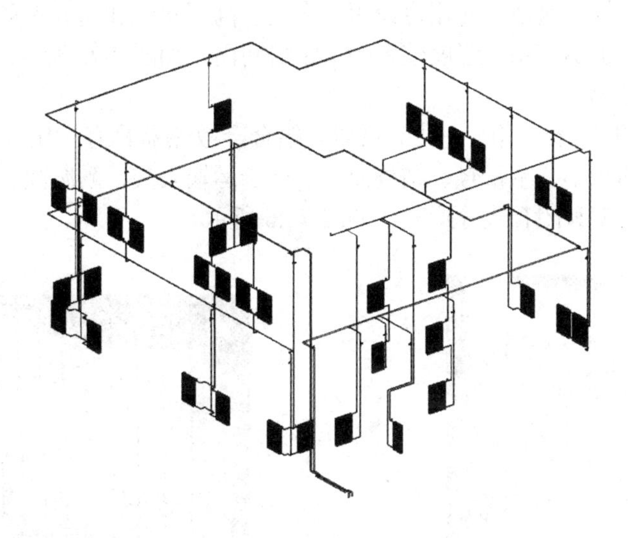

图 7-22　采暖管道系统三维效果示意

重点提示

1. 散热器在放置时，注意须正确设置楼层平面与标高。

2. 散热器与采暖管道连接时，须注意散热器进水口和出水口与采暖管道供水管和回水管一一对应。

3. 散热器片数信息要按照图纸正确设置。

任务拓展　散热器的种类

散热器根据材质不同可分为铸铁散热器、钢制散热器和铝合金散热器等种类。

（1）铸铁散热器

根据形状可分为柱形散热器及翼型散热器，而翼型散热器又有圆翼型和长翼型之分。翼型散热器则多用于工厂车间内，如图 7-23 所示，柱形散热器多用于民用建筑，如图 7-24 所示。铸铁散热器具有耐腐蚀的优点，但承受压力一般不宜超过 0.4MPa，且重量大，组装不方便，适用于工作压力小于 0.4MPa 的采暖系统，或不超过 400m 高的建筑物内。

图 7-23　铸铁翼型散热器

图 7-24　铸铁柱形散热器

（2）钢制散热器

与铸铁散热器相比具有金属耗量少、耐压强度高、外形美观整洁、体积小、占地少、易于布置等优点，但易受腐蚀、使用寿命短，多用于高层建筑和高温水采暖系统中，不能用于蒸汽采暖系统中，也不宜用于湿度较大的采暖房间内，如图 7-25 所示。

（3）铝合金散热器

它是近年来逐渐广泛应用的一种散热器，铝合金散热器具有耐压、外观雅致、较强的装饰性和观赏性、体积小、重量轻、结构简单、便于运输安装、耐腐蚀、寿命长等优点。铝合金散热器主要有翼型和闭合式等形式，如图 7-26 所示。

图 7-25　钢制散热器

图 7-26　铝合金散热器

任务评价

姓名：　　　　　　　　　　　　班级：　　　　　　　　　　　　日期：

序号	考核点	要求	分值 / 分	得分 / 分
1	识读采暖图纸	能正确导入采暖平面图	5	
		能正确识读采暖平面图中的所有信息	5	
		能正确识读采暖立面图中的所有信息	5	
2	管道参数设置	能正确设置采暖管道参数	10	
3	给水管道绘制	能使用“管道”命令正确绘制采暖水平管道	20	
		能使用“管道”命令正确绘制采暖立管管道	20	
		能使用“管件”命令正确创建采暖管道管件	20	
4	添加管道附件	能正确添加散热器	15	
合计			100	

任务总结

Revit2021 软件创建采暖模型的流程如下：

①将所需创建采暖模型的平面图导入至相应平面视图中；②正确设置采暖系统参数；③建立采暖系统管道模型；④建立采暖系统管道附件。

任务二　创建通风模型

工作任务卡

任务编号		7-2	任务名称	创建通风模型
授课地点		机房	建议学时	2 学时
教学软件		Revit2021	图纸名称	汽车实训楼 - 暖施 01：采暖设计说明、暖施 02：采暖施工说明、暖施 03：地下一层通风平面图、暖施 04：一层采暖通风平面图、暖施 05：二层采暖通风平面图
学习目标	素质目标	通过精细化建立通风模型，培养精益求精的工匠精神； 通过探索建模方法，养成团结协作的习惯； 在识读通风图纸时，培养科学严谨的作风； 通过通风模型建模训练，培养正确的健康观		
	知识目标	了解通风系统的功能与组成； 掌握通风管道的建立方法，管件及管道附件连接方法		
	能力目标	按图纸创建和修改通风管道； 会设置通风系统类型		
教学重点		正确创建通风系统		
教学难点		正确连接通风管道与风机		

任务引入

识读汽车实训楼通风施工图，创建汽车实训楼通风系统模型；正确设置通风管道和采暖系统参数。

二维码 7-4
创建通风模型
用图纸

任务分析

通风图纸包括“暖施 01：采暖设计说明”“暖施 02：采暖施工说明”“暖施 03：地下一层通风平面图”“暖施 04：一层采暖通风平面图”“暖施 05：二层采暖通风平面图”。本汽车实训楼通风系统主要集中在地下一层、一层、二层盥洗室及卫生间、教室、办公室等房间中。由通风系统设计说明可知：换热站设独立的送、排风系统；贮藏间、盥洗室采用机械排风系统；卫生间采用机械排风系统；教室设机械排风系统；办公室设壁挂式全热交换器；机械通风风管采用镀锌钢板。识读汽车实训楼暖施 03 ～ 05 通风平面图，可以找出各楼层通风系统风管的管径、标高以及风口、风机的尺寸和位置等信息。

任务实施

一、图纸拆分

在图纸导入 Revit 之前，首先要对图纸进行拆分处理，即把图纸按照专业和楼层进行拆分。具体拆分结果如图 7-1 所示。

二、打开“-1F”楼层平面

双击打开前述任一建好的给排水模型文件，例如打开“实训楼排水 .rvt”。选择项目浏览器面板中的“-1F”楼层平面选项，如图 7-27 所示。

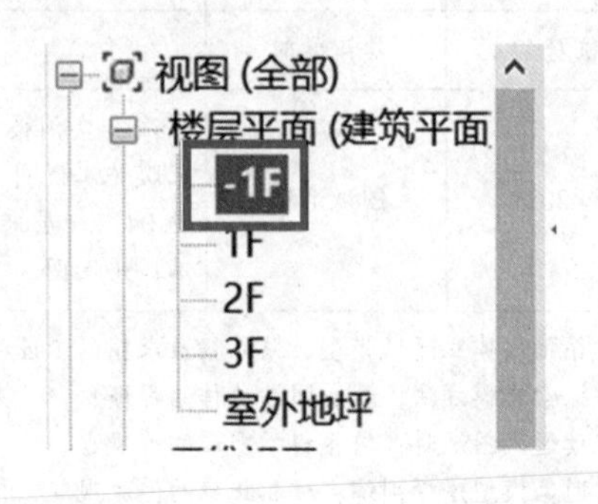

图 7-27　打开“-1F”楼层平面选项

三、过滤器设置

在项目六任务二　创建排水模型中已经建立好的过滤器基础上新建采暖系统的过滤器，新建过滤器的方法在项目六任务二　创建排水模型中有详细讲解，不再赘述。按照前述方法新建好通风系统过滤器以后，在“可见性”选项中只勾选“通风系统”，其他系统不需勾选，如图 7-28 所示。

模型类别　注释类别　分析模型类别　导入的类别　过滤器

名称	启用过滤器	可见性	投影/表面			截面		半色调
			线	填充图案	透明度	线	填充图案	
凝结水系统	☑	☐						☐
通风系统	☑	☑	替换...	替换...	替换...			☐
采暖系统	☑	☐						☐
给水系统	☑	☐						☐
消火栓系统	☑	☐						☐
排水系统	☑	☐						☐

图 7-28　设置过滤器通风系统可见性为可见

四、导入图纸

将通风平面图纸导入至相应平面中，并将原排水平面图隐藏，具体操作与项目七任务一　创建采暖模型中操作相同，不再赘述，如图 7-4、图 7-5 所示。

五、设置通风管道参数

通风管道参数与通风系统需要建立送风系统和排风系统，风管类型需要新建排风风管和送风风管两种，其建立方法与给排水各系统的建立方法相同，具体方法见项目六任务一　创建给水模型建模相关内容介绍，不再赘述，设置结果如图 7-29 ~图 7-32 所示。

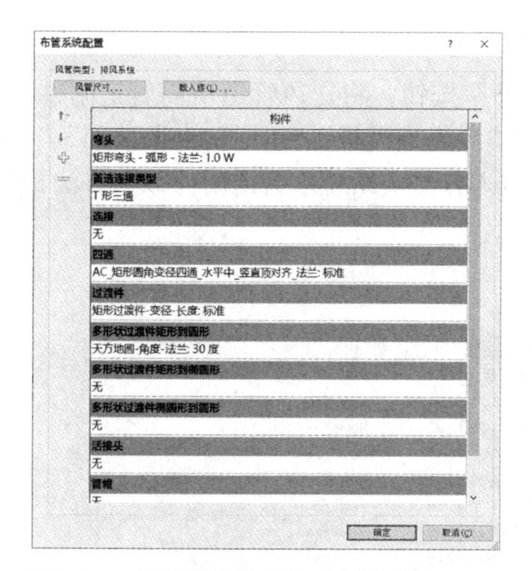

图 7-29　排风系统管道类型布管系统配置

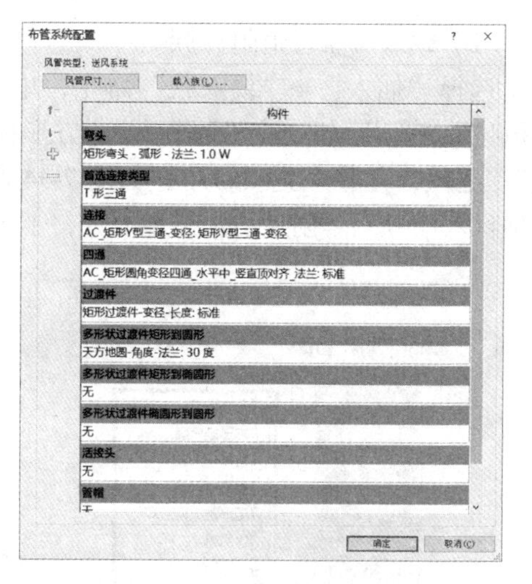

图 7-30　送风系统管道类型布管系统配置

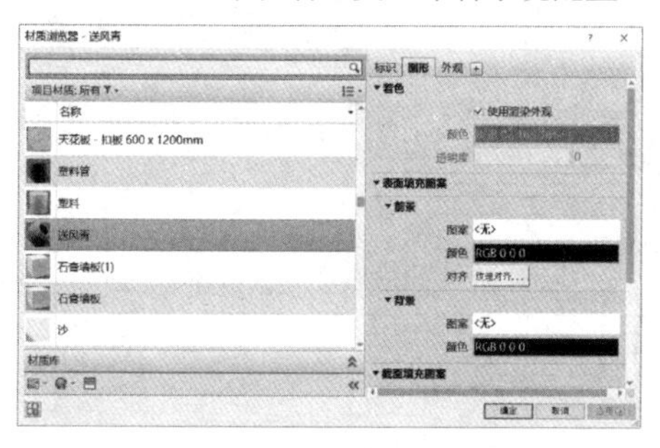

图 7-31　送风系统材质设置

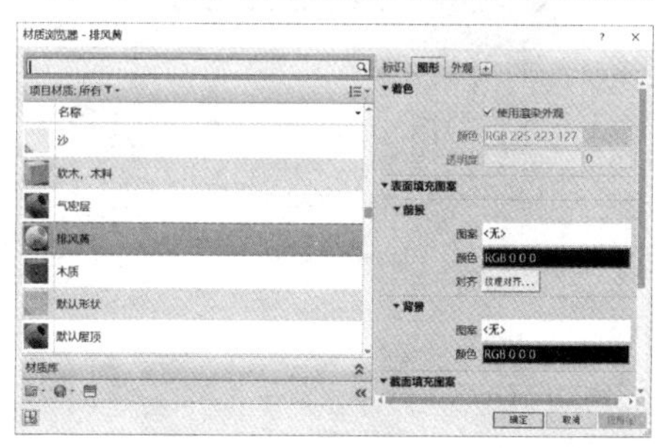

图 7-32　排风系统材质设置

六、通风管道绘制

下面介绍通风管道绘制方法。绘制顺序由下层至上层。送风风管和排风风管绘制方法相同，故此处将以送风风管的绘制方法为例进行讲解。先从通风引入管道开始绘制，由“暖施 03 地下一层通风平面图”上所示信息可知，送风管道由②轴与Ⓐ轴交点附近的风井引入送风，风管管顶标高为 -0.8m，管道尺寸为 1250mm × 500mm，具体位置如图 7-33 所示。

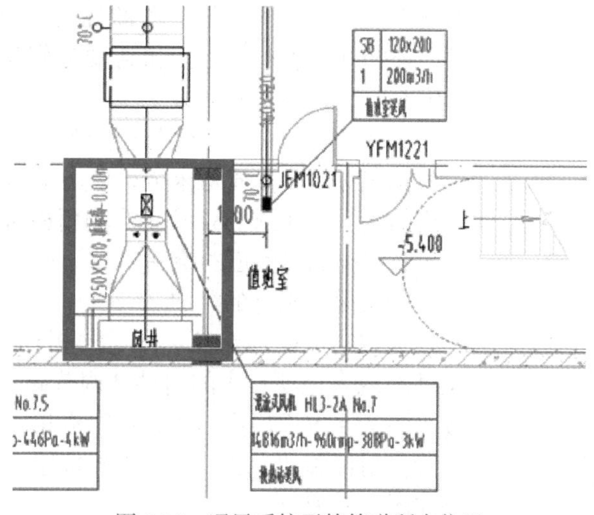

图 7-33　通风系统干管管道所在位置

（1）载入所需管道附件族

选择“插入”→“载入族”命令，单击“打开”按钮，将送风管道所需管道附件“百叶风口”“管道消声器”“调节阀”“方形换气扇”“混流式风机”“矩形防火调节阀”“排风机”“送风口”载入到项目中，如图 7-34 所示。载入方法与给排水管道附件载入方法相同，见项目六任务一　创建给水模型部分，不再赘述。

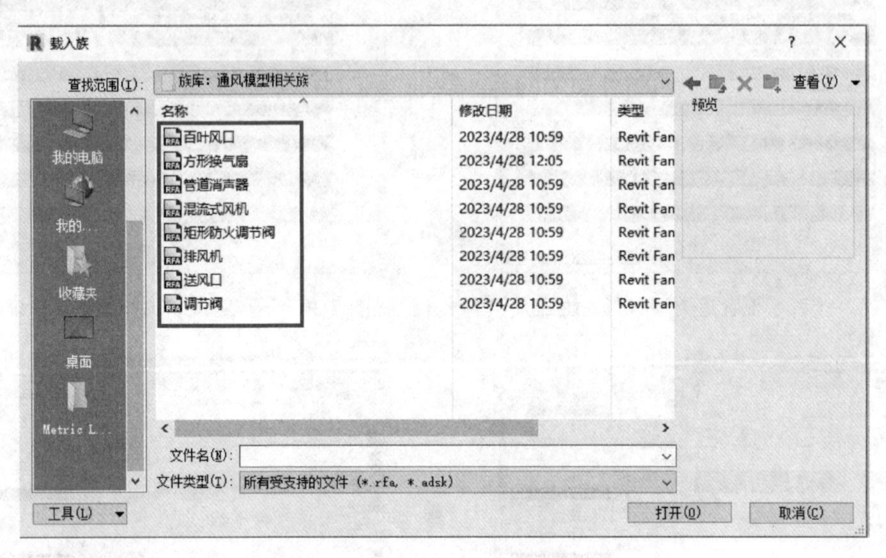

图 7-34　载入通风系统所需族文件

（2）绘制水平风管

选择“系统”→“HVAC”→“风管”（DT），进入管道绘制模式。

① 选择送风系统类型。选择管道属性对话框中的“管道类型”为“矩形风管送风系统”，下方“系统类型”中选择“送风系统”，如图 7-35 所示。

图 7-35　设置送风系统管道类型与系统类型

② 送风风管绘制。在属性面板中，设置所绘制通风干管管道的属性：“水平对正”栏中选择“中心”选项，“垂直对正”栏中选择“中”，“参照标高”为“1F”，“顶部高程”为“-800.0”毫米，宽度和高度分别设置为“1250mm”和“500mm”，如图 7-36 所示。

③ 将鼠标移动到风井边沿处，单击鼠标左键，水平向上移动鼠标至水平管道末端，单击鼠标左键，完成水平送风管道的绘制，如图 7-37 所示。利用相同方法，完成项目其余送风管道与回风管道的绘制。

（3）风管附件的添加

完成通风风管绘制以后，要进行风管附件的添加。将前文已经载入至项目中的附件“调节阀”“矩形防火调节阀”，按照图纸要求添加到通风系统管道相应位置，添加方法与给水管道附件添加方法相同，不再赘述。通风管道附件添加效果如图 7-38 所示。

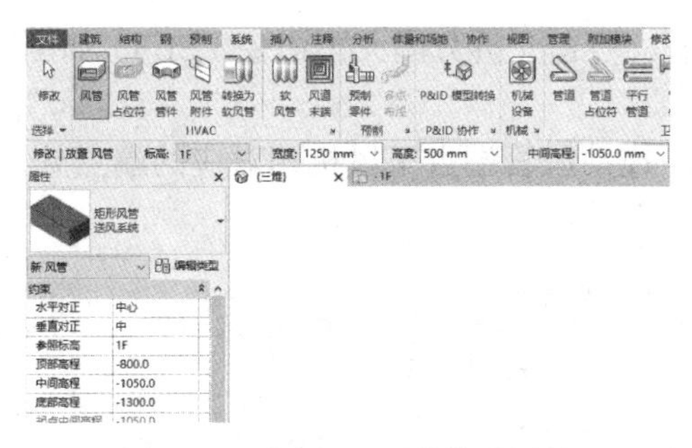

图 7-36　设置送风系统管道属性

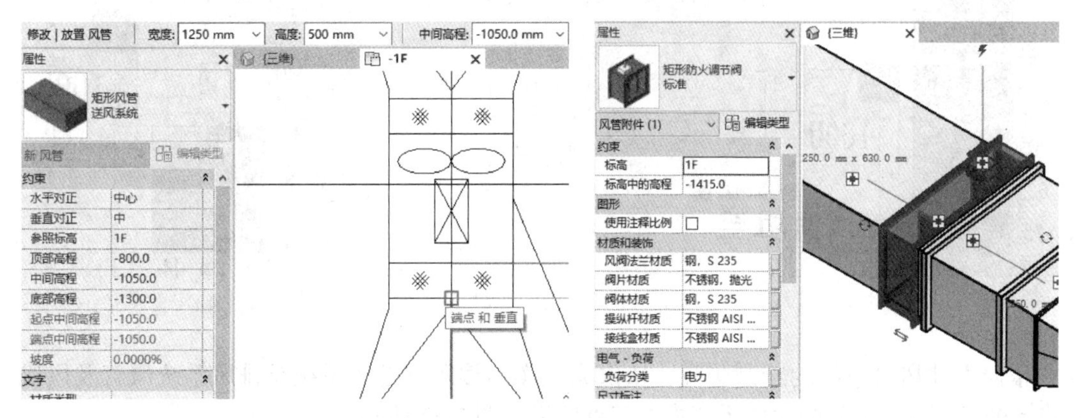

图 7-37　送风管道绘制　　　　图 7-38　通风管道附件添加效果示意（以防火阀为例）

（4）添加风机

本汽车实训楼项目机械通风系统是由混流式风机提供空气流通动力的，在前文，已经将混流式风机与风管附件一并载入至项目中，下面讲解混流式风机的放置和与风管的连接。

二维码 7-5
放置风机

① 放置风机。打开“-1F”楼层平面，从导入的平面图可以看出，混流式风机布置在②轴与⑭轴交点附近。鼠标左键单击“系统”→“机械设备”（ME），在左侧属性框中选择“混流式风机送风风机”，属性栏下方的“标高”选择为“1F”，“标高中的高程”设置为“-1450.0”。在平面图中找到风机的位置，单击鼠标左键，风机即放置在相应的位置上了，如图 7-39 所示。

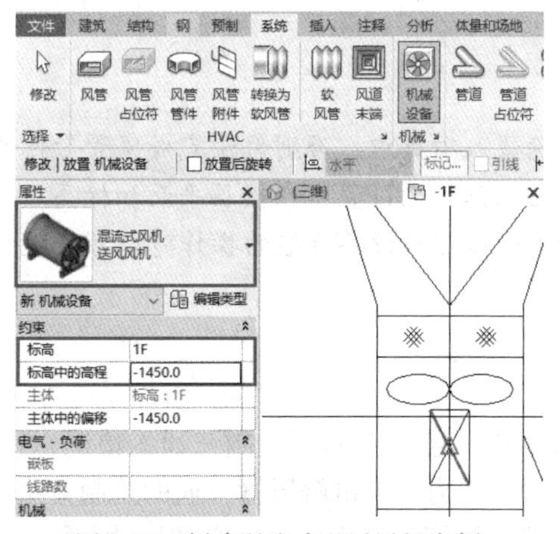

图 7-39　创建混流式送风风机实例

② 拆分风机附近风管。点击“拆分图元”命令（SL），如图 7-40 所示，将风机所在位置风管拆分为两段。

③ 风机与风管连接。拖动风管端点至风机相对应的端点处，风管与风机将自动连接，如图 7-41 所示。

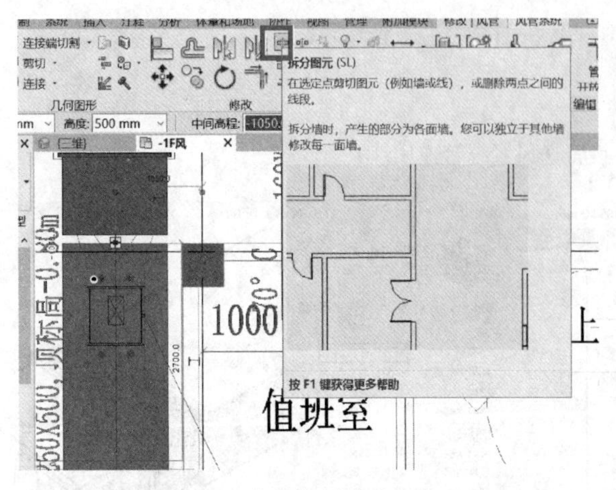

图 7-40　将风管拆分为两段

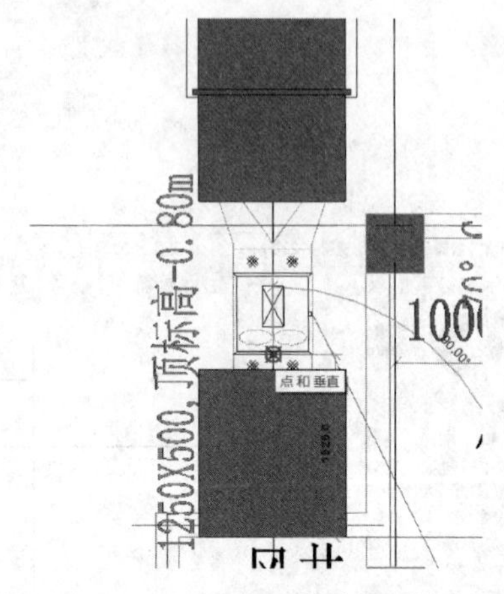

图 7-41　风机与风管端点连接

依照上述风管系统的绘制步骤，依次完成实训楼所有送风系统及排风系统风管及风机等设备的建模，完成后的通风系统模型三维效果如图 7-42 所示。

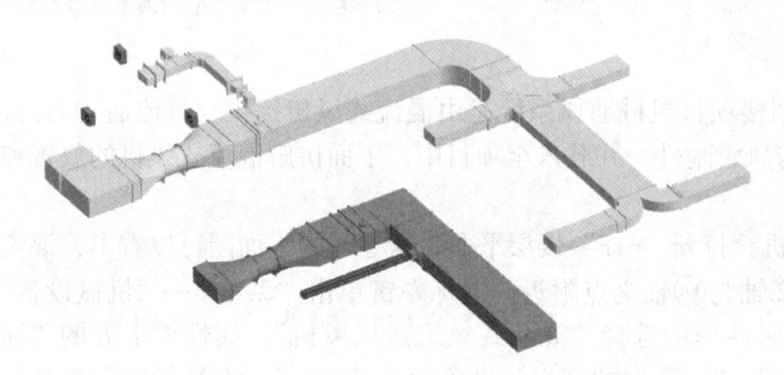

图 7-42　通风系统模型三维效果示意

重点提示

1. 风管管件注意要正确载入项目中，否则无法完成风管管件的自动生成。

2. 放置送风风机时，应注意正确设置所在楼层平面和标高。

3. 在进行风管与风管或者风管与设备连接的操作时，可将视觉样式切换为线框模式，方便操作。

任务拓展　绘制风管三通

绘制通风系统风管过程中，经常会遇到绘制三通的情况，这是在绘制风管过程中的一个较难的环节，下面以 Y 形三通为例来讲解风管三通的绘制方法。

① 先绘制出干管与支管，注意保持干管与支管的尺寸与标高相同，如图 7-43 所示。

② 鼠标依次左键点击“修改”→“修剪 / 延伸单个图元”命令，如图 7-44 所示。

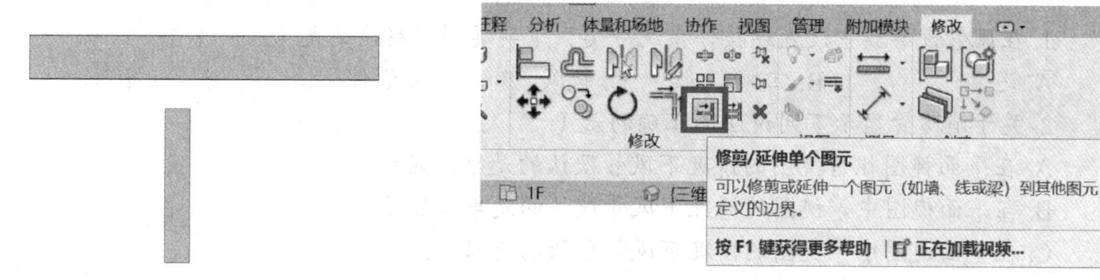

图 7-43　通风干管与支管三维效果示意　　　　图 7-44　“修剪 / 延伸单个图元”命令

③ 鼠标左键依次单击需要连接的两根风管，注意需要先单击干管，后单击支管，两根需要连接的管道将完成连接，如图 7-45 所示。连接后的结果如图 7-46 所示。

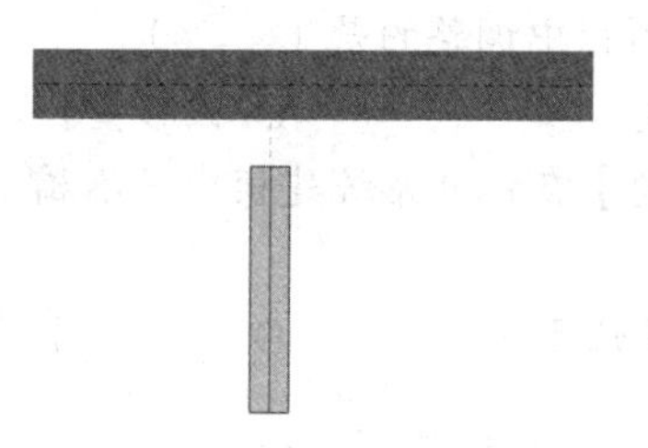

图 7-45　依次单击需要连接的管道

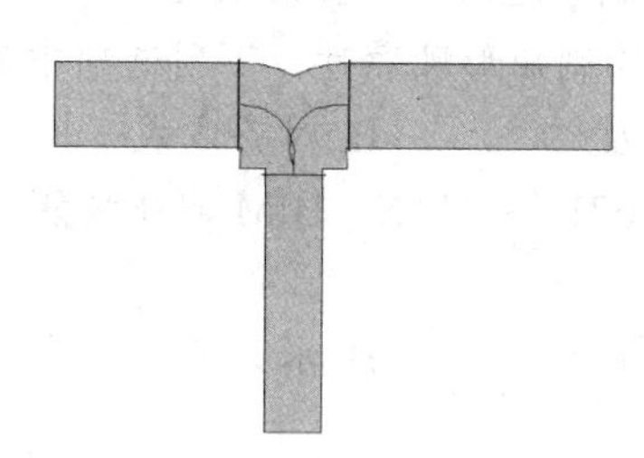

图 7-46　连接后的风管管道

任务评价

姓名：　　　　　　　　　　　　班级：　　　　　　　　　　　　日期：

序号	考核点	要求	分值 / 分	得分 / 分
1	识读通风图纸	能正确导入通风平面图	5	
		能正确识读通风平面图中的所有信息	5	
		能正确识读通风立面图中的所有信息	5	
2	管道参数设置	能正确设置通风管道参数	10	
3	通风管道绘制	能使用“管道”命令正确绘制通风水平管道	20	
		能使用“管道”命令正确绘制通风立管管道	20	
		能使用“管件”命令正确创建通风管道管件	20	
4	添加管道附件	能正确添加风机	15	
合计			100	

任务总结

Revit2021 软件创建通风模型的流程如下：

①将所需创建通风模型的平面图导入至相应平面视图中；②正确设置通风系统参数；③建立通风系统管道模型；④建立通风系统管道附件。

能力训练题

1. 在风管设备族中设置连接件系统分类，下列类型中错误的是（　　）。

A. 送风　　B. 回风　　C. 新风　　D. 管件

2. 关于消防管显示下列说法不正确的是（　　）。

A. 在平面视图粗略视图的情况下风管默认的是单线显示

B. 在平面视图中等视图的情况下风管默认的是单线显示

C. 在平面视图中等视图的情况下风管默认的是双线显示

D. 在平面视图精细视图的情况下风管默认的是双线显示

3. 如何在项目中创建机械排风系统？（　　）

A. 复制“回风”系统后改名　　B. 复制“排风”系统后改名

C. 复制“送风”系统后改名　　D. 以上均可

4. 在绘制矩形风管时，下列选项中不可以在选项栏中调整的是（　　）。

A. 宽度　　B. 对齐方式　　C. 高度　　D. 偏移量

5.【2021 年“1+X”BIM 职业技能等级考试真题】在机电系统建模中，不属于正确避让的是（　　）。

A. 电让水　　B. 水让风　　C. 有压让无压　　D. 大管让小管

实 训 题

根据某办公楼卫生间通风大样图，建立项目卫生间通风模型，最终结果以“卫生间通风”命名。

二维码 7-6
某办公楼卫生间
通风大样图

项目八　电气模型

学习目标

二维码 8-1
项目总图纸—
电气平面图

素质目标

- 对不同类别配电箱进行归类时，培养学生认真细致的基本素质；
- 在绘制强电系统元件、弱电系统元件时，培养认真核实各项参数的基本技能。

知识目标

- 了解配电箱、强电系统元件和弱电系统元件的类别和组成；
- 掌握配电箱、强电系统元件和弱电系统元件的创建方法。

能力目标

- 能准确识读图纸中配电箱信息；
- 能准确绘制配电箱。

项目脉络

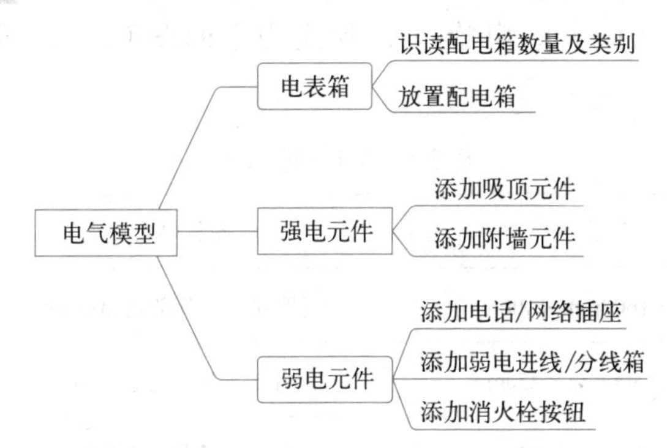

因设备众多、型号不一、安装方式不同，电气专业成为安装工程里识图和建模比较难的一个专业。Revit 软件添加构件是以“族”为前提，软件自带的族库包含了常见设备的族，如果族库没有对应的构件族，就无法添加此类构件，解决办法是创建族。本书以汽车实训楼为案例讲解点式构件的添加，但不涉及如何创建族。

任务一　创建配电箱

工作任务卡

任务编号	8-1	任务名称	创建配电箱
授课地点	机房	建议学时	1 学时
教学软件	Revit2021	图纸名称	汽车实训楼 - 电施 01：电气设计说明图例材料表、电施 02：电气系统图（一）、电施 03：电气系统图（二）、电施 04：地下一层电力平面图、电施 06：一层电力平面图（一）、电施 10：二层电力平面图（二）

续表

学习目标	素质目标	对不同类别配电箱进行归类时，培养学生认真细致的基本素质
	知识目标	了解配电箱的类别及用途； 掌握 Revit 软件中配电箱的创建方法
	能力目标	能准确识读图纸中配电箱信息； 能准确绘制配电箱
教学重点		图纸中配电箱的识读
教学难点		配电箱的创建

任务引入

识读汽车实训楼电气施工图，确定所有配电箱位置、尺寸及安装要求等建模参数；学习载入电气专业构件的族文件；根据汽车实训楼电气施工图，添加一层配电箱 1ALz，并完成其余各配电箱放置。

二维码 8-2
创建配电箱
用图纸

任务分析

识读汽车实训楼电施 01 电气设计说明图例材料表、电施 02 电气系统图（一）、电施 03 电气系统图（二）、电施 04 地下一层电力平面图、电施 06 一层电力平面图（一）、电施 10 二层电力平面图（二），可以得到如表 8-1 所示信息。

表 8-1　配电箱信息表

配电箱名称	尺寸	安装要求	位置
01APhr	600mm × 1600mm × 400mm	落地安装　基础高 200mm	地下一层
01APpw	600mm × 800mm × 250mm	明装　下皮距地 1.3m	地下一层
01APfj	600mm × 800mm × 250mm	明装　下皮距地 1.3m	地下一层
1ALz	500mm × 600mm × 200mm	暗装　下皮距地 1.3m	一层
1AL	500mm × 600mm × 150mm	暗装　下皮距地 1.3m	一层
2AL	500mm × 600mm × 150mm	暗装　下皮距地 1.3m	二层
1AP	500mm × 600mm × 150mm	明装　下皮距地 1.3m	一层

任务实施

一、新建项目

双击 R 图标，打开 Revit2021 软件，点击“模型”→“新建”，弹出“新建项目”对话框，“样板文件”选择“电气样板”，“新建”选择“项目”，如图 8-1 所示，单击【确定】。保存文件，将名称改为“实训楼 - 电气”，单击“保存”如图 8-2 所示。

图 8-1　新建项目

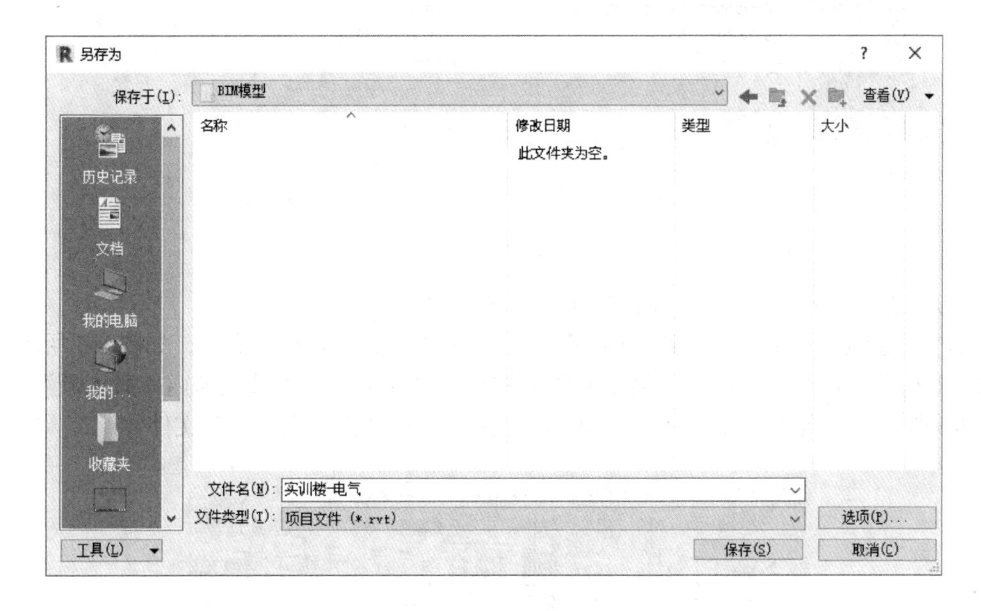

图 8-2　保存文件

二、载入族

根据电气专业构件类别载入需要的族文件，载入方式有两种：

（1）“插入”→“载入族”

单击“插入”选项卡，找到“载入族”命令，如图 8-3 所示。单击“载入族”命令，进入“载入族”窗口，如图 8-4 所示，选择需要载入的族文件。

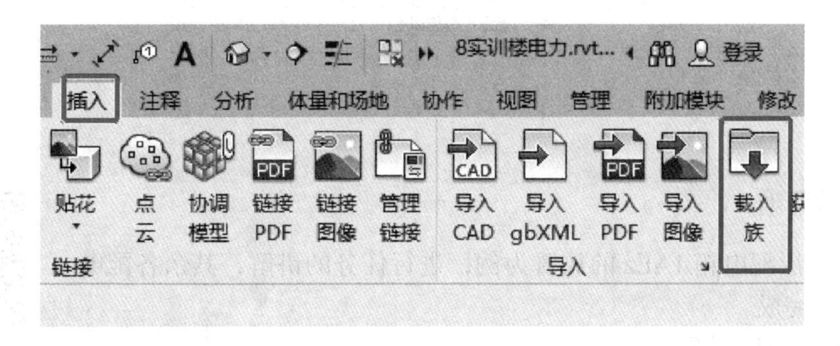

图 8-3　“载入族”命令

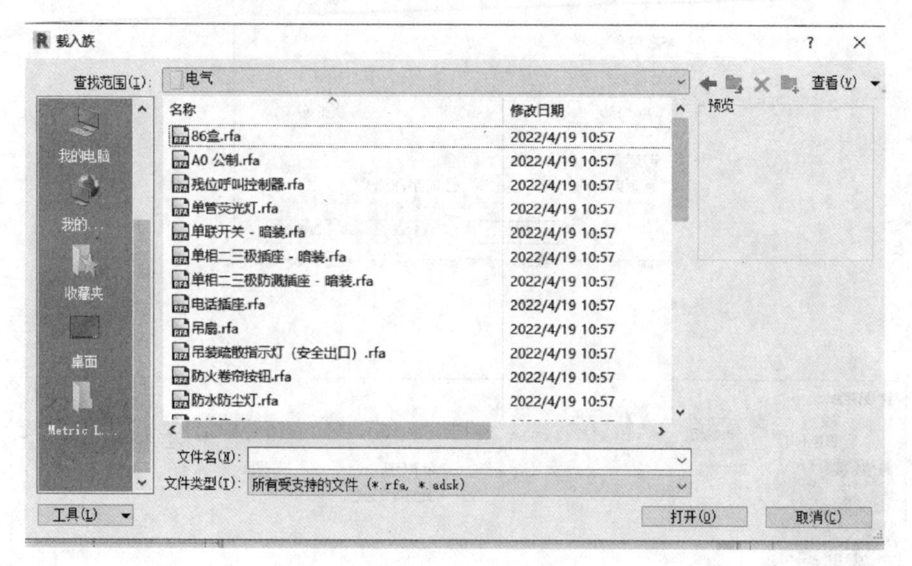

图 8-4 “载入族”窗口

（2）“系统”→“构件”→“放置构件”→“载入族”

单击“系统”选项卡，找到“构件”命令，单击“放置构件”命令，如图 8-5 所示。单击“放置构件”命令后，进入“修改 | 放置 构件”选项卡，单击选项卡内“载入族”按钮，如图 8-6 所示，弹出“载入族窗口”，如图 8-4 所示，选择需要载入的族文件。

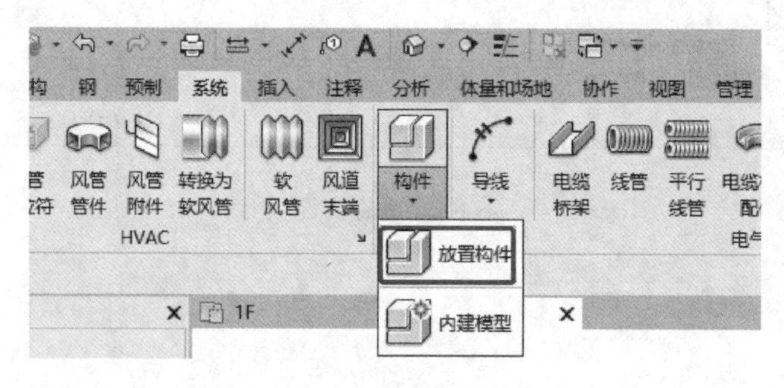

图 8-5 “放置构件”命令

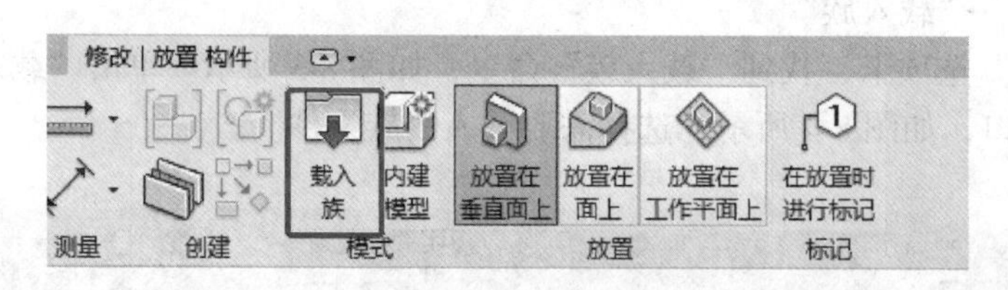

图 8-6 “载入族”命令

三、放置配电箱

在此以一层配电箱 1ALz 的放置为例，进行任务的讲解，其余各配电箱放置应参照完成。

二维码 8-3
创建配电箱

（1）导入 CAD 图纸

进入“1F”楼层平面视图，导入“电施 06：一层电力平面图”文件。

导入之后，将 CAD 底图与项目轴网对齐，然后锁定底图、调整视图范围。

（2）放置配电箱 1ALz

在“1F”楼层平面视图，载入项目所需的配电箱族。

在导入的族基础上新建配电柜“1ALz-500×600×200”并修改尺寸参数。单击属性选项卡中“编辑类型”命令，如图 8-7 所示，进入“类型属性”窗口。单击“类型属性”窗口中“复制”命令，在弹出的窗口中输入配电箱名称“1ALz-500×600×200 2”，点击【确定】，如图 8-8 所示。在“类型属性”窗口“类型参数”下，找到“尺寸标注”，按照 1ALz 尺寸修改对应尺寸，如图 8-9 所示，单击【确定】完成设置。

直接将构件放置到 CAD 图对应的位置上，并在属性选项卡内编辑配电箱高度，如图 8-10 所示。进入“南”立面视图，检查放置配电箱下皮距离一层地面的距离是否为

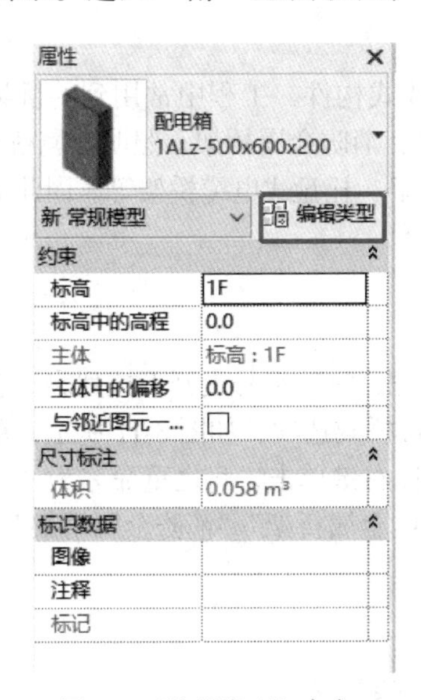

图 8-7 “编辑类型”命令

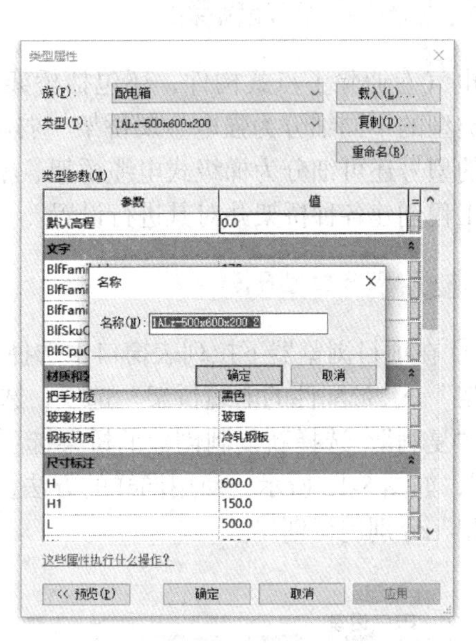

图 8-8 配电箱类型属性

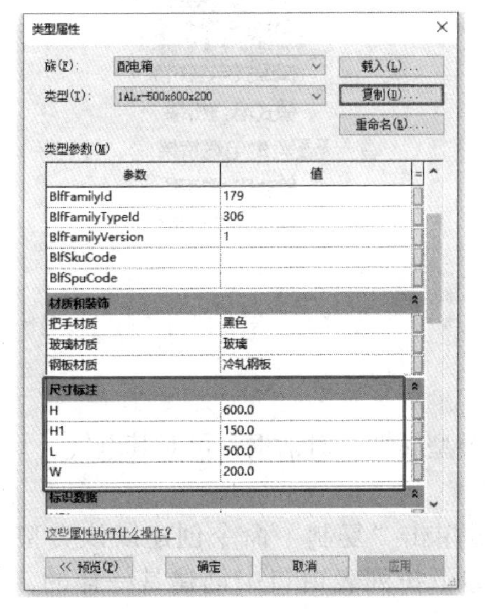

图 8-9 配电箱尺寸修改

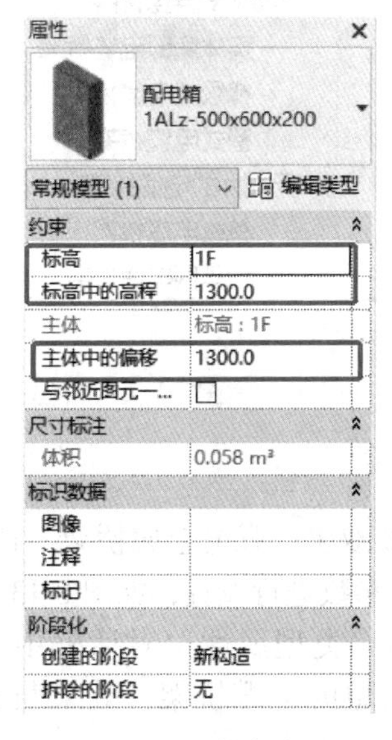

图 8-10 配电箱高度调整

“1300”，若不符合，可以直接单击对应尺寸进行修改。

按照上述步骤和要求，放置其余配电箱。

重点提示

1. 电气构件的立面高度与族的创建有关，通常情况指的是构件中心的距地高度，而图纸给定的高度是底边距地高度，所以若想精确地设置构件高度，需要借助立面视图进行调整。

2. 配电箱族的立面高度是箱子顶边距地高度，而图纸给定的高度是箱子底边距地高度，也需要在立面视图进行调整。

任务拓展　创建桥架

电气专业除了点式构件，还包括桥架、线管等线式构件。工程中常用到的桥架往往按系统类型的不同细分为强电金属桥架、弱电金属桥架、消防金属桥架、照明金属桥架等；按桥架的型号还可细分为梯级式电缆桥架、槽式电缆桥架、托盘式电缆桥架等。因此需要根据实际工程创建各种桥架并对其进行设置。

一、电缆桥架类型创建

① 在项目浏览器下拉列表窗口中选择“族”并单击“+”符号展开下拉列表，选择“电缆桥架”→“带配件的电缆桥架”选项，选择系统自带桥架选项，如图 8-11 所示，单击鼠标右键“复制”，选择新复制创建的桥架选项，使用鼠标右键单击，将之重命名为“强电金属桥架”，如图 8-12 所示。使用同样的方法，可对“弱电金属桥架”“消防金属桥架”“照明金属桥架”分别进行创建。

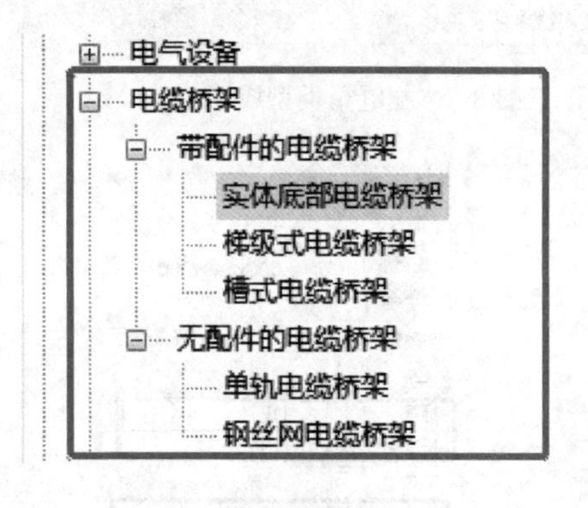

图 8-11　选择系统自带桥架选项

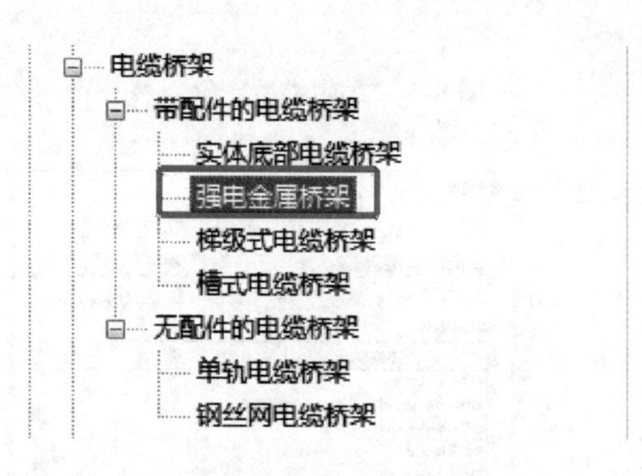

图 8-12　重命名为“强电金属桥架”

② 双击“强电金属桥架”选项，进入“类型属性”对话框，可对其电气、管件、标识数据等参数进行设置，如图 8-13 所示。

在“类型属性”对话框中，还可以通过单击“复制”命令创建以该类型为模板的其他类型的电缆桥架，效果与在项目浏览器下拉列表窗口中创建是一样的，如图 8-14 所示。

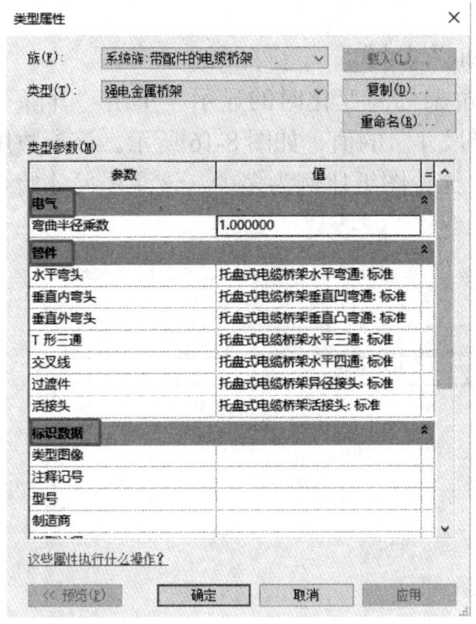

图 8-13 强电金属桥架类型属性

图 8-14 复制系统自带桥架

二、电缆桥架设置

(1)定义设置参数

在绘制电缆桥架前，先按照设计要求对桥架进行设置。进入“管理”选项卡，单击“MEP 设置”→“电气设置”命令，弹出“电气设置”对话框，在“电气设置”对话框的左侧面板中，展开“电缆桥架设置”，如图 8-15 所示。

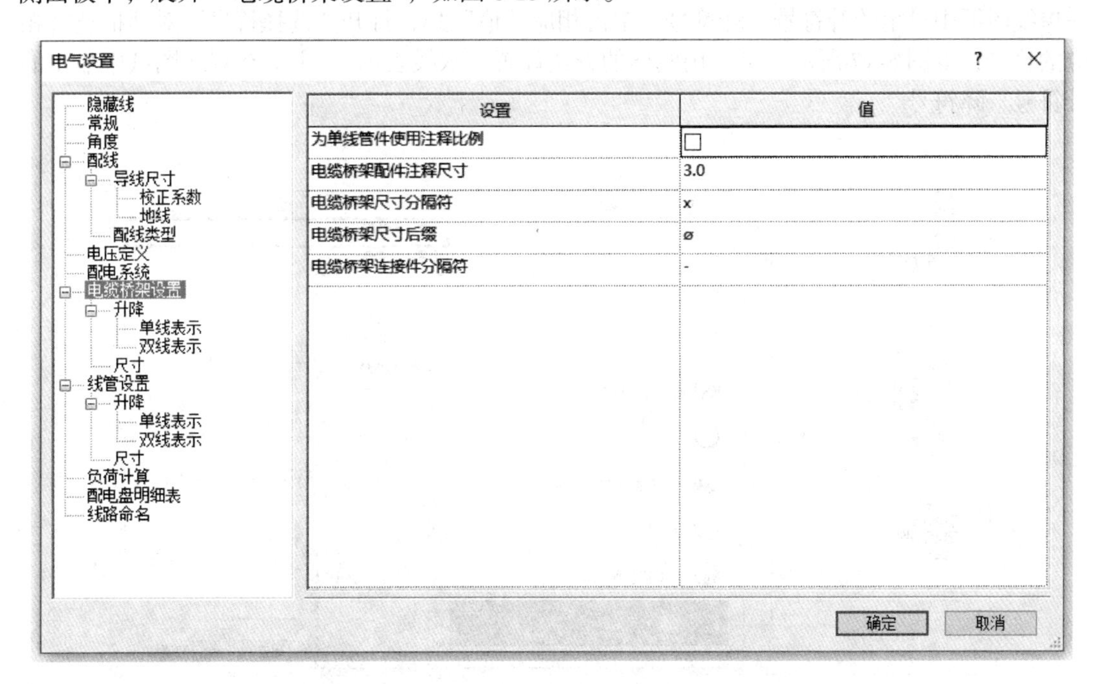

图 8-15 电缆桥架参数设置

（2）设置“升降”和“尺寸”

展开“电缆桥架设置”选项并设置“升降”和“尺寸”。

在左侧面板中，“升降”选项用来控制电缆桥架标高变化时的显示。单击“升降”选项，在右侧面板中，可指定“电缆桥架升 / 降注释尺寸”的值，如图 8-16 所示。该参数用于指定在单线视图中绘制的升 / 降注释的出图尺寸。无论图纸比例为多少，该注释尺寸始终保持不变，默认为 3.00mm。

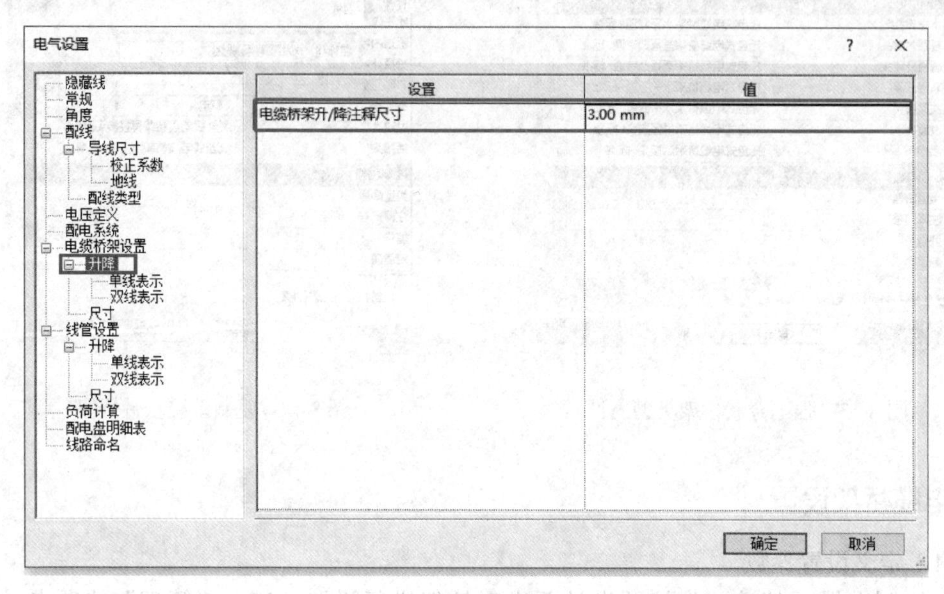

图 8-16　指定“电缆桥架升 / 降注释尺寸”的值

在左侧面板中，展开“升降”选项，选择“单线表示”选项，可以在右侧面板中定义在单线图纸中显示的升符号、降符号。单击相应“值”列，打开“选择符号”对话框选择相应的符号，如图 8-17 所示。可以用同样的方法设置“双线表示”，定义在双线图纸中显示的升符号、降符号。

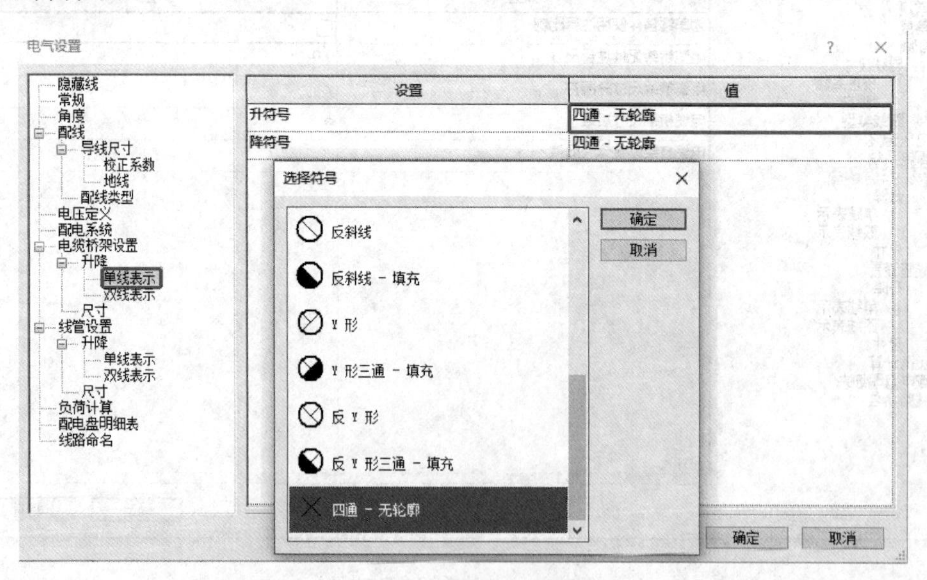

图 8-17　设置升符号

选择“尺寸”选项，在右侧面板中会显示可在项目中使用的电缆桥架尺寸表，在表中可以进行查看、新建、删除和修改操作，如图 8-18 所示。

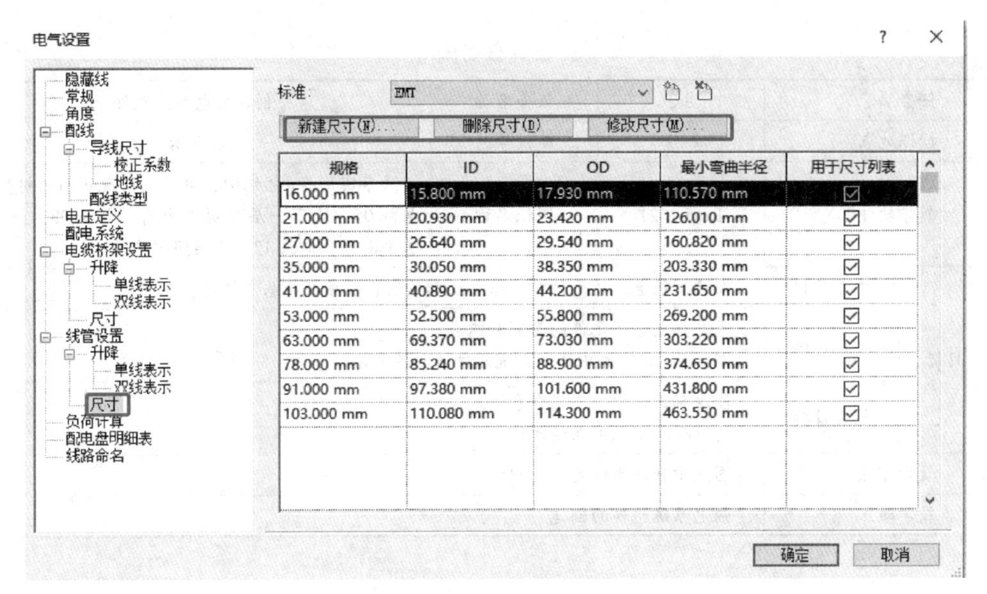

图 8-18　设置“尺寸”

用户可以选择特定尺寸并勾选“用于尺寸列表”，所选尺寸将在电缆桥架尺寸列表中显示。

任务评价

姓名：　　　　　　　　　　　班级：　　　　　　　　　　　日期：

序号	考核点	要求	分值 / 分	得分 / 分
1	识读配电箱	能正确识读施工图中的配电箱信息	30	
2	载入族	能采用两种方式载入需要类型的族文件	10	
3	放置配电箱	能正确放置地下一层配电箱，包括配电箱尺寸、平面位置、放置高度等	20	
		能正确放置一层配电箱，包括配电箱尺寸、平面位置、放置高度等	20	
		能正确放置二层配电箱，包括配电箱尺寸、平面位置、放置高度等	20	
合计			100	

任务总结

Revit2021 软件放置配电箱的流程如下：

①载入族；②修改配电箱属性；③在对应楼层平面放置配电箱，并根据属性修改配电箱标高。

任务二　创建强电系统元件

工作任务卡

<table>
<tr><td>任务编号</td><td></td><td>8-2</td><td>任务名称</td><td>创建强电系统元件</td></tr>
<tr><td>授课地点</td><td></td><td>机房</td><td>建议学时</td><td>2 学时</td></tr>
<tr><td>教学软件</td><td></td><td>Revit2021</td><td>图纸名称</td><td>汽车实训楼 - 电施 01：电气设计说明图例材料表、电施 05：地下一层照明平面图、电施 08：一层照明平面图、电施 12：二层照明平面图</td></tr>
<tr><td rowspan="3">学习目标</td><td>素质目标</td><td colspan="3">在绘制强电系统元件时，培养认真核实各项参数的基本技能</td></tr>
<tr><td>知识目标</td><td colspan="3">了解强电系统元件的类别和组成；
掌握 Revit 软件中强电系统元件的创建方法</td></tr>
<tr><td>能力目标</td><td colspan="3">能准确识读图纸中强电系统元件信息；
能准确绘制强电系统元件</td></tr>
<tr><td>教学重点</td><td></td><td colspan="3">图纸中强电系统元件的识读</td></tr>
<tr><td>教学难点</td><td></td><td colspan="3">强电系统元件的创建</td></tr>
</table>

任务引入

识读汽车实训楼电气施工图，确定各元件的安装方式和位置；根据汽车实训楼电气施工图，分别放置一层吸顶元件和附墙元件。

二维码 8-4
创建强电系统元件用图纸

任务分析

根据强电系统元件的安装方式可以将其分为吸顶元件和附墙元件。通过识读汽车实训楼电气施工图电施 01 电气设计说明图例材料表、电施 05 地下一层照明平面图、电施 08 一层照明平面图、电施 12 二层照明平面图，可知吸顶元件包括：防水防尘灯、节能日光灯和双管荧光灯；附墙元件包括：疏散指示灯、应急灯、开关及插座、MEB、86 盒。

任务实施

二维码 8-5
创建强电系统元件

一、导入 CAD 图纸

进入“-1F”“1F”“2F”楼层平面视图，取消对应楼层电力平面图的可见性，分别导入“电施 05 地下一层照明平面图”“电施 08 一层照明平面图”“电施 12 二层照明平面图”文件。导入之后，将 CAD 底图与项目轴网对齐，然后锁定底图、调整视图范围。

二、添加吸顶元件

进入“南”立面视图，在属性面板中选择“可见性 / 图形替换”（VV），再单击“可见性 / 图形替换”→“注释类别”，勾选“参照平面”，单击【确定】按钮。

添加一层的吸顶元件。

（1）节能日光灯

由照明平面图可知，节能日光灯的安装方式为吸顶安装，绘制操作如下。

单击“系统”→“工作平面”→“参照平面”命令（RP），如图 8-19 所示。在南立面绘制参照平面，如图 8-20 所示，修改参照平面距离“2F”为 150mm，并将其命名为“1F 天花板”。

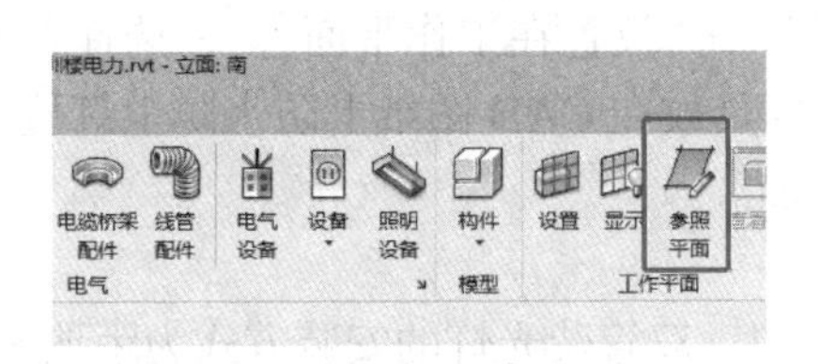

图 8-19　参照平面命令

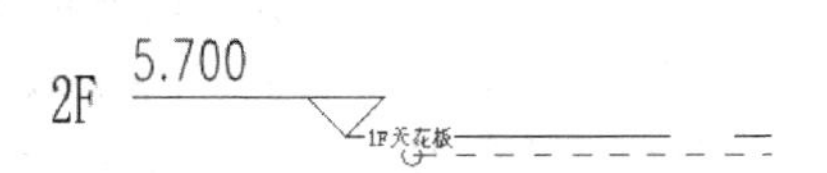

图 8-20　绘制参照平面“1F 天花板”

进入“1F”楼层平面视图，载入节能日光灯，图 8-21 所示。单击“系统”→“模型”→“放置构件”命令（CM），如图 8-22 所示，再单击“修改 | 放置 构件”→“放置在工作平面上”命令，选择参照平面为“1F 天花板”，如图 8-23 所示，将灯具放在 CAD 图纸上节能日光灯位置，即完成节能日光灯的添加。可进入南立面检查放置位置是否准确，并进行调整。

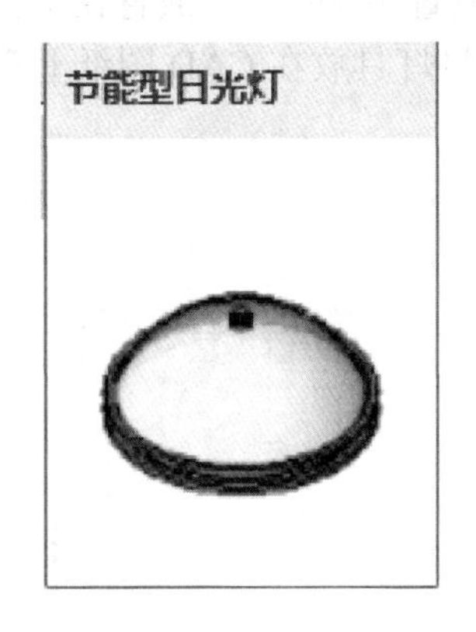

图 8-21　载入节能日光灯

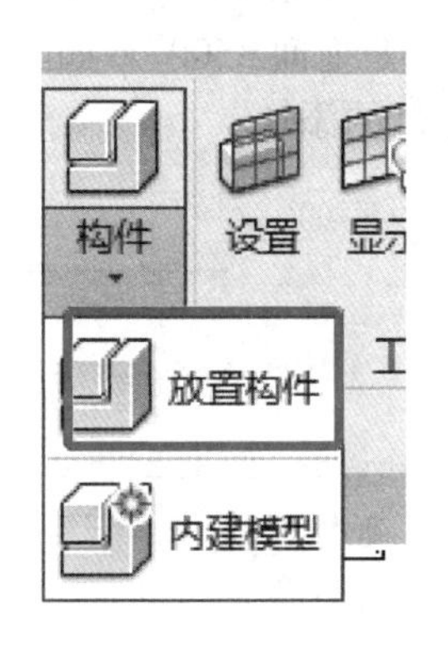

图 8-22　放置构件

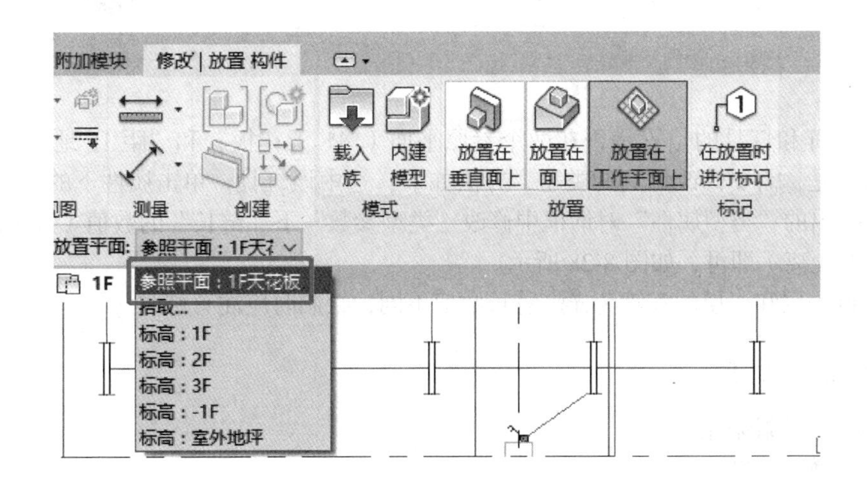

图 8-23　放置在参照平面“1F 天花板”上

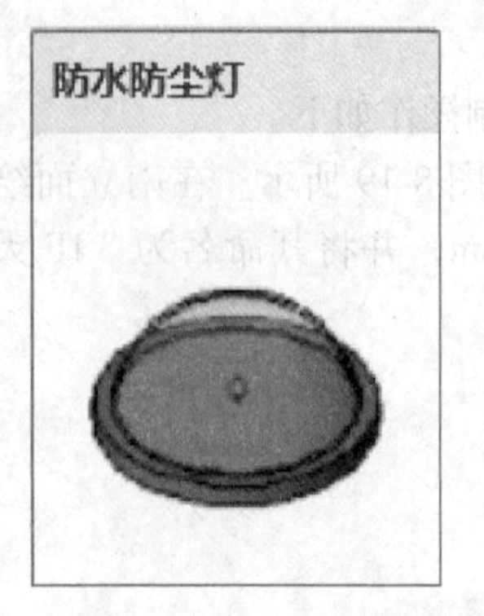

图 8-24　载入防水防尘灯

（2）防水防尘灯

由照明平面图可知，防水防尘灯的安装方式为吸顶安装，绘制操作如下。

进入“1F”楼层平面视图，载入防水防尘灯，如图 8-24 所示。单击“系统”→“模型”→“放置构件”命令（CM），再单击“修改 | 放置 构件”→“放置在工作平面上”，选择参照平面为“1F 天花板”，将灯具放在 CAD 图纸上防水防尘灯位置，即完成防水防尘灯的添加。

（3）双管荧光灯

由照明平面图可知，双管荧光灯的安装方式为距地 3.5m 吊装。绘制操作如下。

单击“系统”→“工作平面”→“参照平面”命令（RP），在南立面绘制参照平面，修改参照平面距离“1F”为 3500mm，并将其命名为“距 1F 地面 3500”，如图 8-25 所示。

进入“1F”楼层平面视图，载入的双管荧光灯，如图 8-26 所示。单击“系统”→“模型”→“放置构件”命令（CM），再单击“修改 | 放置 构件”→“放置在工作平面上”，选择参照平面为“距 1F 地面 3500”，如图 8-27 所示。将灯具放在 CAD 图纸上双管荧光灯位置，即完成双管荧光灯的添加。

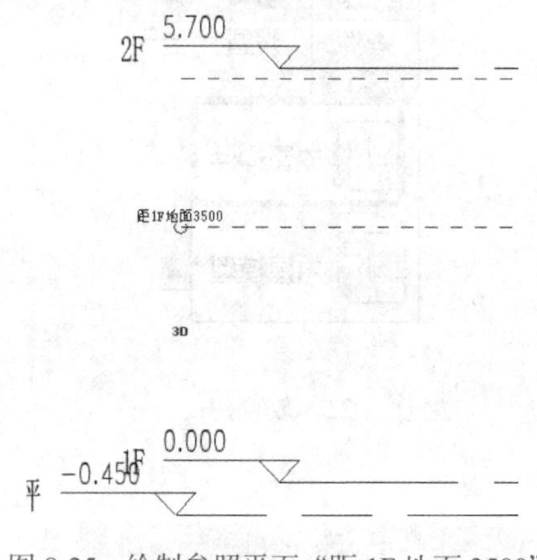

图 8-25　绘制参照平面“距 1F 地面 3500”

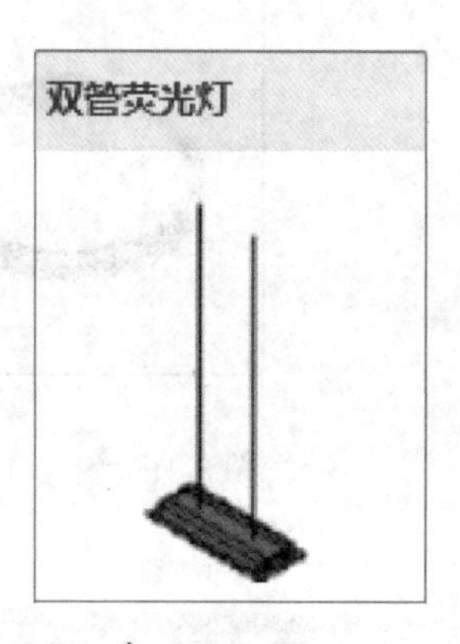

图 8-26　载入双管荧光灯

检查吊杆和灯具的位置是否在两个参照平面（“1F 天花板”和“距 1F 地面 3500”）之间，如果不是，需要修改灯具的类型，方法如下：选中该灯具，单击属性下的“编辑类型”命令，在弹出的“类型属性”对话框中修改“类型参数”下“链长”的数值（等于两个参照平面之间的距离）即可，如图 8-28 所示。

需强调一层和二层的双管荧光灯链长数值不同，绘制时应注意修改。

三、添加附墙元件

添加一层的附墙元件。

（1）疏散指示灯

由照明平面图可知，疏散指示灯的安装方式为距地 0.5m 明挂。绘制操作如下。

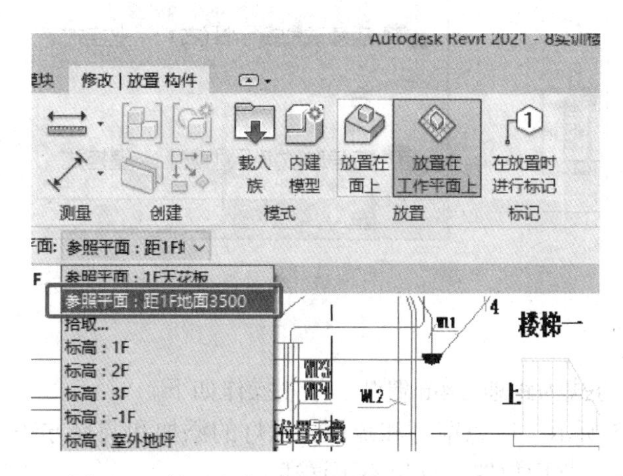

图 8-27 放置在参照平面“距 1F 地面 3500”上

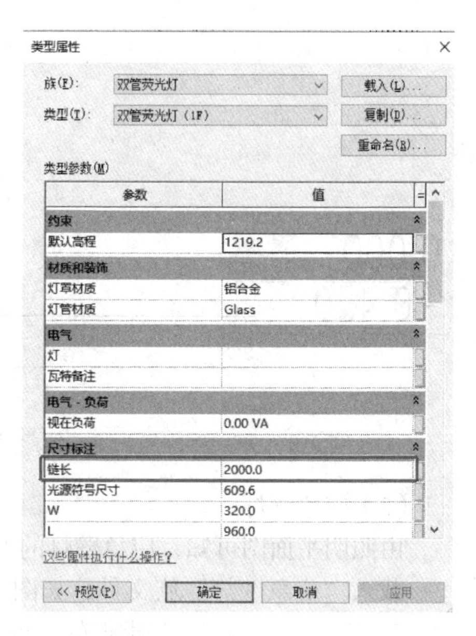

图 8-28 修改灯具链长

在“1F”楼层平面视图，单击“系统”→“工作平面”→“参照平面”命令（RP）。沿Ⓓ轴墙体的下边线由左至右绘制参照平面，如图 8-29 所示。

载入“疏散指示灯”族文件，如图 8-30 所示。

单击“系统”→“电气”→“照明设备”命令，选择“放置在垂直面上”，如图 8-31 所示。选择“疏散指示灯”，修改立面高度为“500.0”，如图 8-32 所示。将灯具放在参照平面疏散指示灯的位置。

进入西立面视图，检查放置疏散指示灯距离一层地面的距离是否为“500”，若不符合，可以直接单击对应尺寸，修改为“500.0”，如图 8-33 所示。

因为疏散指示灯有方向性，添加灯具时注意选择灯具的合适类型，如图 8-34 所示。

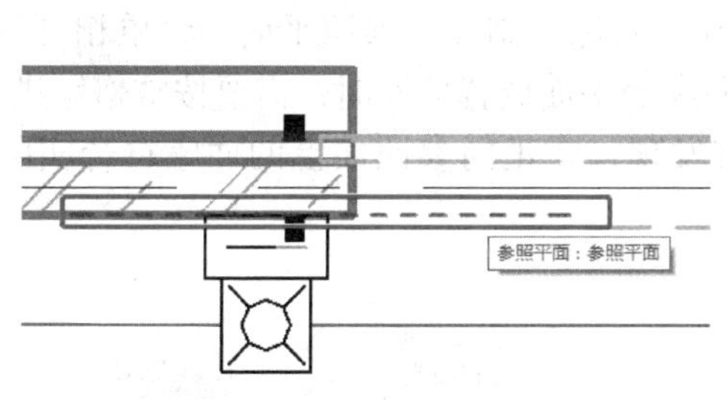

图 8-29 垂直参照平面绘制

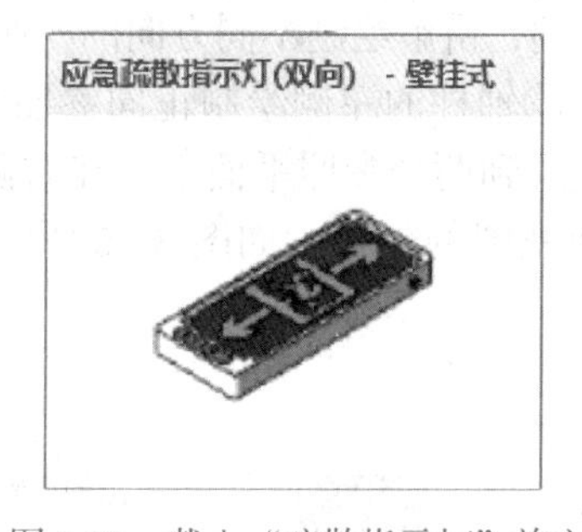

图 8-30 载入“疏散指示灯”族文件

图 8-31 疏散指示灯放置在垂直面上

图 8-32 设置疏散指示灯立面高度

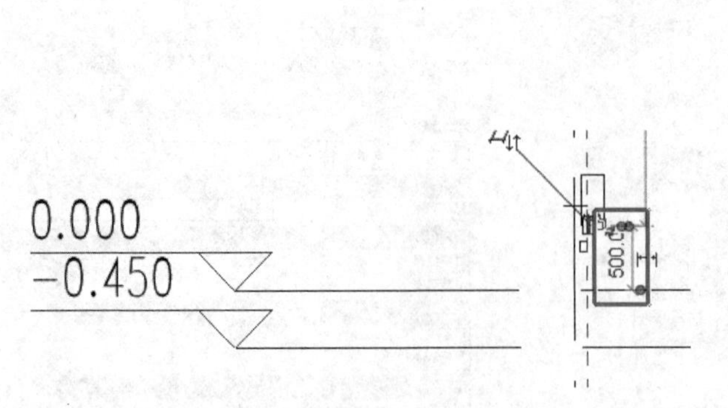

图 8-33　修改疏散指示灯立面高度

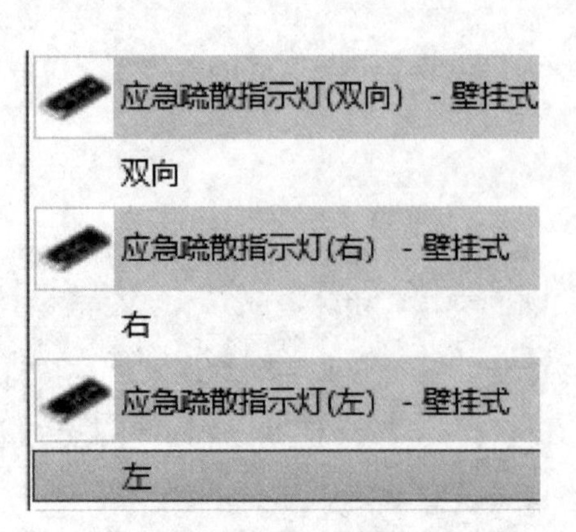

图 8-34　疏散指示灯类型

（2）应急壁灯

由照明平面图可知，应急壁灯的安装方式为距地 2.4m 壁装。绘制操作如下。

载入“应急壁灯”族文件，如图 8-35 所示。应急壁灯和疏散指示灯的添加和调整方法是类似的，也是基于立面放置，这里不再详述。

图 8-35　载入“应急壁灯”族文件

（3）开关、插座、MEB、86 盒

在“1F”楼层平面视图，载入项目所需的开关族、插座族、MEB 族、86 盒族。添加构件前，绘制构件的参照立面。单击“系统”→“电气”→“设备”→“照明”命令，将开关放在相应的参照平面上，单击“系统”→“电气”→“设备”→“电气装置”命令，将插座、86 盒放在相应的参照平面上，单击“系统”→“电气”→“设备”→“数据”命令，将 MEB 放在相应的参照平面上，方法同灯具类似。

参照平面的绘制有方向性，以房间中心为轴心，逆时针为正向，顺时针为反向。参照平面的绘制方向不同，放置构件后构件的显示样式也不同。下面以Ⓓ轴为例，讲解绘制不同方向的参照平面时构件的区别。

在Ⓓ轴柱的左侧绘制正向参照平面，在柱右侧绘制反向参照平面。将单相二三极插座分别放置到两个参照平面上。在右侧的反向参照平面放置插座时，需要按空格键进行翻转。东立面视图的效果，如图 8-36 所示，不难发现，在正向参照面上的插座符合实际安装的插座。

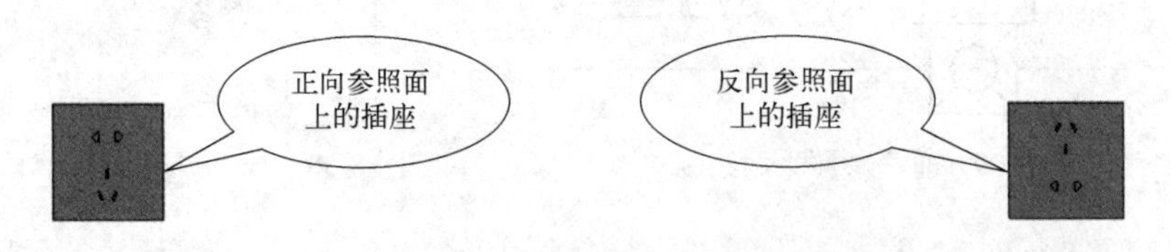

图 8-36　不同方向参照平面上的插座

重点提示

强电系统元件种类多，软件自带的族库并不能完全满足项目的应用，可以自己创建必需的设备族。

任务拓展　绘制竖向桥架

某工程电缆井布置大样图如图 8-37 所示，由图纸可知，电缆井中分别有竖向照明桥架和弱电桥架，规格均为 200mm × 200mm；桥架边缘距墙边为 50mm，假设竖向桥架起点标高为 -300mm，终点标高为 3600mm，其绘制方法如下。

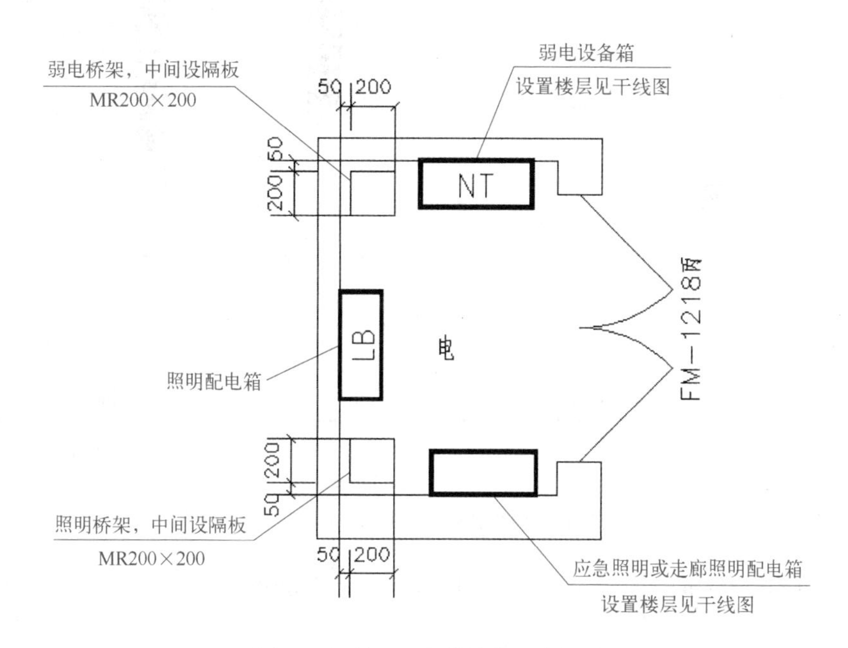

图 8-37　某工程电缆井布置大样图

首先在“1F”楼层平面视图，插入“某工程电缆井布置大样图”，定位后锁定。单击“系统”→“电气”→“电缆桥架”（CT）命令，如图 8-38 所示，在属性栏中选择“带配件的电缆桥架槽式电缆桥架”，在“修改 | 放置 电缆桥架”选项栏中，宽度选择“200mm”，高度选择“200mm”，中间高程输入 -300mm，此时在软件绘图区的 CAD 底图桥架位置单击鼠标左键，再次在中间高程输入 3600.0mm，单击“应用”，竖向桥架参数如图 8-39 所示。

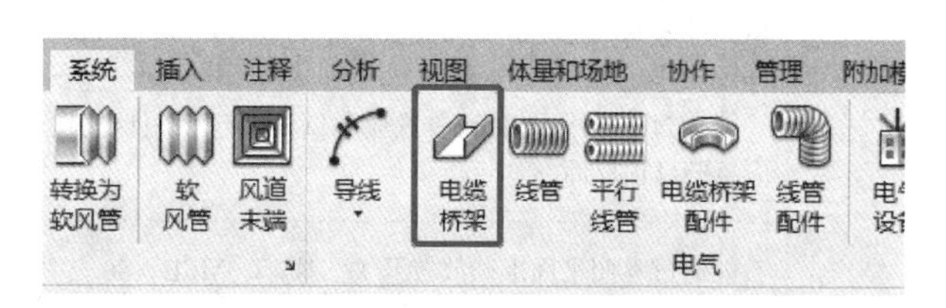

图 8-38　“系统”-“电气”-“电缆桥架”命令

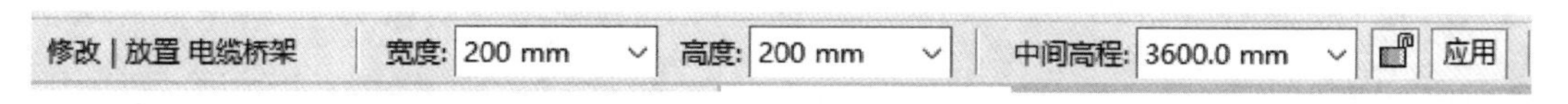

图 8-39　竖向桥架参数

在 CAD 底图桥架位置绘制竖向桥架，桥架顶部的标高可以在立面视图进行调整。强电和弱电竖向桥架的平面视图和三维视图效果如图 8-40、图 8-41 所示。

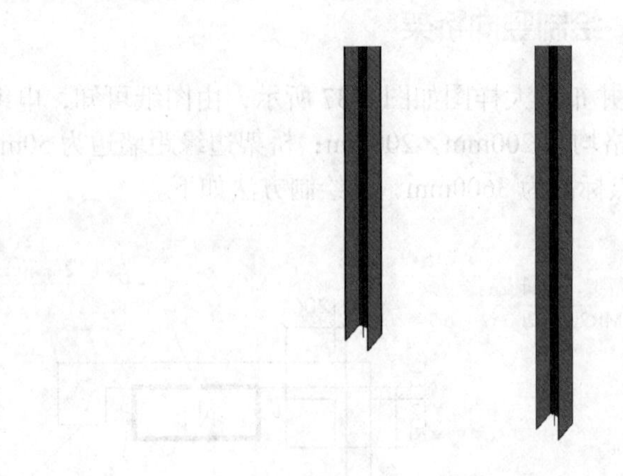

图 8-40　竖向桥架（平面视图）　　图 8-41　竖向桥架（三维视图）

任务评价

姓名：　　班级：　　日期：

序号	考核点	要求	分值 / 分	得分 / 分
1	识读强电系统元件	能准确全面获取所有强电元件的信息	5	
2	导入 CAD、载入族	导入对应的施工平面图，并选择合适的族文件	5	
3	添加吸顶元件	能通过参照平面准确放置节能日光灯，包括平面位置、放置高度等	15	
		能通过参照平面准确放置防水防尘灯，包括平面位置、放置高度等	15	
		能通过参照平面准确放置双管荧光灯，包括平面位置、放置高度、链条长度等	15	
4	添加附墙元件	能通过参照平面准确放置疏散指示灯，包括距地高度、指示灯类型	15	
		能通过参照平面准确放置应急壁灯，包括距地高度、应急壁灯正反面	15	
		能通过参照平面准确放置开关、插座、MEB、86 盒	15	
合计			100	

任务总结

Revit2021 软件添加强电系统元件的流程如下：

①导入 CAD 图纸，载入族；②绘制参照平面，放置强电系统元件；③调整各强电系统元件的位置、放置方向和属性等。

任务三　创建弱电系统元件

工作任务卡

任务编号		8-3	任务名称	创建弱电系统元件
授课地点		机房	建议学时	1 学时
教学软件		Revit2021	图纸名称	汽车实训楼 - 电施 01：电气设计说明图例材料表、电施 09：一层弱电平面图、电施 13：二层弱电平面图
学习目标	素质目标	在绘制弱电系统元件时，培养认真核实各项参数的基本技能		
	知识目标	了解弱电系统元件； 掌握 Revit 软件中弱电系统元件的创建方法		
	能力目标	能准确识读图纸中弱电系统元件信息； 能准确绘制弱电系统元件		
教学重点		图纸中弱电系统元件的识读		
教学难点		弱电系统元件的创建		

任务引入

识读汽车实训楼电气施工图，确定各元件的安装方式和位置；根据汽车实训楼电气施工图，分别放置弱电系统元件。

任务分析

弱电一般是指直流电路或音频、视频线路，网络线路，电话线路，交流电压一般在 36V 以内。家用电器中的电话、电脑、电视机的信号输入（有线电视线路）、音响设备（输出端线路）等均为弱电电气设备。通过识读汽车实训楼电气施工图电施 01 电气设计说明图例材料表、电施 09 一层弱电平面图、电施 13 二层弱电平面图，可知弱电系统元件包括：电话 / 网络双孔插座、弱电进线 / 分线箱、消火栓按钮。

二维码 8-6
创建弱电系统元件用图纸

二维码 8-7
创建弱电系统元件

任务实施

一、导入 CAD 图纸

进入“1F”“2F”楼层平面视图，取消对应照明平面图的可见性，分别导入“电施 09 一层弱电平面图”“电施 13 二层弱电平面图”文件。导入之后，将 CAD 底图与项目轴网对齐，然后锁定底图、调整视图范围。

二、添加弱电系统元件

进入“1F”楼层平面视图，添加一层弱电系统元件。

（1）电话 / 网络双孔插座

由弱电平面图可知，电话 / 网络双孔插座安装方式为下皮距地 0.3m 暗装，为附墙安装。

在“1F”楼层平面视图，单击“系统”→“工作平面”→“参照平面”命令（RP）。沿⑪A轴墙体的下边线由左至右绘制“参照平面”，如图 8-42 所示。

载入电话 / 网络双孔插座，如图 8-43 所示。

单击“系统”→“电气”→“设备”命令，选择“放置在垂直面上”，如图 8-44 所示。选择“电话插座”，修改立面高度为“300.0”，如图 8-45 所示。将插座放在参照平面电话 / 网络双孔插座位置。

进入南立面视图，检查放置电话 / 网络双孔插座距离一层地面的距离是否为 300mm。

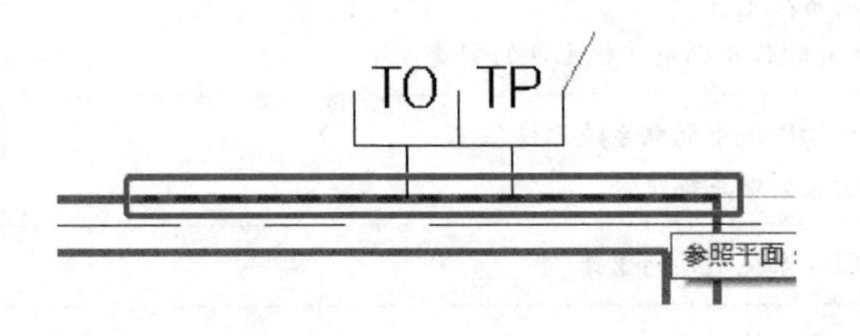

图 8-42　垂直参照平面绘制

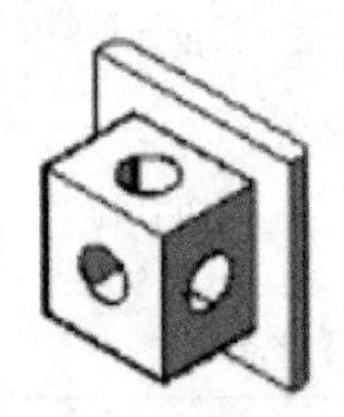

图 8-43　电话 / 网络双孔插座

图 8-44　“放置在垂直面上”命令

图 8-45　电话 / 网络双孔插座立面高度

（2）弱电进线 / 分线箱

由弱电平面图可知，弱电进线 / 分线箱尺寸为 W（400mm）×H（400mm）×D（180mm），安装方式为下皮距地 0.5m 暗装，为附墙安装。

载入“分线箱”族文件，如图 8-46 所示。

导入“分线箱”族文件后，需要修改尺寸参数，单击属性选项卡中“编辑类型”命令，进入“类型属性”窗口，如图 8-47 所示。在“类型属性”窗口“类型参数”下，找到“尺寸标注”，按照弱电进线 / 分线箱尺寸进行修改，单击“确定”完成设置，如图 8-48 所示。直接将构件放置到 CAD 图对应的位置上，并在属性选项卡内编辑弱电进线 / 分线箱距地高度为“500”，如图 8-49 所示。

图 8-46 载入“分线箱”族文件

图 8-47 “编辑类型”命令

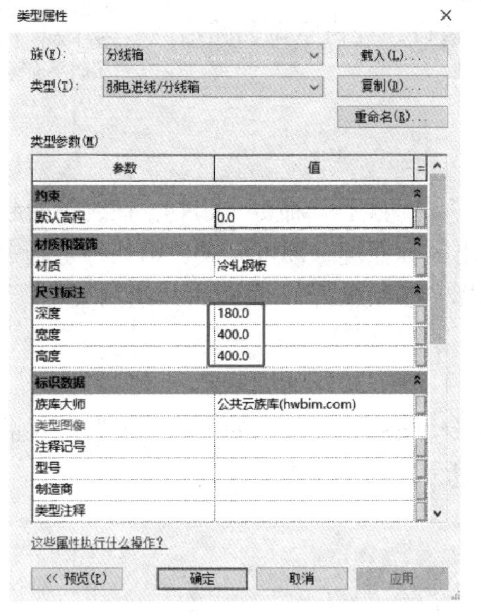

图 8-48 弱电进线 / 分线箱类型属性

图 8-49 弱电进线 / 分线箱高度调整

(3) 消火栓按钮

由弱电平面图可知，消火栓按钮安装方式为消火栓箱内安装，可取 1.4m 位置。

载入“手动报警按钮”族文件，如图 8-50 所示。同时，修改其“类型属性”中的安装高度为 0。

单击“系统”→“电气”→“设备”命令，在属性窗口选择“手动报警按钮”，修改立面高度为“1400.0”，如图 8-51 所示。将手动报警按钮放置在 CAD 图中对应位置上。

进入东立面视图，检查手动报警按钮放置位置是否符合要求。

图 8-50 载入“手动报警按钮”族文件

图 8-51 消火栓按钮立面高度调整

重点提示

弱电系统元件种类多，软件自带的族库并不能完全满足项目的应用，可以自己创建必需的设备族。

任务拓展　绘制线管

二维码 8-8
某工程一层插座平面图和照明平面图

识读某工程一层插座平面图和照明平面图，绘制一层照明配电箱 1AL1 各回路的线管。本工程一层进线间照明配电箱 1AL1 有 4 个回路，其中照明回路沿墙或顶棚暗敷设，插座回路沿墙或地板暗敷设，挂机空调回路沿墙或地板暗敷设，教室配电箱回路沿墙或地板暗敷设。

一、绘制电气线管的两种方法

第一种是直接绘制线管，单击“系统”→“电气”→“线管”命令（CN），在线管的起点处单击鼠标左键，移动鼠标拉伸至线管的终点再单击鼠标左键，即可完成；第二种是选中已有的线管，在拖曳点单击右键，在出现的命令中选择“绘制线管”，即可继续绘制线管。

二、创建项目所需的线管

单击“管理”→“MEP 设置”→“电气设置”命令（ES），在弹出的“电气设置”对话框中找到“线管设置”下的“尺寸”命令，如图 8-52 所示。

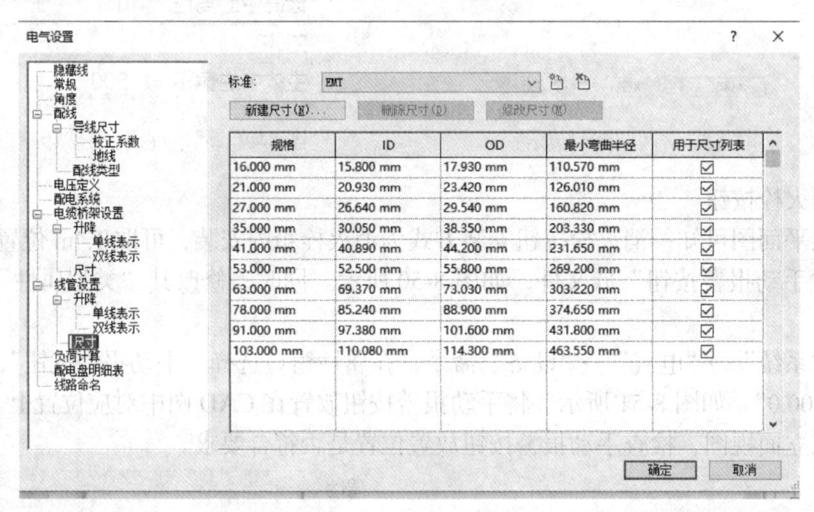

规格	ID	OD	最小弯曲半径	用于尺寸列表
16.000 mm	15.800 mm	17.930 mm	110.570 mm	☑
21.000 mm	20.930 mm	23.420 mm	126.010 mm	☑
27.000 mm	26.640 mm	29.540 mm	160.820 mm	☑
35.000 mm	30.050 mm	38.350 mm	203.330 mm	☑
41.000 mm	40.890 mm	44.200 mm	231.650 mm	☑
53.000 mm	52.500 mm	55.800 mm	269.200 mm	☑
63.000 mm	69.370 mm	73.030 mm	303.220 mm	☑
78.000 mm	85.240 mm	88.900 mm	374.650 mm	☑
91.000 mm	97.380 mm	101.600 mm	431.800 mm	☑
103.000 mm	110.080 mm	114.300 mm	463.550 mm	☑

图 8-52　尺寸设置

在当前尺寸列表中，可以通过新建、删除和修改来编辑尺寸。ID 表示线管的内径，OD 表示线管的外径。最小弯曲半径是指弯曲线管时所允许的最小弯曲半径（软件中弯曲半径是指圆心到线管中心的距离）。新建的尺寸“规格”和现有列表不允许重复。如果在绘图区域已绘制了某尺寸的线管，该尺寸将不能被删除，需要先删除项目中的管道，然后才能删除尺寸列表中的尺寸。

三、绘制办公室照明回路的线管

在“1F”楼层平面视图，单击“系统”→“电气”→“线管”命令（CN），单击属性面板中“编辑类型”命令，在“系统族：带配件的线管”族下复制一个新的类型“电气配管 -PC 管”，如图 8-53 所示。

选择管径“16”，偏移量输入“3500”，从配电箱到插座，从开关到荧光灯绘制顶棚上的水平线管。两个线管交叉会自动形成接线盒。

绘制开关上方的立管时，先在平面视图绘制一段立管，再转到立面视图将立管拖拽到开关即可。

同样的，绘制配电箱上方的立管时，也是先在平面视图绘制一段立管，再转到立面视图调整。在东立面，将立管的底部拖曳到配电箱后，软件弹出如图 8-54 所示的窗口，此时单击“完成连接”即可。

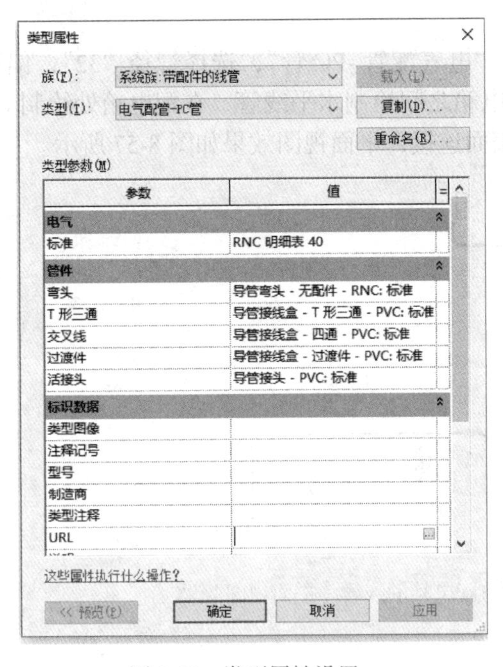

图 8-53　类型属性设置

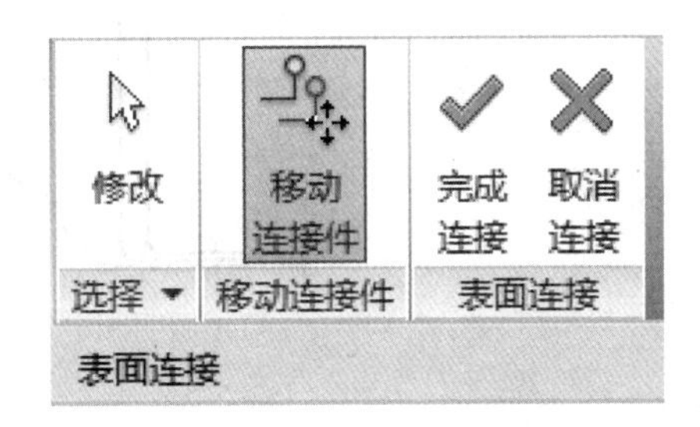

图 8-54　表面连接

四、绘制插座回路和挂机空调回路的线管

在“1F”楼层平面视图，单击“系统”→“电气”→“线管”命令（CN），线管类型选择“电气配管 -PC 管”，选择管径“20”，偏移量输入“-100”，在Ⓓ轴上沿底图绘制插座回路的水平线管，在插座处，修改偏移量为“300”，单击“应用”两次完成立管的绘制，三维效果如图 8-55 所示。

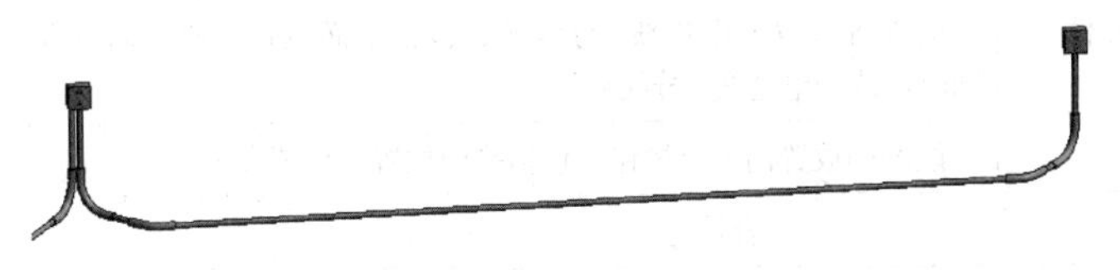

图 8-55　插座回路的线管

配电箱下的立管与配电箱的连接和照明回路的相同。完整的插座回路三维效果如图 8-56 所示。挂机空调回路的线管绘制方法与插座回路相同，不再详述。

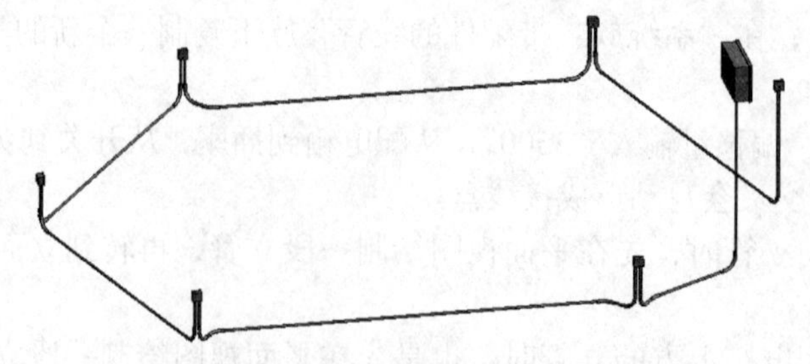

图 8-56　完整插座回路的线管（三维效果）

五、绘制 1AL1 至教室配电箱的线管

在“1F”楼层平面视图，线管类型选择“电气配管 -PC 管”，选择管径“32”，偏移量输入“-100”，在 1AL1 照明配电箱与教室配电箱之间绘制水平线管，在配电箱处绘制立管，然后切换到立面视图，将立管与配电箱进行表面连接，平面视图效果如图 8-57 所示。

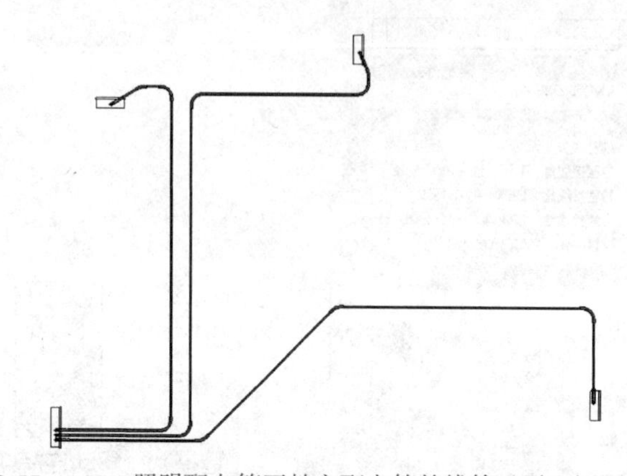

图 8-57　1AL1 照明配电箱至教室配电箱的线管（平面视图效果）

任务评价

姓名：　　　　　　　　　　　班级：　　　　　　　　　　　日期：

序号	考核点	要求	分值 / 分	得分 / 分
1	识读弱电系统元件	能准确全面获取所有弱电系统元件的信息	20	
2	导入 CAD、载入族	导入对应的施工平面图，并选择合适的族文件	20	
3	添加弱电元件	能通过工作平面准确放置电话 / 网络双孔插座，包括平面位置、放置高度等	20	
		能准确放置弱电进线 / 分线箱，包括平面位置、放置高度等，同时修改弱电进线 / 分线箱尺寸	20	
		能准确放置消火栓按钮，包括平面位置、放置高度等	20	
合计			100	

任务总结

Revit2021 软件添加弱电系统元件的流程如下：

①导入 CAD 图纸，载入族；②绘制参照平面，放置弱电系统元件；③调整各弱电系统元件的位置、放置方向和属性等。

能力训练题

1. 下列关于配电箱模型创建操作流程的说法正确的是（　　）。
A. 首先单击“系统”命令栏，接着单击“电气”选项卡，最后单击“电缆桥架”
B. 首先单击“系统”选项卡，接着单击“电气”命令栏，最后单击“电气设备”
C. 首先单击“系统”，接着单击“HVAC”选项卡，最后单击“设备”命令栏
D. 首先单击“系统”命令栏，接着单击“电气”，最后单击“照明设备”选项卡
2. 下列关于开关插座模型创建操作流程的说法正确的是（　　）。
A. 首先单击“系统”命令栏，接着单击“电气”选项卡，最后单击“电缆桥架”
B. 首先单击“系统”选项卡，接着单击“电气”命令栏，最后单击“照明设备”
C. 首先单击“系统”，接着单击“HVAC”选项卡，最后单击“设备”命令栏
D. 首先单击“系统”命令栏，接着单击“电气”，最后单击“设备”选项卡
3. Revit 使用“规程”用于控制各类图元的显示，默认“规程”的种类有下列哪些？（　　）
①建筑 ②结构 ③给排水 ④暖通 ⑤电气 ⑥机械⑦卫浴 ⑧协调
A. ①②③④⑤⑥　　B. ①②⑤⑥⑦⑧　　C. ①②③④⑤　　D. ①②③④⑤⑥⑦⑧
4.（多选）下列元件中属于强电系统元件的是（　　）。
A. 电话 / 网络双孔插座　　B. 防水防尘灯
C. 应急壁灯　　D. 消火栓按钮
E. 86 盒
5.（多选）下列元件中属于弱电系统元件的是（　　）。
A. 吸顶灯　　B. 86 盒
C. 弱电进线 / 分线箱　　D. 电话 / 网络双孔插座
E. 开关

实 训 题

【2022 年第二期“1+X”BIM 职业技能等级考试真题改编】创建视图名称为“电气平面图”的平面视图，规程为“电气”，子规程为“照明”，并根据“某工程电气平面图”创建电气模型，照明配电箱为明装，立面标高为 1.2m，照明配电箱尺寸类型自定。

二维码 8-9
某工程电气
平面图

模块五

协同管理

模块简介

本模块主要针对项目的模型协同与管理开展任务教学，包括碰撞检查、制作漫游动画、创建明细表和布置、打印与导出图纸四个任务。碰撞检查主要讲解全专业模型合成方法、绑定链接和碰撞检查的流程和方法；制作漫游动画主要讲解漫游路径的创建和编辑、相机范围和广角调整方法以及视频的导出等方法；创建明细表主要讲解明细表的新建与编辑方法、关键字明细表创建和使用、明细表的导出等内容；布置、打印与导出图纸主要讲解图纸布置、属性修改、PDF图纸打印设置与DWG图纸的导出方法。

项目九　模型协同与管理

❖ 学习目标

素质目标

- 培养学生团结协作，密切配合的职业精神；
- 培养学生的设计思维和开放思维；
- 培养学生对构件材料管理的全局统筹意识。

知识目标

- 掌握碰撞检查的操作方法；
- 掌握漫游路径的创建和编辑方法；
- 掌握明细表的新建、编辑和导出方法；
- 掌握图纸布置、打印的设置、导出等方法。

能力目标

- 会进行全专业模型的合成和碰撞检查；
- 会创建和编辑漫游路径，并导出漫游动画；
- 会新建和编辑明细表，并导出明细表；
- 会进行图纸布置，能修改图纸属性，并打印和导出图纸。

❖ 项目脉络

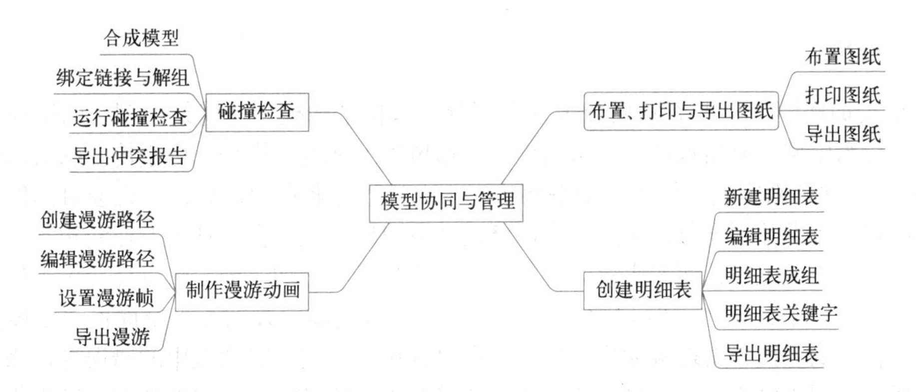

模型协同与管理是模型应用的重要环节，涉及建筑工程项目的多个专业，有效的 BIM 模型协同管理模式可以辅助建设单位、设计单位、施工单位和监理单位等参建方之间高效沟通和协同工作。为解决工程需要，Revit 软件提供了统一的三维设计 BIM 数据平台。本项目将从碰撞检查、漫游动画创作、明细表统计、图纸布置、打印与导出等方面讲解模型协同管理的相关知识。

任务一 碰撞检查

工作任务卡

任务编号	9-1	任务名称	碰撞检查
授课地点	机房	建议学时	2 学时
教学软件	Revit2021	图纸名称	—
学习目标	素质目标	在碰撞检查过程中，培养学生团结协作，密切配合的职业精神； 处理绑定过程中出现错误提示的应变能力	
	知识目标	掌握合成全专业整体模型的流程； 掌握绑定链接模型的操作方法； 掌握碰撞检查的操作方法	
	能力目标	会合成全专业整体模型； 会绑定链接模型并进行解组； 会进行碰撞检查并导出冲突报告	
教学重点	全专业整体模型的合成和绑定链接模型		
教学难点	碰撞检查方法，并对碰撞点进行查看		

任务引入

以全专业模型为基础，合成整体模型；对整体模型进行碰撞检查。

任务分析

汽车实训楼模型根据类别划分了九个部分，包括结构模型、建筑模型、消防模型、给水模型、排水模型、凝结水模型、采暖模型、通风模型和电气模型。由于传统图纸的设计大多采用 CAD 软件来完成，均为二维平面状态，而且各专业在设计时，是否会对其他专业造成施工影响，考虑并不充分，因此，当图纸设计完成后，往往会出现各专业间相互碰撞的问题，当无法正常施工时，便产生设计变更，导致工程成本增加。为了将设计变更工作提前到开始施工之前，节约成本，Revit 软件提供了碰撞检查功能，该功能可全面检查出模型中各构件和设备间的碰撞，发现碰撞后，应及时向设计单位反馈，对图纸中的错误进行修改，修改方案通过后同步修改模型，最终使用正确的模型指导项目施工，实现模型成果落地。

任务实施

一、合成全专业整体模型

① 双击图标，打开 Revit 2021 软件，点击“模型”→“打开”，弹出“打开”对话框，找到存储所有模型的文件夹，如图 9-1 所示，选择“实训楼 - 建筑”模型文件，点击“打开”按钮（或直接双击“实训楼 - 建筑”模型文件）。

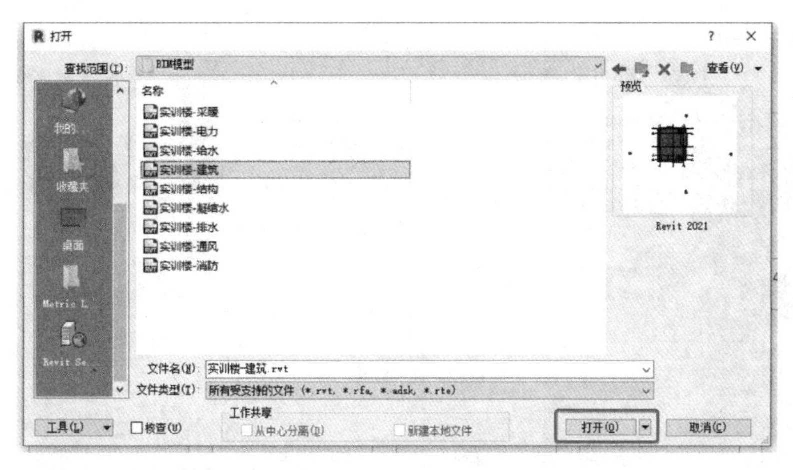

图 9-1 “打开”对话框

② 打开模型后，可点击“视图”→“创建”→“三维视图”命令，方便查看模型，“实训楼 - 建筑”模型三维视图如图 9-2 所示。

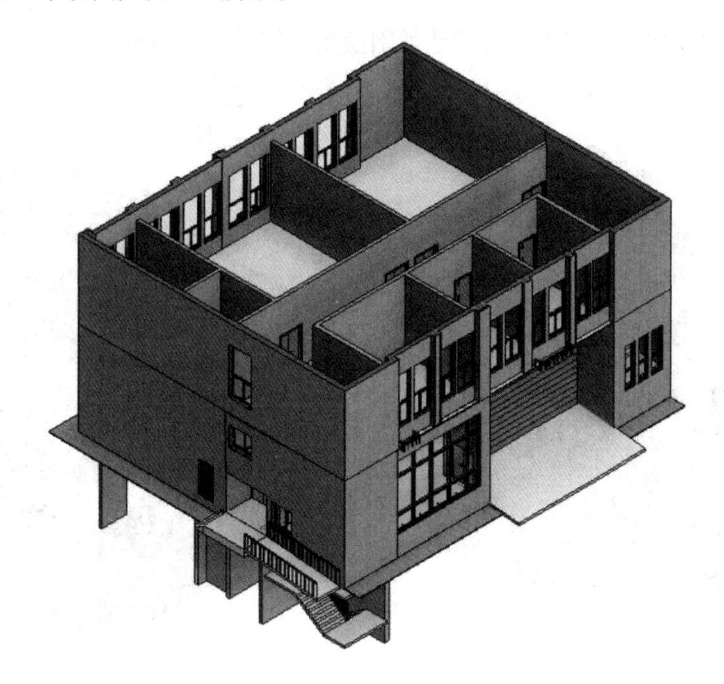

图 9-2 “实训楼 - 建筑”模型三维视图

③ 点击“插入”→“链接”→“链接 Revit”命令，如图 9-3 所示。弹出“导入 / 链接 RVT”对话框，路径默认为“实训楼 - 建筑”模型文件的所在位置，选择“实训楼 - 结构”模型文件，定位选择“自动 - 内部原点到内部原点”，点击“打开”按钮（或直接双击“实训楼 - 结构”模型文件），如图 9-4 所示。加载完毕后，“实训楼 - 建筑”和“实训楼 - 结构”两个模型文件链接为一体，链接完成后的 BIM 模型如图 9-5 所示。

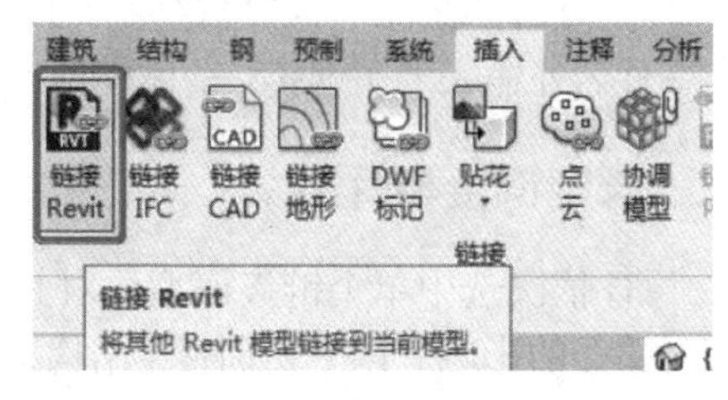

图 9-3 “链接 Revit”命令

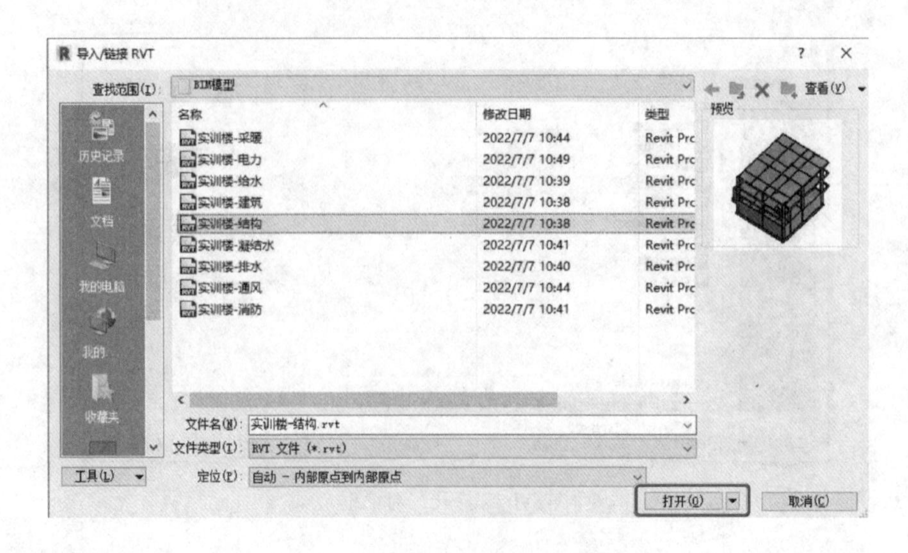

图 9-4 “导入 / 链接 RVT”对话框

④ 按照上述操作步骤，依次将其他类别模型链接到“实训楼 - 建筑”模型中，合成后的整体模型如图 9-6 所示。

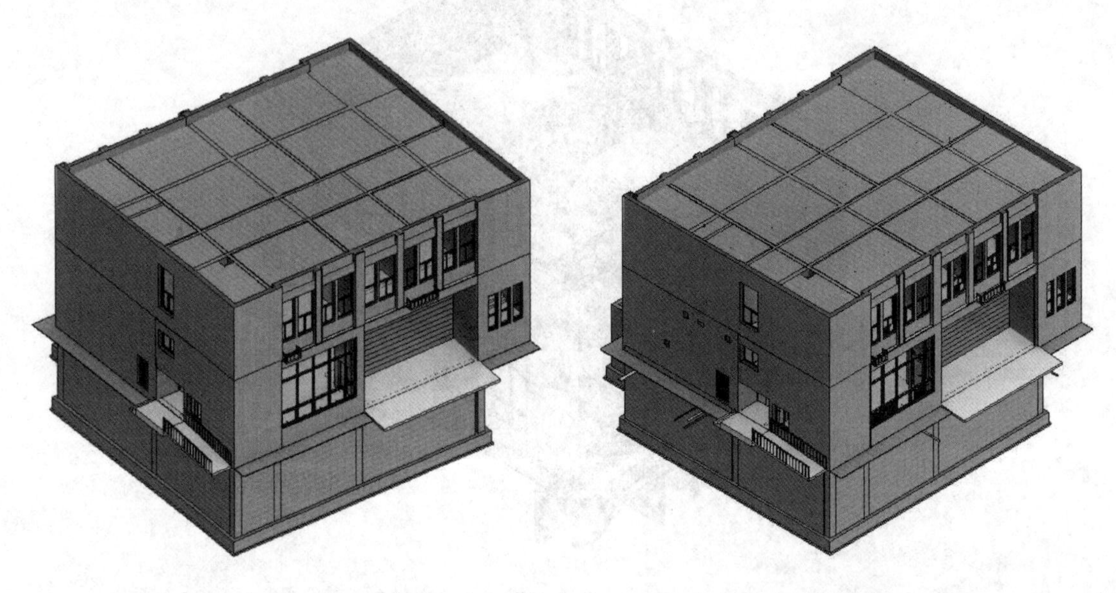

图 9-5 链接完成后的 BIM 模型

图 9-6 合成后的整体模型

⑤ 点击“文件”→“另存为”→“项目”命令，弹出“另存为”对话框，如图 9-7 所示，在文件名处输入“实训楼 - 整体模型”，点击“保存”。

二、绑定链接与解组

① 依次选中单个链接模型，对其进行绑定，绑定完成后，整体模型将不再受链接模型相对路径的影响。以“实训楼 - 结构”为例，单击结构模型的任意构件，选中链接后的“实训楼 - 结构”模型，此时模型将变为半透明的蓝色状态，如图 9-8 所示。

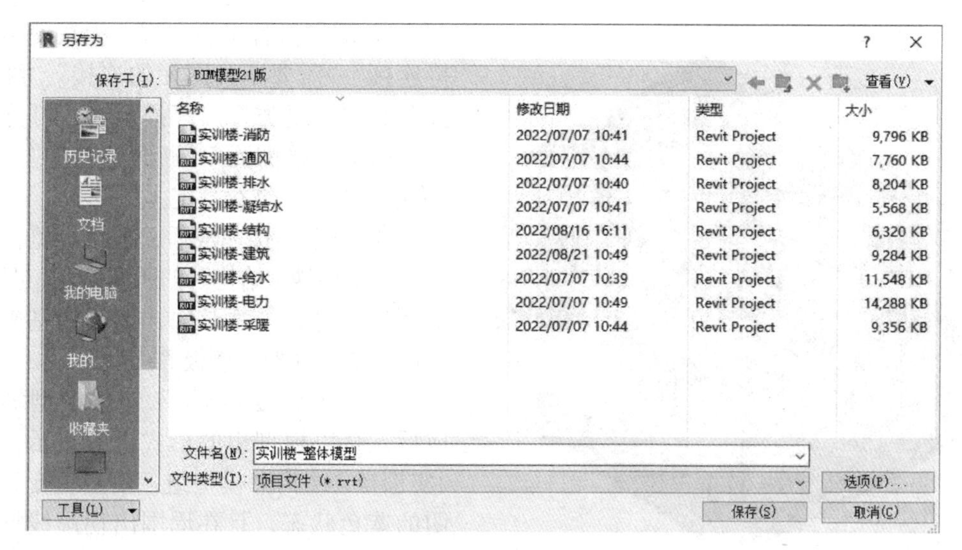

图 9-7 “另存为”对话框

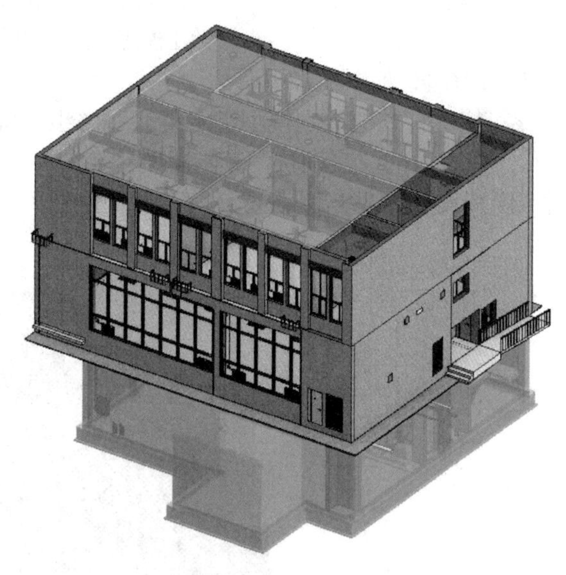

图 9-8 选中状态的“实训楼 - 结构”链接模型

② 选中链接模型后，在菜单栏自动加载“修改 | RVT 链接”选项卡，单击“链接”→“绑定链接”命令，如图 9-9 所示。弹出“绑定链接选项”对话框，将附着的详图、标高和轴网复选框中的打钩全部去除，单击【确定】按钮，如图 9-10 所示。

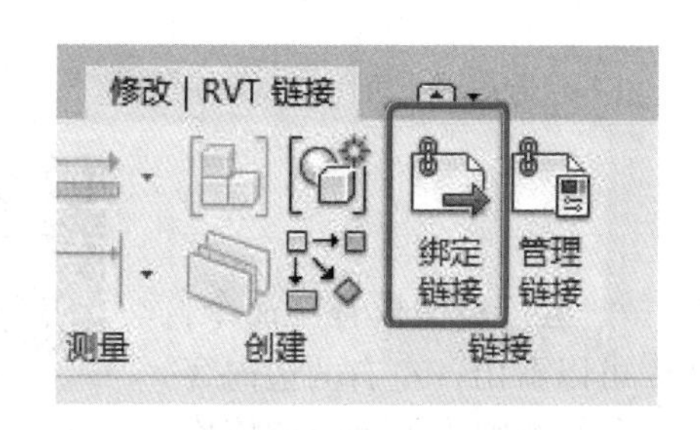

图 9-9 “绑定链接”命令

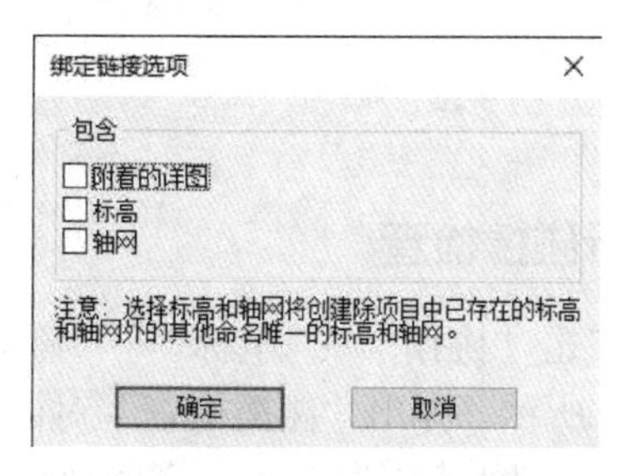

图 9-10 “绑定链接选项”对话框

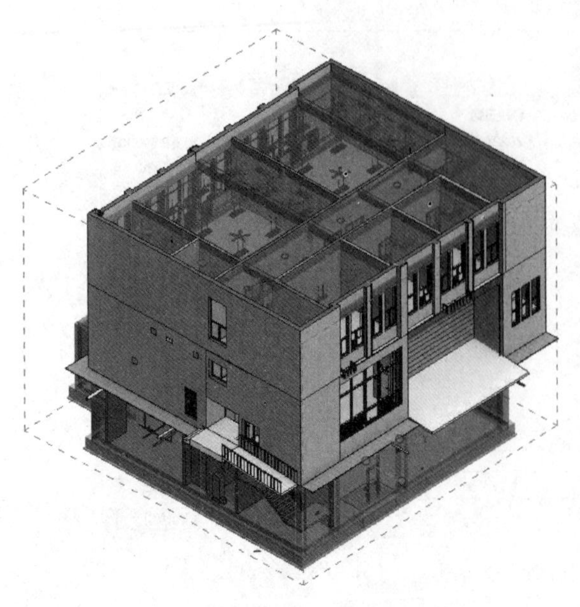

图 9-11　选中状态的“实训楼 - 结构”模型组

③ 绑定过程中会出现“无法使图元保持连接”“需要断开图元的连接”“绑定链接”和“重复类型”等提示框，可分别单击“取消连接图元”“断开连接”“是”和“确定”按钮，继续绑定。

④ 绑定链接完成后，项目浏览器中会载入“实训楼 - 结构”的所有实例，且所有实例均可进行二次编辑，如结构基础、结构柱、结构框架、楼板等。

⑤“实训楼 - 结构”链接模型绑定完成后，会以模型组的形式进行显示，选中“实训楼 - 结构”模型组，模型组变为半透明的蓝色状态，且在周围出现虚线框，如图 9-11 所示。

⑥ 选中模型组后，在菜单栏自动加载“修改 | 模型组”选项卡，单击“成组”→“解组”命令（UG）对其进行解组，如图 9-12 所示。

⑦ 按照上述操作步骤，依次将其他类别模型绑定链接和解组，解组后，链接模型中的全部构件会成为单个图元，解组后的“实训楼 - 整体模型”如图 9-13 所示。最后点击“文件”→“保存”命令，对“实训楼 - 整体模型”进行保存。

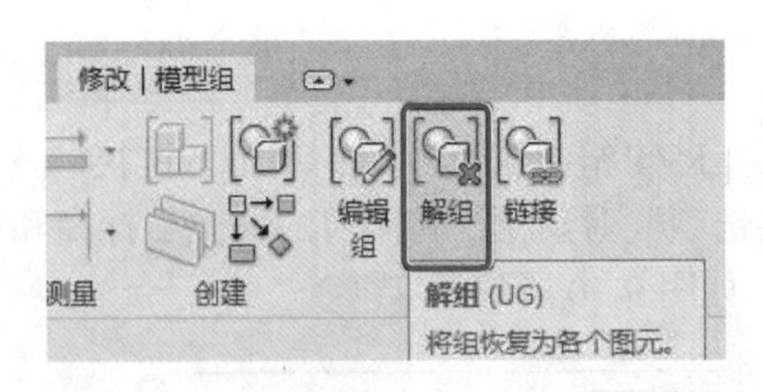

图 9-12　“解组”命令

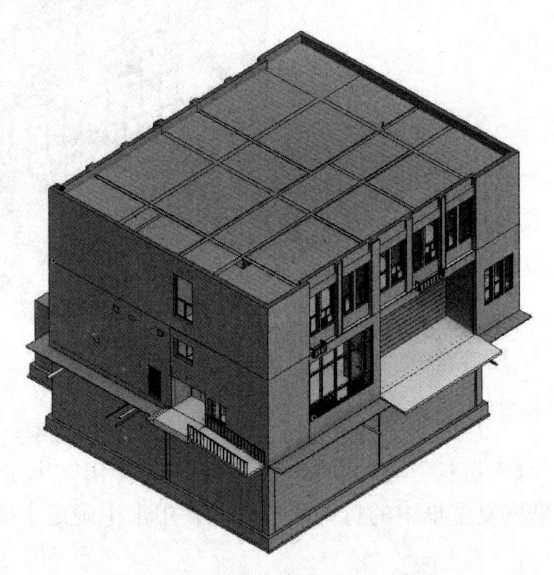

图 9-13　解组后的整体模型

三、运行碰撞检查

二维码 9-1
碰撞检查

① 点击“协作”→“坐标”→“碰撞检查”→“运行碰撞检查”命令，如图 9-14 所示。弹出“碰撞检查”对话框，从中可以看出，左右两边内容均相同，分别代表需要检查碰撞的两种类别，以全部类别均需进行碰撞检

查为例，单击左侧“全选”按钮，勾选其中任意一个类别，即选中所有类别。右侧类别选择操作方法与左侧相同，单击“确定”按钮，如图9-15所示。此时在软件界面左下角出现“正在检查冲突”进度条，如图 9-16 所示。

图 9-14 “运行碰撞检查”命令

图 9-15 “碰撞检查”对话框

图 9-16 “正在检查冲突”进度条

② 碰撞检查完成后，弹出“冲突报告”对话框，如图 9-17 所示。单击“显示”按钮，可以对发生碰撞的构件进行定位，以“窗和管道”碰撞结果为例，选中“窗：管道类型：凝结水系统”，单击“显示”按钮，软件会自动切换视图，并转换至最佳视角，同时对发生碰

撞的构件进行高亮显示，方便查看，如图 9-18 所示。

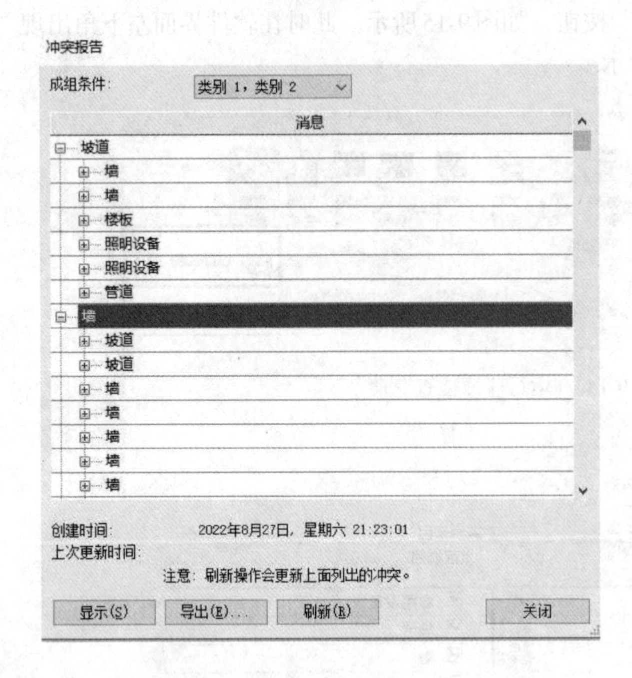

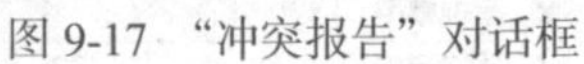

图 9-17 “冲突报告”对话框

图 9-18 “窗和管道”碰撞结果

③ 找到碰撞点后，可将碰撞点以图像形式进行导出。点击“文件”→“导出”→“图像和动画”→“图像”命令，如图 9-19 所示。

图 9-19 “导出图像”命令

弹出“导出图像”对话框，点击“修改”按钮，弹出“指定文件”对话框，可自定义输出路径和图像名称，完成后点击“保存”按钮，如图 9-20 所示，此时，“导出图像”的“名称”栏自动加载输出路径和图像名称，导出范围选择“当前窗口可见部分”，选项可根据需要自行选择，图像像素可根据需要自行设置，“方向”为“水平”，设置完成后，单击“确定”按钮，如图 9-21 所示。

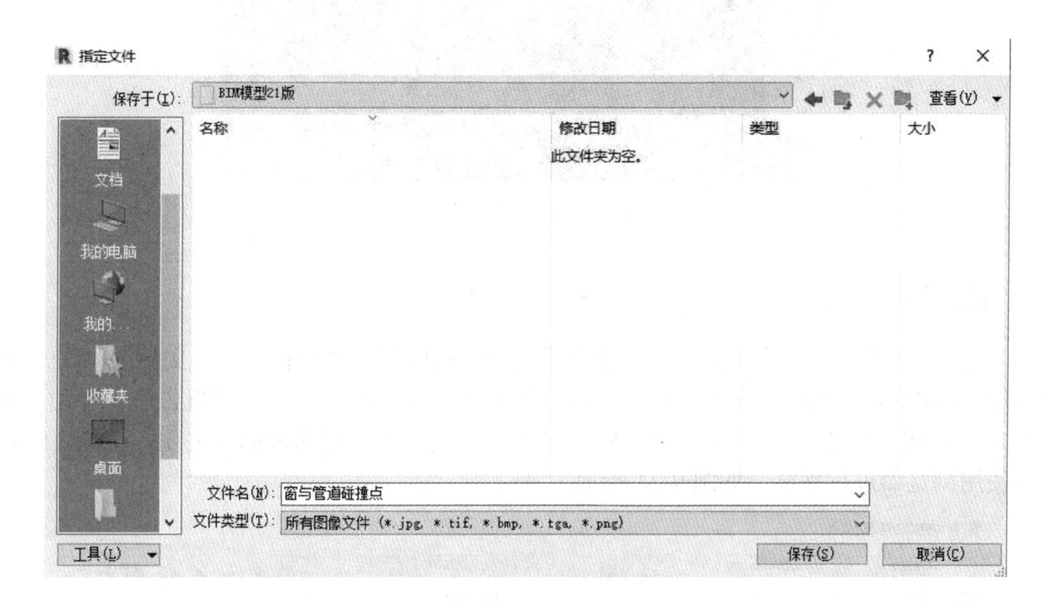

图 9-20 “指定文件”对话框

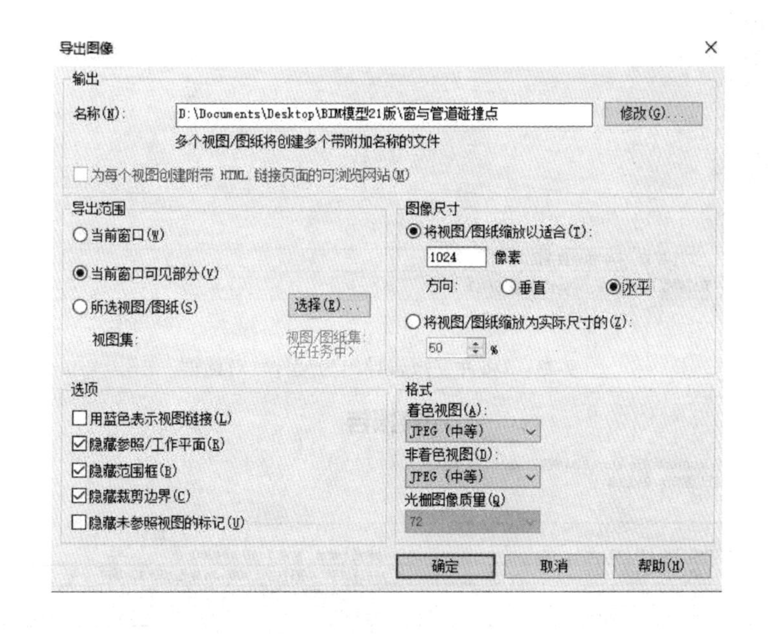

图 9-21 “导出图像”对话框

在输出路径下找到碰撞点图像，预览图如图 9-22 所示。

图 9-22　碰撞点预览图

四、导出冲突报告

单击“导出”按钮，弹出“将冲突报告导出为文件”对话框，在“文件名”处输入“实训楼碰撞报告 .html”，选择保存路径后，单击“保存”按钮，将冲突报告进行导出，报告格式为 html，如图 9-23 所示。导出后，点击“冲突报告”对话框的“关闭”按钮。该报告可使用浏览器进行预览，如图 9-24 所示。

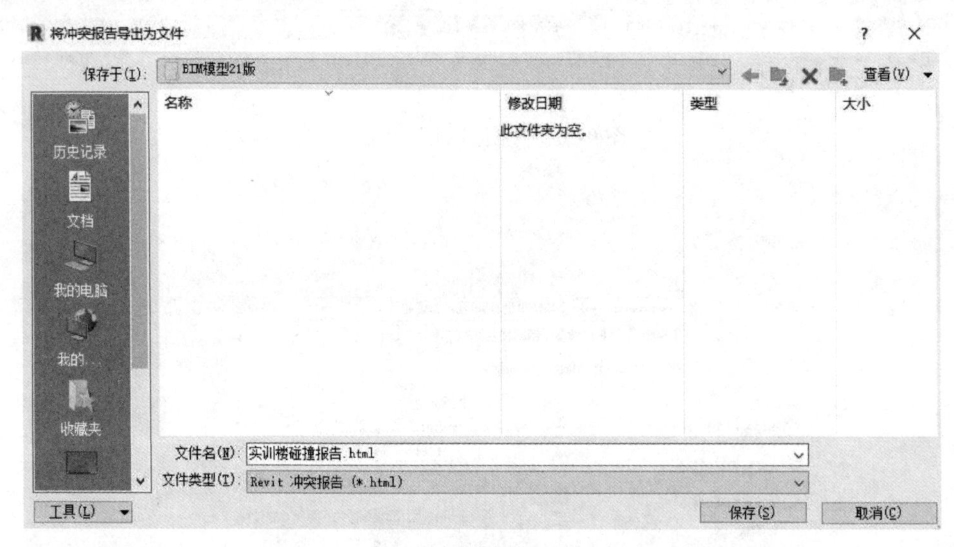

图 9-23　“将冲突报告导出为文件”对话框

冲突报告

冲突报告项目文件: D:\Documents\Desktop\BIM模型21版\实训楼-整体模型.rvt
创建时间: 2022年8月27日, 星期六 21:23:01
上次更新时间:

	A	B
1	墙 : 基本墙 : 建筑外墙_250 : ID 212363	坡道 : 坡道 : 坡道 1 : ID 304060
2	墙 : 基本墙 : 建筑外墙_250 : ID 212363	栏杆扶手 : 栏杆扶手 : 900mm 矩形 : ID 304067
3	墙 : 基本墙 : 建筑外墙_250 : ID 212363	结构柱 : 混凝土_矩形_柱 : KZ3-500X500mm : ID 315422
4	墙 : 基本墙 : 建筑外墙_250 : ID 212363	结构框架 : 混凝土 - 矩形梁 : KL9-250X600mm : ID 315473
5	墙 : 基本墙 : 建筑外墙_250 : ID 212363	墙 : 基本墙 : 挡土墙_400 : ID 315903
6	墙 : 基本墙 : 建筑外墙_250 : ID 212363	结构柱 : 混凝土_矩形_柱 : KZ1-500X500mm : ID 315951
7	墙 : 基本墙 : 建筑内墙_250 : ID 212364	楼梯 : 现场浇注楼梯 : 楼梯 : ID 232152
8	墙 : 基本墙 : 建筑内墙_250 : ID 212364	结构框架 : 混凝土 - 矩形梁 : KL9-250X600mm : ID 315475

图 9-24　冲突报告

重点提示

1. 碰撞检查前，需要将全专业模型进行绑定，在不绑定链接的情况下，只能进行两个链接模型的碰撞检查，会造成碰撞结果的不完整。

2. 如果链接模型体量过大，绑定链接过程会消耗较长时间，需要耐心等待。

3. 碰撞优化前，应充分与设计方确定避让原则，并非一成不变。

任务拓展　避让原则介绍

在找出碰撞位置后，应对碰撞点进行优化调整，调整时应尽量遵循经验避让原则，主要包括：

① 从造价的角度来说，造价低的避让造价高的；

② 从优先级的角度来说：从高到低依次为：风管 > 桥架 > 给排水管 > 采暖管 > 消防管，优先级低的避让优先级高的；

③ 从管径的角度来说：应遵循小直径管道避让大直径管道；

④ 从管道所受压力角度来说：有压管道避让无压管道；

⑤ 有坡度要求的管道不得翻弯，如果必须避让，应整体上偏或下偏；

⑥ 桥架应始终位于有水管道上方（除灭火用水管道外），以免管道漏水，发生漏电；

⑦ 避让距离应满足施工要求；

⑧ 当设计要求有特别说明时，应优先考虑。

避让经验原则间有时会出现相互冲突的情况，因此，优化方法应结合构件间的空间关系和用户需求综合进行考虑，并非一成不变。

任务评价

姓名：　　　　　　　　　　　　班级：　　　　　　　　　　　　日期：

序号	考核点	要求	分值 / 分	得分 / 分
1	整体模型	能正确合成全专业整体模型	10	
2	绑定链接	能正确将各专业链接模型进行绑定	30	
		能对各专业模型组进行解组	15	
3	碰撞检查	能对整体模型进行碰撞检查	15	
		能查看各专业间的碰撞检查结果	20	
		能导出碰撞检查报告	10	
合计			100	

任务总结

Revit 碰撞检查的操作流程具体为：

① 通过链接 Revit，将全专业模型合成为整体模型；

② 将全专业模型进行绑定链接，并进行解组；

③ 运行碰撞检查，并查看碰撞点，导出碰撞报告。

利用 Revit 软件进行碰撞检查，可预先发现图纸管线碰撞冲突问题，及时反馈给设计单位，进行施工方案优化等，减少由此产生的工程变更，避免后期施工因图纸问题造成返工，不仅提高施工质量，确保施工工期，还节约大量的施工和管理成本，也为现场施工及总承包管理打好基础，创造可观的经济效益。

任务二　制作漫游动画

工作任务卡

任务编号		9-2	任务名称	制作漫游动画
授课地点		机房	建议学时	2 学时
教学软件		Revit2021	图纸名称	—
学习目标	素质目标	在调整漫游参数过程中，培养学生协调处理、认真细致的职业素质； 培养学生的设计理念和开放思维		
	知识目标	掌握创建漫游路径的方法； 掌握编辑路径的方法； 理解漫游帧参数的关系		
	能力目标	会创建和编辑漫游路径； 会导出漫游视频		
教学重点		设置漫游帧参数和漫游视频的导出		
教学难点		调整相机的水平辐射范围、立面辐射范围和视口广角		

任务引入

漫游动画是指沿着事先定义好的路径放置相机，对现场或建筑模拟浏览。建筑从施工图纸、效果图到动画漫游，从二维演示到三维漫游，展示效果越来越逼真形象。在漫游动画应用中，BIM 工程师可以利用专业软件制作虚拟的环境，以动态交互的方式对未来的建筑物进行观察。近几年，漫游动画在国内外得到了广泛应用，比如三维地势仿真、人机交互、真实修建空间等特性，都是传统方式所不能实现的。

任务分析

通过模型视图的设置和调整可实现模型的全角度和全方位浏览，但是这些都是在静止状态呈现的，本任务将从动态浏览的角度，讲解漫游动画功能。漫游动画是指沿着定义路径移动的相机所拍摄的，由一系列的帧动画组成的动画，是对模型的动态浏览。在所有的帧中，可以对相机方向和位置进行修改的帧，称为关键帧。

前面提到，漫游动画是对模型的动态浏览，而动态浏览的实现必须依赖于漫游路径，不同的漫游路径，制作出的漫游动画也不相同。另外，为了全面浏览动态模型，还必须对每一关键帧的相机方向和辐射范围、视口广角等进行调整，这些都直接关系到漫游动画的设计效果。

任务实施

二维码 9-2
制作漫游动画

一、模型准备

为方便漫游路径的创建，首先同时打开 1F 平面图和东立面图，分别双击项目浏览器中的“视图”→“楼层平面”→“1F”和“视图”→“立面”→“东”命令，点击“视图”→“窗口”→“平铺视图”命令（WT），将东立面图和 1F 平面图进行平铺，方便漫游编辑操作，模型平铺后的软件界面如图 9-25 所示。

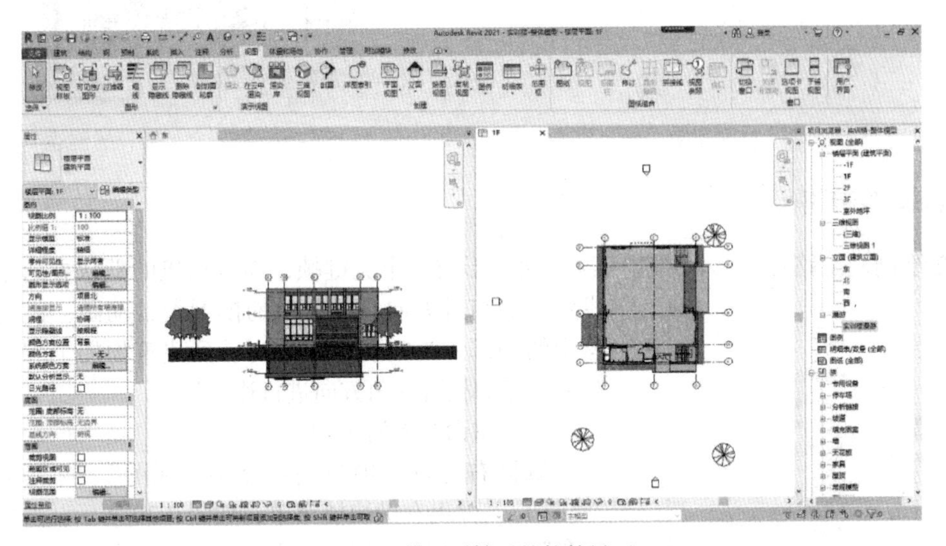

图 9-25　模型平铺后的软件界面

二、创建漫游路径

点击“视图”→“创建”→“三维视图”→“漫游”命令，如图 9-26 所示。此时，在选项卡下方会出现“修改 | 漫游”选项栏，默认偏移量为自 1F 向上偏移 1750mm，该偏移量的含义是相机的标高位置，如图 9-27 所示。在 1F 平面图中，沿模型周围，单击鼠标画线，绘制漫游路径，如图 9-28 所示，绕行模型一圈后，单击“修改 | 漫游”选项卡“完成漫游”，完成漫游路径的创建，如图 9-29 所示。

图 9-26　“漫游”命令

图 9-27　“修改 | 漫游”选项栏

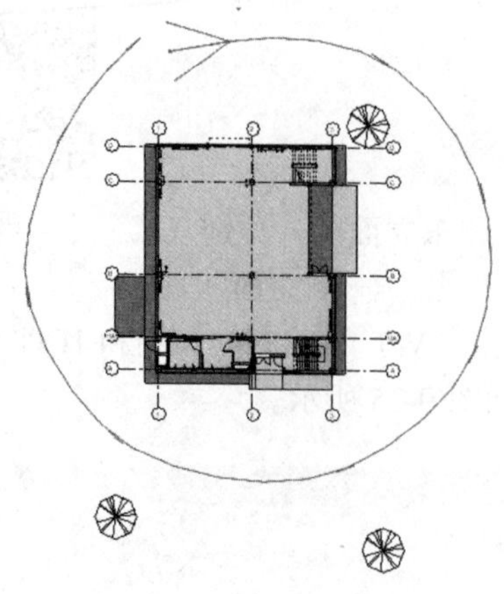

图 9-28　绘制漫游路径

图 9-29　完成漫游路径的创建

三、编辑漫游路径

在绘制漫游路径时，每单击一次，便会形成一个关键帧，而且相机的默认方向是沿画线路径的前进方向。但此时的模型漫游动画，只能看到模型的局部。为实现在漫游时看到建筑物的全貌，需要对关键帧的相机视角方向进行逐一调整。

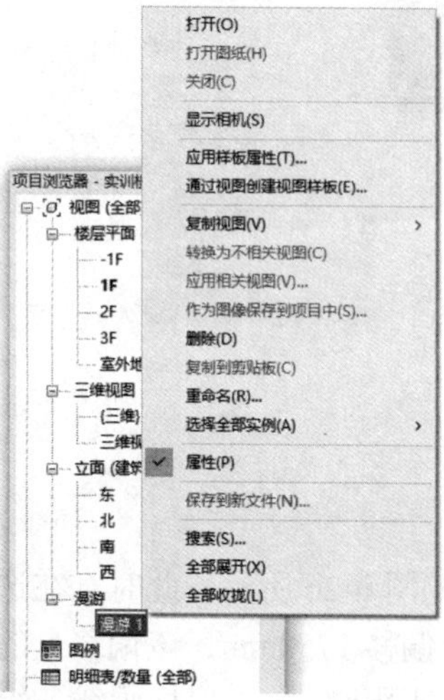

图 9-30　漫游右键快捷菜单

（1）重命名漫游视图

鼠标右键点击项目浏览器中“视图”→“漫游”→“漫游 1”，弹出右键快捷菜单，如图 9-30 所示，选择“重命名”命令，此时“漫游 1”变为可编辑状态，将漫游视图名称修改为“实训楼漫游”。

（2）显示相机

鼠标右键再次点击项目浏览器中“视图”→“漫游”→“实训楼漫游”，点击“显示相机”命令，此时，模型周围会显示出之前绘制完成的漫游路径，在最后一个关键帧位置会出现一个以关键帧为顶点的三角形，如图 9-31 所示。点击“修改 | 相机”→“漫游”→“编辑漫游”命令，如图 9-32 所示。此时漫游路径上的关键帧位置会以红点显示，如图 9-33 所示。

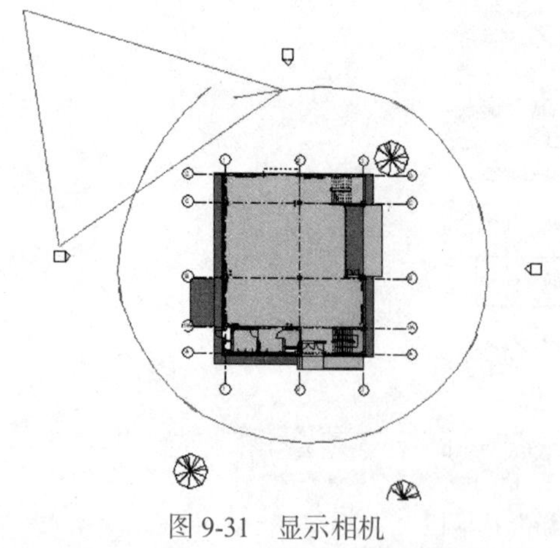

图 9-31　显示相机

图 9-32　“编辑漫游”命令

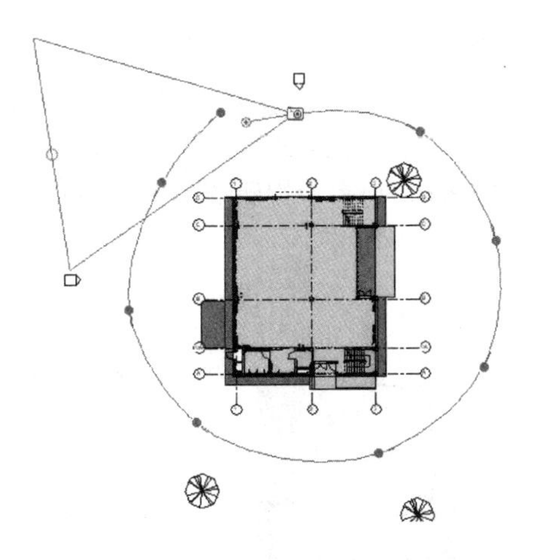

图 9-33　漫游路径关键帧位置

（3）定位关键帧

重复点击“编辑漫游”→“漫游”→“上一关键帧”命令，如图 9-34 所示，直到“上一关键帧”命令变为灰色不可用状态，此时相机将定位到第一关键帧位置处，如图 9-35 所示。

（4）调整相机方向

向前滚动鼠标滑轮，放大模型，拖动“漫游：移动目标点”，调整相机方向，将相机朝向模型，如图 9-36 所示。

图 9-34　“上一关键帧”命令

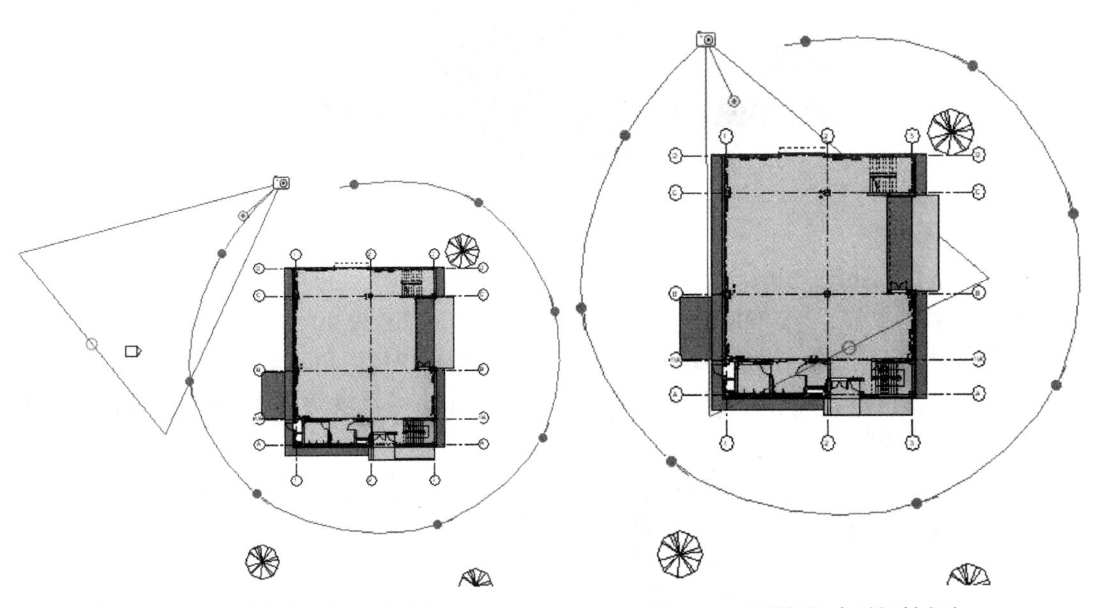

图 9-35　相机将定位到第一关键帧　　图 9-36　调整相机水平辐射方向

（5）调整相机的水平辐射范围

在 1F 平面图中，拖曳相机范围底边中点处的小圆圈，可放大相机水平辐射范围，以覆盖整个建筑范围为最佳，或者点击“漫游属性”→“范围”→“远剪裁激活”右侧复选框，如图 9-37 所示，当取消勾选状态时，则表示视距无穷远。“远剪裁激活”选项勾选前后对比图如图 9-38 所示。

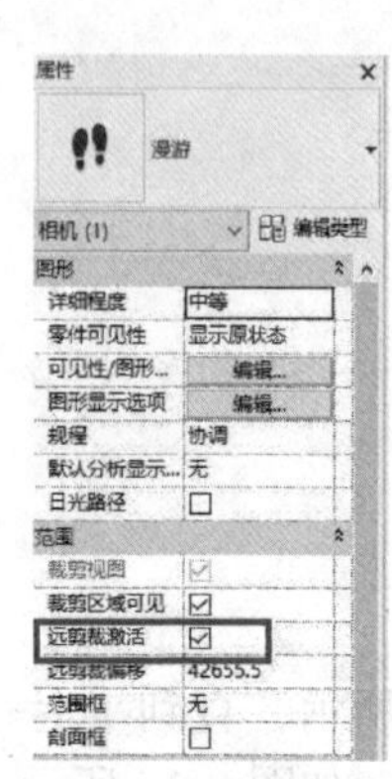

图 9-37 “远剪裁激活”命令

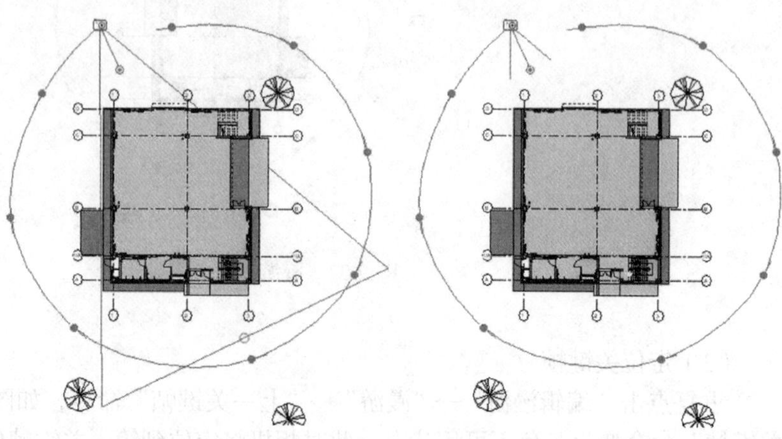

图 9-38 “远剪裁激活”选项勾选前后对比图

（6）调整相机的立面辐射范围

切换到东立面视图，再次拖动“漫游：移动目标点”调整相机立面辐射范围，使其尽可能覆盖整个建筑物，调整后如图 9-39 所示。

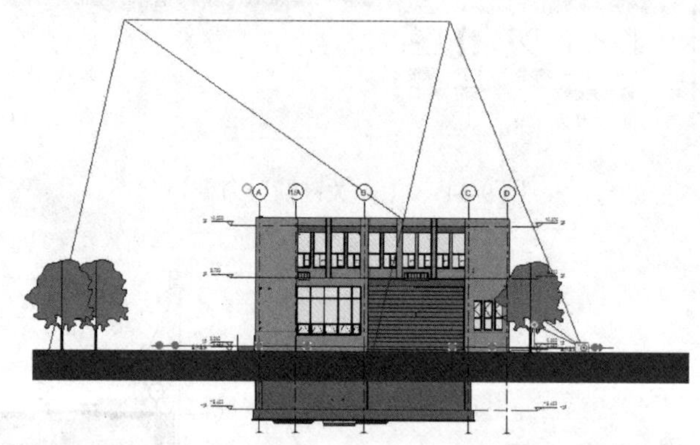

图 9-39 调整相机立面辐射范围

（7）调整相机视口广角

单击“编辑漫游”→“漫游”→“打开漫游”命令，如图 9-40 所示。弹出透视图视口，调整详细程度为“精细”，视觉样式为“真实”，调整相机视口广角，覆盖整个建筑物，如图 9-41 所示。点击窗口右上角，关闭漫游透视图窗口。单击编辑漫游选项卡中的“播放”，即可实现场景漫游预览。

图 9-40 “打开漫游”命令

图 9-41　调整相机视口广角

（8）调整其他关键帧

再次点击“视图”→“窗口”→“平铺视图”命令（WT），将实训楼漫游、东立面图和 1F 平面图进行平铺，如图 9-42 所示，单击“编辑漫游”→“漫游”→“下一关键帧”命令，如图 9-43 所示，切换到第二个关键帧，按照编辑第一关键帧的方法重复操作，调整相机的方向、辐射范围和视口广角。

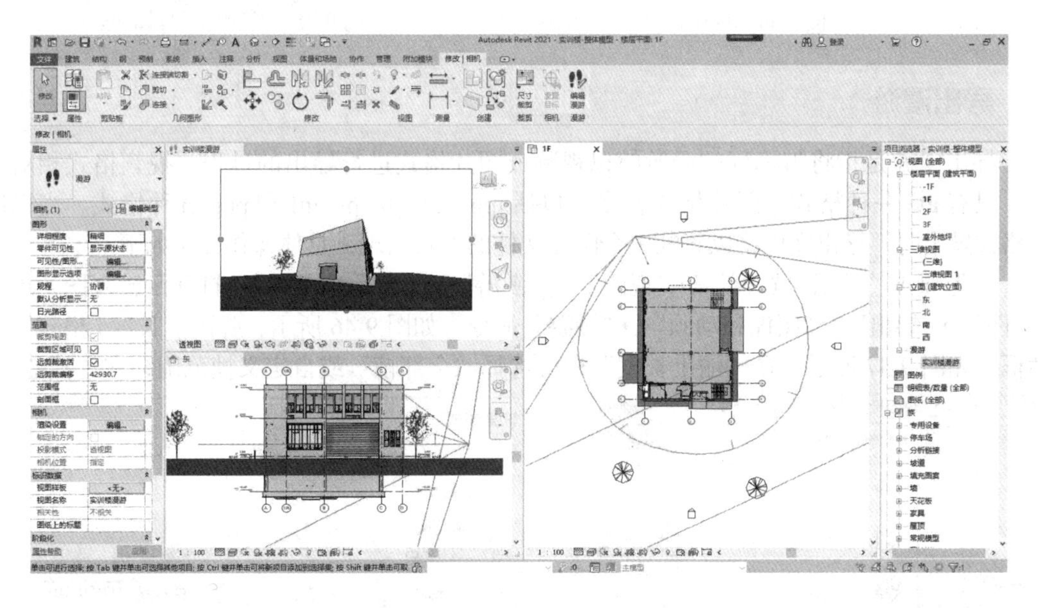

图 9-42　平铺视图

图 9-43　“下一关键帧”命令

四、设置漫游帧

打开漫游视图，单击“修改 | 相机”→“编辑漫游”命令，在“修改 | 相机”选项栏中单击设置按钮“300”，如图 9-44 所示。弹出“漫游帧”对话框，如图 9-45 所示。在该对话框中，可以对漫游总帧数、帧率等参数进行修改，需要注意的是，不能对帧的总时间进行直接修改。另外，在修改漫游帧参数过程中，总帧数、帧率与总时间三者始终满足关系式：总帧数 = 帧率 × 总时间。其中，总帧数优先级最高，帧率次之。当修改总帧数或帧率时，总时间会按照上式进行反算，并自动更新。

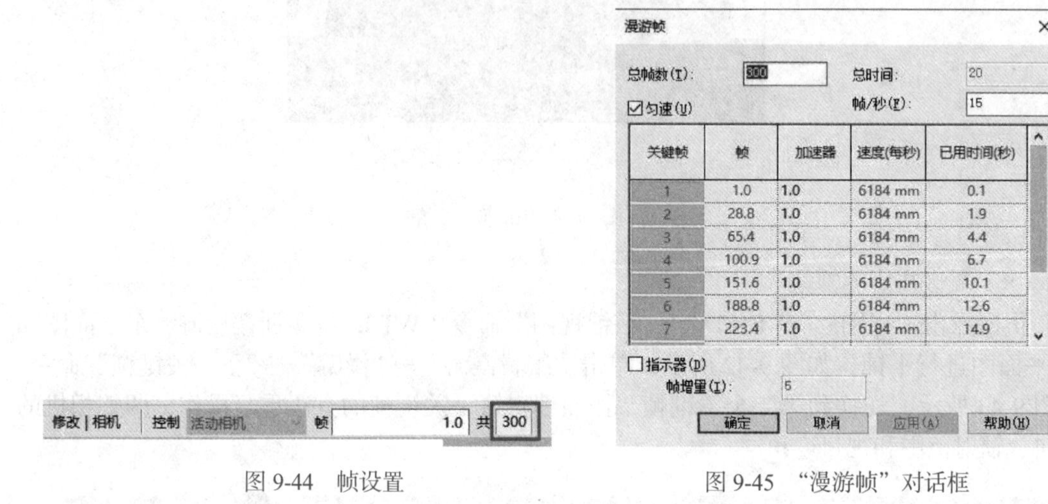

图 9-44　帧设置　　　图 9-45　“漫游帧”对话框

五、导出漫游

导出漫游是指将编辑好的漫游帧以视频或图片格式进行导出的过程，视频格式相对单一，只有 avi 一种格式。图片格式较多，包括 jpg、tif、bmp、gif 和 png 五种格式。当以图片格式导出时，导出文件将以每帧一个图片文件的形式出现，具体操作方法如下。

首先双击“项目浏览器”→“视图”→“漫游”→“实训楼漫游”，打开漫游视图，单击“文件”→“导出”→“图像和动画”→“漫游”命令，如图 9-46 所示，弹出“长度 / 格式”对话框，如图 9-47 所示，在“输出长度”栏可选择“全部帧”或自定义帧范围，在“帧范围”

图 9-46　“漫游”命令

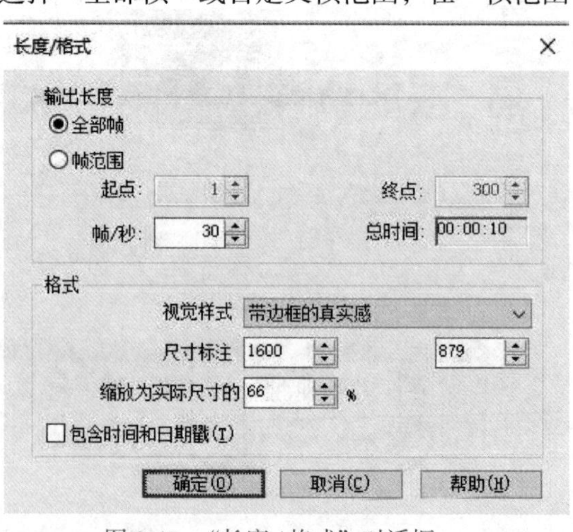

图 9-47　“长度 / 格式”对话框

内，改变帧率时，总时间自动更新。在“格式”栏中可对“视觉样式”“尺寸标注”和“缩放为实际尺寸的”比例进行修改，另外还可以设置“包含时间和日期戳”，设置完成后，点击“确定”按钮，弹出“导出漫游”对话框，选择保存路径后，在文件名处输入“实训楼漫游视频”，确认文件类型为“AVI 文件”，点击“保存”按钮，如图 9-48 所示。点击“保存”后，弹出“视频压缩”对话框，点击【确定】按钮，如图 9-49 所示。此时，漫游视频开始导出，同时在状态栏出现进度条，在进度条右侧，会显示当前导出的图像名称，如图 9-50 所示，当进度条到达 100% 时，漫游即可导出成功。

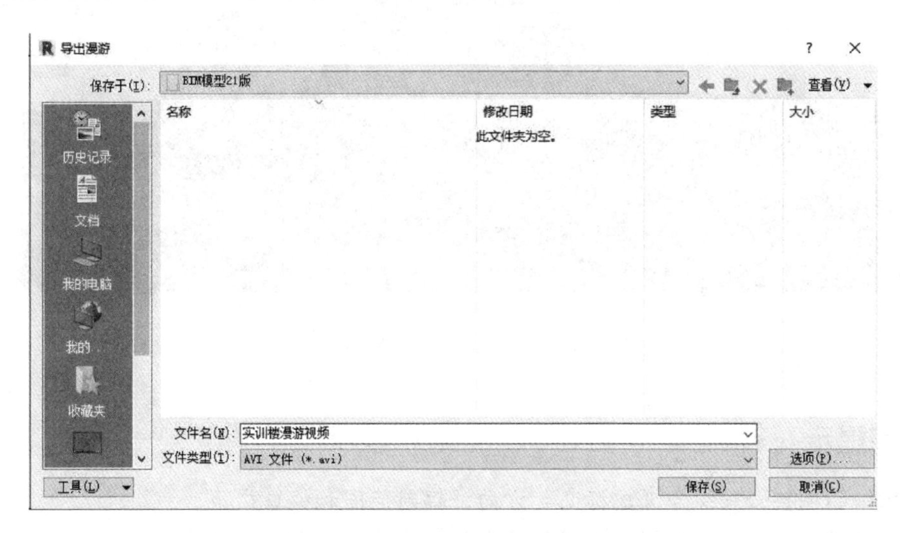

图 9-48 “导出漫游”对话框

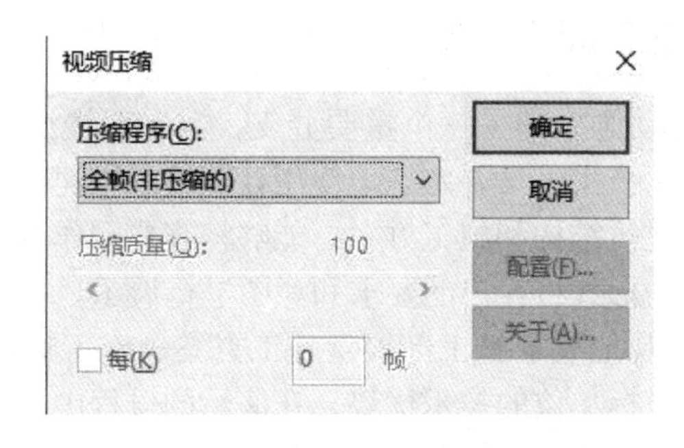

图 9-49 “视频压缩”对话框

图 9-50 导出漫游进度条

六、打开漫游视频

在保存路径下，双击“实训楼漫游视频”文件，使用视频播放器打开，如图 9-51 所示。

图 9-51　实训楼漫游视频

重点提示

1. 相机的调整必须综合考虑标高、方向、辐射范围和视口广角。
2. 总帧数、帧率和总时间始终满足函数关系，且总时间不可修改。
3. 漫游动画只有 AVI 格式为视频格式，其他均为图片格式。

任务拓展　BIM 施工动画介绍

BIM 施工动画是三维动画中的另一个重要分支，与一般漫游动画相比，施工动画制作团队制作人员既要熟悉施工技术，又要熟练地使用计算机三维建模技术来模拟真实的施工方案数字环境，同时要了解建筑结构和施工方案，能够将客户制作的施工方案和施工说明转化为数字化产品，并用动画的形式将客户的要求和意图进行展示。

BIM 施工动画可以直观地展示施工部署、施工方案、施工进度、资源管理等内容，让业主在最短时间内捕捉到投标单位的技术优势，在演示的过程中可以详细和全面地展现各类数据、施工部署、施工工艺重难点等细节，能够与进度同步体现建造过程相关的日期，工程量、人、机、材各项费用等工程数据的动态增长，更直观地展示建造过程。BIM 施工动画可广泛用于展会展览、辅助营销、网络推广、内部培训、大型建筑维护、专利技术申报、项目投标等领域。

目前常用的 BIM 施工动画软件包括 Navisworks、Lumion、Fuzor、BIM-FILM 等，特点如下：

① Navisworks 与 Revit 同样来自 Autodesk 公司，可以利用 Revit 模型实现碰撞检查、漫游、测量、进度模拟等操作。软件最大的亮点是轻量化，可以用较低的配置运行大体量 Revit 文件。可以导出碰撞检查的报表，可同屏显示进度横道图和模型生长动画，很适合展示进度模拟。

② Lumion 的主要优点就在于它界面清晰、操作简便，可以最大程度地减轻设计师的工

作量，快速高效地完成逼真的景观场景模拟，并能够得到照片级的效果图和高清动画，软件的最大优势就在于浏览者能够直接预览而节省时间。另外，Lumion 可以从 SketchUP、3dsMax 等三维建模软件中导入模型，并对场景进行天气、季节、时段、材质等的仿真模拟。软件自身还带有丰富的材质库，可以在场景中直接添加人物、动植物、建筑、地形、水体、交通工具、街道家具和景观小品等。

③ Fuzor 除了是一款专业施工动画软件，还实现了 VR 技术与 4D 施工模拟技术的深度结合。在施工模拟方面，内置了大量设备模型，很多设备还自带动作，可以快速制作施工动画。在 VR 表现上，软件可直接连接设备，让人在身临其境的虚拟环境中对模型进行漫游浏览，还能利用手持设备对模型进行修改，并且和 Revit 模型实现双向联动，这是这款软件的特色功能，还可以实现多人连线操作，在精装修方案设计比选展示上有不错的应用效果。

④ BIM-FILM 是一款对标 Fuzor 的国产软件，它是基于 BIM 技术，结合游戏级引擎技术和 3D 动画编辑技术，整合了建设工程行业通用的“施工模板”“素材库”，可以添加标注，支持常用构件和材料的自定义模型编辑，并且可以导入 VBIM、FBX、OBJ、3DS、DAE、SKP 等行业软件常用模型文件格式，以及导入图片、视频、图纸等平面型文件，同时支持输出效果图、录制播放器、录制编辑器、录制全景视频、快速输出多种格式多种类型的电影级别的视频，能够快速制作建设工程 BIM 施工动画的可视化工具系统，可用于建设工程领域招投标技术方案可视化展示、施工方案评审可视化展示、施工安全技术可视化交底、教育培训课程制作等领域，其简洁的界面、丰富的素材库、内置 15 种动画形式，支持自定义动画、实时渲染输出等功能，使系统具备易学性、易用性、专业性的特点。

任务评价

姓名：　　　　　　　　　　班级：　　　　　　　　　　日期：

序号	考核点	要求	分值 / 分	得分 / 分
1	创建漫游路径	会创建漫游路径	10	
2	编辑漫游路径	会重命名漫游视图名称	5	
		会定位关键帧	5	
		会调整相机的水平辐射范围	20	
		会调整相机的立面辐射范围	20	
		会调整相机视口广角	20	
3	设置漫游帧	能合理设置漫游帧参数	10	
4	导出漫游	会调整漫游参数，并导出视频	10	
合计			100	

任务总结

漫游动画可以看到建筑物的整体结构、空间的布置，有着身临其境的感受效果，主要内容包括：

① 创建与编辑漫游路径，主要包括相机标高，水平、立面辐射范围和视口广角的调整；

② 编辑漫游帧，包括总帧数、帧率和总时间三个参数的设置；

③ 漫游导出，包括漫游动画的长度、格式的设置与视频文件的导出。

任务三 创建明细表

工作任务卡

<table>
<tr><td colspan="2">任务编号</td><td>9-3</td><td>任务名称</td><td>创建明细表</td></tr>
<tr><td colspan="2">授课地点</td><td>机房</td><td>建议学时</td><td>2 学时</td></tr>
<tr><td colspan="2">教学软件</td><td>Revit2021</td><td>图纸名称</td><td>汽车实训楼 -建施 12：门窗表</td></tr>
<tr><td rowspan="3">学习目标</td><td>素质目标</td><td colspan="3">通过创建明细表，培养学生对构件和材料管理的统筹管理和全局意识</td></tr>
<tr><td>知识目标</td><td colspan="3">掌握新建明细表的流程与编辑方法；
掌握关键字明细表的新建方法和使用；
了解明细表的导出和 Excel 格式的转换</td></tr>
<tr><td>能力目标</td><td colspan="3">会新建和编辑明细表；
会新建和使用关键字明细表</td></tr>
<tr><td colspan="2">教学重点</td><td colspan="3">明细表的创建与编辑</td></tr>
<tr><td colspan="2">教学难点</td><td colspan="3">关键字明细表的创建与使用</td></tr>
</table>

任务引入

明细表统计是项目施工采购或工程概预算的基础，明细表统计结果是否正确主要取决于模型的准确性。明细表是以表格形式显示的图元信息，这些信息是从项目中的图元属性中提取的。明细表可以分别统计图元数量、材质数量、图纸列表、视图列表和注释块列表等内容，或根据明细表的成组标准将多个实例压缩到一行中，是 Revit 软件的重要组成部分。其中最常用的统计表是进行门窗统计。

任务分析

使用“明细表 / 数量”工具可以按对象类别统计并列表显示项目中各类模型图元信息，例如，可以统计项目中所有门、窗图元的高度、宽度、数量等信息。同时还能对明细表的主要显示顺序、字体、线框样式、对齐方式、页眉页脚等属性进行设置，使明细表更加美观、方便和实用。下面以门为例，详细讲解明细表的操作方法。

二维码 9-3
创建明细表

任务实施

一、新建明细表

单击“视图”→“创建”→“明细表”→“明细表 / 数量”命令，如图 9-52 所示。弹出“新建明细表”对话框，由于门构件属于建筑专业，为便于查找，将过滤器列表中的结构、机械、电气、管道复选框前的勾选去掉，如图 9-53 所示。在“类别”中查找“门”并选择，修改名称为“实训楼 - 门统计表”，点击【确定】按钮，如图 9-54 所示。确定后，弹出“明细表属性”对话框，如图 9-55 所示。

图 9-52 “明细表 / 数量”命令

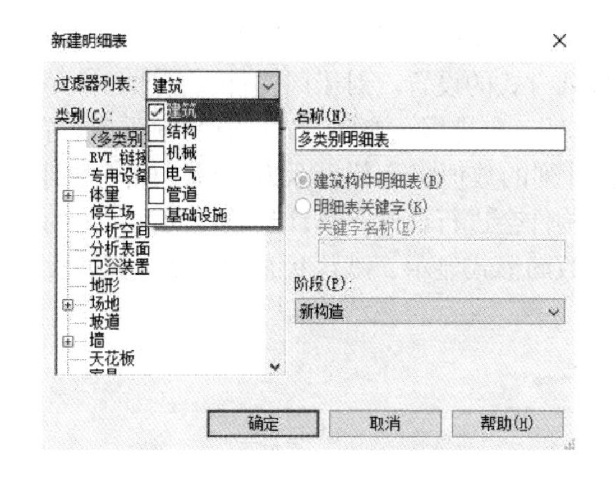

图 9-53 “新建明细表”对话框

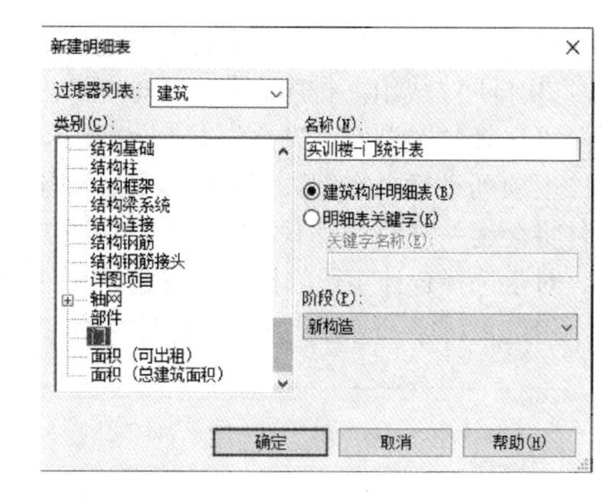

图 9-54 创建“实训楼 - 门统计表”

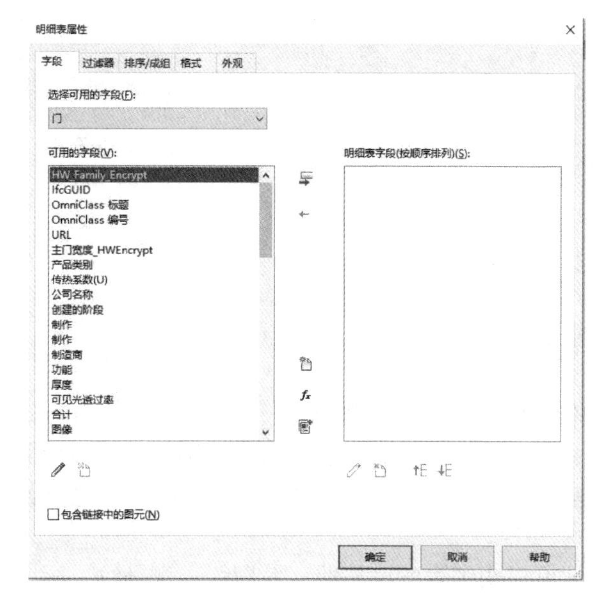

图 9-55 “明细表属性”对话框

二、设置明细表属性

明细表主要属性包括字段、过滤器、排序 / 成组、格式和外观。

① 字段。字段是明细表的列标题，应根据需要选择相应字段名，对于门构件，明细表字段可依次选择“类型”“宽度”“高度”和“合计”四项，添加方法如下。

以字段“类型”为例，首先在“可用的字段”栏中选中“类型”字段，点击“添加参数 ”按钮，此时字段“类型”移动至右侧的“明细表字段”栏，使用同样的方法，依次添加其他字段，添加完成后，可使用“上移参数 ”和“下移参数 ”，调整参数顺序，字段设置如图 9-56 所示。在添加参数过程中，如果发生误加操作，可在“明细表字段”栏中选择误加参数，点击“移除参数 ”按钮进行退选，另外，软件还提供了多选功能，可按住【Ctrl】键，一次性选中多项参数，当参数连续时，还可以先选中一个参数，再按住鼠标左键，向下或向上进行拖动，实现连续选择。

② 过滤器。过滤器主要是设置构件的筛选条件，设置后，对于满足筛选条件的构件将

不再进行统计，也不会在明细表中出现。对于门构件，此项可根据需要设置。

③ 排序 / 成组。排序 / 成组是对统计内容排列方式的设置。对于门构件，首选“排序方式”可选择“类型”，“升序”排列。需要注意的是，在排序 / 成组中，还有一项重要设置，即“逐项列举每个实例”，勾选该项后，构件合计列的数值将全部显示为“1”，相同类别的构件将会逐一显示。若不勾选该项，相同类别的构件会进行合并，合计列显示同类构件的总量，对于选择合计字段的构件，通常将构件以总数的形式显示，默认状态为勾选。此处设置为不勾选，排序 / 成组设置如图 9-57 所示。

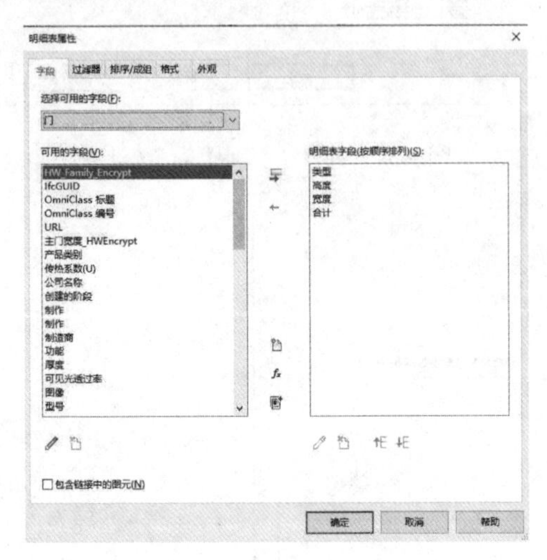

图 9-56　门构件的字段设置

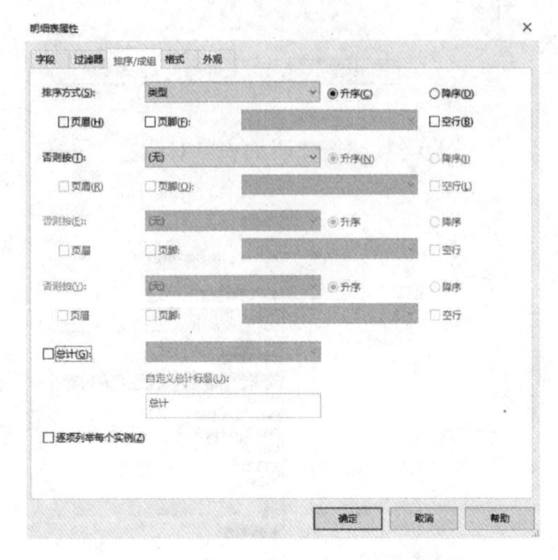

图 9-57　门构件的排序 / 成组设置

④ 格式。格式属性可对各字段的标题内容、标题方向、对齐方式、是否隐藏等进行设置，此项中的“对齐”方式设置为“中心线”，需要强调的是，该项需要对全部参数均进行设置，选择方式可参考“字段”中的相关介绍，不再赘述，其他设置可使用默认设置，如图 9-58 所示。

⑤ 外观。外观属性可对明细表的网格线、轮廓线、斑马纹、标题和页眉的显隐、标题文本、标题、正文字体进行设置，此项中的“轮廓”选择“中粗线”，其他设置自行选择。如图 9-59 所示。

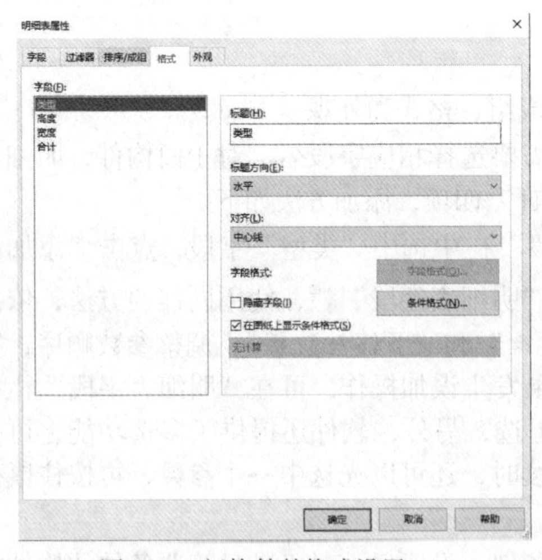

图 9-58　门构件的格式设置

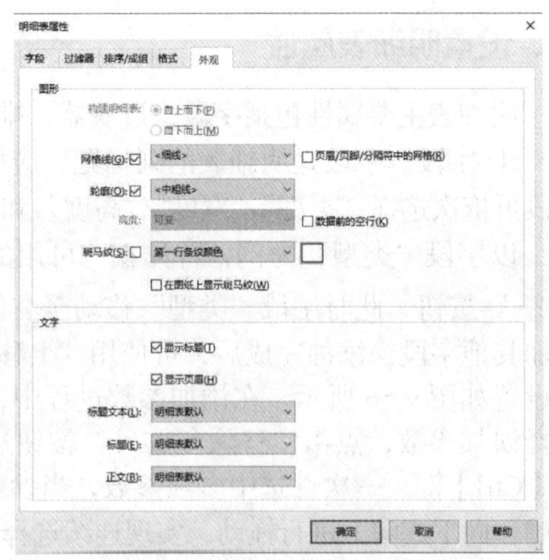

图 9-59　门构件的外观设置

设置完成后，点击【确定】按钮，软件可按指定字段建立名称为“实训楼 - 门统计表”的明细表，并自动切换至“修改 | 明细表 / 数量”上下文选项卡，同时显示明细表视图，如图 9-60 所示。同时在项目浏览器“明细表 / 数量（全部）”中自动加载“实训楼 - 门统计表”。

实训楼-门统计表

<实训楼-门统计表>

A	B	C	D
类型	高度	宽度	合计
FDM1021	2100	1000	2
FDM1521	2100	1500	2
FJL3824	2400	3800	1
JFM1021	2100	1000	1
JFM1221	2100	1200	1
JLM8351	5050	8300	1
M1021	2100	1000	6
M1024	2400	1000	3
M1524	2400	1500	4

图 9-60 “实训楼 - 门统计表”视图

三、明细表成组

为方便对相同类别的字段统一管理，在明细表生成后，需要对其进行“成组”操作，对于门构件而言，高度和宽度均属于尺寸信息，为使明细表清晰分类，需要对宽度和高度两列进行成组，具体操作如下。

同时选中宽度和高度两单元格，单击“修改明细表 / 数量”→“标题和页眉”→“成组”命令，如图 9-61 所示。此时，在高度和宽度两列顶部，新增一个空白的单元格，在空白单元格中输入“尺寸”，如图 9-62 所示。

图 9-61 “成组”命令

实训楼-门统计表

<实训楼-门统计表>

A	B	C	D
	尺寸		
类型	高度	宽度	合计
FDM1021	2100	1000	2
FDM1521	2100	1500	2
FJL3824	2400	3800	1
JFM1021	2100	1000	1
JFM1221	2100	1200	1
JLM8351	5050	8300	1
M1021	2100	1000	6
M1024	2400	1000	3
M1524	2400	1500	4

图 9-62 成组后的“实训楼 - 门统计表”

四、明细表关键字

使用“明细表 / 数量”命令，除了可以创建构件明细表外，还可以创建“明细表关键字”明细表。“明细表关键字”是通过新建“关键字”控制构件图元的其他参数值。通过创建“关键字”可以达到完善构件明细表的目的，下面使用“明细表关键字”对“实训楼 - 门统计表”进行完善。

① 单击“视图”→“创建”→“明细表”→“明细表 / 数量”命令，弹出“新建明细表”对话框。在“类别”中查找“门”并选择，再点击“明细表关键字”单选框，此时“关键字

名称”由灰色变为可输入状态，输入“门样式”，如图 9-63 所示。点击【确定】按钮。

② 点击【确定】按钮后，弹出“明细表属性”对话框，单击“新建参数”，弹出“参数属性”对话框，“参数类型”栏默认选择“项目参数”，且不可更改。“参数数据”栏的名称输入“门构造样式”，“参数类型”选择“文字”，“参数分组方式”选择“标识数据”，如图 9-64 所示，点击【确定】按钮，返回到“明细表属性”对话框，此时在“明细表字段”栏中自动添加“门构造样式”参数，如图 9-65 所示，再点击【确定】按钮，软件自动切换到“门样式明细表”视图。

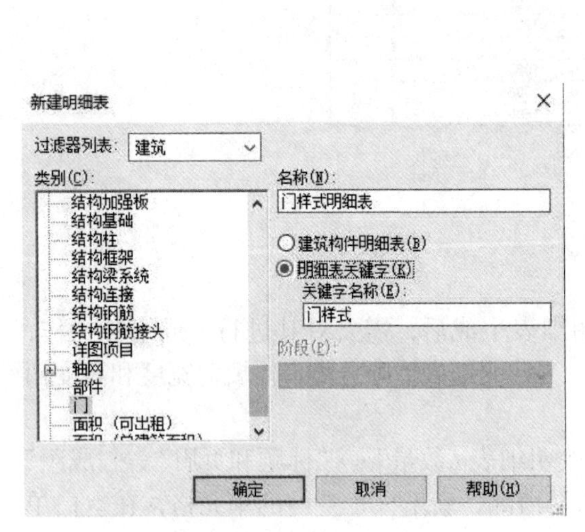

图 9-63　新建明细表关键字

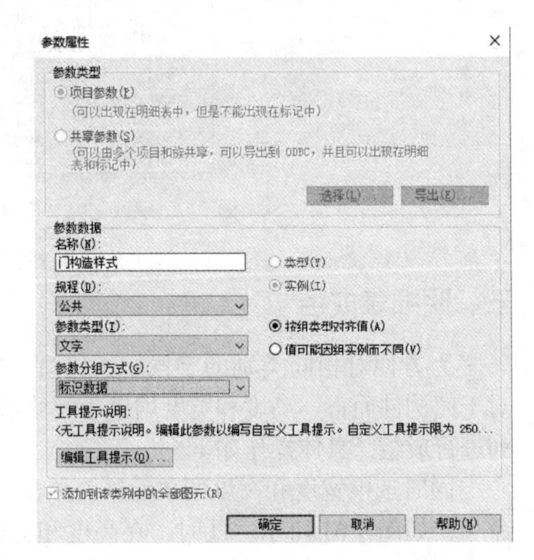

图 9-64　参数属性设置

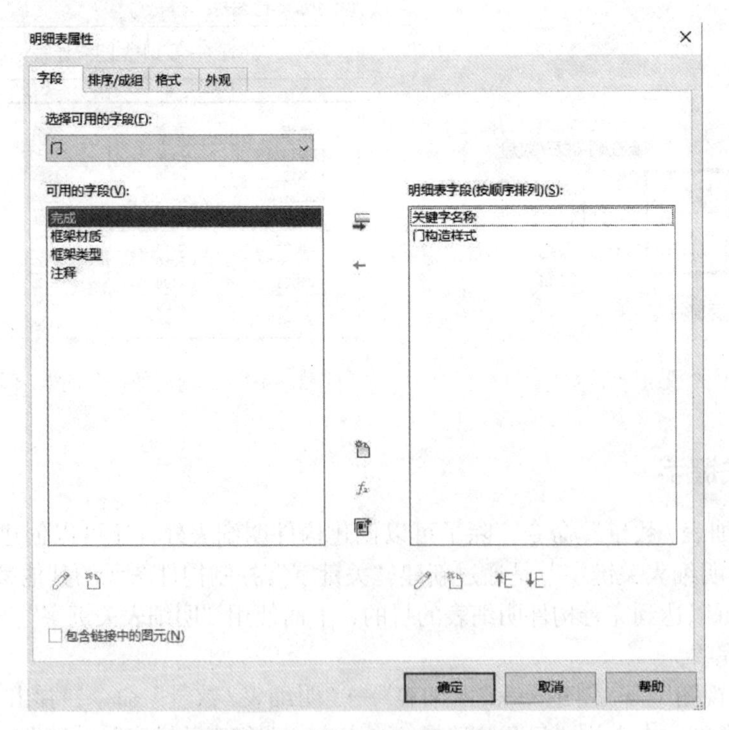

图 9-65　“明细表属性”对话框

③ 在“门样式明细表”视图中，单击“修改明细表 / 数量”→“行”→“插入数据行”命令，如图 9-66 所示，在“门样式明细表”下方新增一行明细表数据，此时在关键字名称列中会自动添加序号“1”，在新增行的门构造样式列中输入“普通门”，按照同样方法，依据建筑施工图建施 12 中的门窗表，依次新增关键字“防火门”“防盗门”和“卷帘门”，如图 9-67 所示。

图 9-66 “插入数据行”命令

④ 单击“项目浏览器”→“明细表 / 数量（全部）”→“门样式明细表”，选中“D 列”，单击“修改明细表 / 数量”→“列”→“插入”命令，如图 9-68 所示。或单击“属性”→“其他”→字段“编辑…”命令，如图 9-69 所示，弹出“明细表属性”对话框，并切换至“字段”选项卡，在“可用的字段”中选中“门样式”和“门构造样式”两个字段，点击“添加参数”按钮，添加到明细表字段中，如图 9-70 所示，字段确认无误后，点击【确定】按钮。

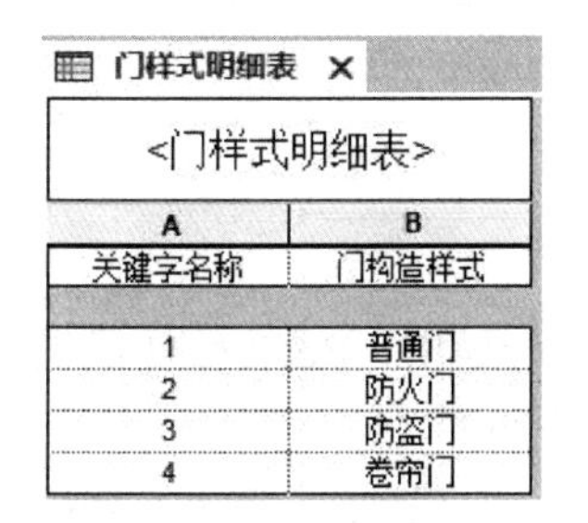

门样式明细表

<门样式明细表>

A	B
关键字名称	门构造样式
1	普通门
2	防火门
3	防盗门
4	卷帘门

图 9-67 编辑门样式明细

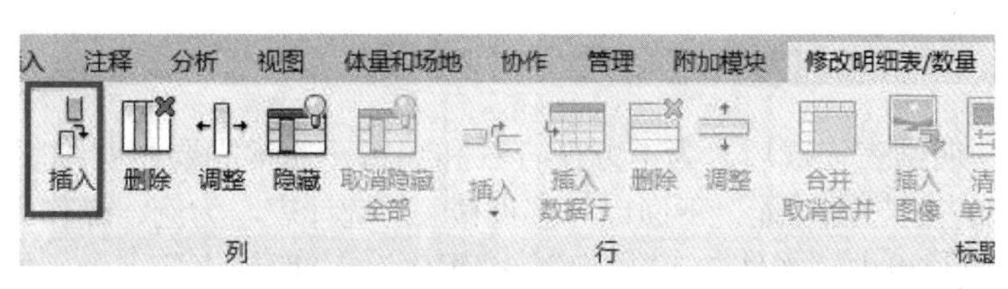

图 9-68 “插入”命令

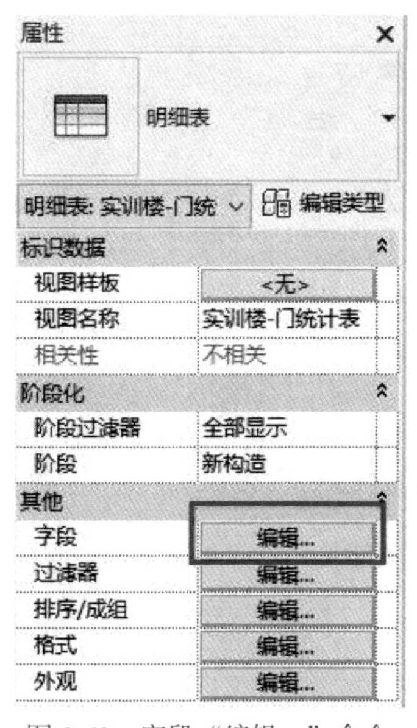

图 9-69 字段“编辑…”命令

图 9-70 添加关键字的“明细表字段”

⑤ 点击【确定】按钮后，"实训楼 - 门统计表" 中 "合计" 列后新增 "门样式" 和 "门构造样式" 两列，按照 "门" 的族和类型，修改 "门样式" 值，实现以关键字驱动相关联的参数值。以 "FDM1021" 为例，识读建筑施工图建施 12 中的门窗表，可知 "FDM1021" 属于防盗门，单击该行对应的 "门样式" 单元格，此时单元格右侧会出现 "下拉按钮"，点击 "下拉按钮" 后选择 "3"，"门构造样式" 列将自动加载 "防盗门"。其他 "门" 的构造样式可依据门窗表，按照上述方法依次操作，完善后的 "实训楼 - 门统计表" 如图 9-71 所示。

实训楼-门统计表 ×

<实训楼-门统计表>

A	B	C	D	E	F
类型	尺寸		合计	门样式	门构造样式
	高度	宽度			
FDM1021	2100	1000	2	3	防盗门
FDM1521	2100	1500	2	3	防盗门
FJL3824	2400	3800	1	4	卷帘门
JFM1021	2100	1000	1	2	防火门
JFM1221	2100	1200	1	2	防火门
JLM8351	5050	8300	1	2	防火门
M1021	2100	1000	6	1	普通门
M1024	2400	1000	3	1	普通门
M1524	2400	1500	4	1	普通门

图 9-71　完善后的 "实训楼 - 门统计表"

五、导出明细表

明细表完成后，为了方便查看和编辑，通常需要将明细表进行导出，Revit 软件提供了明细表的导出功能，下面以 "实训楼 - 门统计表" 为例，操作方法如下。

① 单击 "文件" → "导出" → "报告" → "明细表" 命令，如图 9-72 所示，弹出 "导出明细表" 对话框，在文件名处自动加载名称 "实训楼 - 门统计表 .txt"，选择保存路径后，点击 "保存" 按钮，如图 9-73 所示。

图 9-72 "明细表" 命令

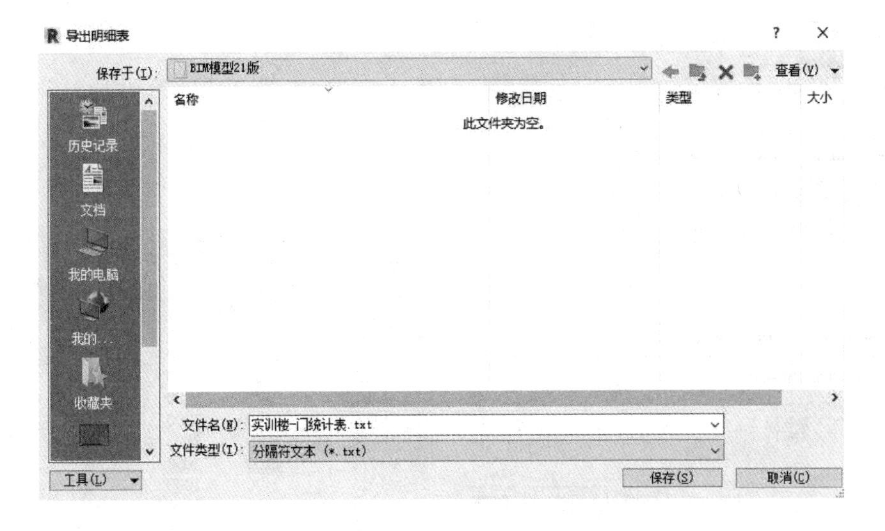

图 9-73 “导出明细表”对话框

② 点击“保存”按钮后，弹出“导出明细表”设置框，可根据需要进行勾选，如图 9-74 所示。

③ 需要注意的是，明细表的导出格式只有“txt”，无法导出 Excel 文件，但是可以通过导出文本文件来间接进行转换，操作方法如下。

首先新建一个 Excel 工作表，点击“文件”→“打开”命令，弹出“打开”对话框，在文件格式中选择“文本文件”，选择“实训楼 - 门统计表”文件，如图 9-75 所示。点击“打开”命令，弹出“文本导入向导”对话框，如图 9-76 所示，再点击“完成”按钮，完成转换，如图 9-77 所示，最后保存文件即可。

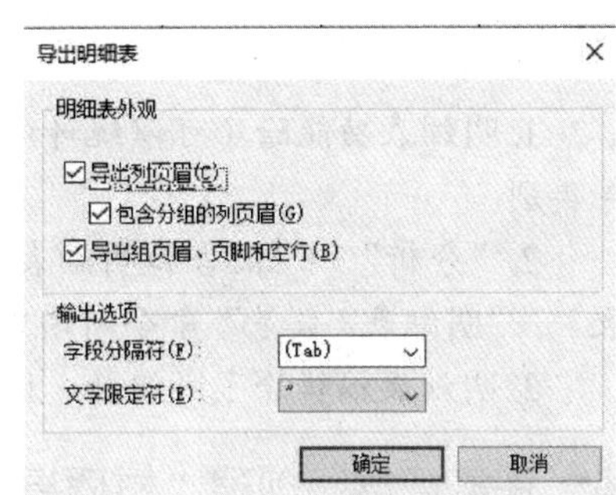

图 9-74 “导出明细表”设置框

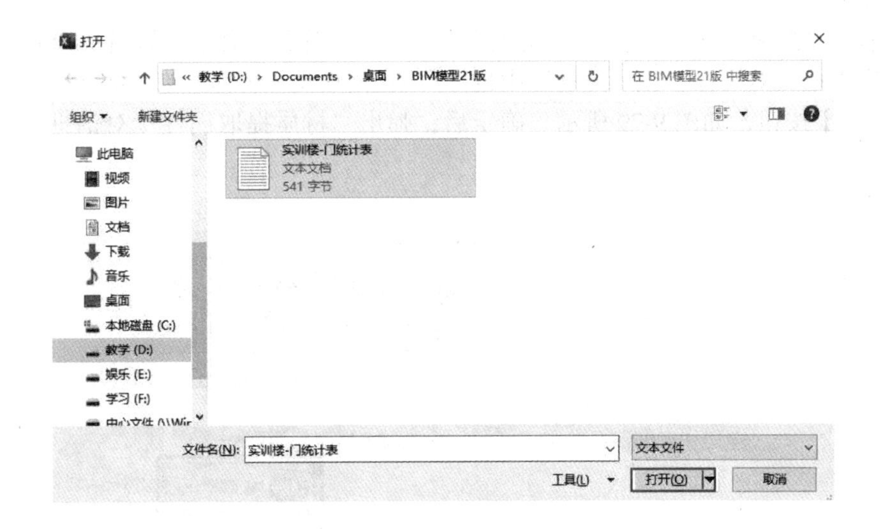

图 9-75 “打开”对话框

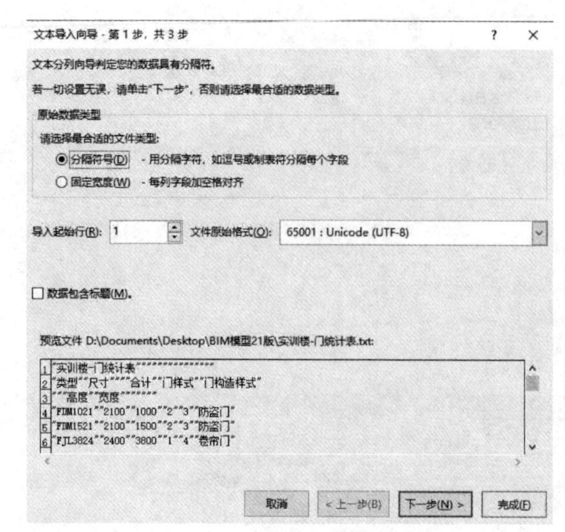

图 9-76 “文本导入向导”对话框

	A	B	C	D	E	F
1	实训楼-门统计表					
2	类型	尺寸		合计	门样式	门构造样式
3		高度	宽度			
4	FDM1021	2100	1000	2	3	防盗门
5	FDM1521	2100	1500	2	3	防盗门
6	FJL3824	2400	3800	1	4	卷帘门
7	JFM1021	2100	1000	1	2	防火门
8	JFM1221	2100	1200	1	2	防火门
9	JLM8351	5050	8300	1	2	防火门
10	M1021	2100	1000	6	1	普通门
11	M1024	2400	1000	3	1	普通门
12	M1524	2400	1500	4	1	普通门

图 9-77 Excel 格式的“实训楼 - 门统计表”

重点提示

1. 明细表功能除了可以统计门和墙体以外，还可以统计结构柱、风管、管道管件、灯具等类别。

2. “分析”→“报告和明细表”→“明细表 / 数量”命令与“视图”→“创建”→“明细表”→“明细表 / 数量”命令所实现的功能相同。

3. 明细表编辑除了成组外，还包括插入、删除、调整、隐藏等命令，请自行练习。

任务拓展 创建“材质提取”明细表

软件除了可以提供构件的数量统计，还可以统计构件的材质信息，以墙体的材质统计为例，具体操作如下。

① 单击“视图”→“创建”→“明细表”→“材质提取”命令，如图 9-78 所示。弹出“新建材质提取”对话框。在“类别”中选择“墙”，修改“名称”为“墙体材质统计表”，点击【确定】按钮，如图 9-79 所示。确定后，弹出“材质提取属性”对话框，如图 9-80 所示。

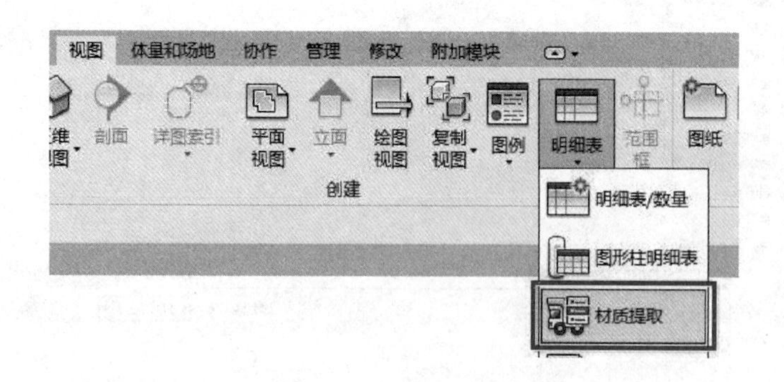

图 9-78 “材质提取”命令

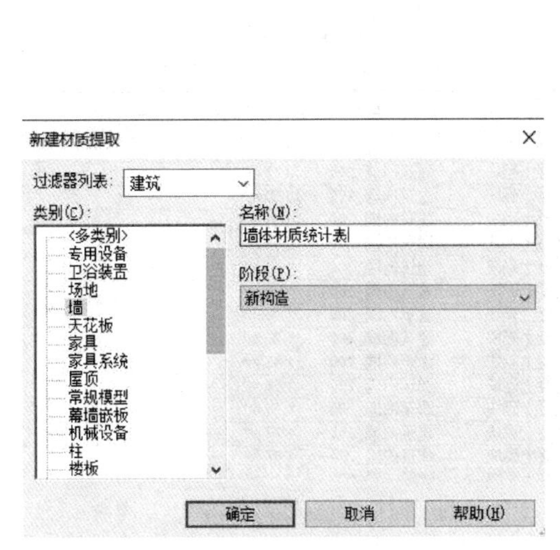

图 9-79 “新建材质提取”对话框

图 9-80 “材质提取属性”对话框

② 选择“材质：名称”“类型”“材质：体积”和“合计”4 个字段并依次添加，如图 9-81 所示。

③ 过滤器中过滤条件分别选择“材质：名称”和“等于”，条件内容输入“混凝土砌块”，如图 9-82 所示。

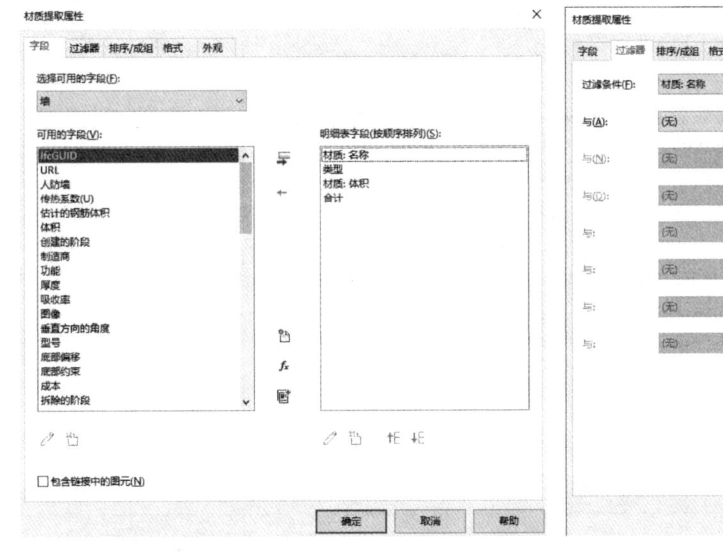

图 9-81 “墙体材质统计表”的字段

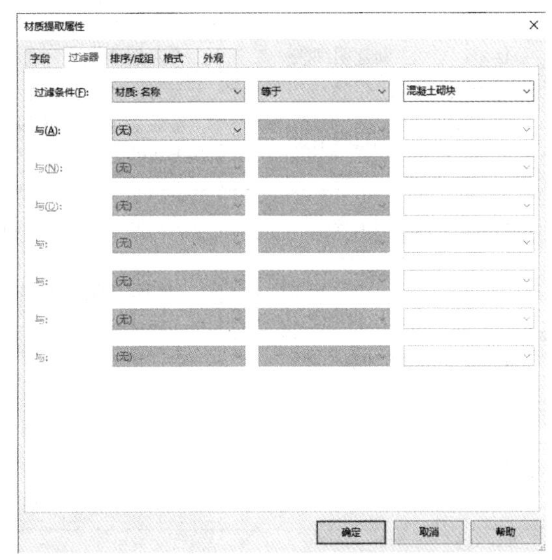

图 9-82 “墙体材质统计表”的过滤器

④ 排序 / 成组中，排列方式首先按“材质：名称”升序排列，否则按“类型”升序排列，设置如图 9-83 所示。

⑤ 其他设置根据工程需要自行设置，不再展开介绍。点击“确定”按钮后，建立名称为“墙体材质统计表”的明细表，并自动显示墙体材质提取明细表视图，部分明细表内容如图 9-84 所示。

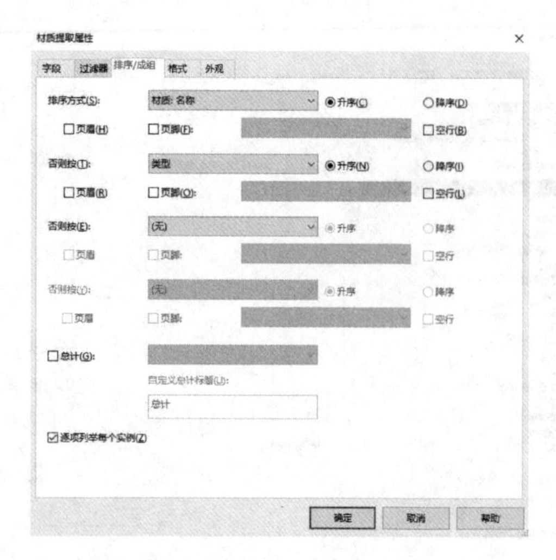

图 9-83 “墙体材质统计表”的排序 / 成组

墙体材质统计表

<墙体材质统计表>

A	B	C	D
材质: 名称	类型	材质: 体积	合计
混凝土砌块	建筑内墙_100	0.47 m³	1
混凝土砌块	建筑内墙_200	0.77 m³	1
混凝土砌块	建筑内墙_200	0.80 m³	1
混凝土砌块	建筑内墙_200	0.81 m³	1
混凝土砌块	建筑内墙_200	0.95 m³	1
混凝土砌块	建筑内墙_200	1.04 m³	1
混凝土砌块	建筑内墙_200	1.26 m³	1
混凝土砌块	建筑内墙_200	1.26 m³	1
混凝土砌块	建筑内墙_200	1.28 m³	1
混凝土砌块	建筑内墙_200	1.43 m³	1
混凝土砌块	建筑内墙_200	1.68 m³	1
混凝土砌块	建筑内墙_200	1.71 m³	1
混凝土砌块	建筑内墙_200	1.77 m³	1
混凝土砌块	建筑内墙_200	1.87 m³	1

图 9-84 部分“墙体材质统计表”内容

⑥“墙体材质统计表”的编辑方法、成组、新建关键字和导出方法均与前述内容相同，不再赘述。

任务评价

姓名： 班级： 日期：

序号	考核点	要求	分值 / 分	得分 / 分
1	新建明细表	会新建明细表	10	
2	编辑明细表	会设置明细表字段、过滤器、排序 / 成组、格式和外观等属性	20	
3	明细表成组	会对同类字段信息进行成组	5	
4	明细表关键字	会创建明细表关键字	15	
		会新建关键字参数	20	
		会新增关键字数据	15	
5	导出明细表	会导出明细表并进行 Excel 格式转换	15	
合计			100	

任务总结

明细表是 BIM 数据综合利用的体现，明细表数据与项目信息实时关联，利用明细表统计功能，不仅可以创建明细表来统计项目中各类图元的类型、属性和数量等信息，还可以通过关键字明细表对明细表进行完善和细化。因此，在项目设计时，需制定和规划各类信息的命名规则，以方便在项目的不同阶段实现信息共享和统计。

任务四　布置、打印与导出图纸

工作任务卡

任务编号	9-4	任务名称	布置、打印与导出图纸
授课地点	机房	建议学时	2 学时
教学软件	Revit2021	图纸名称	汽车实训楼 -建施 02：建筑施工图设计总说明、建施 06：一层平面图
学习目标	素质目标	在出图过程中，培养学生对工程项目综合观察、沟通协调的管理能力	
	知识目标	掌握添加图纸视图、修改属性和项目信息的方法； 掌握图纸打印的设置方法； 掌握导出图纸的方法	
	能力目标	会进行图纸布置，并能修改图纸属性； 会打印 PDF 图纸和导出 DWG 图纸	
教学重点	图纸布置和属性信息修改		
教学难点	打印设置		

任务引入

基于 BIM 技术进行施工方案的设计时，除了可以向客户提供一个包含各种信息的建筑信息模型外，还可以从模型中直接输出二维平面图纸，实现二维图纸绘制的自动化。图纸输出不仅提高了设计出图的效率，而且增强了图纸间的关联性。

任务分析

建模完成后，软件可以将不同的视图放置在同一张图纸中，从而形成用于打印和发布的施工图纸，与其他软件进行数据交换。本任务主要讲解图纸布置、图纸打印和图纸导出等内容。

任务实施

一、布置图纸

使用 Revit 软件可以通过指定图纸图框为项目创建图纸视图，形成最终施工图纸档案，下面以“一层平面图”为例，详细讲解图纸布置的操作方法。

（1）载入标题栏族

标题栏是图纸的一个样板，定义了图纸的大小和外观，单击“视图”→“图纸组合”→“图纸”命令，如图 9-85 所示。弹出“新建图纸”对话框，如图 9-86 所示，在“选择标题栏”中默认选择“A0 公制”族，但该族尺寸与项目图纸不符，需重新载入，单击“载入”命令，弹出“载入族”对话框，双击“标题栏”文件夹，选择“A2 公制”族，单击“打开”按钮将该族载入（或直接双击“A2 公制”族，直接载入），如图 9-87 所示。载入后，“新建图纸”对话框的“选择标题栏”会加载“A2 公制 : A2”和“A2 公制 : A2 L”族，已载入“A2 公制”族的“新建图纸”对话框如图 9-88 所示。选择“A2公制 : A2”，点击【确定】按钮。此时，Revit 软件切换到“图纸”视图，并在项目浏览器“图纸”中加载“A101- 未命名”，如图 9-89 所示。

图 9-85 “图纸”命令

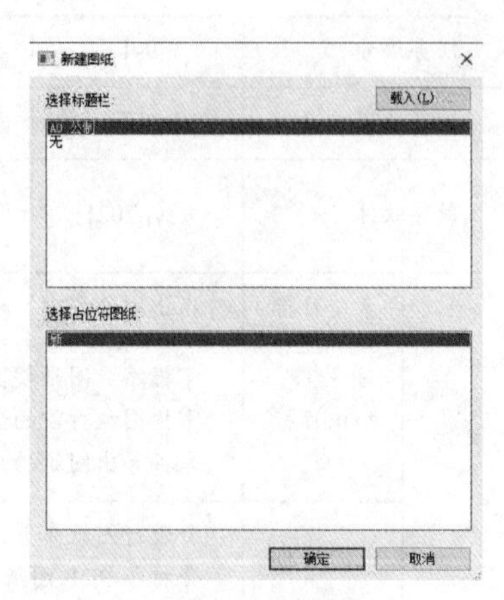

图 9-86 “新建图纸”对话框

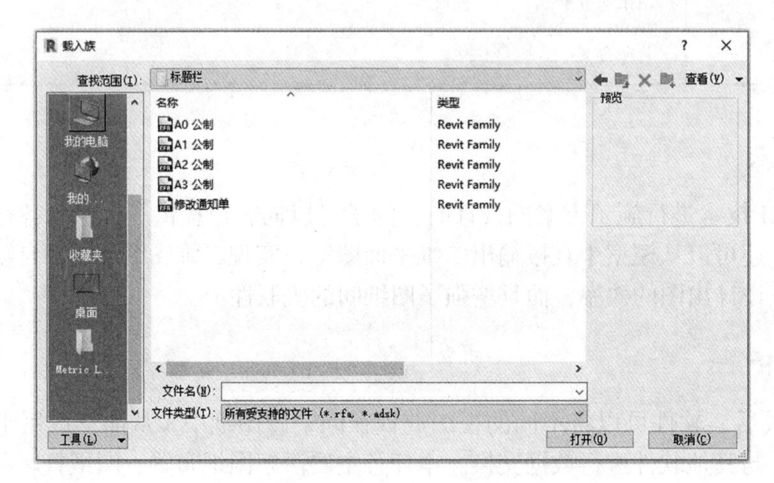

图 9-87 “载入族”对话框

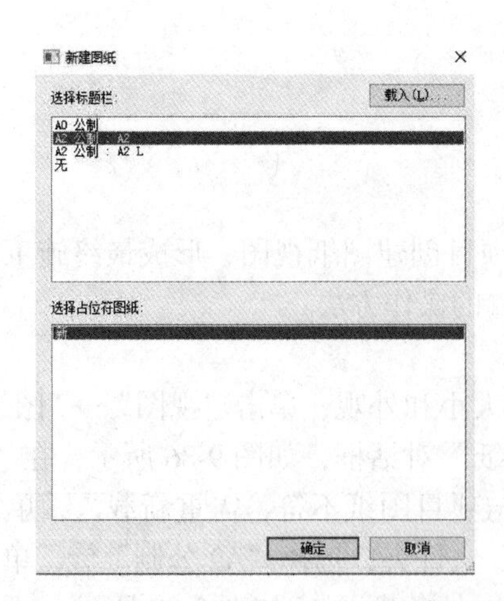

图 9-88 已载入“A2 公制”族的“新建图纸”对话框

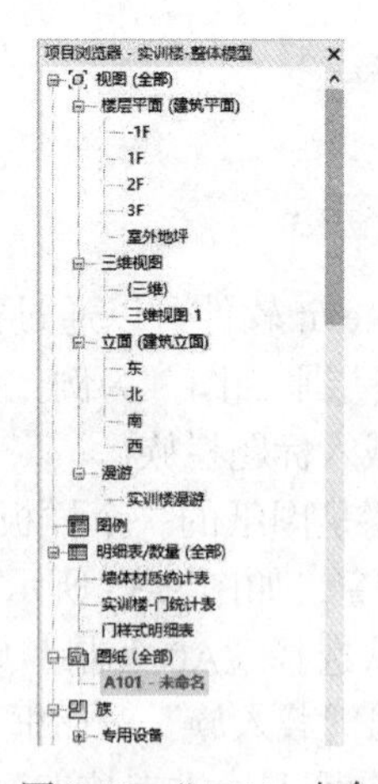

图 9-89 “A101- 未命名”

(2) 添加图纸视图

单击“视图”→“图纸组合”→“视图”命令，如图 9-90 所示。弹出“视图”对话框，如图 9-91 所示，从视图中选择“楼层平面：1F”，点击“在图纸中添加视图”按钮（或单击选中“项目浏览器”→“楼层视图”→“1F”，按住鼠标左键拖拽至视图框），Revit 会显示出来 1F 楼层平面视图范围预览，且鼠标位于预览范围的中心点，确认上下文选项卡“在图纸上旋转”为“无”，当显示视图范围完全位于标题栏范围内时，单击鼠标左键放置该视图，如图 9-92 所示，同时，在视图底部添加视口标题，默认以该视图的视图名称命名，即“1F”，如图 9-93 所示，另外，在标题栏会自动加载图纸比例，如图 9-94 所示。

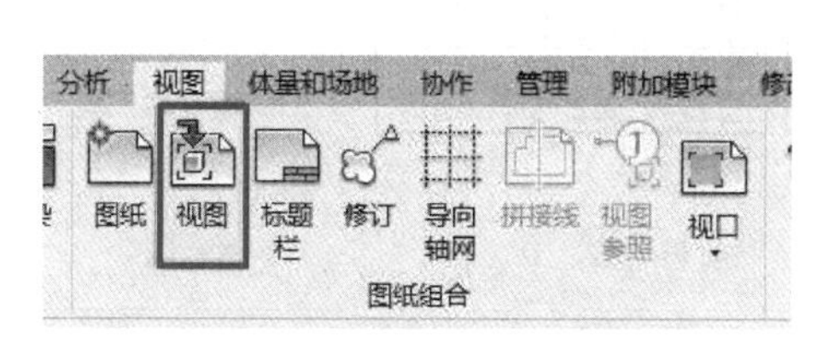

图 9-90 “视图”命令

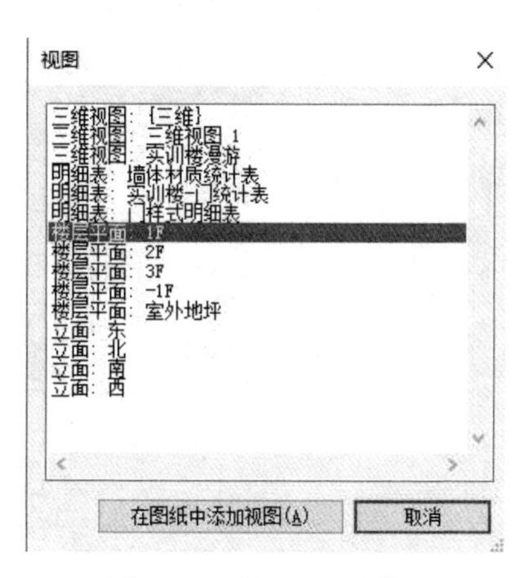

图 9-91 “视图”对话框

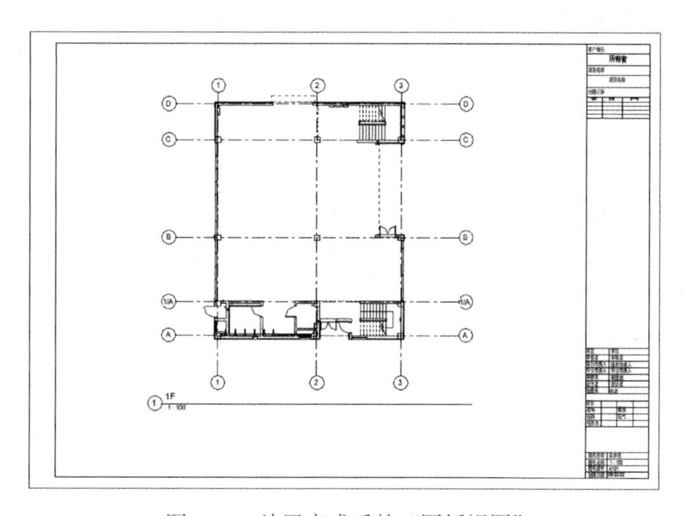

图 9-92 放置完成后的“图纸视图”

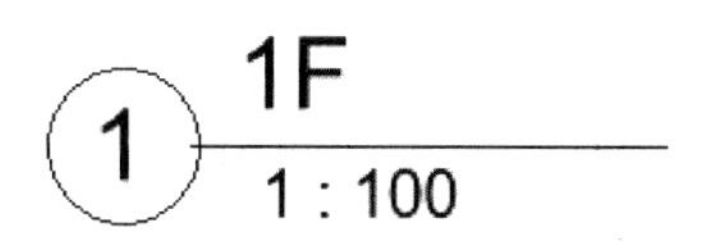

图 9-93 视口标题

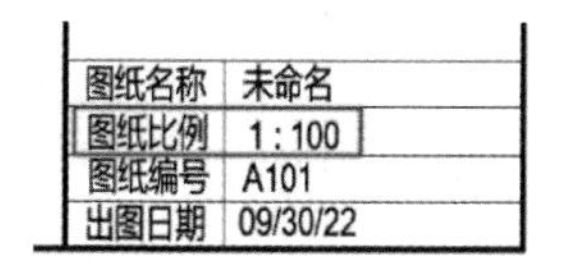

图纸名称	未命名
图纸比例	1 : 100
图纸编号	A101
出图日期	09/30/22

图 9-94 图纸比例

(3) 修改图纸属性

查看图纸“属性”栏的标识数据，包含审核者、设计者、审图员、绘图员等属性信息，该类信息可根据工程实际输入，另外还包含图纸编号、图纸名称、图纸发布日期和图纸修订等属性信息，以“一层平面图”为例，结合汽车实训楼 CAD 图纸，可知图纸编号为“建施06”，图纸名称“一层平面图”，图纸发布日期为 2022 年 9 月，图纸信息修改完成后标题栏也会同步修改，如图 9-95 所示。

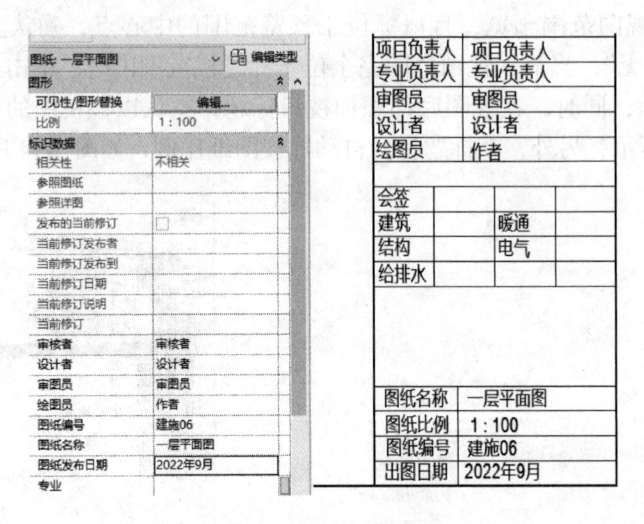

图 9-95　修改后的图纸属性信息

单击“视口标题”，再单击“编辑类型”，弹出“类型属性”对话框，取消勾选“显示延伸线”选项，如图 9-96 所示，完成后单击“确定”按钮。

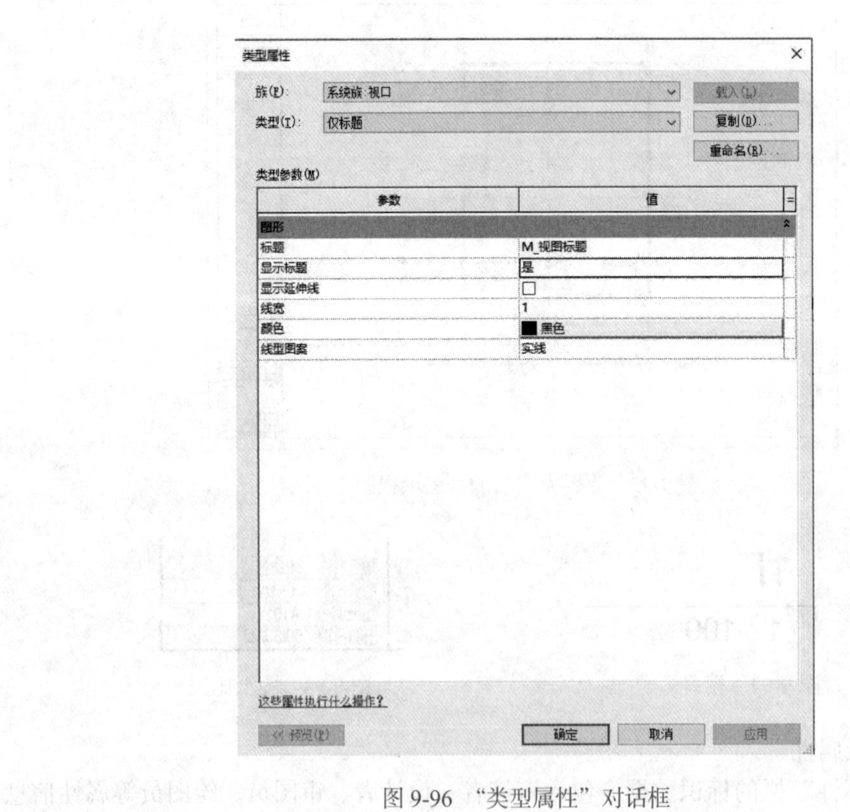

图 9-96　“类型属性”对话框

单击“视口标题”，查看视口属性的“标识数据”，其中的图纸编号和图纸名称已自动加载当前视图所在的图纸信息，另外在“图纸上的标题”右侧输入“一层平面图”，此时视口标题中的“1F”修改为“一层平面图”，如图 9-97 所示。

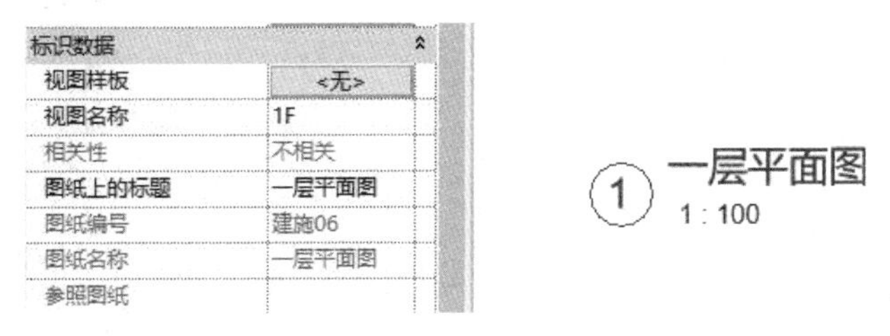

图 9-97　视口标题

（4）创建指北针

单击“插入”→“从库中载入”→“载入族”命令，如图 9-98 所示，弹出“载入族”对话框，选择“注释”→“符号”→“建筑”路径下的族文件“指北针 2”，单击“打开”按钮（或直接双击族文件“指北针 2”），如图 9-99 所示，将该族载入到项目中。

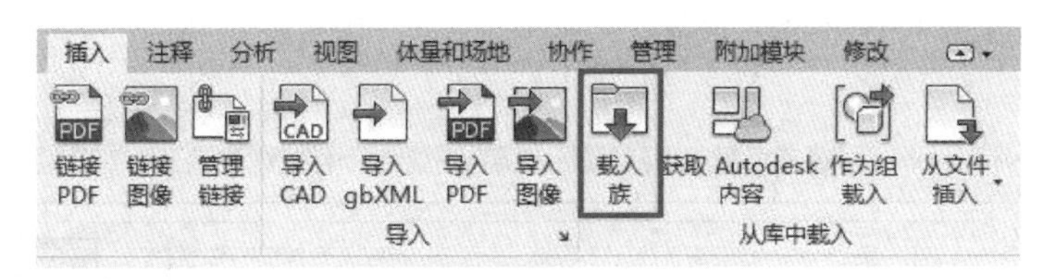

图 9-98　“载入族”命令

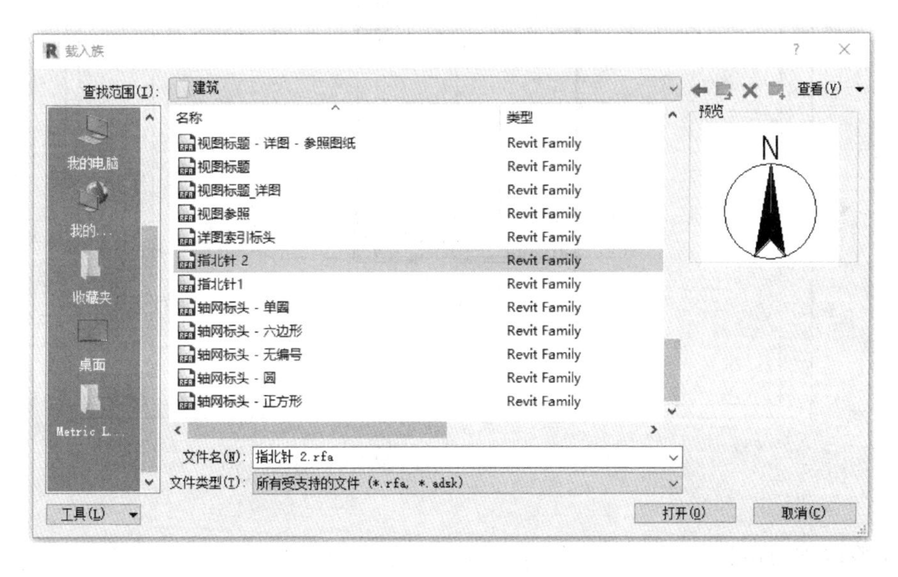

图 9-99　载入族文件“指北针 2”

单击“注释”→“符号”→“符号”命令，如图 9-100 所示，单击属性栏的“M_中心线”，弹出下拉符号类型选项，选择“指北针 2”→“填充”，（或选择“项目浏览器”→“族”→“注释符号”→“指北针 2”→“填充”，点击右键，弹出右键快捷菜单，单击“创建实例”命令，如图 9-101 所示），此时鼠标加载“指北针 2”的图形符号预览，将鼠标移至图纸视图右上角空白位置处，单击左键放置“指北针”符号，如图 9-102 所示。

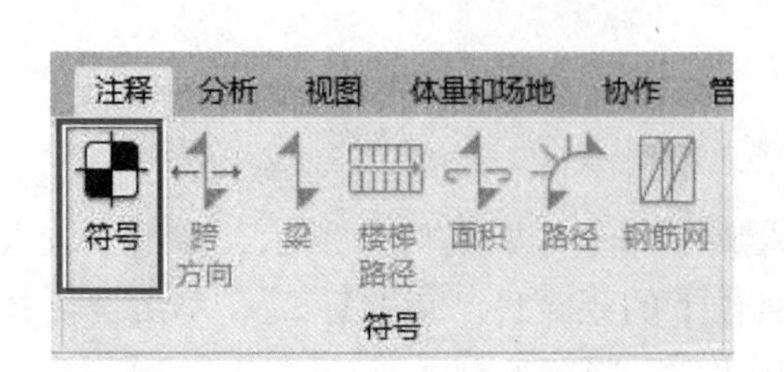

图 9-100 “符号”命令

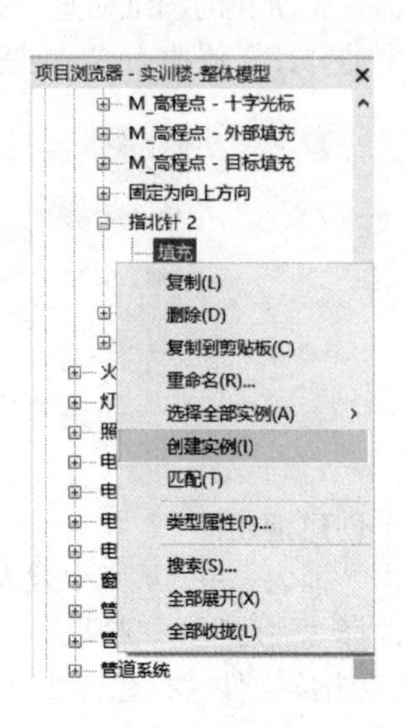

图 9-101 “填充”的“创建实例”命令

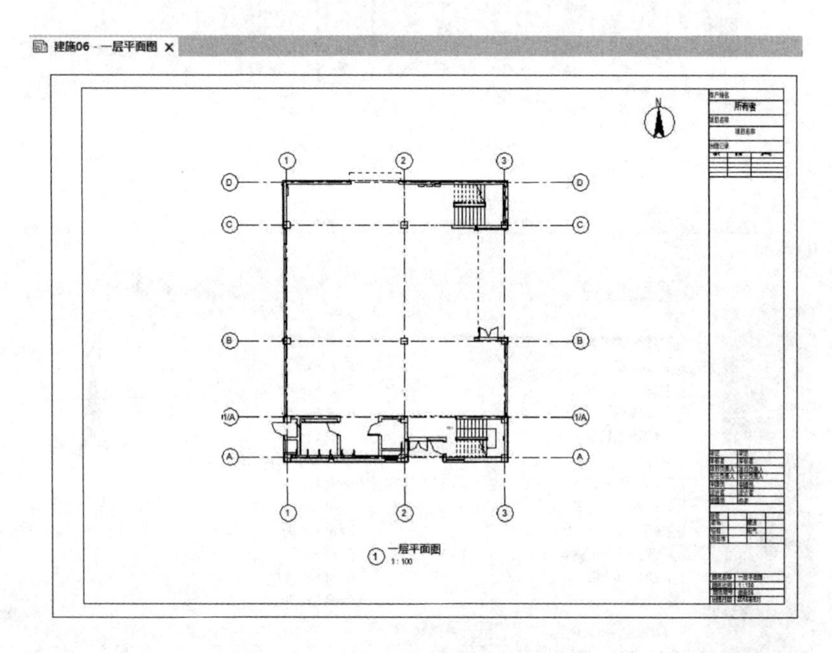

图 9-102 放置“指北针”后的图纸

（5）修改项目信息

在标题栏中除了显示当前图纸名称、图纸编号外，还将显示项目的相关信息，如客户名称和项目名称等内容，可根据汽车实训楼 CAD 图纸进行设置，具体操作方法如下。

单击“管理”→“设置”→“项目信息”命令，如图 9-103 所示，弹出“项目信息”对话框，相关项目信息参数可参照图纸“建施 02：建筑施工图设计总说明”，如图 9-104 所示。设置完成后，标题栏的客户姓名和项目名称等项目信息也会同步修改，如图 9-105 所示。

图 9-103 “项目信息”命令

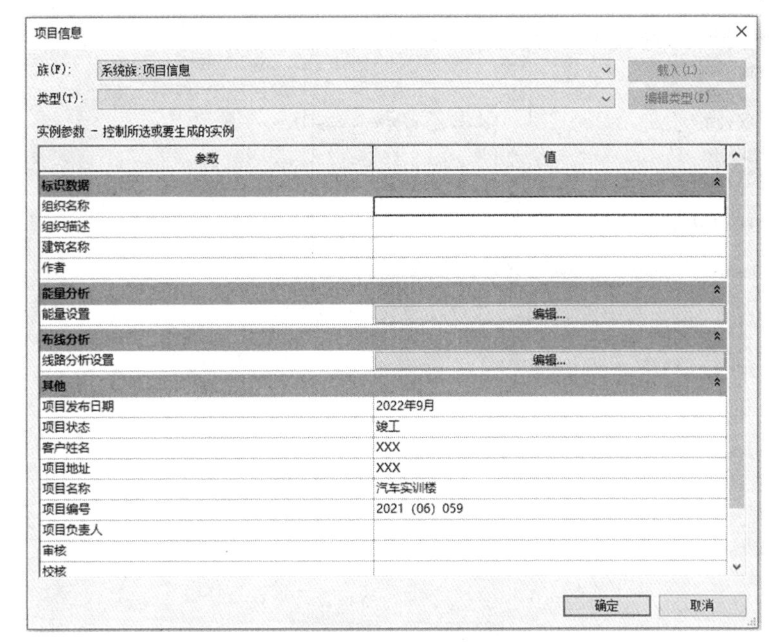

图 9-104 项目信息参数

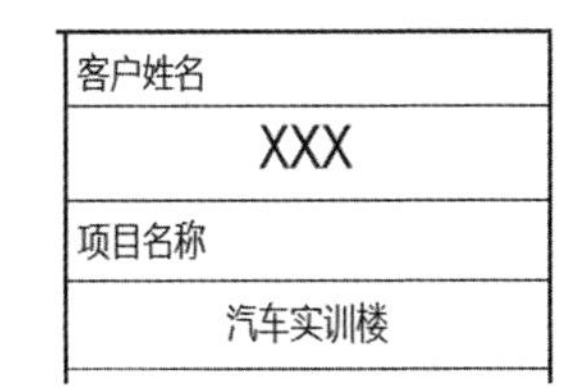

图 9-105 标题栏的项目信息

二、打印图纸

图纸布置完成后，可以通过打印机完成图纸视图的打印，Revit 软件中的图纸打印输出格式一般选择 PDF 文件格式。PDF 文件非常便于图档的共享与传输，在实际工程中使用频率很高。目前 Revit 没有直接输出 PDF 文件的工具，如果需要创建 PDF 文档，可提前安装外部 PDF 打印机，常用的 PDF 打印机有 PDFFactory、Adobe PDF Printer、Foxit PhantomPDF Printer、Microsoft Print to PDF 等。在上述外部打印机中，Foxit PhantomPDF Printer 是一款专业的 PDF 电子文档套件，具有运行快捷、简单易用、功能齐全等优点，下面以 Foxit PhantomPDF Printer 为例，详细讲解“一层平面图”的打印操作方法。

点击“文件”→“打印”命令，弹出“打印”对话框，其中“打印机名称”选择“Foxit PhantomPDF Printer”，点击“属性”命令，弹出“Foxit PhantomPDF Printer 属性”对话框，切换到“布局”选项卡，方向选择“横向”，页面大小选择“A2”，如图 9-106 所示，设置完成后，点击“确定”按钮，返回“打印”对话框。点击“浏览”按钮，弹出“浏览文件夹”对话框，选择保存路径后，在“文件名”处输入“一层平面图”，文件类型默认为“PDF 文件（*.pdf）”，如图 9-107 所示，完成后点击“保存”按钮，返回“打印”对话框。在打印范围栏目中，可以设置要打印的视口或图纸，如果希望一次性打印多个视图和图纸，可选择“所选视图 / 图纸”选项，此时“选择”按钮变为可用状态，单击“选择”按钮后，弹出“视图 / 图纸集”对话框，只勾选“显示”区域的“图纸”选项，由于前述任务只布置了“一层平面图”，因此该图纸集只有“一层平面图”，在列表中选择“图纸：建施 06 - 一层平面图”，如图 9-108 所示，点击“确定”按钮，弹出“保存设置”提示框，提示“是否要保存这些设置供将来的 Revit 任务使用？”，选择“否”，返回“打印”对话框，如图 9-109 所示。

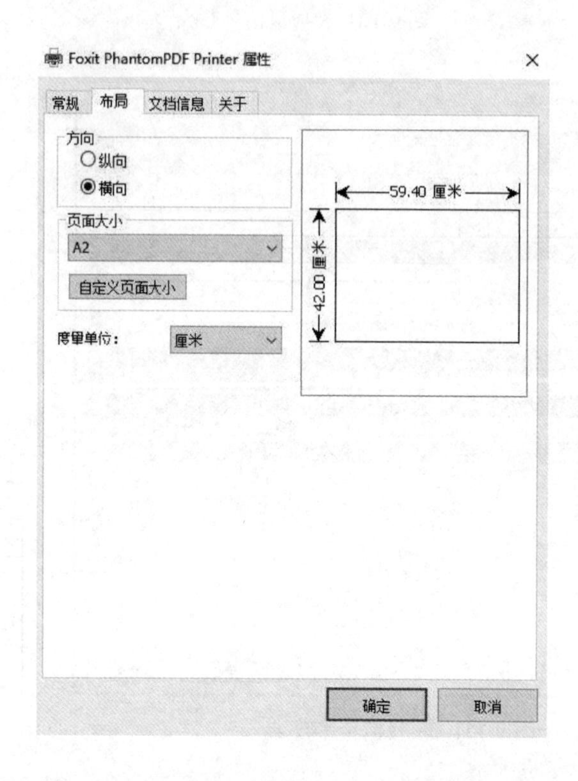

图 9-106 “Foxit PhantomPDF Printer 属性”对话框

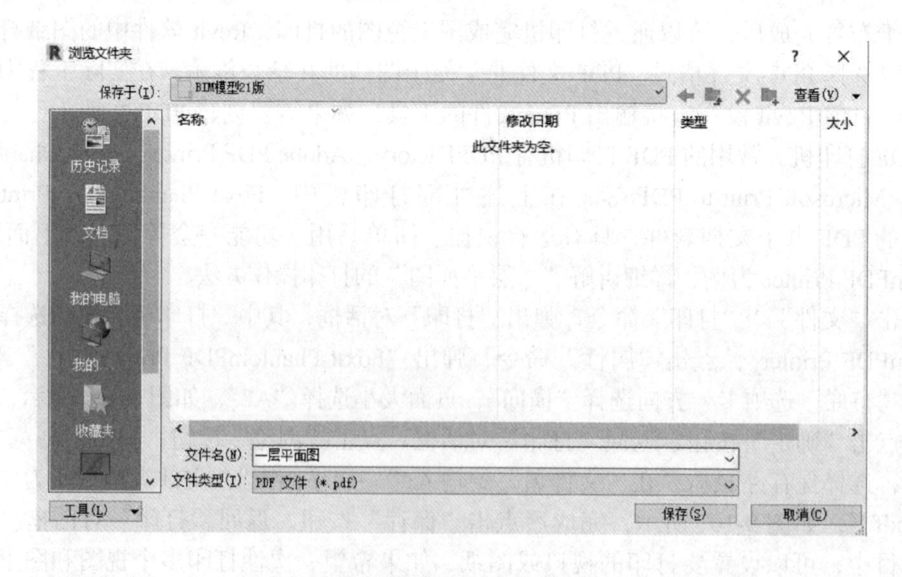

图 9-107 “浏览文件夹”对话框

图 9-108 “视图 / 图纸集”对话框

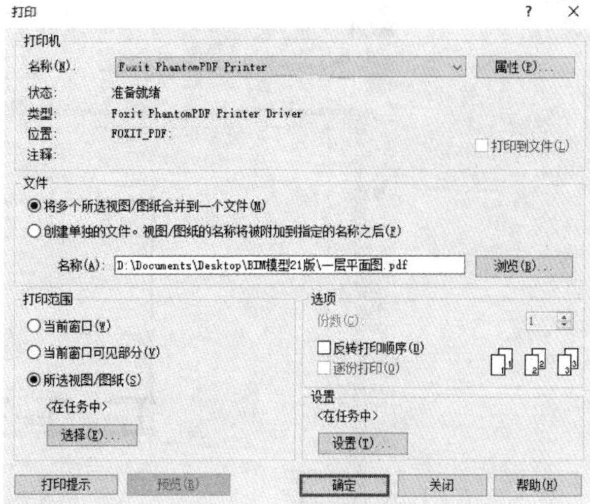

图 9-109 “打印”对话框

单击“打印”对话框的“设置”按钮，弹出“打印设置”对话框，设置本次打印采用的纸张“尺寸”为“A2”，“方向”选择“横向”，“页面位置”选择“从角部偏移”中的“无页边距”，打印“缩放”比例设置为“100% 大小”，在“选项”栏中还可以进一步设置打印时是否隐藏视图边界、参照 / 工作平面、范围框等，设置完成后，可以单击“另存为”按钮，将打印设置保存为新配置选项，并命名“A2 全部图纸打印”，方便下次打印时快速选用，命名完成后，单击“确定”按钮，返回“打印设置”对话框，如图 9-110 所示，再次单击“确定”按钮，返回“打印”对话框。点击“确定”按钮，弹出“打印成 PDF 文件 - 福昕高级 PDF 编辑器打印机”对话框，如图 9-111 所示，选择保存路径后，在文件名处输入“一层平面图”，保存类型默认为“PDF 文件”，点击“保存”按钮，将所选视图发送至打印机，并按打印设置的样式打印出图，Revit 软件会自动读取标题栏边界范围，同时自动对齐打印纸张边界。

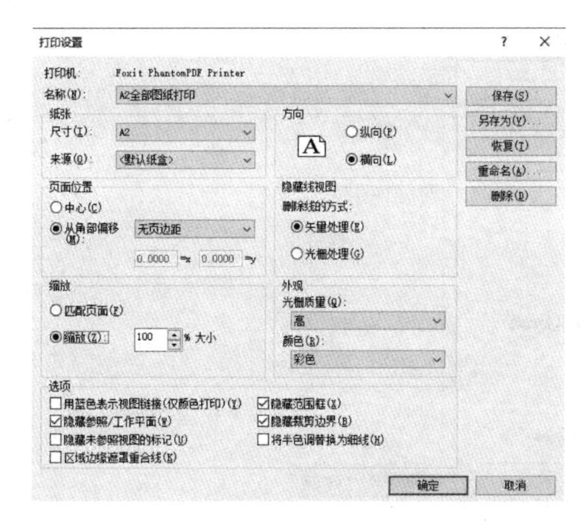

图 9-110 “打印设置”对话框

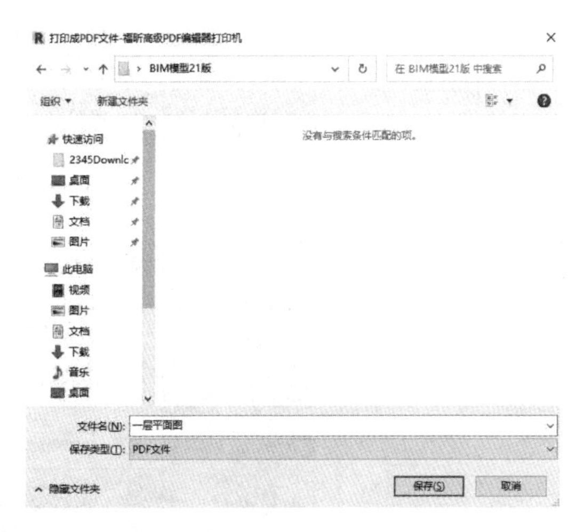

图 9-111 “打印成 PDF 文件”对话框

在保存路径下，使用 PDF 阅读器将“一层平面图 .pdf”打开，如图 9-112 所示。

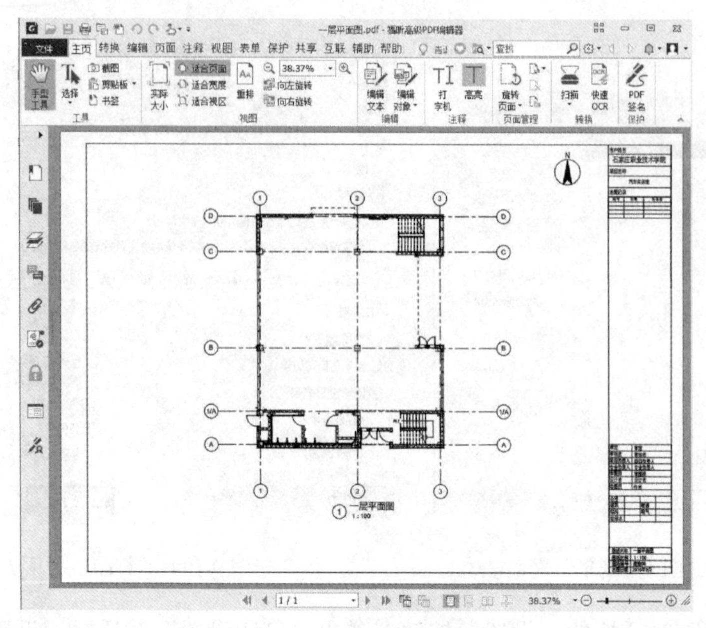

图 9-112 “一层平面图” PDF 图纸

三、导出图纸

一个完整的建筑工程项目必须要求专业设计人员共同合作完成，因此使用 Revit 软件的用户必须能够为这些设计人员提供 CAD 格式的图纸和数据，Revit 软件可以将项目图纸或视图导出为 DWG、DXF、DGN 及 SAT 等 CAD 数据格式文件，其中 DWG 数据格式是 CAD 软件中最为常用的一种文件格式，下面以“一层平面图”为例，详细讲解 Revit 软件导出 DWG 数据格式图纸文件的操作方法。

（1）修改 DWG/DXF 导出设置

单击“文件”→“导出”→“选项”→“导出设置 DWG/DXF”命令，如图 9-113 所示，

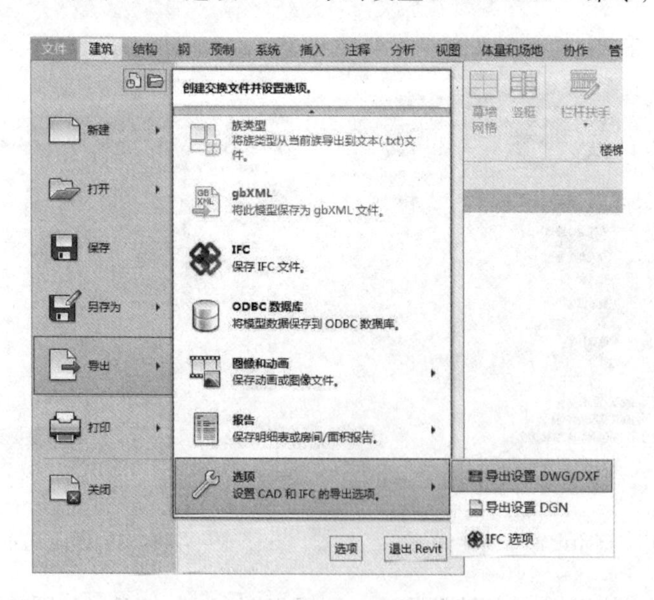

图 9-113 “导出设置 DWG/DXF”命令

弹出“修改 DWG/DXF 导出设置”对话框，Revit 软件提供了 4 种国际图层映射标准，以及从外部加载图层映射格式的方式，另外还可对图纸图层、线条、填充图案、文字和字体、颜色、实体、单位和坐标、常规等进行设置，如图 9-114 所示，设置完成后，单击【确定】按钮。

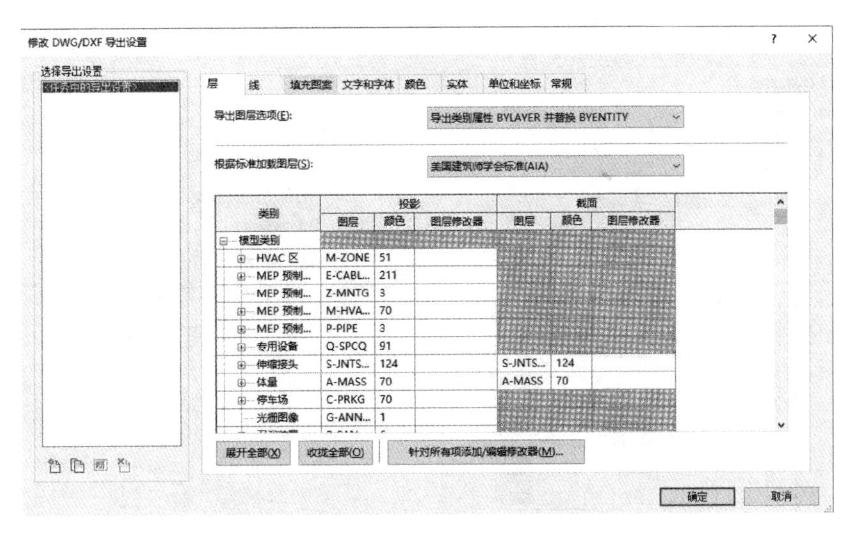

图 9-114 “修改 DWG/DXF 导出设置”对话框

（2）导出 DWG 图纸

单击“文件”→“导出”→“CAD格式”→“DWG”命令，如图9-115所示，弹出“DWG导出”对话框，在“导出”中选择“〈任务中的视图 / 图纸集〉”，在“按列表显示”中选择“模型中的图纸”，即显示当前项目中的所有图纸，在列表中勾选“图纸：建施 06- 一层平面图”。双击图纸标题名称，可以在左侧预览视图中预览图纸内容，如图 9-116 所示，完成后单击“下一步”按钮，弹出“导出 CAD 格式 - 保存到目标文件夹”对话框，选择保存路径

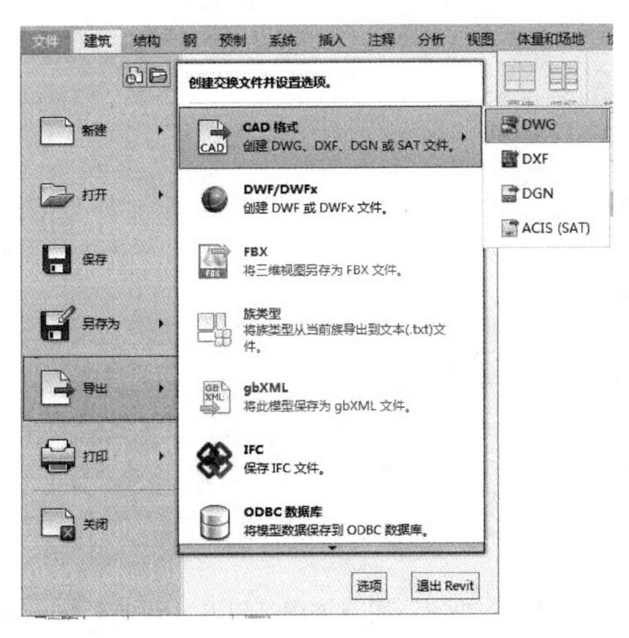

图 9-115 “DWG”命令

后，在“文件名 / 前缀”处输入“一层平面图”，“文件类型”所选的图纸版本不得高于个人PC端的CAD软件版本，本次导出选择“AutoCAD 2007 DWG 文件”，“命名”选择“自动 - 长（指定前缀）”，在导出图纸时，如果采用外部参照，可勾选对话框中的“将图纸上的视图和链接作为外部参照导出”，此处设置为不勾选，如图9-117所示，设置完成后，单击【确定】按钮。

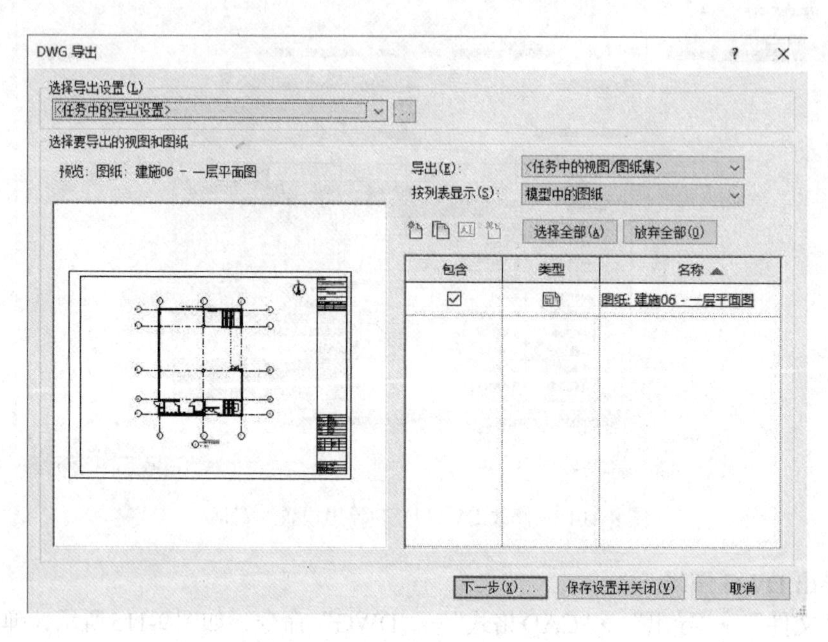

图9-116 “DWG 导出”对话框

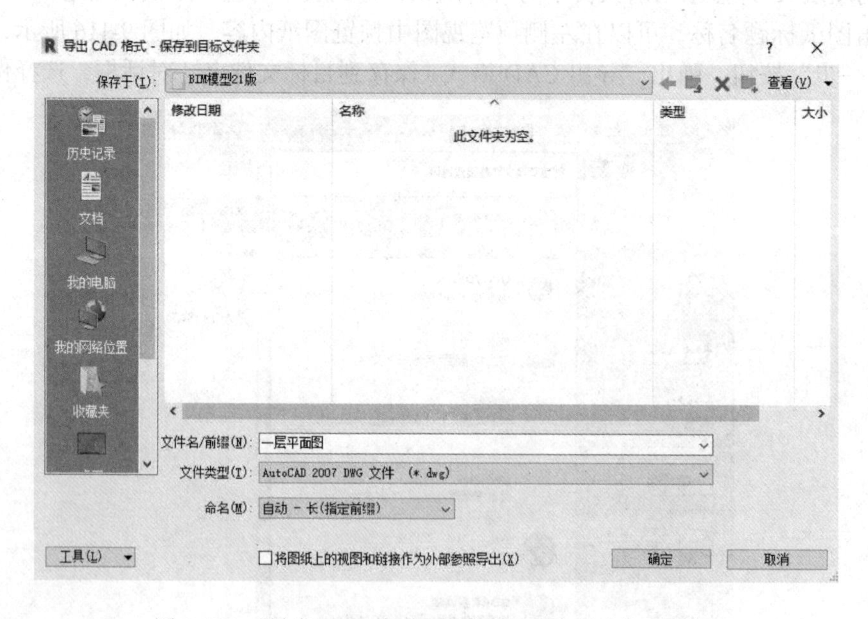

图9-117 “导出 CAD 格式 - 保存到目标文件夹”对话框

在保存路径下，使用CAD快速看图将该图纸打开，切换至layout1视图，如图9-118所示。

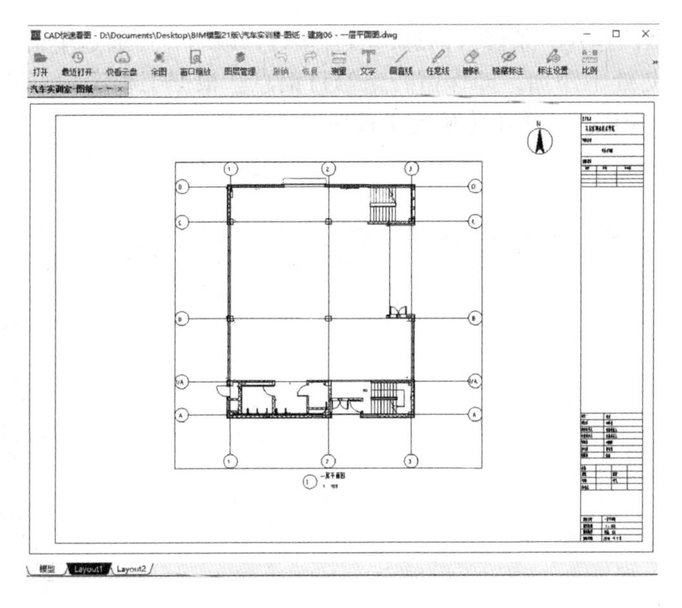

图 9-118　layout1 视图

Revit 软件除了可以导出 DWG 格式文件，还可以将视图和模型导出为 2D 或 3D 的 DWF 格式文件，DWF 全称 Drawing Web Format，是由 Autodesk 开发的一种开放、安全的文件格式，具有高度压缩性，占用空间小、传递便捷快速、系统兼容性强等优点，可以将丰富的设计数据高效地分发给需要查看、评审或打印的工作人员，其操作方法与 DWG 格式文件导出类似，不再赘述。

重点提示

1. 载入的标题栏有可能存在过多的图纸信息，可根据工程实际需要，双击标题栏族自行修改。

2. 打印 PDF 图纸时，不同的打印机可能对应不同的属性，应注意合理选择。

3. 导出 DWG 格式图纸时，应尽量选择低版本，保证文件的兼容性。

任务拓展　发布图纸修订

工程项目建设过程中，设计图纸经常发生工程变更，这就要求对项目图纸进行修订，Revit 软件通过发布修订记录和追踪修订信息，可实现项目图纸的更新和传递。下面以“一层平面图”为例，具体讲解图纸修订的操作方法。

（1）输入修订信息

单击“视图”→“图纸组合”→“修订”命令，如图 9-119 所示。弹出“图纸发布 / 修订”

图 9-119　“修订”命令

对话框，对话框中默认存在一条修订信息，当有多处修改时，可通过单击“添加”命令，添加新的修订信息，此处不添加，即保留一条修订信息。根据工程实际，输入相关信息，如图 9-120 所示，输入完成后，单击【确定】按钮。

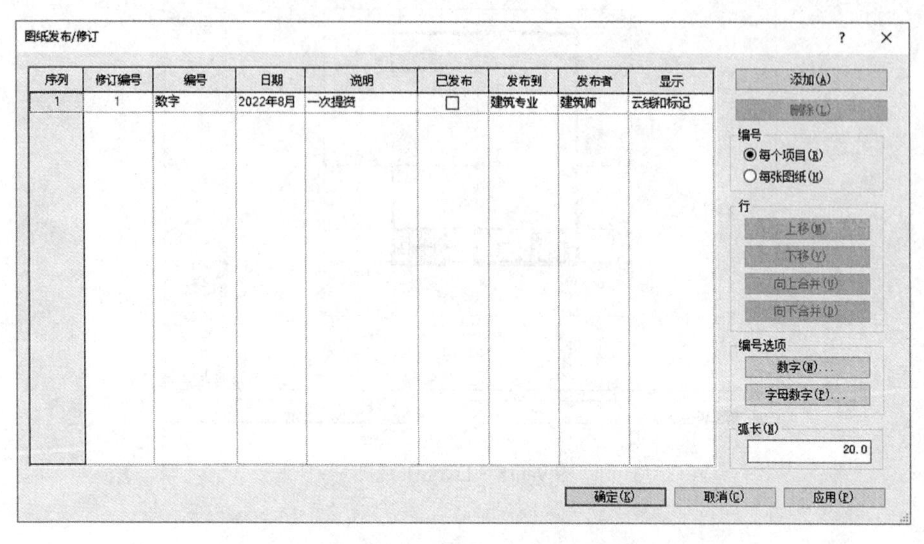

图 9-120 “图纸发布 / 修订”对话框

（2）创建云线批注

打开“建施 06- 一层平面图”，单击“注释”→“详图”→“云线批注”命令，如图 9-121 所示，切换至“修改 | 创建云线批注草图”选项卡，单击“绘制”→“矩形”（或“绘制”→“线”）命令，如图 9-122 所示，确认“云线批注”属性的标识数据中修订栏的值为“序列 1- 一次提资”，在产生问题或发生设计变更的图形周围绘制云线批注，如图 9-123 所示，绘制完成后，单击“模式”→“✔”命令（即“完成编辑模式”）。此时，在标题栏的图纸属性的标识数据和出图记录位置会自动添加图纸的修订信息，如图 9-124 所示，按照上述操作，可以将项目中存在的所有问题进行添加云线批注并指定修订信息。

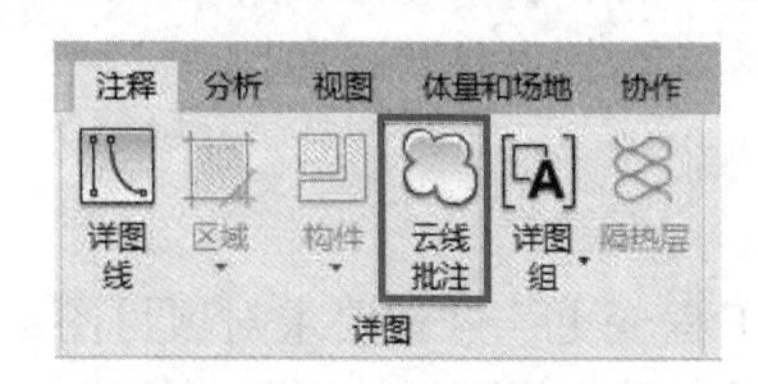

图 9-121 “云线批注”命令

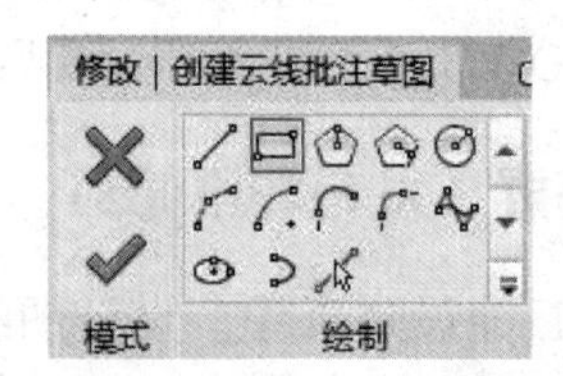

图 9-122 “绘制”→“矩形”命令

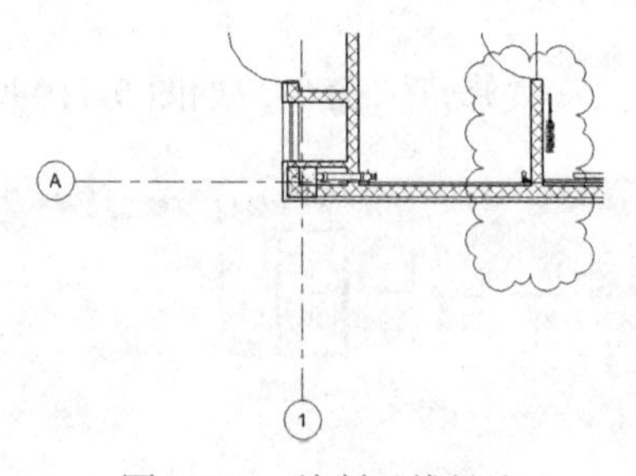

图 9-123 绘制云线批注

比例	1 : 100
标识数据	
相关性	不相关
参照图纸	
参照详图	
发布的当前修订	
当前修订发布者	建筑师
当前修订发布到	建筑专业
当前修订日期	2022年8月
当前修订说明	一次提资
当前修订	1

出图记录

编号	日期	发布者
1	2022年8月	建筑师

图 9-124　出图记录

（3）发布修订信息

再次单击“视图”→“图纸组合”→“修订”命令，弹出“图纸发布 / 修订”对话框，勾选“已发布”下方的复选框，此时，第一条修订信息被锁定，无法修改，如图 9-125 所示。如果后期需要重新修订，须提前将此项取消勾选。完成后，单击【确定】按钮。

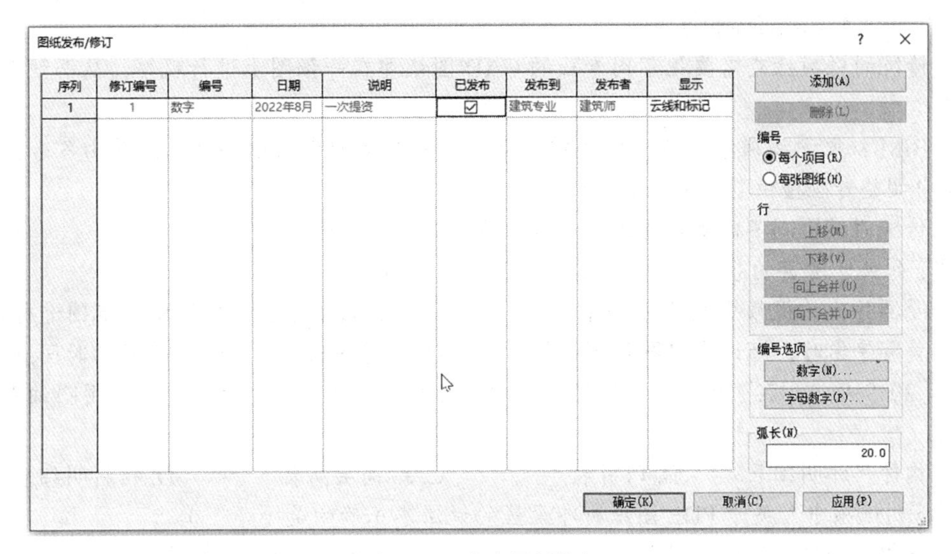

图 9-125　发布图纸修订

任务评价

姓名：　　　　　　　　　　　班级：　　　　　　　　　　　日期：

序号	考核点	要求	分值 / 分	得分 / 分
1	图纸布置	会添加图纸视图	10	
		会根据工程实际修改图纸的属性信息和视口标题	15	
		会创建指北针	15	
		会根据工程实际修改项目信息	10	
2	图纸打印	会修改打印设置	15	
		会打印 PDF 格式图纸	10	
3	图纸导出	会修改图纸的导出设置	15	
		会导出 DWG 格式图纸	10	
合计			100	

任务总结

图纸视图的布置可以根据施工图档的要求有序地组织项目中的各种视图，同时可根据工程实际，调整视图的大小和位置，修改图纸属性和项目信息等内容。图纸布置完成后，Revit 软件不仅可以直接打印出图，也可以导出 DWG、DWF 等格式文件，实现数据交互和成果分享。

能力训练题

1. 多专业协同、模型检测，是一个多专业协同检查过程，也可以称为（　　）。

A. 模型整合　　B. 碰撞检查　　C. 深化设计　　D. 成本分析

2. 下列选项中，关于机电管线碰撞检查的说法不正确的是（　　）。

A. BIM 可通过将各专业模型组装成一个成体 BIM 模型，从而使机电管线与建筑物的碰撞点以三维方式直观显示出来

B. 传统的碰撞检查需要把不同专业的 CAD 图纸叠在一张图上进行观察，从而找出不合理位置

C. BIM 机电管线碰撞检查可以提前在真实的三维空间中找出碰撞点，并由各专业人员在模型中调整好碰撞位置再导出 CAD 图纸

D. 传统碰撞检测不需要在施工的过程中边施工边进行修改

3. 下列关于漫游的导出，说法不正确的是（　　）。

A. 漫游导出的视频格式只有 AVI　　B. 导出漫游前，可对漫游帧范围进行设置

C. 漫游导出时，可设置以图片格式导出　　D. 漫游导出时，可添加任意的时间点

4.【2019 年“1+X”BIM 职业技能等级考试真题】下列不属于结构专业常用明细表的是（　　）。

A. 构件尺寸明细表　　B. 门窗表　　C. 结构层高表　　D. 材料明细表

5. 下列选项中，关于 PDF 图纸打印设置的说法不正确的是（　　）。

A. 打印方向包括纵向和横向　　B. 无法设置打印缩放比例

C. 可对视图进行光栅处理　　D. 打印颜色可以设置为黑白线条

实 训 题

根据已创建完成的 RVT 模型，完成以下操作任务。

1. 进行建筑物内部场景漫游，并导出视频。要求：关键帧不少于 8 帧，视觉样式为真实，包含时间和日期戳，导出格式为 AVI。

2. 创建生成窗明细表。

3. 打印一张 PDF 剖面图。要求：包含楼梯，标题栏选用“A2 公制”，比例为 1 ∶ 100，无页边距，隐藏范围框和裁剪边界，其他设置不作要求。

参考文献

[1] 贺成龙，乔梦甜 . BIM 技术原理与应用 [M]. 北京：机械工业出版社，2021.
[2] 栾英艳，何蕊 . 计算机绘图与 BIM 基础 [M]. 北京：机械工业出版社，2020.
[3] 周基，张泓 . BIM 技术应用：Revit 建模与工程应用 [M]. 武汉：武汉大学出版社，2017.
[4] 范国辉，骆刚，李杰 . Revit 建模零基础快速入门简易教程 [M]. 北京：机械工业出版社，2017.
[5] 成丽媛 . 建筑工程 BIM 技术应用教程 [M]. 北京：北京大学出版社，2020.
[6] 王冉然，彭雯博 . BIM 技术基础：Revit 实训指导 [M]. 北京：清华大学出版社，2019.
[7] 谢嘉波，傅丽芳 . BIM 协同与应用实训 [M]. 北京：机械工业出版社，2017.
[8] 李丽，张先勇 . 基于 BIM 的建筑机电建模教程 [M]. 北京：机械工业出版社，2021.
[9] 张立茂，吴贤国 . BIM 技术与应用 [M]. 北京：中国建筑工业出版社，2017.
[10] 张泳 . BIM 技术原理及应用 [M]. 北京：北京大学出版社，2020.
[11] 隋艳娥，袁志仁 . 结构设计 BIM 应用与实践 [M]. 北京：化学工业出版社，2019.
[12] 赵雪锋，刘占省 . BIM 导论 [M]. 武汉：武汉大学出版社，2017.
[13] 王鑫 . 建筑信息模型（BIM）建模技术 [M]. 北京：中国建筑工业出版社，2019.
[14] 祖庆芝 . “1+X”建筑信息模型（BIM）职业技能等级考试：初级实操试题解析 [M]. 北京：清华大学出版社，2022.
[15] BIM 建筑电气常用构件参数：16DX012-1[S].
[16] 综合管廊工程 BIM 应用 :18GL102[S].
[17] 建筑信息模型（BIM）应用统一标准：DB33/T 1154—2018[S].
[18] 民用建筑设计信息模型（D-BIM）交付标准：DB34/T 5064—2016[S].
[19] 建筑信息模型（BIM）施工应用技术规范：DB4401/T 25—2019[S].
[20] 民用建筑信息模型（BIM）设计技术规范 :DB4401/T 9—2018[S].
[21] 建筑幕墙工程 BIM 实施标准：T/CBDA 7—2016[S].
[22] 民用建筑信息模型设计标准：DB11/T 1069—2014[S].
[23] 民用建筑信息模型深化设计建模细度标准：DB11/T 1610—2018[S].
[24] 建筑信息模型应用统一标准：GB/T 51212—2016[S].
[25] 建筑信息模型施工应用标准：GB/T 51235—2017[S].
[26] 建筑信息模型分类和编码标准：GB/T 51269—2017[S].
[27] 建筑信息模型设计交付标准：GB/T 51301—2018[S].
[28] 建筑信息模型存储标准：GB/T 51447—2021[S].
[29] 中国工程建设标准化协会 . 建筑信息模型设计应用标准：T/CECS 1137—2022[S].